Jonathan B. Losos

GLÜCKSFALL MENSCH

IST EVOLUTION VORHERSAGBAR?

Aus dem Englischen von
Sigrid Schmid und Renate Weitbrecht

Carl Hanser Verlag

Titel der Originalausgabe:
Improbable Destinies. Fate, Chance, and the Future of Evolution.
New York, Riverhead Books 2017
Riverhead Books is an imprint of Penguin Random House LLC

1. Auflage 2018

ISBN 978-3-446-25842-6
Copyright © 2017 by Jonathan B. Losos
Alle Rechte der deutschen Ausgabe:
© 2018 Carl Hanser Verlag GmbH & Co. KG, München
Umschlag: Peter-Andreas Hassiepen, München, unter Verwendung des Motivs
»Äthiopische Fauna« vom Bibliographischen Institut Leipzig, erschienen in
Meyers Konversations-Lexikon
Illustrationen: Copyright © by Marlin Peterson, S. 98: Copyright © by David Tuss
Satz: Kösel Media GmbH, Krugzell
Druck und Bindung: Friedrich Pustet, Regensburg
Printed in Germany

Meiner Frau Melissa Losos und meinen Eltern Joseph und Carolyn Losos für ihre Liebe und Unterstützung

INHALT

Vorwort   9
Einleitung: Der gute Dinosaurier   17

Teil 1
DOPPELGÄNGER DER NATUR   41
  1 Ein evolutionäres Déjà-vu   43
  2 Replizierte Reptilien   73
  3 Evolutionäre Besonderheiten   97

Teil 2
EVOLUTION IM EXPERIMENT   125
  4 Evolution im Zeitraffer   127
  5 Farbenfrohes Trinidad   139
  6 Gestrandete Eidechsen   171
  7 Von Dünger und moderner Wissenschaft   196
  8 Evolution in Schwimmbecken und Sandkästen   210

Teil 3
EVOLUTION UNTER DEM MIKROSKOP   233
  9 Das Band nochmals abspielen   235
 10 Durchbruch in einer Flasche   264
 11 Unbedeutende Einzelheiten und betrunkene Fruchtfliegen   281
 12 Das menschliche Milieu   304

Fazit
**SCHICKSAL, ZUFALL UND
DER »UNVERMEIDLICHE« MENSCH** 329

Dank 353
Über den Illustrator 357
Anmerkungen 359
Register 373

VORWORT

Wie viele durchlief auch ich als Kind eine Dinosaurierphase. Im Kindergarten war ich berühmt dafür, dass ich jeden Tag mit einem Korb voller Plastikdinosaurier auftauchte: *Allosaurus, Stegosaurus, Ankylosaurus, Tyrannosaurus rex*. Ich hatte sie alle, oder zumindest alle zwanzig Arten, die es damals gab (heute haben die Kinder es so viel besser).

Doch im Gegensatz zu den meisten anderen Kindern wuchs ich aus dieser Phase nie heraus. Ich habe meine Spielzeugdinos heute noch, und mehr als damals. Ich kenne immer noch ihre Namen und kann sogar *Parasaurolophus* aussprechen. Mein Interesse gilt heute jedoch eher lebenden Reptilien: Schlangen, Schildkröten, Eidechsen und Krokodilen.

Diese Veränderung hat zum Großteil mit einer Wiederholung der alten TV-Serie *Erwachsen müsste man sein* zu tun, vor allem mit der Folge, in der Wally und Beaver per Post einen Babyalligator bestellen und ihn dann im Bad verstecken. Natürlich wird es extrem lustig, als die Haushälterin Minerva das Tier entdeckt. Ich hielt das für eine tolle Idee und kannte ein paar Tiergeschäfte, die damals (in den frühen 1970er-Jahren) Babykaimane, die mittel- und südamerikanischen Verwandten des Alligators, verkauften, daher ging ich mit dem Vorschlag zu meiner Mutter. Sie sagte nicht gern Nein und meinte daher, wir sollten Charlie Hoessle, der stellvertretender Direktor des Zoos von Saint Louis und ein Freund der Familie war, um Rat fragen, weil sie davon ausging, dass er mir die Sache ausreden würde. Danach begrüßte ich meinen Vater jeden Tag nach der Arbeit mit der Frage: »Hast du heute mit Mr. Hoessle gesprochen?« Geduld gehörte noch nie zu meinen Stärken (und mit zehn Jahren schon gar nicht), daher wurde aus meinem Frust schon nach wenigen Tagen Wut. Wo lag das Problem? Mein Vater wollte warten, bis er Hoessle bei einem Meeting traf, statt ihn einfach anzurufen. Würde dieses Meeting je stattfinden? Gerade als ich jede Hoffnung auf einen reptilischen Mitbewohner aufgeben wollte, kam mein Vater eines Abends nach Hause und verkündete, er habe endlich mit Mr. Hoessle gesprochen. »Und?«, fragte ich ganz zappelig vor Hoffnung und Nervosität. Dann Freude: Hoessle hielt es für eine tolle Idee. Genauso sei er selbst zur Herpetologie gekommen!* Jetzt hatte meine Mutter keine Wahl mehr, und kurze Zeit später wimmelte es in unserem Keller von Reptilien aller Art. Ich hatte die ersten Schritte auf dem Weg zu meiner beruflichen Laufbahn gemacht.

Während ich mich um meine schuppigen Schützlinge kümmerte, las ich fast religiös die Monatszeitschrift *Natural History,* die vom American Museum of Natural History in New York herausgegeben wurde. Ein Höhepunkt in jeder Ausgabe war die Kolumne *This View of Life* des brillanten und belesenen Harvard-Paläontologen Stephen Jay Gould. Der Titel der Kolumne stammte aus dem letzten Satz von Darwins *Über die Entstehung der Arten* und beschäftigte sich regelmäßig mit Goulds heterodoxen Ideen über den Evolutionsprozess. Gould betonte in der Kolumne häufig, die Evolution sei unbestimmt und nicht vorhersagbar. Die Texte waren elegant formuliert, und Gould streute immer wieder Vignetten aus Geschichte, Architektur und Baseball ein, mit denen er überzeugend für seine Weltsicht warb.

Im Jahr 1980 erhielt ich die Studienzulassung für Harvard und freute mich darauf, von diesem großen Mann in seiner bescheiden als Grundstudiumskurs angekündigten Veranstaltung *Die Geschichte der Erde und des Lebens* direkt zu lernen. Und er war persönlich ebenso faszinierend und einnehmend wie auf dem Papier. Doch von allen Dozenten am meisten beeindruckte mich Ernest Williams, der Kurator für Herpetologie des Museums für Vergleichende Zoologie von Harvard (der heute ich bin). Er war ein gebieterischer, älterer Wissenschaftler, empfing aber mich Neuling, der sich für Reptilien interessierte, sehr freundlich. Nach kurzer Zeit studierte ich die spezielle Eidechsenart, die im Zentrum seines Lebenswerks stand.

---

* Die Lurch- und Reptilienkunde.

Anolis-Echsen sind in aller Regel grün oder braun mit Haftflächen an Fingern und Zehen und einem farbenfrohen, aufstellbaren Kehllappen, der sie fotogen und faszinierend macht. Doch wirklich berühmt sind sie in wissenschaftlichen Kreisen für ihre evolutionäre Produktivität. Vierhundert Arten sind bereits bekannt, und jedes Jahr werden weitere entdeckt, sodass *Anolis* eine der größten Wirbeltiergattungen ist. Diese unglaubliche Vielfalt ist das Ergebnis von großem örtlichem Artenreichtum – teilweise leben mehr als ein Dutzend Arten nebeneinander –, kombiniert mit regionalem Endemismus. Die meisten Arten kommen nur auf einer einzigen Insel oder einem kleinen Teil des tropischen amerikanischen Festlands vor.

In den 1960er-Jahren dokumentierte Williams' Doktorand Stan Rand, dass *Anolis*-Arten nebeneinander koexistieren, indem sie sich an verschiedene Teile des Habitats anpassen, manche leben hoch oben in Bäumen, andere im Gras oder auf Zweigen. Williams' große Leistung bestand in der Erkenntnis, dass sich auf jeder Insel der Großen Antillen (Kuba, Hispaniola, Jamaika und Puerto Rico) dieselbe Zusammensetzung an Habitatspezialisten entwickelt hatte: Die Echsen hatten sich auf den vier Inseln jeweils unabhängig diversifiziert, aber die Habitate fast exakt gleich untereinander aufgeteilt.

Als Student führte ich ein Forschungspraktikum über die Interaktionen zweier Arten in der Dominikanischen Republik durch und hatte so einen kleinen Anteil an dieser Geschichte. Ich machte meinen Abschluss, begann ein Dissertationsstudium in Kalifornien und schwor mir, nie wieder über diese Echsen zu arbeiten, weil Williams in seinem Labor bereits alles Entscheidende entdeckt hatte.

Oh, die Naivität der Jugend. Denn wie jeder Wissenschaftler weiß, führt der erfolgreiche Abschluss eines Projekts zwar zur Beantwortung einer Frage, wirft aber drei neue auf. Zwei Jahre und ein Dutzend verworfene Projektideen für meine Dissertation später erkannte ich schließlich, dass Insel-*Anolis* einfach perfekt sind, um die Vorgänge bei der evolutionären Diversifikation zu untersuchen.

Also verbrachte ich vier Jahre in der Karibik, kletterte auf Bäume, fing Eidechsen und gönnte mir hin und wieder eine Piña Colada. Am Ende hatte ich mit den neuesten Analysemethoden gezeigt, dass Williams völlig recht hatte. Auf den verschiedenen Inseln hatten sich unabhängig voneinander anatomisch und ökologisch sehr ähnliche Arten entwickelt. Darüber hinaus hatten meine biomechanischen Untersuchungen – wie Echsen rennen, springen, sich festhalten – die adaptiven Grundlagen für die anatomischen Variationen enthüllt, die erklärten, warum sich Merkmale wie lange Beine oder große Haftsohlen bei Arten entwickelten, die bestimmte Teile des Habitats nutzten.

Die Tinte auf meiner Dissertation war kaum getrocknet, als *Zufall Mensch: Das Wunder des Lebens als Spiel der Natur* in den Buchhandlungen auftauchte, wohl Stephen Jay Goulds bestes Werk. Ich verschlang das Buch und fand die Argumentation überzeugend. Er schrieb, die Wege der Evolution seien verschlungen und nicht vorhersagbar; würde man den Film des Lebens noch einmal ablaufen lassen, käme man zu einem völlig anderen Ergebnis.

Goulds Idee, die Uhr zurückzustellen und den evolutionären Film des Lebens noch einmal ablaufen zu lassen, ist (zumindest in der Natur) unmöglich realisierbar. Allerdings könnte man die Wiederholbarkeit der Evolution auch testen, indem man den gleichen Film an unterschiedlichen Orten ablaufen lässt. Geschieht nicht genau das auf den karibischen Inseln, auf denen ein Urahn der *Anolis*-Echsen angespült wurde? Wenn man davon ausgeht, dass diese Inseln eine mehr oder weniger identische Umgebung darstellen, ist das dann kein Test für die evolutionäre Wiederholbarkeit?

Doch, genau das ist es, und daher befand ich mich in einer intellektuellen Zwickmühle. Gould argumentierte überzeugend, dass Evolution sich nicht wiederholen könne, doch meine eigenen Forschungen zeigten, dass sie genau das tat. Hatte Gould unrecht? Oder war meine Arbeit nur die Ausnahme, welche die Regel bestätigt? Ich entschied mich für die letztere Erklärung und übernahm Goulds Weltsicht, obwohl meine eigene Arbeit ein Gegenbeispiel lieferte.

In den letzten 25 Jahren hatte es diese Sichtweise schwer, denn in dieser Zeit kristallisierte sich ein intellektueller Kontrapunkt zu Goulds Beharren auf der Unvorhersagbarkeit und Nicht-Wiederholbarkeit von Evolution heraus. Diese neue Sicht betont die Allgegenwärtigkeit von adaptiver, konvergenter Evolution: Arten, die in ähnlichen Umgebungen leben, unterliegen demselben natürlichen Selektionsdruck und entwickeln als Anpassung ähnliche Merkmale. Meine *Anolis*-Echsen sind ein Beispiel für eine solche Konvergenz. Vertreter halten sie für einen Beweis, dass Evolution keineswegs verschlungen und unbestimmt ist, sondern tatsächlich gut vorhersagbar: Es gibt nur eine begrenzte Anzahl von Möglichkeiten, wie man in der Natur überleben kann, was dazu führt, dass sich aufgrund natürlicher Selektion immer wieder die gleichen Merkmale herausbilden.

Seit der Veröffentlichung von *Zufall Mensch* hat die Evolutionsbiologie bedeutende Fortschritte gemacht, und ich habe meinen Doktortitel erworben. Neue Ideen, neue Ansätze und neue Methoden für die Datenerhebung sind aufgekommen. Heute beschäftigen sich sehr viel mehr Wissenschaftler mit der Evolution als damals. Das Genom ist geknackt, der Baum des Lebens ist kartiert, Mikrobiome sind entdeckt. Spektakuläre Fossilienfunde haben viel über die Geschichte der Evolution enthüllt.

Diese Daten sagen sehr viel über die Vorhersagbarkeit von Evolution aus. Je mehr wir über die Geschichte des Lebens auf diesem Planeten erfahren, umso deutlicher wird, dass Konvergenzen stattgefunden haben, dass sich ähnliche Erscheinungsformen wiederholt herausbildeten. Meine *Anolis* wirken immer weniger wie Ausnahmen, die Regel gerät ins Wanken.

Aber man kann Evolution nicht nur studieren, indem man Daten darüber sammelt, was im Lauf der Zeitalter passiert ist. Wie man inzwischen weiß, kann man Evolution auch beobachten, während sie geschieht, vor unseren Augen. Und das bedeutet, dass wir, durch die Macht experimenteller Methoden – dem Markenzeichen der Laborforschung –, den Film tatsächlich noch einmal ablaufen lassen können, um die Frage der evolutionären Vorhersagbarkeit zu klären.

Mit Experimenten lässt sich die Evolution hervorragend untersuchen. Und diese Experimente machen Spaß. Manch einer denkt dabei vielleicht an den Chemieunterricht in der Schule. Chemische Stoffe in Bechergläsern zu mischen und sie dann in Reagenzgläser zu füllen, war nicht wirklich spannend – so ging es mir. Aber wenn das Reagenzglas die Bahamas und die Zutaten Eidechsen sind, ist das etwas ganz anderes. Klar, manchmal brennt die Sonne ein bisschen stark vom Himmel, und es gibt nichts Frustrierenderes, als wenn einem eine wichtige Echse entwischt, weil man sich von einem vorbeischwimmenden Delfin ablenken lässt. Aber experimentelle Evolution bildet derzeit die Speerspitze der Evolutionsbiologie, und sie erlaubt, Theorien über Evolution in freier Natur, in Echtzeit zu überprüfen. Was könnte aufregender sein? Inzwischen werden überall auf der Welt Experimente zur Evolution durchgeführt – von den Bergregenwäldern von Trinidad über die Sandhills von Nebraska bis zu den Teichen von British Columbia –, durch die unmittelbar untersucht werden kann, ob Evolution vorhersagbar ist.

Ach, wäre ich doch wieder Doktorand! Dies ist eine tolle Zeit für Evolutionsbiologen, ein goldenes Zeitalter. Mit den verfügbaren Werkzeugen, von Genomsequenzierung bis zu Feldversuchen, können wir endlich Antworten auf die Fragen finden, die unser Fachgebiet im letzten Jahrhundert umgetrieben haben.

Ich begann mit einem Buch über die aktuelle Suche nach einer Antwort auf eine dieser Fragen: Wie vorhersagbar ist Evolution? Doch beim Schreiben wurde mir klar, dass es in diesem Buch um sehr viel mehr gehen musste als nur um das, was die Wissenschaft uns sagt. Wissenschaftliche Erkenntnis erscheint nicht aus dem Nichts; sie ist das Ergebnis langwieriger Arbeiten von Wissenschaftlern, die mit Kreativität und Verständigkeit etwas über die Natur erfahren wollen. Und die Leute, die sich mit der Vorhersagbarkeit von Evolution beschäftigen, sind ein besonders faszinierender Haufen.

Vor diesem Hintergrund wird *Glücksfall Mensch* nicht nur von dem handeln, was wir über Evolution wissen, sondern auch davon, wie wir wissen, was wir wissen. Damit meine ich nicht nur Technologien oder Wissenschaftstheorien, sondern auch, wie Ideen entstehen – wie Forscher auf Ideen kommen, wie diese Ideen durch Erfahrungen im Feld verfeinert werden und wie viel wissenschaftliche Erkenntnis durch die Gegenüberstellung völlig andersartiger Ideen entsteht, die durch unerwartete Beobachtungen miteinander in Einklang gebracht werden. Darüber hinaus erweisen sich scheinbar esoterische akademische Fragestellungen, die diese Forscher untersuchen, doch als wichtig für uns, um unseren eigenen Platz im Universum zu erkennen und zu verstehen, wie das Leben um uns herum mit einer sich verändernden Welt zurechtkommt. Daher ist dieses Buch eine Geschichte über Menschen und Orte, Pflanzen und Tiere, große Fragen und drängende Probleme. Und sie beginnt, wie meine Liebe zur Natur, mit Dinosauriern.

Einleitung

DER GUTE DINOSAURIER

Der Trailer des Pixar-Films *Arlo & Spot* (Originaltitel: *The Good Dinosaur*) beginnt mit einem Asteroidenfeld, in dem es von übergroßen Felsbrocken wimmelt. Ein Asteroid schießt durch den Felshaufen und stößt mit einem anderen Asteroiden zusammen, der dadurch gegen einen dritten geschleudert wird, der wiederum durch den Schwung ins Weltall schießt, direkt auf ein weit entferntes Objekt zu. Er kommt dem Objekt immer näher, und schließlich erkennt man, worauf er da zusteuert: einen blauen Planeten mit grünen Flecken und weißen Wolkenfäden. Zwischen den Szenen wird im Trailer ein Text eingeblendet: »Vor Millionen Jahren starben durch einen Asteroiden alle Dinosaurier dieser Welt aus.« Man sieht, wie der Asteroid in die Erdatmosphäre eindringt und sich glühend orange verfärbt.

Was danach folgt, ist klar: Der Einschlag im Golf von Mexiko, Erdbeben auf der ganzen Welt, Wälder auf der nördlichen Halbkugel gehen in Flammen auf, Rauch verdunkelt den Himmel monatelang. Die Dinosaurier und viele weitere Lebewesen werden ausgelöscht. Ein wahrhaft trauriger Tag. Dieser Pixar-Film ist offensichtlich düsterer als die meisten anderen Produkte der Filmschmiede, eine Tragödie, die mit dem Untergang der großen Reptilien endet.

Oder doch nicht?

»Aber was wäre, wenn ...« wird im Trailer gefragt, und dann ist zu sehen, wie der Asteroid eine Feuerspur durch den kreidezeitlichen Himmel zieht. Grasende Giganten – *Sauropoden*, Dinosaurier mit Entenschnäbeln – schauen kurz auf und widmen sich dann wieder der Aufgabe, ihre hohlen Mägen mit Grünfutter zu füllen. Der Asteroid fliegt vorbei, es ist nur ein

»near miss«, ein Beinahezusammenstoß, kein tödlicher Einschlag. Das Leben geht weiter. Die paradiesischen Zeiten für Dinosaurier dauern an.

Die Antwort auf die Frage »Was wäre, wenn?« ist nun die folgende: Die Dinosaurier waren vor 66 Millionen Jahren auf dem Höhepunkt ihrer Herrschaft. Sie hatten die Erde mehr als 100 Millionen Jahre lang dominiert. Ohne den Asteroiden hätten die Dinos ihre Weltherrschaft fortgesetzt: *T. rex*, *Triceratops*, *Velociraptor*, *Ankylosaurus* – sie alle hätten überlebt. Neue Dinosaurier hätten sich entwickelt und die alten ersetzt. Die sich ewig wandelnde Dinosaurierparade wäre weitermarschiert. Aller Wahrscheinlichkeit nach würden sie heute noch die Erde bevölkern.

Wir wären dann aber wohl nicht hier. Zwar entwickelten sich die ersten Säugetiere vor etwa 225 Millionen Jahren, fast zur selben Zeit wie die Dinosaurier, aber in den ersten 160 Millionen Jahren ihrer Existenz hatten die Säugetiere nicht viel zu melden. Dafür sorgten die Dinosaurier. Unsere pelzigen Vorfahren waren nur eine unbedeutende Randerscheinung in der globalen Biosphäre, meist deutlich kleiner als der kleinste Dinosaurier. Die Ursäuger waren nachtaktiv, um den herrschenden Reptilien aus dem Weg zu gehen, und huschten auf der Suche nach Nahrung, die die Dinos übrig gelassen hatten, durchs Unterholz. Unsere Verwandten in der Kreidezeit waren einem Opossum in Aussehen und Lebensstil recht ähnlich, auch wenn sie wohl eher noch kleiner waren.

Erst nachdem der Asteroid die Dinosaurier ausgelöscht hatte, hatte das Säugetierteam eine evolutionäre Chance – und die Säuger nutzten sie, vermehrten sich rasch, bis sie die leere Ökosphäre bevölkert hatten. So wurde aus den vergangenen 66 Millionen Jahren das Zeitalter der Säugetiere. Aber all das verdanken wir jenem Asteroiden.

Wir alle – Wissenschaftler und Laien – glaubten einst, der Aufstieg der Säugetiere sei unausweichlich gewesen, wir Säugetiere seien, dank unserer großen Gehirne und unserem internen Verbrennungsmotor, der Körperwärme erzeugt, von Natur aus jenen brutalen Reptilien überlegen gewesen. Es habe eine Weile gedauert, so dachte man, aber letztendlich hätten wir die Dinosaurier verdrängt, vielleicht ihre Eier gegessen, bis sie ausgestorben wären, oder sie sonst irgendwie auf ihre Plätze verwiesen.

Das war Quatsch, wie man heute weiß. Im evolutionären Stück des Reptilienzeitalters spielten Säugetiere nur winzige Nebenrollen. Den Dinos ging es an jenem lieblichen Tag im Jahr 66 Millionen v. Chr. wunderbar, das kleine Ungeziefer zu ihren Füßen bedrohte ihre Herrschaft nicht einmal ansatzweise. Ohne den Asteroiden wäre das fröhliche Leben für sie weitergegangen, mit den Intrigen und Machenschaften der Reptilien, neue Arten hätten sich entwickelt, andere wären ausgestorben, so wie es seit Millionen von Jahren gewesen war. Es gibt kaum Anlass zur Annahme, dass wir Säugetiere aus dem Schatten hervorgetreten und zu Hauptakteuren im Ökosystem aufgestiegen wären. Die Dinosaurier waren bereits da, hatten die ökologischen Nischen besetzt und nutzten die Ressourcen – erst nach ihrem Verschwinden gab die Evolution uns die Karten in die Hand.

Ohne den Asteroiden und ohne das Massenaussterben hätte es kein evolutionäres Aufblühen der Säugetiere und somit weder Sie noch mich gegeben. Daher begeisterten mich diese ersten Szenen im Filmtrailer. Pixar hatte einen Film nur über Dinosaurier gemacht und über die Welt, wie sie gewesen wäre, wenn der Asteroid vorbeigerast wäre. Nach 45 Sekunden Vorschau wusste ich, dass der Film ein Erfolg werden würde.

Der Trailer zeigte danach einen *T. rex,* der eine Herde Pflanzenfresser jagt und sie in die Flucht treibt, ein wildes Durcheinander riesiger Herbivoren, langhalsiger Brontosaurier* und dreihörniger *Triceratopse,* ein typischer Tag im Mesozoikum.[1] Doch dann traute ich meinen Augen kaum: Zum einen sahen einige dieser Tiere eher aus wie haarige Großhornbisons und weniger wie *Ceratopse.* Zum anderen aber galoppierte in der nächsten Szene ein *Brontosaurier* daher, dem etwas auf dem Kopf saß – ein menschliches Kind!

Wenn der Asteroid die Erde verpasst hatte, was hatten dann Säugetiere dort zu suchen? Ok, dies war ein Pixar-Film; da erwartet man ein paar

---

* Dinosaurierpuristen merken wahrscheinlich, dass der Name *Brontosaurus* schon lange nicht mehr verwendet wird und aus irgendwelchen seltsamen wissenschaftlichen Gründen durch *Apatosaurus* ersetzt wurde. Diesen humorlosen Besserwissern entgegne ich: »Haha! Dank neuer wissenschaftlicher Entdeckungen wurde der Name *Brontosaurus* im Jahr 2015 wiederbelebt.«

künstlerische Freiheiten (Englisch sprechende Dinosaurier zum Beispiel), aber: Gibt es irgendwelche wissenschaftlichen Hinweise, die eine zeitgleiche Existenz von Brontosauriern, Bisons und einem menschlichen Baby stützten? Wenn die Dinosaurier nicht ausgelöscht worden wären, hätten sich dann trotzdem neue Säugetierarten – Bisons und vor allem wir – überhaupt entwickeln können? Dinosaurier hielten die Säugetiere damals über mehrere Millionen Jahre klein – vor allem körperlich und in ihrem Lebensraum, dem Unterholz. Wäre es irgendwie möglich gewesen, dass Säugetiere nach all der Zeit auch unter der Herrschaft der großen Reptilien den evolutionären Freiraum bekommen hätten und gediehen wären?

Der britische Paläontologe Simon Conway Morris sieht zumindest eine Möglichkeit. Dinosaurier sind Reptilien und mögen es daher heiß. Aufgrund ihrer verminderten Stoffwechselrate produzieren sie kaum Eigenwärme. Solange es draußen warm ist, stellt das kein Problem dar – die Tiere können sich an ihrer Umgebung erwärmen, falls notwendig auch noch in der Sonne zusätzliche Wärme tanken. Eine lange, weltweite Wärmephase ermöglichte die Dinosaurierdynastie. Damals herrschte in weiten Teilen der Welt tropisches Klima, es war eine günstige Zeit für Reptilien.

Doch vor etwa 34 Millionen Jahren änderte sich das Klima. Die Erde kühlte ab. Irgendwann begannen dann die Eiszeiten, Gletscher dehnten sich aus, und in weiten Teilen der Erde wurde es empfindlich frisch. Es gibt einen Grund, warum man hoch im Norden und tief im Süden heute keine Reptilien mehr findet – es ist dort schlicht zu kalt für sie. Conway Morris glaubt, dass diese globale Abkühlung den Säugetieren zum Aufschwung verholfen und ihre evolutionäre Verbreitung beschleunigt hätte, selbst wenn Dinosaurier noch existiert hätten. Die Dinos hätten sich in die tropischen Äquatorregionen zurückziehen und die höheren und mittleren Breitengrade verlassen müssen. So hätten die Säugetiere endlich eine evolutionäre Chance bekommen.

Mal angenommen, Conway Morris läge mit seinem Szenario richtig. Die Säugetiere hätten neue Arten gebildet und ökologische Nischen besetzt, die lange Zeit Dinosaurier eingenommen hatten, sie wären größer und vielfältiger geworden. Vielleicht hätte diese evolutionäre Diversifizierung dank der Eiszeit zu einem ebenso großen und facettenreichen Zeitalter der Säugetiere geführt wie das vom Asteroiden ausgelöste.

Aber wäre es dasselbe Zeitalter der Säugetiere gewesen? Hätte es Elefanten, Nashörner, Tiger und Erdferkel gegeben? Oder hätte diese alternative Welt völlig andere Tierarten hervorgebracht – uns völlig unbekannte Arten, die die Ressourcen der Welt unter sich aufgeteilt und ihre ökologischen Nischen besetzt hätten, aber ganz anders als die Wesen, die uns heute umgeben? Und: Gäbe es heute Menschen, die Babys bekommen, die dann oben auf Pixars Brontosaurier sitzen könnten?

Conway Morris beantwortet diese Frage mit einem überzeugten »Ja«. Er und andere Wissenschaftler in seinem Lager halten Evolution für deterministisch, vorhersagbar, glauben, dass sie jedes Mal denselben Bahnen folgt. Dies liege daran, dass es nur eine begrenzte Anzahl an Möglichkeiten auf der Erde gebe, um zu überleben. Für jedes Problem, vor das die Umwelt ein Lebewesen stellt, gebe es eine einzige, optimale Lösung. Dies führe dazu, dass die natürliche Selektion immer zu den gleichen evolutionären Ergebnissen führe, jedes Mal.

Als Beweis verweisen diese Wissenschaftler auf die konvergente Evolution, das Phänomen, dass Arten unabhängig voneinander ähnliche Merkmale entwickeln. Wenn es nur eine begrenzte Anzahl von Anpassungsmöglichkeiten an bestimmte Umweltbedingungen gibt, dann würde man erwarten, dass Arten, die in ähnlichen Umgebungen leben, die konvergierend gleichen Anpassungen entwickeln, und genau das geschieht auch. Es gibt einen Grund, warum Delfine und Haie sich so ähnlich sehen – sie entwickelten die gleiche Körperform, um sich auf der Jagd nach Beute schnell durchs Wasser bewegen zu können. Die Augen von Kraken und Menschen sind kaum voneinander zu unterscheiden, weil die Vorfahren von beiden sehr ähnliche Organe entwickelt haben, um Licht wahrnehmen und scharf sehen zu können. Die Liste evolutionärer Konvergenzen ist sehr lang. Conway Morris und seine Kollegen halten sie für allgegenwärtig und unvermeidbar und glauben, dass sie uns Vorhersagen darüber erlauben, wie die Evolution verlaufen wäre, wie eine spät einsetzende evolutionäre Radiation der Säugetiere ausgesehen hätte. Conway Morris kommt zu dem Schluss, dass »der Aufstieg aktiver, agiler und auf Bäumen lebender, affenartiger Säugetiere, und letztendlich einer hominiden Art, sich ... ohne den Asteroideneinschlag am Ende der Kreidezeit ... nur verzögert hätte, nicht aber verhindert worden wäre ... sodass die Hominiden nur etwa dreißig Millionen Jahre später aufgetreten wären.«[2] Pixars Vermischung von Babys und Brontos hat also solide Grundlagen.

Aber denken wir mal einen Schritt weiter: Hätte sich eine Art wie die unsere mit einer anderen Abstammungslinie entwickeln können, wenn die Säugetiere es nicht geschafft hätten, aus dem Schatten der Dinos herauszutreten? Wenn Konvergenz so unvermeidlich, der Druck hin zu einer bestimmten Lösung so unerbittlich ist, gibt es keinen Grund, den Aufstieg der Säugetiere als eine notwendige Voraussetzung anzusehen. Eine auf zwei Beinen gehende gesellschaftsbildende Art mit großem Gehirn, vorwärts gerichteten Augen und Vordergliedmaßen, mit denen man Objekte handhaben kann, hätte sich aus irgendeinem anderen Vorfahren entwickeln können. Aber aus welchem, wenn schon nicht den Säugetieren?

Um diese Frage zu beantworten, muss man das Augenmerk nur weg vom guten und hin zum bösen Dinosaurier richten, genauer zum *Velociraptor*, dem Bösewicht aus *Jurassic Park* (und in einer unerwarteten Wendung dem Helden von *Jurassic World*). Das sind mal intelligente Viecher! Diese gerissenen Reptilien arbeiten im Team zusammen, überlisten die erfahrenen Safarijäger und können mit ihren dreifingrigen Händen sogar Türen öffnen. Sie sind außerdem visuell orientiert und laufen auf zwei Beinen. Klingt das irgendwie vertraut?

Bis auf ein paar wenige Ausnahmen war die Darstellung des *Velociraptors* in *Jurassic Park* halbwegs korrekt.* Natürlich weiß niemand, wie intelligent *Velociraptoren* waren, aber sie hatten ein großes Gehirn, und manche

---

* Tatsächlich basierten die Tiere allerdings auf dem eng verwandten Dinosaurier *Deinonychus*. Ein Hauptunterschied zwischen Film und Realität bestand darin, dass der *Velociraptor* aufrecht wahrscheinlich weniger als einen Meter groß war. Doch kurz nach der Premiere von *Jurassic Park* beschrieben Paläontologen einen größeren Cousin des *Velociraptors*, den sie *Utahraptor* nannten und der etwa so groß war wie der Raptor im Film.

Paläontologen vermuten, es könnten soziale Tiere gewesen sein, die in Gruppen lebten und gemeinsam auf die Jagd nach Löwen oder Wölfen gingen. Als alternativer Ausgangspunkt für die Evolution eines hominidähnlichen Tieres bietet sich der *Velociraptor* also an.

Und genau dort begann der kanadische Paläontologe Dale Russell in den frühen 1980er-Jahren.[3] Er beschäftigte sich mit einem engen Verwandten des *Velociraptors*, einem anderen kleinen Theropoden mit dem Namen *Troodon*, der ebenfalls am Ende der Kreidezeit lebte. *Troodon* hatte von allen Dinosauriern das größte Gehirn im Verhältnis zum Körpergewicht. Das Größenverhältnis war dem eines Gürteltiers oder Perlhuhns vergleichbar. Diese Reptilien waren also keine Genies, aber sie waren auch nicht völlig blöd. Russell fiel auf, dass Tiere im Verlauf von mehreren hundert Millionen Jahren immer größere Gehirne entwickelten. Der Umstand, dass das größte Dinosauriergehirn gegen Ende ihrer Herrschaftszeit auftauchte, legt die Vermutung nahe, dass auch Dinosaurier diesem evolutionären Trend hin zu größeren Gehirnen folgten. Was wäre geschehen, fragte Russell, wenn der Asteroid sie nicht ausgelöscht hätte? Wie hätten sich die Nachfahren von *Troodon* entwickelt, wenn die natürliche Selektion sie zu immer größeren Gehirnen gedrängt hätte?

Russell stellte eine Reihe logischer Spekulationen darüber an, wie ein heutiger Nachkomme des *Troodon* aussehen würde: Das größere Gehirn hätte einen größeren Hirnschädel notwendig gemacht; ein größerer Hirnschädel führt in aller Regel zu einer kürzeren Gesichtsregion; schwere Köpfe sind leichter zu balancieren, wenn sie sich an der obersten Spitze des Körpers befinden; das spricht wiederum für eine aufrechte Haltung, was einen Schwanz als Gegengewicht unnötig macht, weil die Vorderhälfte des Körpers nicht mehr nach vorn geneigt ist. Ein paar weitere Annahmen über die optimale Struktur von Armen und Knöcheln für einen aufrechten Gang und, voilà, schon war der wenig elegant benannte »Dinosaurid« beschrieben, ein grünes, geschupptes Wesen, der einem Menschen auf unheimliche Art ähnlich sah, samt Pobacken und Fingernägeln.

Dabei war Russell gar nicht der Frage nachgegangen, wie sich ein Dinosaurier zu einem Humanoiden entwickeln könnte. Er interessierte sich vielmehr dafür, zu welchen weiteren anatomischen Veränderungen die Entwicklung eines vergrößerten Gehirns führen würde. Am Ende seines Projektes stand die Vision eines Wesens, das uns Menschen auffallend ähnelte: ein reptilischer Humanoid.

Russells Evolutionsprognose geht den Vorstellungen von Conway Morris, nach denen die Entstehung von menschenähnlichen Lebensformen unvermeidbar war, zwar um Jahre voraus, aber sie passt zu ihnen. Sie passt so gut, dass Conway Morris in einer Dokumentation der BBC sogar in einem Café neben einem Zeitung lesenden Dinosaurid sitzt und seinen Kaffee schlürft.[4]

Pixar standen also ein paar Optionen für die Handlung offen. Wenn der Asteroid aus der Kreidezeit tatsächlich die Erde verfehlt hätte, dann hätten sich, laut Conway Morris und anderen, trotzdem Menschen entwickelt oder zumindest etwas Ähnliches. Fraglich war nur, ob diese Wesen Haare gehabt hätten, also das Ergebnis einer verspäteten evolutionären Diversifikation der Säugetiere gewesen wären, oder Schuppen, als Ergebnis der natürlichen Selektion durch ein vergrößertes Dinosauriergehirn.

Der Dinosaurid

Kontrafaktisch zu denken, sich zu fragen, was sich ereignet haben könnte, wenn die Geschichte anders verlaufen wäre, macht Spaß. Aber die Frage, ob die Entstehung von Humanoiden unvermeidbar ist, geht über reine Spekulationen zur Geschichte der Erde hinaus.

Heute wissen wir, dass es im Universum viele Planeten gibt, auf denen Leben, so wie wir es kennen, existieren könnte. Diese »habitablen Exoplaneten« sind weder zu heiß noch zu kalt, und sie verfügen über flüssiges Oberflächenwasser. Aktuelle Forschungen legen nahe, dass es allein in der Milchstraße mehr als eine Milliarde solcher Planeten geben könnte. Der nächste ist womöglich nur vier Lichtjahre entfernt.[5]

Nehmen wir einmal an, auf manchen dieser Planeten hätte sich Leben entwickelt. Wie würde es aussehen? Gäbe es dort ähnliche Lebensformen wie hier bei uns? Und wie sähe es mit intelligenten Lebensformen aus, mit unserem Intelligenzniveau oder sogar höherem? Wie sehr würden sie uns gleichen, wenn überhaupt?

Wenn man den Filmen glaubt, dann sind sie uns sehr ähnlich, und manche angesehene Wissenschaftler teilen diese Meinung.»Wenn es uns je gelingt, mit intelligenten Wesen in den Weiten des Alls zu kommunizieren«, schrieb der Biologe Robert Bieri,»dann werden das keine Kugeln, Pyramiden, Würfel oder Pfannkuchen sein. Höchstwahrscheinlich werden sie uns erstaunlich ähnlich sehen.«[6] David Grinspoon, Wortführer des aufstrebenden interdisziplinären Fachbereichs der Astrobiologie,* geht noch einen Schritt weiter:»Wenn [die Aliens] irgendwann wirklich auf dem Rasen des Weißen Hauses landen, dann wird das, was da den Landungssteg hinabgeht oder gleitet, seltsam vertraut aussehen.«[7] Auch Conway Morris vertritt, wenig überraschend, diese Meinung:»Die Zwänge der Evolution und die Allgegenwart von Konvergenzen machen die Entstehung von Wesen wie uns fast unvermeidbar.«[8] Doch bevor ich weiter auf die wissenschaftliche Basis dieser außerirdischen Vorhersagen eingehe, möchte ich noch einmal auf den Planeten Erde zurückkehren.

Nach Südostafrika, um genau zu sein. In den sambischen Wäldern bricht die Nacht schnell herein. Ich bin Herpetologe – ein Echsenforscher –, daher gehört die Beobachtung nachtaktiver Löwen nicht zu meinem Tagesgeschäft, aber ich war vor meiner Feldforschung in Südafrika noch nach Sambia gekommen, um ein wenig Urlaub zu machen. Löwen gewöhnen sich überraschend gut an die Anwesenheit von Fahrzeugen, sodass man sie auf der Jagd begleiten kann, und genau das taten wir.

Irgendwo rechts gab es Bewegung; ein nicht allzu großes Tier näherte sich uns, ohne zu ahnen, dass es sich auf Kollisionskurs mit einem Löwen-

---

* Ja, das ist tatsächlich eine echte wissenschaftliche Disziplin, die sich mit Leben draußen im Universum sowie mit den Ursprüngen des Lebens hier auf der Erde beschäftigt.

rudel befand. Schließlich war es nahe genug, dass man erkennen konnte, was es war – ein Gewöhnliches Stachelschwein. Der gut 25 Kilogramm schwere Nager war von Kopf bis Schwanz mit bis zu 45 Zentimeter langen, spitzen Stacheln bewehrt. Die dienten natürlich der Verteidigung, waren für Situationen wie diese gedacht, aber sie sind nicht immer effektiv. Denn Löwen haben eine Gegenstrategie entwickelt: Sie schieben eine Pfote unter den Körper des Stachelschweins und drehen es um, sodass der verwundbare Bauch oben liegt. Den Rest kann man sich denken.

In einer Folge der TV-Serie *Seinfeld* schaut sich Jerry eine Naturdokumentation über Antilopen an; als die Löwen angreifen, schreit er: »Lauf, Antilope, lauf! Du bist doch so schnell. Flieh!« Am nächsten Abend sieht er sich einen anderen Naturfilm an, bei dem diesmal Löwen im Mittelpunkt stehen. Und als die Löwen eine Antilope angreifen, schreit er: »Schnappt euch die Antilope; fresst sie; beißt ihr den Kopf ab! Lasst sie bloß nicht davonkommen!« Doch in dieser Nacht war ich auf der Seite des Stachelschweins, obwohl wir den Löwen folgten: Lasst das kleine Tier in Ruhe und jagt etwas, das so groß ist wie ihr!

Aber natürlich tun sie das nicht. Eine Löwin ging auf das Stachelschwein zu. Der Nager drehte ihr den Rücken zu, richtete die Stacheln auf, wie eine Katze, die buckelt und sich sträubt, und dann schüttelte er die Stacheln klackernd gegeneinander.

Und das funktionierte, überraschenderweise. Die Löwin zögerte kurz, drehte sich dann um und kehrte zu ihrem Rudel zurück. Das Stachelschwein verschwand wieder in der Dunkelheit.

Spät an jenem Abend spielte ich die Ereignisse im Kopf noch einmal durch und erinnerte mich an frühere Begegnungen mit Stachelschweinen. Stachelschweinverwandte gibt es nicht nur in Afrika und Asien, sondern auch fast überall in der Neuen Welt. Die in Nordamerika einheimischen Baumstachelschweine habe ich in freier Wildbahn nur ein einziges Mal gesehen, und zwar, keine Überraschung auch hier, in einem Baum – in gut neun Metern Höhe aus einem Skilift heraus. In den Regenwäldern Costa Ricas habe ich allerdings häufig Greifstachler gesehen, auch dort vor allem in Bäumen.

Zwei Stachelschweine: Das Gewöhnliche Stachelschwein aus Afrika (links) und der nordamerikanische Baumstachler (rechts)

Zwischen diesen Arten gibt es deutliche Unterschiede. Der auffälligste Unterschied ist die Größe: Das Gewöhnliche Stachelschwein wiegt doppelt so viel wie das Gegenstück aus Nordamerika, das Baumstachelschwein, und dreißigmal so viel wie der winzige Anden-Greifstachler. Entsprechend unterschiedlich lang sind die Stacheln – 35 Zentimeter beim Gewöhnlichen Stachelschwein, zehn Zentimeter beim Baumstachelschwein und noch weniger beim Anden-Greifstachler.* Manche Arten haben rote Nasen, andere braune; Gewöhnliche Stachelschweine haben am Schwanz keine Stacheln. Doch die Unterschiede verblassen im Vergleich mit den Ähnlichkeiten: Allen Arten gemeinsam sind nicht nur die Stacheln, sondern auch der stämmige Körperbau mit kurzen Beinen, die kleinen Augen und die zackige Frisur. Angesichts dieser Ähnlichkeiten zweifelte ich nie daran, dass diese Stachelschweinarten alle zu einer großen, glücklichen Evolutionsfamilie gehörten, dass sie alle von demselben Urstachelschwein abstammten.

Daher war ich ziemlich überrascht, als ich erfuhr, dass ich damit falsch

---

* Die Zahlen beziehen sich auf die steifen, harten Stacheln, die den größten Schaden anrichten. Dünnere, biegsamere Stacheln sind oft erheblich länger.

lag. Die Stachelschweine der Neuen und der Alten Welt sind zwar alle stachlig, aber sie haben keinen gemeinsamen Stammbaum. Die beiden Abstammungslinien verdanken ihr zackiges Aussehen nicht einem gemeinsamen, struppigen Vorfahren, sondern sie haben die Stacheln unabhängig voneinander aus unterschiedlichen, stachellosen Nagetierarten entwickelt. Sie sind das Ergebnis von konvergenter Evolution.

Konvergenzen haben in der Geschichte schon einige Forscher in die Irre geführt. Tatsächlich befinde ich mich in erhabener Gesellschaft. Charles Darwin selbst wurde bei seinem berühmten Besuch auf den Galapagosinseln davon in die Irre geführt. Dort entdeckte er die kleinen Vögel, die heute seinen Namen tragen – die Darwinfinken. Darwin erkannte jedoch nicht, dass diese Vogelarten alle eng miteinander verwandt waren, Nachkommen eines einzigen Finken-Vorfahren, der die Insel einst besiedelt hatte. Er glaubte stattdessen, die Arten stünden für vier Gruppen, die er von zu Hause kannte: Finken, Kernbeißer, Amseln und Zaunkönige.

Nach seiner Rückkehr übergab Darwin seine mitgebrachten Exemplare an den bekannten Ornithologen John Gould. Erst dann erkannte er seinen Fehler. Die Arten waren gar keine Vertreter verschiedener vertrauter Vogelfamilien, sondern gehörten zu einer einzigen Gruppe, die es nur auf den Galapagosinseln gab – Darwin hatte sich von der konvergenten Evolution täuschen lassen. Diese Offenbarung passte zu anderen Erkenntnissen, die Darwin auf seiner Reise gesammelt hatte und die alle auf dasselbe hinwiesen – die »Veränderbarkeit« der Arten. In der überarbeiteten Version des Bestsellers *Die Fahrt der Beagle* aus dem Jahr 1845 nahm Darwin in der Finken-Geschichte vorweg, was ein Jahrzehnt später folgen sollte: »Wenn man diese Abstufung und strukturelle Vielfalt bei einer kleinen, eng verwandten Vogelgruppe sieht, möchte man wirklich glauben, dass von einer ursprünglich geringen Zahl an Vögeln auf diesem Archipel eine Art ausgewählt und für verschiedene Zwecke modifiziert wurde.«

Darwin erkannte durchaus die weiteren Implikationen der Geschichte – dass die Finken auf den Galapagosinseln sich zu unterschiedlichen Arten auseinanderentwickelt hatten, die vertraute Arten in den entsprechenden

Habitaten anderswo widerspiegelten. In *Die Fahrt der Beagle* sprach er die konvergente Evolution zwar noch nicht an, aber vierzehn Jahre später, in *Die Entstehung der Arten,* formulierte er die Vorstellung aus: »Fast auf dieselbe Weise, wie zwei Menschen manchmal dieselbe Erfindung machen, so hat auch die natürliche Selektion … zu fast denselben Modifikationen an zwei Teilen zweier unterschiedlicher Organismen geführt, die ihre Struktur nur zum kleinsten Teil der Vererbung von einem gemeinsamen Vorfahren verdanken.«

Darwin war nicht der einzige frühe Naturforscher, der darauf hereinfiel. Der Naturalist Joseph Banks, der bei Captain Cooks erster Südpazifik-Expedition mit an Bord war, schickte im Jahr 1770 aus der Botany Bay Exemplare und Zeichnungen australischer Vögel zurück nach England. Damit begann eine Flut an Material, das Siedler und Forscher in den folgenden 50 Jahren ins Mutterland sandten, um die Existenz zahlreicher neuer Arten zu belegen.

John Gould trug entscheidend dazu bei, Ordnung in diese Masse neuer Arten zu bringen. Etwa zur selben Zeit, als er mit Darwin über die Finken sprach, beschloss Gould, eine umfassende Beschreibung australischer Vogelarten zu verfassen. Er merkte schnell, dass er selbst nach Australien fahren musste, wenn er es richtig machen wollte. Er packte daher seine Sachen, ließ sich in Down Under nieder und verbrachte dort drei Jahre mit der Produktion eines sieben Bände umfassenden Mammutwerks voller Zeichnungen und Beschreibungen.

Bei Darwins Finken hatte Gould richtiggelegen, aber bei den evolutionären Verwandtschaftsverhältnissen der Vogelwelt Australiens lag er ebenso daneben. Viele australische Vögel gleichen in Aussehen und Verhalten europäischen Arten, wie Zaunkönigen, Grasmücken, Sperlingen, Schnäppern, Rotkehlchen, Kleibern und anderen. Daher ordnete Gould die neu entdeckten australischen Vögel den vertrauten Familien der nördlichen Hemisphäre zu.

Goulds Fehler ist verständlich. In den folgenden anderthalb Jahrhunderten wurden viele äußerst sachkundige Ornithologen gleichermaßen getäuscht und behandelten diese Vögel als koloniale Außenposten, das Ergebnis mehrerer Invasionswellen in Australien durch viele verschiedene Vogelarten.

Doch genetische Untersuchungen ab den 1980er-Jahren zeigten, dass viele dieser Arten in Wirklichkeit Teil einer riesigen australischen Vogelradiation sind, die sich vor Ort entwickelt hat.[9] Diese australischen Vögel sind also eng miteinander verwandt; sie gehören nicht zu vielen verschiedenen Familien aus der nördlichen Hemisphäre, sondern sind mit ihnen konvergent.*

Unerwartete Fälle von konvergenter Evolution werden auch heute noch entdeckt. Tatsächlich gibt es bei unserem Verständnis evolutionärer Verwandtschaftsverhältnisse, dank der Flut genetischer Daten, die heute über viele verschiedene Spezies zur Verfügung stehen, riesige Fortschritte, sodass wir immer bessere Einblicke in den evolutionären Stammbaum des Lebens bekommen. Als Folge davon werden immer neue Fälle aufgedeckt, in denen anatomische Ähnlichkeiten die Forscher auf falsche Fährten führten, weil wir erst jetzt erkennen, dass diese Ähnlichkeiten nicht das Ergebnis einer Abstammung von einem gemeinsamen Vorfahren sind, sondern aus unterschiedlicher Herkunft heraus entstanden.

Darwin fand eine vernünftige Erklärung für diese weite Verbreitung von konvergenter Evolution: Wenn Arten in ähnlichen Umgebungen leben und vor ähnlichen Herausforderungen für ihr Überleben stehen, dann führt die natürliche Auslese zur Ausbildung ähnlicher Merkmale. Große Pflanzensamen sind eine Nahrungsquelle für Vögel, aber sie brauchen große Schnäbel, um diese Samen aufzuknacken. Daher entwickeln sich an Orten mit vielen Pflanzensamen Vögel mit großen Schnäbeln. Wenn überdimensionalen Nagetieren Gefahr durch Großkatzen droht, entwickeln sie Stacheln zur Verteidigung, egal, ob es sich bei diesen Großkatzen um Löwen in Afrika oder um Pumas auf dem amerikanischen Kontinent handelt.

In den letzten beiden Jahrzehnten übertrugen Biologen diese Sichtweise auch auf den Kosmos. Hier, auf der Erde, stehen Arten weltweit und zu allen

---

* Australien wurde nicht in Wellen von Vögeln kolonisiert. Tatsächlich deuten die Daten darauf hin, dass zahlreiche Familien, vor allem Singvögel, in Australien entstanden sind und sich von dort aus über die ganze Welt verbreitet haben.

Hai (oben), Ichthyosaurier (Mitte), Delfin (unten)

Zeiten vor denselben Herausforderungen und entwickeln dieselben Lösungen. Diese Wissenschaftler argumentieren, auch Lebensformen auf erdähnlichen Planeten stünden vor denselben physischen Herausforderungen, die hier auftreten, und dies führe daher zu denselben biologischen Lösungen. Der Paläontologe George McGhee von der Rutgers-Universität meint, es gebe nur einen Körperbau für schnell schwimmende Wasserorganismen, und deswegen ähnelten sich Delfine, Haie, Thunfische und Ichthyosaurier (ein ausgestorbenes Meeresreptil aus dem Dinosaurierzeitalter).

McGhee geht noch einen Schritt weiter: »Wenn es in den Ozeanen des Jupitermondes Europa große, schnell schwimmende Organismen gibt, die unter dem ewigen Eis leben, das ihre Welt bedeckt, dann bin ich sicher, dass sie stromlinienförmige, fusiforme Körper haben …, die stark jenen von Schweinswalen, Ichthyosauriern, Schwertfischen oder Haien ähneln.«[10] Dasselbe sagt auch Conway Morris: »Sicherlich wird es nicht auf jedem erdähnlichen Planeten Leben geben, schon gar keine Humanoiden. Aber eine hoch entwickelte Pflanze wird einer Blume sehr ähnlich sehen. Auch für Fliegen gibt es nur wenige mögliche Bauarten. Wenn man schwimmen will wie ein Hai, schafft man das nur auf wenige Arten. Für Warmblüter, wie Vögel und Säugetiere, gibt es auch nur wenige Möglichkeiten.«[11]

Nicht alle teilen diese Ansicht – und ließen sich dabei von Filmen inspirieren.

In der entscheidenden Szene des Filmklassikers *Ist das Leben nicht schön?* von 1946 ist der verzweifelte George Bailey (gespielt von Jimmy Stewart) überzeugt, dass sein Leben ein Fehlschlag war, und er wünscht sich, er wäre nie geboren worden. Sein Schutzengel, Clarence Odbody, zeigt George daraufhin, wie anders – und wie viel schlechter – das Leben in Bedford Falls verlaufen wäre, hätte George nie existiert: Sein Bruder wäre tot, seine Freunde und seine Familie unglücklich, obdachlos oder im Irrenhaus, ein Schiff voller Soldaten wäre gesunken, die ganze Stadt wäre eine Lasterhöhle. George erkennt, dass sein Leben wertvoll ist, und gibt seine Selbstmordpläne auf. Anschließend wird er von den Stadtbewohnern gerettet, zum Dank für seine guten Taten.

Das American Film Institute ernannte *Ist das Leben nicht schön?* (Originaltitel: *It's a Wonderful Life*) im Jahr 2006 zum inspirierendsten Film aller Zeiten. Auch der berühmte Paläontologe und Evolutionsbiologe Stephen Jay Gould ließ sich von dem Film anregen, wenn auch auf andere Weise als die meisten. Er sah darin eine Parabel für die Evolutionsgeschichte des Lebens und bezog sich sogar im Originaltitel seines Buches *Wonderful Life* (deutscher Titel: *Zufall Mensch*) auf den Filmklassiker. Im Buch betont Gould die Bedeutung von Kontingenz für die Evolution. Seiner Meinung nach bestimmt die genaue Abfolge von Ereignissen den Lauf der Geschichte: A führt zu B, B zu C, C zu D und so weiter. Wenn man in einer historisch kontingenten Welt A verändert, kommt man nicht zu D. Wenn George Bailey nie geboren wird, verläuft die Geschichte von Bedford Falls anders.

Gould schreibt, das Leben sei voller George-Bailey-Ereignisse – manche mit größeren Auswirkungen als andere –, von denen alle dem Leben eine andere Richtung geben könnten. Blitzeinschläge, umstürzende Bäume, Asteroideneinschläge, sogar die zufällige Auswahl, welche genetischen Varianten eine Mutter an ihre Tochter weitervererbt – jedes dieser Ereignisse könnte einen Unterschied ausmachen, der sich auf alle weiteren Zeitalter auswirkt. Wie Bedford Falls ohne George Bailey, schrieb Gould, hätte das »nochmalige, in einer scheinbar unbedeutenden Einzelheit veränderte Abspielen des Bandes, ... ein ... Ergebnis ganz anderer Art hervorgebracht«.[12]

Diese Sichtweise hat weitreichende Auswirkungen auf unser Verständnis der Vielfalt des Lebens. Wenn die Evolution von Kontingenz bestimmt wird, dann kann es keine Vorhersagbarkeit geben, keinen Determinismus nach Conway Morris. Das Endergebnis ist so stark von Zufällen beeinflusst, dass man unmöglich am Anfang vorhersagen kann, was am Ende geschieht. Wenn man noch einmal von vorn beginnt, könnte man zu einem völlig anderen Ergebnis gelangen. Gould kam zu dem entscheidenden Schluss: »Wenn Sie das Band [des Lebens] millionenmal ... ablaufen lassen, bezweifle ich, dass sich nochmals so etwas wie ein *Homo sapiens* entwickeln würde.«[13]

Goulds elegante und überzeugende Argumentation spricht uns alle an. Jeder dachte doch schon einmal voller Reue: »Wenn ich X nicht getan hätte, dann wäre Y nicht passiert.« Wobei X für ein kleineres (ein falsch ausgesprochener Name) oder größeres Ereignis (ein Drink zu viel) stehen kann und Y etwas ist, von dem man sich wünscht, es wäre nie geschehen.

Das Argument mag vernünftig klingen, aber welche Beweise gibt es dafür? Es gibt nur eine einzige Geschichte des Lebens. Wie kann man überprüfen, ob die Evolution wiederholbar ist? Gould schlug dazu ein Gedankenexperiment vor: Man solle das Band des Lebens mit denselben Anfangsbedingungen noch einmal ablaufen lassen, um zu sehen, ob es zum selben Ende kommt. Derartige Gedankenexperimente haben eine lange Tradition in Wissenschaft und Philosophie. Dieses eine wurde mehrfach aufgegriffen und erwies sich als besonders fruchtbar.

Conway Morris und Kollegen widersprechen natürlich Goulds Grundannahme und sagen, das Endergebnis müsse sich nicht grundsätzlich ändern, wenn ein frühes Ereignis anders eintritt. Sie behaupten, die Allgegenwart konvergenter Evolution beweise, wie wenig Einfluss Kontingenzen haben, dass es in vielen Fällen zu mehr oder weniger demselben Ergebnis kommt, unabhängig von der historischen Abfolge der Ereignisse.

Als Gould *Zufall Mensch* schrieb, waren Konvergenz und evolutionärer Determinismus noch kein Thema. Doch in einem Schriftwechsel mit Conway Morris, der neun Jahre später veröffentlicht wurde, gab Gould den Deterministen eine Antwort: Die Bedeutung von Konvergenz werde »überschätzt«, sagte er und verwies auf Australien als Beweisstück A.[14]

Kehren wir noch einmal zu Captain Cooks Expedition zu den Antipoden zurück. Eines der ersten Tiere, denen die Expedition begegnete, war das Känguru, der größte einheimische Pflanzenfresser im heutigen Australien. Kängurus erfüllen dort dieselbe Funktion wie Rotwild, Bisons und unzählige andere Herbivoren im Rest der Welt. Dennoch hatten Kängurus keine konvergente Entwicklung im Vergleich zu diesen anderen Pflanzenfressern durchgemacht, wie Gould (Stephen Jay, nicht John) bemerkte – jedes Kleinkind erkennt, dass Kängurus sich von Rotwild deutlich unterscheiden.

Und dann gibt es da noch den Koala, diesen liebenswerten, bären-
artigen Baumbewohner, der es im Leben langsam angehen lässt und zwanzig Stunden am Tag schläft, während sein Körper die Eukalyptusblätter
entgiftet, die seine Hauptnahrung ausmachen (und die sein Fell nach Men-
thol riechen lassen). Auf der ganzen Welt gibt es kein vergleichbares Tier,
und es gibt auch keine Fossilienfunde, die belegen würden, dass es je
existiert hat.*[15]

Der wahre König unter den evolutionären Unikaten ist allerdings ein
anderes Tier: Giftstachel an den Knöcheln; opulentes Fell; Elektrorezeptoren an der Schnauze, mit denen es elektrische Entladungen in den Muskeln
seiner Beute aufspüren kann; kräftiger flacher Schwanz; Schwimmflossen;
Eier legend; entenartiger Schnabel. Das großartigste Tier der Welt, das
Schnabeltier, ist ein Mischmasch aus Teilen aller möglichen anderen Tiere.
Ein so verwirrendes Lebewesen, dass For-
scher bei den ersten Exemplaren, die gegen
Ende des 18. Jahrhunderts von Sydney über
den Indischen Ozean nach England ver-
schifft wurden, stundenlang vergeblich
nach Nähten suchten, an denen chine-
sische Händler diesen Betrug zusam-
mengeschustert haben mussten.

Dieses Beispiel stammt aus Australien, aber evolutionäre Unikate
kommen überall vor. Giraffen,
Elefanten, Pinguine, Chamäleons – alle diese Arten sind
perfekt an ihre speziellen ökologischen Nischen angepasst. Evolutionäre Kopien dieser Arten gibt es nicht
und gab es auch nie. (Hinweis: »Evolu-

Das Schnabeltier

---

* Seltsamerweise sind die Fingerspitzen von Koalas allerdings mit Rillen und Wirbeln
  bedeckt, die jenen auf unseren Fingern so ähnlich sind, dass es sogar Experten schwer-
  fällt, zwischen Fingerabdrücken von Koalas und von Menschen zu unterscheiden.

tionäres Unikat« muss nicht unbedingt eine einzelne Art bezeichnen. Zum Beispiel gibt es drei lebende Elefantenarten, und in der Vergangenheit gab es noch viele weitere, Mastodons und Mammuts etwa. Doch alle diese Elefantenarten stammen von einem einzigen Urelefanten ab. Deswegen gelten Elefanten als evolutionär einzigartig – die Lebensweise der Rüsseltiere entwickelte sich nur ein einziges Mal.)

Konvergente Evolution ist ein wissenschaftliches Phänomen, und eigentlich sollte man erwarten, dass die Wissenschaft inzwischen zu sagen vermag, warum sie so allgegenwärtig ist. Doch leider ist es gar nicht so einfach herauszufinden, was in der Vergangenheit geschehen ist. An den Hochschulen wird wissenschaftliche Methodik gelehrt: wie Beobachtungen zur Formulierung einer Hypothese führen, die dann mit einem entscheidenden Experiment im Labor überprüft wird. So ließe sich mit einfachen Worten zusammenfassen, wie mechanistisch orientierte Wissenschaften funktionieren – also jene Wissenschaften, die untersuchen, wie etwas funktioniert, eine Zelle oder ein Atom etwa. Sie glauben, ein bestimmtes Gen spiele für das Auftreten eines bestimmten Merkmals eine wichtige Rolle? Dann deaktivieren Sie das Gen mithilfe molekularbiologischer Magie und warten ab, ob das Merkmal immer noch auftritt.

Aber Evolutionsbiologie ist eine historische Wissenschaft. Wir Evolutionsbiologen wollen herausfinden, was sich in der Vergangenheit ereignet hat, genau wie Astronomen und Geologen. Und wie Historikern erschwert auch uns die Asymmetrie des Zeitstrahls die Arbeit – wir können nicht in der Zeit zurückkreisen, um zu sehen, was damals vor sich ging. Darüber hinaus ist Evolution auch ein berüchtigt langsamer Vorgang, sodass es nahezu unmöglich erscheint, ihn zu beobachten.

Stephen Jay Goulds erdachte ein Experiment, das wir gerne durchführen würden: Man lässt die Evolution immer wieder ablaufen und überprüft, wie stark das Ergebnis durch verschiedene experimentelle Störungen beeinflussbar ist. Doch derartige Ideen heißen nicht umsonst Gedankenexperimente – sie sind in der Realität nicht durchführbar. Oder zumindest glaubte man das lange.

Doch es stellte sich heraus, dass Darwin und alle Biologen des folgenden Jahrhunderts sich in einem entscheidenden Punkt irrten: Evolution ereignet sich nicht immer im Schneckentempo. Wenn der natürliche Selektionsdruck hoch ist – etwa, wenn sich die Bedingungen ändern –, dann kann die Evolution Lichtgeschwindigkeit erreichen. (Die Geschichte, wie wir herausfanden, dass Evolution genauso Hase wie Igel sein kann, erzähle ich in Kapitel vier.)

Die schnelle Evolution ermöglicht uns mehr, als nur zu beobachten, ob und wie eine Art reagiert. Heute entwickeln Forscher eigene Evolutionsexperimente, die Darwin in Staunen versetzt hätten. Sie verändern die Bedingungen kontrolliert und statistisch basiert. Wir können evolutionäre Abläufe draußen in der Natur bei echten Populationen beobachten. Forscher stecken helle und dunkle Mäuse in 2000 Quadratmeter große Käfige in den Sanddünen von Nebraska, setzen Guppys in Trinidad von Flüssen mit Fressfeinden in Flüsse ohne Raubfische um und verfrachten Gespenstschrecken (lange grüne oder braune Verwandte der Gottesanbeterinnen, die aussehen wie kleine Zweige) von einem Habitat in ein anderes.

Einige dieser Experimente habe ich selbst durchgeführt, ich überprüfte die Hypothese, warum manche kleine Eidechsen auf den Bahamas kurze Beine entwickelt haben und manche lange. Ich weiß, wie sich das anhören muss, aber meine Kollegen und ich sind bereit, für die Wissenschaft Opfer zu bringen. Es ist schmutzige Arbeit, draußen auf einer wunderschönen, windgepeitschten Insel mitten im Ozean zu sitzen, aber einer muss sie machen, und das waren eben wir. In Kapitel sechs erzähle ich genauer davon. Jetzt verrate ich nur, dass man sehr schnell sieht, wie sich eine Eidechsenpopulation entwickelt, wenn man Jahr für Jahr auf die Bahamas zurückkehrt und die Beine von Tausenden Eidechsen mit einem mobilen Röntgengerät vermisst. Vor allem aber entwickeln sich die Populationen auf diesen Inseln schnell und in vorhersagbare Richtungen, wenn man die Lebensbedingungen der Eidechsen experimentell verändert und sehr schnell dafür sorgt, dass die Tiere ihr Habitat anders nutzen.

Evolutionsexperimente in der Natur stehen erst ganz am Anfang, aber im Labor arbeiten Wissenschaftler schon seit Jahrzehnten so. Bei diesen

Untersuchungen wird der Realismus der freien Wildbahn durch die Hyperpräzision des Labors ersetzt, die äußerste Kontrolle über die Bedingungen erlaubt, denen die sich entwickelnden Populationen unterliegen. Darüber hinaus erlauben kurze Lebenszeiten von Labororganismen, vor allem von Mikroben, Langzeitstudien, die mehrere Generationen umfassen und der Evolution mehr Gelegenheiten bieten, sich auszuwirken.

Ich vergleiche Evolutionsbiologie oft mit der Arbeit eines Detektivs. Ein Verbrechen wurde begangen – oder in diesem Fall hat sich etwas entwickelt –, und wir wollen wissen, was geschah. Mit einer Zeitmaschine würden wir zurückreisen und es uns selbst ansehen. Weil das nicht möglich ist, und eben auch nicht, die Anfangsbedingungen herzustellen und noch einmal in Gang zu setzen (mit einer wichtigen Ausnahme, auf die ich in Kapitel neun eingehen werde), stehen wir mit einer Handvoll Hinweisen da und müssen, wie Sherlock Holmes, die Lösung selbst rekonstruieren, so gut wir können. Zur Verfügung stehen uns dafür die Muster der Evolutionsgeschichte, die heute lebenden Arten und die Fossilien des Lebens, wie es in der Vergangenheit existiert hat. So können wir nachvollziehen, in welchem Umfang die Evolution mehrfach das gleiche Ergebnis hervorgebracht hat. Und wir können die Evolutionsprozesse untersuchen, die heute ablaufen. Mithilfe dieser Experimente lässt sich feststellen, wie wiederholbar und vorhersagbar Evolution ist: Kommt man immer zum gleichen Endergebnis, wenn man am gleichen Punkt beginnt? Und wenn man unterschiedliche Anfangsvoraussetzungen hat, aber auf dieselbe Weise selektiert, wird man dann zum gleichen Ergebnis konvergieren? Wir können zwar das Band des Lebens nicht noch einmal von vorn ablaufen lassen, aber wir können die Muster und Prozesse der Evolution untersuchen. Wissenschaftler fügen diese Erkenntnisse zusammen und gelangen so zu einem immer besseren Verständnis der Wiederholbarkeit von Evolution.

In diesem Buch geht es darum, in welchem Umfang sich das Leben wiederholt, in welchem Umfang verschiedene Arten ähnliche Anpassungen als Reaktion auf ähnliche Umweltbedingungen entwickeln. Oder etwas vornehmer ausgedrückt: Es geht um Determinismus, darum, ob natürliche

Selektion unausweichlich die gleichen evolutionären Ergebnisse hervorbringt oder ob bestimmte Ereignisse in einer Abstammungsgeschichte – die Zufälle der Geschichte – das Endergebnis beeinflussen.

Gleichzeitig geht es darum, wie Wissenschaftler sich mit diesen Themen beschäftigen, wie sie in den abgelegensten Ecken der Welt Werkzeuge entwickeln, um die evolutionären Ursprünge des Lebens zu verstehen. Und es geht um die Entwicklung der Wissenschaft selbst, wie neue Theorien und Forschungsprogramme entstehen, um diese Theorien zu überprüfen. Besondere Aufmerksamkeit werde ich neu aufkommenden experimentellen Methoden in der Evolutionsforschung widmen, einem Ansatz, der mehr als ein Jahrhundert lang nach Darwin undenkbar war.

Dieses Buch steckt voller Wissenschaftler und ihren Forschungen, in sterilen Laboren und in der Wildnis, aber das Thema ist nicht nur von akademischem Interesse. Evolution ereignet sich heute noch überall, und sie hat größere Auswirkungen, als uns nur Antworten auf alte Fragen zu liefern. Besonders zu erwähnen sind hierbei die direkten evolutionären Kämpfe, die zwischen uns Menschen und unseren Kommensalen ausgefochten werden. Auf der einen Seite wehrt sich die Natur gegen unsere Bemühungen, sie unter unsere Kontrolle zu bringen. Manche Arten betrachten wir als Ungeziefer, weil sie die Frechheit besitzen, Ressourcen zu verbrauchen, die wir für uns selbst reservieren wollen. Unkraut, das in unseren Feldern wuchert, Ratten, die unser Getreide fressen, Insekten, die unsere Ernten zerstören. Wir setzen ein ganzes Arsenal chemischer – und zunehmend genetischer – Waffen ein, um sie unter Kontrolle zu bringen, aber sie entwickeln rasch neue Abwehrmethoden.

Manchmal sind auch die mehr als sieben Milliarden Menschen selbst die Ressource, die genutzt wird. Malaria, HIV, Hantaviren, Virusgrippe – für Mikroorganismen sind unsere Körper nur eine Beute unter vielen, und sie sind im Vorteil, weil sie sich immer weiterentwickeln. Wir bekämpfen sie, wie das Ungeziefer in der Landwirtschaft, mit Chemikalien, gegen die sie rasch Resistenzen entwickeln.

Hier wird die Debatte zwischen Determinismus und Kontingenz persönlich. Wenn wir nicht nur vorhersagen können, wie schnell die Evolution voranschreitet, sondern auch, welche Formen sie annehmen wird, dann können wir daraus ein Grundsatzprinzip ableiten und so effektiver auf neue Entwicklungen reagieren. Aber wenn jeder Fall von schneller Evolution von den zufallsbestimmten, genauen Umständen abhängt, dann müssen wir bei jedem neuen Unkraut, jedem Ungeziefer und jeder Krankheit wieder ganz neu herausfinden, wie unser evolutionärer Gegner sich anpasst und was wir dagegen unternehmen können.

Doch die Debatte über Kontingenz versus Determinismus beeinflusst uns noch auf eine weitere, weniger greifbare Weise. Menschen unterliegen konvergenter Evolution ebenso wie alle anderen Spezies. Dass wir als Erwachsene Milch trinken können, ist eine unter Tieren einzigartige Fähigkeit, die natürlich erst relevant wurde, als wir vor ein paar tausend Jahren anfingen, Nutztiere zu halten; seither hat sie sich in verschiedenen pastoralen Gesellschaften weltweit konvergent entwickelt. Auch die Hautfarbe, die in der Geschichte der Menschheit eine so große Rolle spielt, ist das Ergebnis konvergenter Evolution, ebenso wie die Fähigkeit, in großer Höhe überleben zu können, und viele andere Merkmale.

Die menschliche Art selbst ist nicht konvergent. Wir sind einzigartig, haben keinen evolutionären Zwilling. Sagt unser Verständnis des evolutionären Determinismus irgendetwas darüber aus, wie wir uns entwickelt haben oder warum? Hätte es uns nicht gegeben, hätte dann eine andere Abstammungslinie unseren Platz eingenommen und wären diese anderen uns ähnlich gewesen? So ähnlich, dass einer von ihnen dieses Buch geschrieben hätte, wenn auch vielleicht mit schuppigen, dreifingrigen Händen? Und wenn nicht hier, dann vielleicht auf den Jupitermonden oder auf xh3-9?

Aber ein Schritt nach dem anderen. Zunächst möchte ich wieder zur Erde zurückkehren und herausfinden, wie verbreitet die konvergente Evolution auf unserem eigenen Planeten ist.

Teil 1

DOPPELGÄNGER
DER NATUR

Kapitel 1

EIN EVOLUTIONÄRES DÉJÀ-VU

Stellen Sie sich einen Wal vor, der durchs Meer schwimmt: ein stromlinien-förmiger Körper, Schwimmflossen, eine kleine Finne auf dem Rücken, ein auf und ab wogender Schwanz. Angesichts dieses fischähnlichen Erschei-nungsbilds kann man es den alten Griechen kaum verdenken, dass sie Wale für eine Fischart hielten. Diese Vorstellung hielt sich jahrtausendelang, bis Carl Linnæus vor 250 Jahren klarstellte, dass sie falsch war. Er erkannte an bestimmten Merkmalen dieser riesigen Meerestiere, vor allem daran, dass sie lebenden Nachwuchs gebären und Milchdrüsen haben, dass sie Säugetiere sind.* Die Griechen ließen sich von einer konvergenten Evolu-tion täuschen.

Seit den prälinnæschen Forschern sind wir weit gekommen. Wir wissen jedenfalls viel mehr über Evolution und haben dank unseres besseren Ver-ständnisses der Anatomie und der evolutionären Beziehungen zwischen Spezies schon unzählige Fälle von konvergenter Evolution entdeckt. Doch unsere Liste ist noch lange nicht vollständig. Bei der Auswertung der stän-dig neuen Daten aus der Molekularbiologie stellen wir immer wieder fest, dass wir uns, wie einst die Griechen, getäuscht haben, dass Spezies, deren Ähnlichkeiten wir für das Erbe eines gemeinsamen Vorfahren hielten, stattdessen unabhängig voneinander die gleichen Merkmale entwickelten.

Das zeigen zwei neuere Beispiele. Seeschlangen gehören in mancher Hinsicht zu den gefährlichsten Schlangen. Das Gift einiger Arten ist Trop-

---

* Wir wissen inzwischen, dass nicht alle Säugetiere lebenden Nachwuchs gebären. Schnabeltiere und Ameisenigel – die zu den Kloakentieren gehören – legen Eier. Die beiden offensichtlichsten Merkmale aller Säugetiere sind die Milchproduktion und die Behaarung (obwohl einige Säugetiere wie die Wale nur ein paar Schnurrhaare haben).

fen für Tropfen genauso tödlich wie das anderer Giftschlangen. Doch zum Glück beißen die meisten Seeschlangen selten, selbst wenn sie berührt werden. Das gilt allerdings nicht für die Schnabel-Seeschlange *(Enhydrina schistosa)*, die sich aggressiv verteidigt und 90 Prozent der weltweit verzeichneten menschlichen Todesopfer von Seeschlangen zu verantworten hat. Ihren Namen verdankt sie ihrer schmalen Schnauze, die über den Unterkiefer hinausragt. Die Spezies kann regional sehr häufig vorkommen, und ihr riesiges Verbreitungsgebiet reicht vom Persischen Golf bis nach Sri Lanka und Südostasien und hinunter nach Australien und Neuguinea. Damit gehört sie zu den am weitesten verbreiteten Schlangenarten der Welt.

Das dachte man jedenfalls. 2013 berichtete ein Team von Wissenschaftlern aus Sri Lanka, Indonesien und Australien,[1] sie hätten bei genetischen Standardvergleichen zwischen Populationen der Spezies ein absolut ungewöhnliches Ergebnis erhalten. Obwohl die anatomischen Unterschiede zwischen den Populationen im ganzen Verbreitungsgebiet der Spezies gering waren, waren die genetischen Unterschiede beträchtlich. Und nicht nur das. Die australischen Populationen der australischen Schnabel-Seeschlange waren anderen australischen Seeschlangenarten genetisch ähnlicher als den asiatischen Populationen ihrer eigenen Art. Und die Populationen von asiatischen Schnabel-Seeschlangen waren gleichfalls mit anderen asiatischen Seeschlangenarten am engsten verwandt. Mit anderen Worten, es gibt nicht nur eine Spezies von Schnabel-Seeschlangen, sondern zwei. Und die typischen Merkmale der Spezies – nicht nur ihr »Schnabel«, ihre Färbung und ihr allgemeines Erscheinungsbild, sondern auch ihre Aggressivität – haben sich konvergent entwickelt, sodass entfernte Verwandte von der anderen Seite des Indischen Ozeans für Exemplare derselben Spezies gehalten wurden.

Für alle, die noch nie eine Seeschlange gesehen haben, folgt jetzt ein alltäglicheres Beispiel. Als Jugendlicher war ich geistig und körperlich ziemlich unschuldig. Ich war spät dran, was den Genuss von Stimulanzien und Sinnesfreuden betraf. Als junger Erwachsener war ich eines Tages bei einer Freundin zu Besuch, die mir Tee anbot. Ich war kein Teetrinker, aber ich wollte weltgewandt und sympathisch wirken, deshalb nahm ich das

Angebot an. Bald begann ich, mich seltsam zu fühlen. Mein Körper kribbelte, meine Hände zitterten, und mein Herz raste. Ich überlegte mir, ob das eine Herzattacke sein könnte, aber dann sagte ich mir, dass ich dafür zu jung war, außerdem putschten Herzanfälle einen wohl kaum so auf. Ich kann mich nicht mehr genau erinnern, wie ich, um Gelassenheit bemüht, meine Gastgeberin fragte, was ich da trank. Sicher gab ich beiläufig zu, dass ich mich ein bisschen sonderbar fühlte, aber sie erklärte mir schnell, dass das eine besonders belebende Teesorte war, die damals Red Bull am nächsten kam. Heute komme ich morgens mit einer Tasse Kaffee auf Touren, aber nach vier Uhr nachmittags meide ich den Muntermacher strikt. Wenn ich zu einer späteren Tageszeit Kaffee trinke, liege ich die ganze Nacht wach.

Vielleicht ist es bei Ihnen anders, aber mir scheint, dass es zum Leben gehört, dieselben Lektionen ständig neu zu lernen. So wälzte ich mich kürzlich im brasilianischen Pantanal nachts schlaflos im Bett herum, obwohl ich einen harten Tag hinter mir und eine schwere Mahlzeit im Magen hatte. »Warum kann ich bloß nicht schlafen?«, fragte ich mich, während mein Geist von einem Gedanken zum nächsten raste. Dann kam mir ein Verdacht. Dieses unbekannte fruchtige Erfrischungsgetränk beim Abendessen. Ich hatte Durst gehabt und zwei große Gläser davon getrunken. Es war kohlensäurehaltig und schmeckte ein bisschen nach Apfelsaft.

Eine kurze Suche im Internet ergab, dass diese Limonade Guaraná Antarctica heißt und aus der Guaraná-Pflanze hergestellt wird. Das ist eine großblättrige Kletterpflanze aus der Familie der Seifenbaumgewächse, die aus dem Regenwald des Amazonasbeckens stammt. Und raten Sie mal, was Guaraná-Samen in großen Mengen enthalten. Dieselbe Verbindung, die in Kaffee und Tee, Cola und Mountain Dew und der Schokolade in Hostess Ding Dongs enthalten ist. Ein Purinalkaloid, chemische Bezeichnung: 1,3,7-Trimethylpurine-2,6-dione, Molekülformel: $C_8H_{10}N_4O_2$.

Koffein.

Ich kannte zwar viele Koffeinlieferanten (wie Cola, Tee, Energydrinks), doch ich hatte nie weiter darüber nachgedacht, wo das Koffein selbst eigentlich herkommt. Kaffee und Tee macht man aus den gleichnamigen

Pflanzen, Cola-Limonaden (zumindest ursprünglich) aus der Nuss des Ko-labaumes, Schokolade aus Kakao und Guaraná Antarctica aus den Samen der Guaraná-Pflanze (die doppelt so viel Koffein enthalten wie Kaffeeboh-nen). All diese Pflanzen produzieren Koffein. Und zwar nicht verschiedene Sorten, sondern genau das gleiche Molekül. Koffein ist Koffein, egal, wo es herkommt. Ein Molekül, viele Quellen.

Als Evolutionsbiologe hätte ich mich eigentlich neugierig fragen müs-sen, ob die vielen verschiedenen Pflanzen, die Koffein produzieren, eng mit-einander verwandt sind oder ob die Koffeinproduktion sich mehrmals kon-vergent entwickelte, aber ich war wohl nicht geistesgegenwärtig genug, um auf diesen Gedanken zu kommen.

Zum Glück beschlossen ein paar wissbegierigere Botaniker, genau die-ser Frage nachzugehen. In einer 2014 veröffentlichten Arbeit[2] zeigte ein internationales Forscherteam mit genetischen Daten auf, dass sich die Kof-feinproduktion in diesen Pflanzen unabhängig entwickelte. Der erste Teil ihres zweiteiligen Ansatzes war ein DNA-Vergleich vieler Pflanzenarten, um einen evolutionären Stammbaum der Beziehungen zwischen den Kof-fein produzierenden Pflanzen zu erstellen. Sie konzentrierten sich auf drei Pflanzen: Kaffee, Tee und Kakao. Solche evolutionären Stammbäume – der Fachbegriff für sie ist Phylogenien – sind wie Familienstammbäume. Eng verwandte Spezies stehen nahe beieinander und können ihre Abstammung direkt zu einem letzten gemeinsamen Vorfahren zurückverfolgen, so wie Geschwister ihre Abstammungslinie direkt zu ihren Eltern zurückverfol-gen können, die unmittelbar unter ihnen stehen. Entfernte Verwandte, bei-spielsweise der Cousin zweiten Grades des Großvaters, erscheinen auf rela-tiv weit voneinander entfernten Ästen der Phylogenie, und man muss sich im Baum tiefer hinabarbeiten – in der evolutionären Zeit weiter zurück-gehen –, um ihren letzten gemeinsamen Vorfahren zu finden.

Die Phylogenie des Forscherteams zeigte, dass Kaffee, Tee und Kakao auf unterschiedlichen Ästen des evolutionären Stammbaums auftauchen – sie sind also nicht eng verwandt. Vielmehr sind die Kakaopflanzen enger mit Ahorn- und Eukalyptusbäumen verwandt als mit Tee- oder Kaffee-pflanzen. Und die Kaffeepflanzen stammen von einem Vorfahren ab, aus

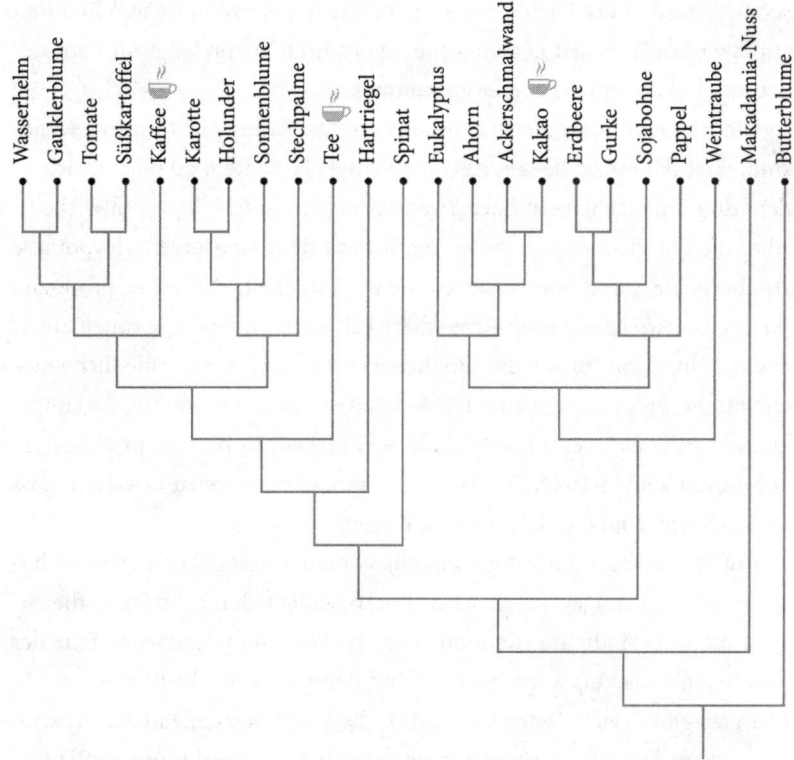

Die obige Phylogenie illustriert die evolutionären Beziehungen von ausgewählten Eudi-kotyledonen (Pflanzen mit einem bestimmten Pollentyp, die mehr als die Hälfte aller Pflanzenarten ausmachen). Arten, die einen gemeinsamen Vorfahren haben, sind mit-einander enger verwandt als mit Arten, die nicht von diesem Vorfahren abstammen. Die dampfenden Tassen stehen für Spezies, die Koffein produzieren. Weil diese drei Spezies nicht eng verwandt sind, ist die wahrscheinlichste Erklärung, dass das Koffein sich in jeder der Gruppen unabhängig entwickelte (eine andere Möglichkeit wäre, dass die Koffeinproduktion der Ahnenzustand war und mehrmals unabhängig verloren ging, aber dieses Szenario setzt viel mehr evolutionäre Veränderungen voraus und ist daher weniger wahrscheinlich).

dem auch Kartoffeln und Tomaten hervorgingen, aber weder Tee- noch Kakaopflanzen.

Der Tee befindet sich auf einem eigenen evolutionären Ast, relativ weit von den anderen Spezies der Studie entfernt. Anders formuliert: Wir müssen tief unten in der Phylogenie suchen, also in der evolutionären Zeit weit zurückgehen, um den gemeinsamen Vorfahren zu finden, von dem der Tee, der Kakao und der Kaffee abstammen.

Die Tatsache, dass Koffein produzierende Arten nicht eng verwandt sind, lässt darauf schließen, dass die Fähigkeit, Koffein zu bilden, sich in den drei Pflanzentypen höchstwahrscheinlich unabhängig entwickelte. Aber die Forscher gingen weiter, um ihre Koffein-Konvergenz-Hypothese zu überprüfen, und untersuchten, wie die Fähigkeit, Koffein zu produzieren, sich entwickelte. Wenn Arten diese Fähigkeit unabhängig voneinander entwickeln, dann tun sie das möglicherweise durch unterschiedliche biochemische Prozesse, die eine DNA-Analyse aufzeigen könnte. Im umgekehrten Fall, also wenn die Arten ihre Fähigkeit, Koffein zu produzieren, von ihrem gemeinsamen Vorfahren erbten, dann wäre zu erwarten, dass sie das Koffein auf die gleiche Weise bilden.

Koffein wird produziert, indem ein Vorläufermolekül namens Xanthosin in Koffein umgewandelt wird. Das geschieht durch Enzyme, die sogenannten N-Methyltransferasen (kurz NMTs), die schrittweise Teile des Xanthosin-Moleküls wegschneiden und dann neue Stücke hinzufügen. In Pflanzen gibt es viele Typen von NMTs, die ganz unterschiedliche Funktionen haben. Sie entwickelten sich ursprünglich also nicht, um Koffein zu produzieren. Vielmehr war die Entwicklung der Fähigkeit zur Koffeinproduktion das Ergebnis einer evolutionären Veränderung in diesen bereits vorhandenen Enzymen.

Die Forscher untersuchten das Genom verschiedener Arten, isolierten die DNA der verschiedenen NMTs und entdeckten, dass die modifizierten NMTs im Kaffee sich von den modifizierten NMTs im Tee und im Kakao unterscheiden. Die evolutionären Wege zur Koffeinproduktion waren also unterschiedlich – die Konvergenz entstand über verschiedene Entwicklungspfade.

Die Evolutionsbiologie unterscheidet sich insofern von anderen Wissenschaften, als ihre grundlegenden Erkenntnisse über die Geschichte des Lebens sich nicht von Grundprinzipien ableiten lassen. Sie ist keine deduktive

Wissenschaft. Man kann sich nicht an die Tafel stellen und die Formel für ein Schnabeltier herleiten. Vielmehr ist sie eine induktive Wissenschaft, in der allgemeine Prinzipien sich aus der Auswertung zahlreicher Fallstudien ergeben. Die Masse der gesammelten Forschungsergebnisse erlaubt es uns, regelmäßige Vorkommnisse von selten auftretenden Phänomenen zu unterscheiden. Anders ausgedrückt, Evolution findet auf vielen unterschiedlichen Wegen statt – so gut wie alles, was denkbar ist, hat sich irgendwann irgendwo in irgendeiner Spezies entwickelt. In einem ausreichend großen Zeitraum wird irgendwann sogar das Unwahrscheinliche entstehen. Wie der Mathematiker Ian Malcolm in *Jurassic Park* sagt: »Das Leben findet einen Weg.« Um die Hauptmuster in der Entwicklung des Lebens zu verstehen, fragen wir daher nicht: »Was kann geschehen?«, sondern: »Was geschieht in der Regel?«

So ist es auch mit der evolutionären Konvergenz. Die gängige Meinung ist, dass konvergente Evolution zwar vorkommt, aber nicht unbedingt zu erwarten ist. In wissenschaftlichen Arbeiten werden regelmäßig Wörter wie »verblüffend«, »erstaunlich« oder »überraschend« benutzt, wenn von einer konvergenten Evolution berichtet wird. Die Medien übernehmen diese Auffassung und behandeln jedes weitere veröffentlichte Beispiel, als wäre es sensationell und unerwartet.

Aber all das ändert sich allmählich. Seit einigen Jahren vertritt eine Gruppe führender Wissenschaftler die gegenteilige Meinung. Sie argumentiert, Konvergenz sei allgegenwärtig. Es sei keineswegs eine überraschende Entdeckung, dass viele, oft nur entfernt verwandte Arten das gleiche Merkmal entwickelten, um sich an ähnliche Umweltbedingungen anzupassen. Die Wissenschaftler zogen aus der von ihnen wahrgenommenen Allgegenwart dieses Phänomens eine allgemeinere Schlussfolgerung: Die Evolution ist deterministisch von der natürlichen Auslese dazu getrieben, die gleichen adaptiven Lösungen für Probleme zu entwickeln, die die Umwelt aufwirft. Aus dieser Sicht spielen die Kontingenzen der Geschichte eine untergeordnete Rolle, weil ihre Auswirkungen durch den vorhersehbaren Druck der natürlichen Selektion eliminiert werden.

An der Spitze dieser Bewegung steht Simon Conway Morris. Der sanftmütige und selbstironische Paläontologe von der Universität Cambridge scheint nicht der Typ zu sein, der für Aufregung sorgt, aber hinter seinem bescheidenen Auftreten verbirgt sich ein scharfsinniger Kämpfer, der für ein radikales Überdenken der Rolle der Replikation im evolutionären Prozess eintritt.

Dass Conway Morris ein Verfechter der konvergenten Evolution und ein heftiger Kritiker von Stephen Jay Gould werden sollte, war zunächst nicht zu erwarten. Als junger Mann machte er sich als Doktorand von der Universität Cambridge einen Namen, als er für seine Doktorarbeit die bizarren Tiere aus dem legendären Burgess-Schiefer, einer geologischen Formation in den kanadischen Rocky Mountains, erforschte. Aber dabei konzentrierte er sich auf ein Phänomen, das das Gegenteil von konvergenter Evolution zu sein schien.

Der Burgess-Schiefer bildete sich vor rund 511 Millionen Jahren, während der kambrischen Periode, als die Fauna, wie wir sie kennen, gerade erst entstand. Davor waren die Lebensformen einfacher, in der Regel mehr oder weniger flach und von fremdartiger Gestalt. Wie diese eigentümlichen Lebensformen sich in die Vorfahren der heutigen Lebewesen umwandelten, ist immer noch umstritten, aber es war ein schneller und sehr produktiver Prozess, der zur sogenannten kambrischen Explosion führte. In dieser geologisch kurzen Zeitspanne tauchen die meisten uns bekannten Tierstämme – Weichtiere, Stachelhäuter, Krustentiere, Wirbeltiere – zum ersten Mal in der fossilen Überlieferung auf.

Aber damals entstanden nicht nur die Vorfahren der heutigen Fauna. Als die Fossilien des Burgess-Schiefers Anfang des zwanzigsten Jahrhunderts von dem Paläontologen Charles Walcott, der damals Direktor der Smithsonian Institution war, entdeckt wurden, wurden alle bereits bekannten taxonomischen Gruppen zugeordnet – den Weichtieren, Krustentieren, Würmern etc. Aber als Conway Morris ein halbes Jahrhundert später die Fossilien erneut untersuchte, stellte er fest, dass viele dieser kambrischen Spezies paläontologische Sonderlinge waren, ohne klare Gemeinsamkeiten mit irgendeinem anerkannten Taxon. (Ein Taxon ist eine evolu-

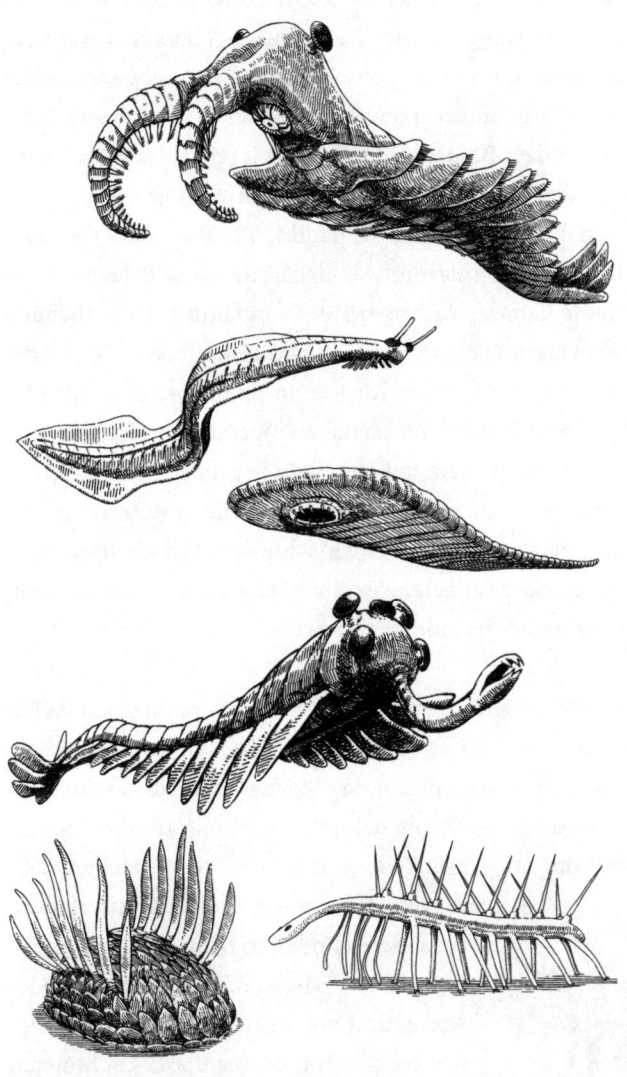

Bewohner des Ökosystems Burgess-Schiefer vor 511 Millionen Jahren:
Von oben nach unten: Anomalocaris, Pikaia, Odontogriphus, Opabinia,
Wiwaxia (links), Hallucigenia (rechts).

tionäre Gruppe wie die Fische oder die Weichtiere, mehrere solcher Gruppen sind Taxa. Der Begriff »Taxon« kann für jede evolutionäre Ebene – von der Spezies oder der Gattung bis zum Naturreich – verwendet werden.) Walcott, der vielleicht zu sehr von Verwaltungsaufgaben abgelenkt oder schlicht zu engstirnig war, um zu erkennen, womit er es zu tun hatte, hatte viele der Fossilien aus dem Burgess-Schiefer trotz ihrer zahlreichen Eigentümlichkeiten existierenden taxonomischen Kategorien zugeordnet.

»Sonderling« ist kein wissenschaftlicher Begriff, aber das Wort vermittelt eine gute Vorstellung davon, wie eigenartig diese Lebensformen waren. Das erkannte Conway Morris bei der sorgfältigen Untersuchung der mehreren Zehntausend Fossilien, die Walcott gesammelt hatte und die seither im Smithsonian und anderen Museen in muffigen Schubladen lagerten. *Wiwaxia* ist zum Beispiel mit sich überlappenden ovalen Plättchen überzogen und sieht aus wie ein auf der Seite liegender Tannenzapfen. Hinzu kommen eine flache Unterseite wie bei einer Schnecke, um über den Meeresboden zu gleiten, und zwei Reihen schmaler stachelartiger Fortsätze, die über den Rücken verlaufen. So erhält man ein Tier, das aussieht, als wäre es einer *Futurama*-Episode entsprungen.

Und dann ist da noch die Kreatur, die Conway Morris *Hallucigenia* taufte, »wegen ihres bizarren und traumhaften Aussehens«. Auf mich wirkt sie wie eine Figur aus einem Cartoon. Conway Morris stellte sie in seiner Rekonstruktion als bleistiftartige Röhre dar, mit einem unförmigen Klümpchen von einem Kopf am einen Ende und einem kurzen aufgestellten Schwanz, der an einen Scotchterrier erinnert, am anderen Ende. Als Beine hat das Röhrentier sieben Paare spitzer Stelzen ohne Gelenke, und von seinem Rücken ragen sieben weiche Röhrchen empor. Am hinteren Ende, auf dem Schwanzansatz, sind noch zwei dichte Reihen von je drei kleinen Röhrchen. (Falls dieses Ende wirklich der Schwanz war – Conway Morris räumte ein, dass das, was er

Simon Conway Morris'
Originalrekonstruktion
von Hallucigenia.

für den Kopf hielt, möglicherweise der Schwanz war, und umgekehrt. Zu seiner Verteidigung muss gesagt werden, dass das Fossil plattgedrückt und von schlechter Qualität war.)* In der Abhandlung, in der Conway Morris die Spezies vorstellte, drückte er es einfach aus: *Hallucigenia* »kann nicht ohne Weiteres mit irgendeinem lebenden oder versteinerten Tier verglichen werden«.

Und das waren nicht die einzigen Kuriositäten – tatsächlich wurde der Burgess-Schiefer von einem wahren Bestiarium des Bizarren bewohnt: *Opabinia*, ein Tier mit fünf Augen und einem langen Rüssel mit einem Greifer an der Spitze, ließ ein Publikum aus Wissenschaftlern in Gelächter ausbrechen, als es zum ersten Mal vorgestellt wurde, *Anomalocaris*, dessen verschiedene Teile ursprünglich als drei verschiedene Spezies beschrieben wurden, bis Wissenschaftler erkannten, dass sie alle zum selben Tier gehörten, *Odontogriphus*, ein langes, flaches, weiches Tier, das wie ein umhertreibendes Heftpflaster aussah, mit einem runden Maul auf der Unterseite seines vorderen Endes. Und die Liste ist noch viel länger.

Stephen Jay Goulds Buch *Zufall Mensch. Das Wunder des Lebens als Spiel der Natur*, in dem er sich ausführlich mit den Fossilien aus dem Burgess-Schiefer beschäftigte und der Frage nachging, was sie uns über die Evolution sagen können, machte *Wiwaxia* und Co. berühmt. Doch nicht nur sie. Zum größten Helden der Wissenschaft wird in diesem Buch kein anderer als Simon Conway Morris erhoben, der so aufwendig dokumentiert hatte, dass die Fauna des Burgess-Schiefers viele einzigartige Lebensformen umfasste, die ganz anders waren als alles, was bis dahin bekannt war (Gould rühmte auch Conway Morris' Doktorvater Harry Whittington und seinen Doktorandenkollegen Derek Briggs, der nun Professor in Yale ist).

---

* Dank neuer, besser erhaltener Exemplare wissen wir inzwischen, dass Conway Morris *Hallucigenia* verkehrt herum und auf dem Rücken liegend zeichnete. Die stelzenartigen Beine waren in Wirklichkeit Stacheln auf dem Rücken, und die sieben vom Rücken aufragenden weichen Röhrchen waren Beine; die zweite Reihe von sieben Beinen war bei den Fossilien, die er untersuchte, nicht zu erkennen. Zudem zeigten besser erhaltene Fossilien, dass das Schwanzende der Kopf war.

In *Zufall Mensch* ging Gould ausführlich auf die sonderbare Anatomie der Bewohner des Burgess-Schiefers ein. Er argumentierte, dass die kambrische Fauna die vielfältigste in der Geschichte der Erde war, und verwies auf die vielen anatomischen Formen, die damals entstanden und dann für immer verschwanden. Er spekulierte darüber, warum einige dieser frühen Lebensformen überlebten, sodass sich aus ihnen die heutige Vielfalt entwickeln konnte, während andere ausstarben. Waren die überlebenden Spezies in einer bestimmten Hinsicht überlegen, zum evolutionären Erfolg bestimmt, während die Verlierer eine unterlegene Anatomie entwickelt hatten? Oder war es reine Glückssache, dass manche es schafften und andere nicht? Gould gelangte zu dem Schluss, dass es keinen Grund zu der Annahme gab, dass die Überlebenden anpassungsfähiger waren als die, die ausstarben. Vielmehr war es Zufall, das Ergebnis einer Lotterie, dass manche überlebten und andere verschwanden. Wäre die Geschichte des Lebens ein bisschen anders verlaufen, wäre das Band des Lebens zurückgespult und auf eine etwas andere Art neu bespielt worden, wäre die Welt heute wahrscheinlich von ganz anderen Lebewesen bevölkert. So weit Goulds These.

Am Ende von *Zufall Mensch* konzentrierte er sich auf ein bestimmtes Fossil. *Pikaia* war ein Tierchen, das ein bisschen wie ein Wurm aussah, der in einen Schraubstock geraten war. Es war vertikal abgeflacht und hatte keinen ausgeprägten Kopf. Dieses reizlose Geschöpf war der früheste bekannte Vertreter der Chordatiere, also der evolutionären Gruppe, zu der die Wirbeltiere gehören (das sind Tiere mit einer Wirbelsäule, wie Frösche, Haie, Gorillas und wir Menschen).

Pikaia war in keinerlei Hinsicht ein bedeutender Bewohner des Burgess-Schiefers. Der Zahl der gefundenen Fossilien lässt vermuten, dass das Tierchen nicht sehr verbreitet war, und seine Größe und Form waren nicht sonderlich beeindruckend. Ein Beobachter aus dem Kambrium hätte angesichts der großen Vielfalt der damals existierenden Spezies wohl kaum gerade dieser Spezies eine glorreiche evolutionäre Zukunft prophezeit. Und wenn es nun reine Glückssache war, dass *Pikaia* überlebte, während so viele andere ausstarben? Vielleicht hätte *Pikaia* es nicht geschafft, wenn das

Band des Lebens noch einmal abgespielt worden wäre. Und wenn die Linie von *Pikaia* ausgestorben wäre, wer würde dann heute die Welt beherrschen? Keine Chordatiere jedenfalls, weil wir dann nicht da wären.[*3]

Gould formulierte zwar die Kontingenztheorie, doch die Erkenntnisse, die er als Beweise anführte, und sogar einige seiner wichtigsten Argumente entnahm er direkt den Abhandlungen von Conway Morris, wie er voll des Lobes für Letzteren immer wieder betonte.[**4] Gould meinte sogar, dass Conway Morris und seine beiden Mitarbeiter für ihre Leistungen einen Nobelpreis für Paläontologie verdient hätten – wenn es so etwas denn gäbe.

Aber etwas Seltsames geschah auf dem Weg nach Stockholm. Conway Morris, der die Besonderheit vieler dieser Fossilien so betont hatte, sah die Welt auf einmal in einem anderen Licht. Statt auf der evolutionären Einzigartigkeit eines großen Teils der von ihm untersuchten Fauna zu beharren, beendete er sein eigenes Buch über den Burgess-Schiefer, das 1998 unter dem Titel *The Crucible of Creation: the Burgess Shale and the Rise of Animals* erschien, mit Ausführungen über die Bedeutung und Allgegenwart evolutionärer Konvergenz.

Oberflächlich betrachtet scheint diese Auslegung des fossilen Befunds unlogisch – wie kommt man dazu, erst die Vielfalt an eigenartigen und nie wieder gesehenen Anatomien zu rühmen und dann überall Beweise für evolutionäre Replikation zu sehen? Conway Morris weiß es selbst nicht so

---

[*]   Obwohl sich mit Goulds Argument immer noch ein rhetorischer Effekt erzielen lässt, wird es heute von der Tatsache abgeschwächt, dass inzwischen im Burgess-Schiefer und anderen ähnlich alten Fossilienlagerstätten noch mehrere andere Chordatiere gefunden wurden. Folglich hätte selbst ein Aussterben von *Pikaia* nicht die ganze Linie der Chordatiere beendet.

[**]   Zum Beispiel schrieb Conway Morris: »Wäre die Uhr zurückgedreht worden, sodass die metazoische Diversifikation noch einmal die Grenze zwischen dem Präkambrium und dem Kambrium hätte passieren können, scheint es möglich, dass zu den erfolgreichen anatomischen Bauplänen, die aus dieser ersten Entwicklungsexplosion hervorgingen, eher Wiwaxiidae als Mollusken gehört haben könnten.« Und »ein hypothetischer Beobachter aus dem Kambrium hätte vermutlich nicht vorhersagen können, welchen der frühen Metazoen phylogenetischer Erfolg als bewährte anatomische Baupläne beschieden sein würde und welche zum Aussterben verdammt waren«.

genau, wie er mir gegenüber vor einigen Jahren bei einem Mittagessen im St. John's College in Cambridge einräumte.

Er sagte, die Erklärung läge zum Teil in neuen Entdeckungen, die in den fast drei Jahrzehnten seit der Veröffentlichung von *Zufall Mensch* gemacht wurden.[5] Davor konnten sehr viele Spezies aus dem Burgess-Schiefer mit keiner bekannten taxonomischen Gruppe in Verbindung gebracht werden, doch unlängst ausgegrabene Fossilien und detaillierte Untersuchungen zeigten, dass viele nun doch anerkannten Taxa zugeordnet werden können. *Hallucigenia* scheint zum Beispiel mit heutigen Stummelfüßern verwandt zu sein, einer obskuren, überwiegend tropischen Gruppe kleiner Tiere, die aussehen wie eine Kreuzung zwischen einem Tausendfüßer und einer Raupe. Und *Wiwaxia* halten nun viele für eine mit den Weichtieren (Mollusken) verwandte Spezies.

Viele der Sonderlinge aus dem Burgess-Schiefer sind taxonomisch also gar nicht so ikonoklastisch. Außerdem gelangten einige Studien, die die anatomische Vielfalt der Fossilien aus dem Burgess-Schiefer mit der ihrer heutigen Pendants verglichen,[6] zu dem – allerdings sehr umstrittenen – Ergebnis, dass die Fauna des Burgess-Schiefers nicht vielfältiger war als die heutige. Diese Erkenntnisse zwingen zu einer Neubewertung des Burgess-Schiefers. Gould hatte, Conway Morris und seinen Kollegen folgend, das Kambrium als eine Zeit einmaliger anatomischer Vielfalt dargestellt, in der eine Vielzahl ganz unterschiedlicher Typen von Organismen lebte, von denen die meisten kurz danach ausstarben. Seither, argumentierte Gould, leben wir mit einer stark beschränkten Bandbreite von anatomischen Bauplänen, die alle aus den relativ wenigen Typen hervorgegangen waren, die nach dem Kambrium noch existierten.

Die meisten Forscher betrachten diese Sichtweise inzwischen als überholt. Die anatomischen Unterschiede im Kambrium waren gar nicht so außergewöhnlich, und die vielen Lebensformen jener Zeit waren keine gescheiterten evolutionären Experimente, aus denen keine heutigen Nachkommen hervorgingen, sondern frühe Verwandte von Gruppen, die heute noch leben. Das war die These von Conway Morris' Buch, das in vieler Hinsicht eine scharf formulierte Erwiderung auf *Zufall Mensch* war.

Trotzdem bleibt unklar, warum Conway Morris von der detaillierten Beschreibung kambrischer Kuriositäten zur Auflistung von Beispielen für Konvergenz überging. Die Rettung der Spezies des Burgess-Schiefers aus taxonomischem Niemandsland mindert ihre anatomische Besonderheit nicht. Selbst wenn beispielsweise *Hallucigenia* mit den Stummelfüßern verwandt ist, unterscheidet die Spezies sich anatomisch dennoch von allem anderen, was sich je entwickelte – die inzwischen geklärten phylogenetischen Beziehungen sind eigentlich noch kein Beweis für eine konvergente Evolution.

Eine mögliche Erklärung für Conway Morris' Kehrtwende ist, dass er von der Richtung beeinflusst wurde, die die Evolutionsforschung damals nahm. Mitte der 1980er-Jahre wandten Evolutionsbiologen zunehmend die »vergleichende Methode« an, um durch den Vergleich verschiedener Taxa und die Suche nach wiederholten Mustern Beweise für den Prozess der natürlichen Selektion zu finden. Obwohl ihre Arbeit wenig mit Conway Morris' Forschungsgebiet zu tun hatte, prägte ihre Betonung der Bedeutung von Konvergenz vielleicht sein Denken (obwohl nichts, was er sagte oder schrieb, diese Möglichkeit nahelegt).

Wir könnten auch nach einer psychologischen Erklärung suchen. Viele überrascht Conway Morris' vehemente Kritik an Gould, besonders da dieser ihn in *Zufall Mensch* zum Helden erklärt hatte. Ein Kollege meinte, dass Goulds Vorstellungen vom Zufallscharakter der Evolution wohl im Widerspruch zu Conway Morris' spirituellen Überzeugungen standen.[7] Ein anderer vermutete, dass es Conway Morris peinlich war, dass seine früheren taxonomischen Annahmen, die sich später als falsch erwiesen, von Gould in die Welt hinausposaunt wurden – noch dazu in einem Bestseller![8] Welchen Grund Conway Morris' Antipathie auch hatte, vielleicht suchte er einfach nach einer Möglichkeit, Gould zu widersprechen. Conway Morris erinnerte sich in unserem Gespräch daran, dass er *Bravo, Brontosaurus*, eine Essaysammlung von Gould, gelesen hatte und dabei auf mehrere Fälle von Konvergenz gestoßen war, die Gould nicht kommentiert hatte.[9] Vielleicht genügte das bereits, um Conway Morris über die evolutionäre Bedeutung von Konvergenz nachdenken zu lassen.

Jedenfalls wurde Conway Morris mit dem Enthusiasmus eines Konvertiten zum führenden Verfechter der Auffassung, dass konvergente Evolution die maßgebliche Geschichte hinter der Diversität des Lebens ist. »Evolutionäre Konvergenz ist allgegenwärtig«, sagte er.[10] »Wohin man auch blickt, man sieht sie überall.« Daraus schließt er folgerichtig: »Man kann das Band des Lebens so oft neu starten, wie man will, das Endergebnis wird immer fast genau das gleiche sein.«

Allgegenwart liegt im Auge des Betrachters, aber es lässt sich schwer bestreiten, dass Konvergenz häufig vorkommt. In manchen Fällen haben zwei Spezies unabhängig voneinander ein ähnliches Merkmal entwickelt. Das kann die Länge ihres Schwanzes, die Farbe ihrer Augen, der Aufbau ihrer Nieren oder sogar ihr Paarungstanz sein. In dramatischeren Fällen können Spezies in vielen verschiedenen Aspekten ihres Phänotyps konvergent sein, so sehr, dass sie ununterscheidbar scheinen, wie die beiden Spezies von Schnabel-Seeschlangen (der Begriff »Phänotyp« bezieht sich auf die typischen Eigenschaften eines Organismus, auf alles von der äußeren Anatomie über die Physiologie bis hin zum Verhalten).

Beginnen wir mit der Untersuchung von einigen der vielen verschiedenen Typen von phänotypischen Merkmalen, die sich konvergent entwickelten. In den letzten Jahren erkannten Wissenschaftler Konvergenz in fast jeder erdenklichen Art von Merkmal. Zum Beispiel entwickelten viele Typen von Echsen unabhängig voneinander Hautlappen am Hals, sogenannte Kehlfahnen, die schnell herausgezogen werden können, um einem Partner oder Rivalen etwas zu signalisieren. Und viele Vögel entwickelten farbige Flecken auf den Flügeln oder der Brust, die bei sozialen Interaktionen zur Schau gestellt werden. Die natürliche Welt ist voller solcher Beispiele. Ähnliche Pflanzen- und Tierarten entwickelten häufig ähnliche Merkmale, die in einem ähnlichen Kontext benutzt werden.

Besonders beeindruckend ist die konvergente Entwicklung von bis ins Detail ähnlichen Merkmalen bei nicht eng miteinander verwandten Spezies von unterschiedlichen Ästen des Lebensbaums. Hier ist ein klassisches Beispiel. Schauen Sie sich den oben rechts abgebildeten Augapfel an.

Vielleicht wissen Sie noch aus dem Anatomieunterricht in der Schule, dass das ein typisches Sehorgan ist. Es könnte einer Kuh, einem Menschen, einer Katze oder sogar einer Echse gehören – die Augäpfel der meisten Wirbeltiere sind im Grunde recht ähnlich aufgebaut. Aber das ist nicht der Augapfel eines Wirbeltiers, sondern der eines Tintenfischs! Tatsächlich haben Tintenfische Augäpfel, die mit unseren fast identisch sind, obwohl der letzte gemeinsame Vorfahr von Tintenfischen und Menschen, der vor mehr als 550 Millionen Jahren auf der Erde herumschwamm, keine nennenswerten Augen besaß.*

Augapfel eines Tintenfischs

Oder was ist mit diesem Geschöpf? Jeder kennt die Gottesanbeterin: große Facettenaugen, langer Hals, die Arme zum Gebet erhoben. Aber sie ist nicht so fromm, wie sie wirkt – ihre flehend erhobenen Arme sind in Wirklichkeit eine Falle, die blitzschnell zuschnappt, sodass die Beute zwischen den stacheligen Unterarmsegmenten feststeckt (als könnten wir uns ein Mittagessen fangen, indem wir die Hände mit einer schnellen Drehung senken und etwas zwischen den Handflächen und den Unterarmen aufspießen – wenn unsere Handflächen mit Stacheln überzogen und halb so lang wie unsere Unterarme wären). Aber die Gottesanbeterin ist nicht die Einzige, die so schnell zuschlagen kann. Es gibt noch ein anderes Insekt, den sogenannten Fanghaft, der fast die gleichen Unterarme hat, um auf die

---

* Tatsächlich ist der Augapfel des Tintenfischs in mancher Hinsicht sogar besser als der menschliche. Bei Wirbeltieren sind die Nerven im Auge am vorderen Ende jeder Sehzelle der Netzhaut befestigt. Das bedeutet nicht nur, dass das Licht die Nerven passieren muss, um zu den Sehzellen zu gelangen, sondern auch, dass die Nerven, wenn sie den Augapfel gebündelt verlassen, in der Netzhaut einen Bereich schaffen, der frei von Sehzellen ist, wodurch der berühmte blinde Fleck entsteht. Der Augapfel des Tintenfischs ist dagegen viel vernünftiger aufgebaut, denn die Nerven sind am hinteren Ende der Sehzellen befestigt, wo sie weder das eindringende Licht behindern noch eine visuelle Beeinträchtigung verursachen, wenn sie den Augapfel hinten verlassen. Falls es keine Evolution gab und alles Leben das Werk eines intelligenten Schöpfers ist, dann hat er anscheinend an uns geübt, bevor er das besser aufgebaute Auge des Tintenfischs entwarf.

gleiche Weise blitzschnell Beute zu fangen. Und das ist nicht die einzige Ähnlichkeit. Auch der lange Hals und die Glupschaugen des Fanghafts erinnern so sehr an die Gottesanbeterin, dass seine vordere Hälfte wie eine Kopie von ihr wirkt, obwohl mehrere Hundert Millionen Jahre Evolution die beiden Insekten trennen (dagegen gleicht die hintere Hälfte des Fanghafts eher den eng mit ihm verwandten Netzflüglern).

Konvergente Evolution beschränkt sich natürlich nicht auf die Anatomie. Spezies können einander in jedem biologischen Merkmal, von den Genen bis zum Verhalten, ähnlich werden. Es gibt viele Beispiele dafür, aber zu meinen Lieblingsbeispielen gehören die Ähnlichkeiten zwischen niederen Ameisen und Termiten.

Viele meinen, dass Ameisen und Termiten eng miteinander verwandt sein müssen, weil man den Kammerjäger ruft, wenn man Probleme mit einer dieser Spezies hat, und auch, weil sie ähnlich aussehen. Aber wenn man ein Vergrößerungsglas nimmt und sie genauer betrachtet, stellt man fest, dass sie keine gewöhnlichen Insekten mit einem Kopf, einem Brustkorb, einem Bauch und sechs Beinen sind, sondern eigentlich wenig Ähnlichkeit miteinander haben. Sie sind auch nicht eng miteinander verwandt.

Gottesanbeterin (oben) und Fanghaft (unten)

Die nächsten Verwandten der Ameisen sind Wespen und Bienen. Und Termiten gehören – ausgerechnet – zur Familie der Kakerlaken. Doch obwohl Ameisen und Termiten phylogenetisch relativ weit voneinander entfernt sind, ist ihre Sozialstruktur bemerkenswert ähnlich. Typisch für Ameisengesellschaften ist eine hoch entwickelte Arbeitsteilung: eine Königin (manchmal auch mehrere), die Tausende von Eiern legt, winzige Männchen, deren einziger Lebenszweck die Paarung mit jungfräulichen Königinnen ist, und verschiedene Arten von Arbeiterinnen, deren Körper auf die Arbeit, die sie verrichten, abgestimmt sind – einige kümmern sich um den Nachwuchs, andere wehren Eindringlinge ab, wieder andere sammeln Nahrung und so weiter.

Die Sozialstruktur der Termiten ist ganz ähnlich. Auch Termiten leben in Kolonien, die aus Millionen von Tieren bestehen. Wie bei den Ameisen legt ein Weibchen (selten auch mehrere) alle Eier, und verschiedene Arten von Arbeiterinnen, aber auch Arbeitern, verrichten die Hauptaufgaben, die für den Fortbestand der Kolonie notwendig sind. Sowohl die Ameisen als auch die Termiten verwenden Flüssignahrung, die von einem Tier zum andern weitergereicht wird, um zu regulieren, welche Art von Arbeitskraft aus einem sich entwickelnden Weibchen wird, und beide kommunizieren über chemische Botenstoffe, sogenannte Pheromone. Beispielsweise legen sie Pheromonspuren, um Nahrungssucher zu Futterquellen zu leiten und bei Gefahr Soldaten zu rekrutieren.

Zu den erstaunlichsten Konvergenzen zwischen Termiten und Ameisen (und in diesem Fall auch einigen Käfern) gehört das Anlegen von unterirdischen Pilzgärten. Diese Insekten erfanden die Landwirtschaft bereits viele Millionen Jahre vor uns! Obwohl es gewisse Unterschiede zwischen den Anbaumethoden dieser unterschiedlichen Insekten gibt, ist der Generalplan praktisch der gleiche. In unterirdischen Kammern unter dem Termitenhügel oder dem Ameisennest züchten die Insekten Pilze, die dann geerntet und gefressen werden. Die dafür zuständigen Ameisen und Termiten pflegen die Gärten sorgfältig, entfernen Abfallprodukte, halten Schädlinge in Schach und vernichten andere, konkurrierende Pilzarten (sie spezialisieren sich auf den Anbau eines ganz bestimmten Pilzes und behandeln alle anderen als Unkraut). Sie verwenden sogar Antibiotika aus Bakterien, die an speziellen Stellen ihres Körpers oder in ihrem Darm siedeln, um eindringende schädliche Bakterien zu bekämpfen (Ameisen benutzen dieselben Bakterien, die wir zur Herstellung des Antibiotikums Streptomyzin verwenden).

Wie diese kurze Aufzählung von Beispielen erahnen lässt, sind in der natürlichen Welt unzählige konvergente Merkmale zu finden. Aber erst 2003 gelangte Conway Morris zu dem Schluss, dass Konvergenz kein Kuriosum ist, sondern das vorherrschende Muster in der biologischen Welt. Sein 367 Seiten umfassendes Buch *Jenseits des Zufalls. Wir Menschen im einsamen Universum* präsentiert eine ganze Menge höchst unterschiedlicher Fallstudien zur Konvergenz aus dem gesamten Spektrum des Lebens. Acht Jahre später schrieb George McGhee ein ähnliches Buch mit dem Titel *Convergent Evolution: Limited Forms Most Beautiful*, das mit seinen 277 Seiten zwar dünner ist als das von Conway Morris, aber eher noch mehr Beispiele enthält. Und 2015 erschien noch ein drittes Werk, Conway Morris' Folgebuch *The Runes of Evolution: How the Universe Became Self-Aware*, mit weiteren 303 Seiten voller größtenteils neuer Beispiele (und 158 Seiten Anmerkungen).

Die Gesamtwirkung dieser Bücher ist, dass die überwältigend vielen Beispiele der Leserschaft vor Augen führen, wie verbreitet und vielfältig konvergente Entwicklungen sind. Sie sind überall zu entdecken! Es ist fast egal, welches Merkmal man herausgreift, es hat sich mehrfach konvergent entwickelt, manchmal bei nur entfernt verwandten Organismen. Conway Morris sagt: »Zeigen Sie mir irgendetwas, das sich nur einmal entwickelt hat, dann werde ich … aufspringen und sagen ›nein, ich kann Ihnen ein weiteres Beispiel nennen‹.«

Zum Beispiel schreibt McGhee, dass Tiere ganz unterschiedliche Körperpanzer entwickelt haben, um Fressfeinde abzuwehren. Schildkröten tragen eine unbezwingbare Festung mit sich herum, in die sie sich in Notfällen zurückziehen. Funktionell ähnliche Schutzpanzer aus Knochen entwickelten die Ankylosaurier und die Glyptodonten, ebenfalls ausgestorbene volkswagengroße Gürteltiere. Statt einen schützenden Knochenpanzer zu tragen, umhüllen sich manche Tiere zur Verteidigung mit scharfen Stacheln. Ich erwähnte bereits die zwei Typen von Stachelschweinen, die sich unabhängig voneinander entwickelten. Ihre Schutzausrüstung ähnelt der der Schnabeligel (die manchmal auch Ameisenigel genannt werden und die einzigen anderen eierlegenden Säugetiere neben den Schnabeltieren sind), der Igel und der Igeltenreks aus Madagaskar – die beiden Letzteren gleichen einander so sehr, dass Richard Dawkins sich fragte, warum er für sein Buch *Gipfel des Unwahrscheinlichen* überhaupt zwei separate Zeichnungen von den beiden anfertigen ließ.

Unter einer Schutzausrüstung zur Abwehr von Fressfeinden stellen wir uns gewöhnlich irgendeinen physischen Schutz vor, doch ich möchte noch ergänzen, dass natürliche Gifte in der Haut den gleichen Zweck erfüllen können. Solche Toxine zur chemischen Selbstverteidigung entwickelten sich unter anderem bei Nacktkiemern (einem mit den Schnecken verwandten Typ von Meeresweichtieren), bei vielen Arten von Käfern, Schmetterlingen und anderen Insekten, bei Kugelfischen, Fröschen und Salamandern und bei einem Vogel namens Zweifarbenpitohui.

Wir Säugetiere (mit Ausnahme des Schnabeltiers und des Schnabeligels) sind vielleicht stolz auf unsere Fähigkeit, lebenden Nachwuchs zu gebären, aber McGhee berichtet, dass die Lebendgeburt sich allein bei Echsen und Schlangen über hundert Mal entwickelte, ganz zu schweigen davon, dass sie auch bei Fischen, Amphibien, Seesternen, Insekten und vielen anderen Gruppen mehrfach vorkommt. Die Konvergenz reicht sogar bis zum Mutterkuchen[11] – dem Gewebe, das Sauerstoff und Nährstoffe von der Mutter an den Embryo weitergibt –, der sich viele Male sowohl in Fischen als auch in Echsen entwickelte. Tatsächlich weist der Mutterkuchen einer Echsenart eine erstaunliche Ähnlichkeit mit dem von einigen Säugetieren auf.

Und Konvergenz beschränkt sich nicht auf das Tierreich. Um nur ein botanisches Beispiel aus McGhees Buch wiederzugeben: Viele Pflanzen sind darauf angewiesen, dass Tiere ihren Pollen vom Spender zum Empfänger transportieren. Dazu müssen die Pflanzen Bestäuber anlocken. Da Kolibris leuchtendes Rot anscheinend unwiderstehlich finden, haben mindestens achtzehn verschiedene Pflanzenarten, die von Kolibris bestäubt werden, leuchtend rote Blüten entwickelt.

Andere Pflanzen, größtenteils welche aus der Alten Welt, haben eine andere Strategie entwickelt, um zu erreichen, dass Tiere sie bestäuben. Einige Arten von Fliegen und Käfern legen ihre Eier in verwesende Kadaver, und mehrere Pflanzen – Aasblumen wie die Riesenrafflesie oder die riesenblütige Stapelie – verströmen einen Geruch, der dem von verrottendem Fleisch ähnelt. Die Insekten lassen sich täuschen und suchen auf der Blüte nach einem geeigneten Platz zur Eiablage. Dabei nehmen sie Pollen auf und lassen welchen zurück. Sieben verschiedene Pflanzentypen haben solche täuschenden Gerüche entwickelt.

Konvergenz von bestimmten Merkmalen ist faszinierend, aber die meisten Lehrbücher illustrieren die konvergente Evolution mit ganzen Organismen, die konvergent erscheinen. Der ikonische Vergleich ist der von Delfinen, Haien und Ichthyosauriern – stromlinienförmigen Meeresräubern mit Flossen als Vordergliedmaßen, einer Rückenflosse, einer spitzen Schnauze und einem kräftigen Schwanz als Antrieb, der sie befähigt, mit hoher Geschwindigkeit Jagd auf ihre im Wasser lebende Beute zu machen.

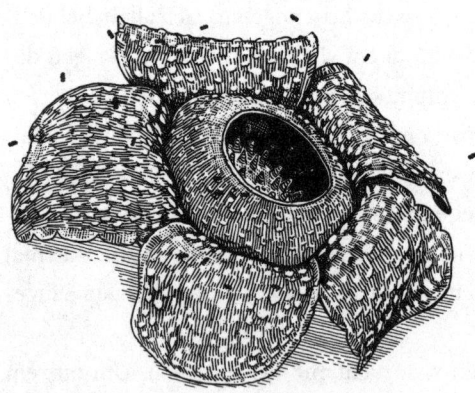

Die Riesenrafflesie aus Sumatra und Borneo ist die größte Blüte der Welt (ja, das sind die Blütenblätter!). Sie lockt Insekten an, indem sie einen Geruch verströmt, der dem von verdorbenem Fleisch ähnelt.

Die anderen gängigen Lehrbuchbeispiele stammen aus Australien, wo alles ein wenig anders zu sein scheint. Und ganz oben auf der Liste stehen die Säugetiere. Ich erwähnte bereits, dass es in Australien viele Spezies gibt, die evolutionär einzigartig sind – allen voran die Schnabeltiere, Koalas und Kängurus. Aber die Münze hat noch eine andere Seite. Ein großer Teil von Australiens verbliebener Säugetierfauna ist mit Säugetieren aus anderen Teilen der Welt konvergent.

Nach dem Untergang der Dinosaurier übernahmen wir Säugetiere die Vorherrschaft. Im größten Teil der Welt waren es die Plazentatiere, also die Höheren Säugetiere, bei denen die Embryonen in der Gebärmutter des mütterlichen Körpers über eine Plazenta (Mutterkuchen) ernährt werden. Doch nicht in Australien. Dort wurden die Beuteltiere, also Säugetiere, die ihre Jungen in Beuteln außen am Körper großziehen, die uneingeschränkten Herrscher. Trotz ihrer unterschiedlichen evolutionären Abstammung gingen aus diesen beiden Unterklassen der Säugetiere viele Spezies hervor, die auf die gleiche Weise die gleichen ökologischen Nischen füllen.

Lehrbuchautoren präsentieren die australischen Beuteltiere gerne zusammen mit ihren plazentalen Doppelgängern von anderswo. Maulwürfe, Flughörnchen, Murmeltiere – einige Parallelen sind so exakt, dass niemand stutzig würde, wenn in einem nordamerikanischen Hinterhof die Beuteltierversion auftauchen würde. Ich habe eine Schwäche für den Beutelmarder, der nicht nur wie eine Katze aussieht und handelt, sondern angeblich auch ein gutes Haustier abgibt. Aber das vielleicht beste Beispiel – und sicher das traurigste – ist der Beutelwolf, der auch Tasmanischer Tiger genannt wird.

Ich könnte mir gut vorstellen, dass dieser Spitzenfleischfresser, der große Ähnlichkeit mit einem Wolf hat, auf der Hundeausstellung des Westminster Kennel Club zum besten Hund der Ausstellung gekürt würde. Überzeugen Sie sich selbst, wie viel dieses Geschöpf mit einem Hund gemeinsam hat: Geben Sie bei YouTube »Beutelwolf« oder seine englische Bezeichnung »thylacine« ein, dann finden Sie einige Schwarz-Weiß-Videos von diesen Tieren, die zeigen, wie sie mit dem Schwanz wedeln, an einem

Australische Beuteltiere und ihre konvergenten plazentalen Gegenstücke
(von oben nach unten): Beutelmull – Maulwurf, Kurzkopfgleitbeutler – Flughörnchen,
Wombat – Murmeltier, Beutelmarder – Wildkatze, Beutelwolf – Wolf

Knochen nagen und auf und ab springen wie ein Haushund. Leider ist der Beutelwolf inzwischen ausgestorben. Er wurde vor einem Jahrhundert von tasmanischen Farmern ausgerottet. Das achtzig Jahre alte Filmmaterial zeigt einige der letzten Exemplare dieser Spezies (z. B.: www.youtube.com/ watch?v=odswge5onwY).

Evolutionäre Doppelgänger kommen in der gesamten natürlichen Welt vor. Geier aus der Alten und der Neuen Welt, die beide wie Leichenfledderer aussehen, sind konvergent hässlich. Die australische Todesotter gehört zur Familie der Kobras, aber ihr Aussehen – und die Zusammensetzung ihres Giftes – stimmt weitgehend mit dem der Puffotter überein, einer entfernten Verwandten, die zur Familie der afrikanischen Vipern gehört. Aalähnliche Körper entwickelten sich nicht nur bei vielen Fischarten, sondern auch mehrfach bei im Wasser lebenden Amphibien und Reptilien. In trockenen Gebieten Afrikas wachsen zähhäutige Pflanzen, die scharfe Stacheln und keine Blätter haben, aber obwohl diese Sukkulenten große Ähnlichkeit mit Kakteen der Neuen Welt haben, sind sie nicht mit ihnen verwandt, sondern gehören zu den Wolfsmilchgewächsen.

Diese evolutionäre Nachahmung überschreitet sogar die Grenzen biologischer Reiche. Zum Beispiel gehören Bandwürmer zum Tierstamm der Plattwürmer, die in den Därmen von Wirbeltieren leben und neun Meter lang, vielleicht sogar noch länger, werden können. An ihrem vorderen Ende haben sie Haken und Saugnäpfe, mit denen sie sich an die Darmwand heften. In ihrer Halsregion produzieren sie Segmente, die Embryonen enthalten und kleine Fortsätze haben, von denen angenommen wird, dass sie bei der Nährstoffaufnahme helfen. Im vorderen Teil dieser Körperregion werden neue Segmente produziert, sodass die älteren ständig nach hinten weitergeschoben werden. Wenn das Segment schließlich das hintere Ende des Tieres erreicht, werden die Embryonen freigesetzt oder das ganze Segment bricht ab und landet irgendwo im Darm, sodass die Embryonen mit dem Kot ausgeschieden werden. Wenn der Bandwurm Glück hat, verrichtet sein Wirt sein Geschäft im Freien. Dann finden die ausgeschiedenen Embryonen eher den Weg in den Wirt ihrer Entwicklungsphase, einen Pflanzenfresser wie eine grasende Kuh, in der sie wachsen und sich entwickeln können. Und wenn diese Kuh dann von einem räuberischen Lebewesen, zum Beispiel einem Menschen, verspeist wird, ohne vorher ausreichend gekocht worden zu sein, dann bekommt dieser Mensch einen neuen engen Freund, und der Kreislauf beginnt von Neuem.

Das kann einem den Appetit verderben, doch dieser Lebensstil ist nicht besonders ausgefallen – viele andere Innenparasiten führen ein vergleichbares Leben. Ungewöhnlich ist in diesem Fall die Geschichte von Dinoflagellaten der Gattung *Haplozoon*. Die meisten Dinoflagellaten treiben im Meer, und viele sind fotosynthetisch (das heißt, sie nutzen die Energie der Sonne, um zu wachsen). Doch nicht die der Gattung *Haplozoon*. Obwohl diese Organismen, die als Parasiten in marinen Würmern leben, aus nur einer Zelle bestehen, haben sie eine ähnliche Körperorganisation und einen ähnlichen Lebenszyklus wie die Bandwürmer. Sie haben einen Saugnapf und Haken am vorderen Ende, um sich an die Darmwand zu heften. Und zur Fortpflanzung haben sie Eier produzierende Segmente mit kleinen Fortsätzen, die in der Mitte ihres Körpers entstehen und bei der Entwicklung neuer Segmente nach hinten wandern, bis sie schließlich am Ende des Körpers abbrechen und ausgeschieden werden. Dann treiben sie im Wasser umher, um ihren nächsten Wirt zu finden. Dieser Fall von Konvergenz ist deshalb bemerkenswert, weil die Dinoflagellaten vor vielleicht einer Milliarde Jahren einen letzten gemeinsamen Vorfahren mit Bandwürmern und anderen Tieren hatten.[12]

Die Liste der Beispiele konvergenter Evolution ist lang und exotisch und reicht bis in die letzten Winkel der biologischen Welt. Aber wir müssen gar nicht so weit in die Ferne schweifen, um Konvergenz zu entdecken – unsere eigene Spezies liefert genug Beispiele.

Der *Homo sapiens* kam vor nur 100 000 Jahren aus Afrika, aber in dieser kurzen Zeitspanne eroberten wir die Welt. Wir breiteten uns in alle Himmelsrichtungen aus und passten uns an unsere neuen Umgebungen an. Dabei besetzten menschliche Populationen in unterschiedlichen Regionen ähnliche Habitate – weit oben auf Bergen des Himalajas und der Anden, im hohen Norden mehrerer Kontinente, in glühend heißen Wüsten in verschiedenen Erdteilen. So wurden die besten Voraussetzungen für Konvergenz geschaffen, und die natürliche Selektion funktionierte.

Über die adaptive Bedeutung der unterschiedlichen Hautfarben[13] bei Menschen wurde lange debattiert, doch inzwischen scheint sich die Meinung durchzusetzen, dass die Hautfarbe ein Gleichgewicht zwischen zwei Faktoren widerspiegelt. Einerseits schützt eine dunklere Haut, die auf einen hohen Melaningehalt in der Haut zurückzuführen ist, vor ultravioletter Strahlung, die in Äquatorregionen besonders stark ist. Andererseits sind UV-Strahlen wichtig für die Bildung von Vitamin D. In hohen Breitengraden, wo das Sonnenlicht weniger intensiv ist, ist eine helle Haut vorteilhaft, weil die UV-Strahlen, die die Produktion von Vitamin D fördern, besser eindringen können.

Unsere Spezies stammt aus Afrika, das sich über den Äquator erstreckt. Deshalb waren die ersten Menschen wahrscheinlich dunkelhäutig. Diese Schlussfolgerung macht, phylogenetisch betrachtet, Sinn. Die Äste, die nahe am Fuß des evolutionären Stammbaums herauskommen, sind die der dunkelhäutigen Menschen Afrikas. Höher im Baum befinden sich die der hellhäutigeren Populationen aus Europa und Asien, die aus den afrikanischen Populationen hervorgingen. Diese phylogenetischen Beziehungen lassen kaum Zweifel daran, dass die dunkle Hautfarbe bei Menschen der Ahnenzustand ist, aus dem sich die helleren Hautfarben entwickelten.

Genetiker entdeckten die Veränderungen, die für die Hautfarbe verantwortlich sind, und stellten fest, dass die helle Hautfarbe von Menschen asiatischer Abstammung durch andere Mutationen entstand als die helle Hautfarbe bei Europäern. Diese genetischen Unterschiede legen nahe, dass die helle Hautfarbe sich bei unterschiedlichen menschlichen Populationen unabhängig voneinander – konvergent – entwickelte, als sie nördliche Gebiete besiedelten.* Dagegen stammten die Vorfahren der Ureinwohner Australiens, die vor etwa 50 000 Jahren in Down Under eintrafen, vermut-

---

* Dieses Konvergenzmuster trat auch bei unseren nächsten Verwandten, den Neandertalern, auf, die ebenfalls in nördlichen Gebieten lebten und ihre helle Hautfarbe durch eine Mutation entwickelten, die bei keiner *Homo-sapiens*-Population gefunden wurde.

lich von hellhäutigen Asiaten ab. Ihre dunkle Hautfarbe ist also konvergent mit der ähnlichen Hautfarbe der afrikanischen Populationen.

In einem anderen Fall von Konvergenz bei menschlichen Populationen geht es um die Fähigkeit von Erwachsenen, Milch zu trinken. Ein definierendes Merkmal von Säugetieren ist die Produktion von Muttermilch, um den neugeborenen Nachwuchs zu ernähren. Um sie zu verdauen, produzieren junge Säugetiere das Enzym Laktase. Es spaltet Laktose auf, einen Zucker, der ein wichtiger Bestandteil von Milch ist. Doch sobald ein junges Säugetier von der Muttermilch entwöhnt wird, wird das Gen, das Laktase produziert, abgeschaltet, weil das Enzym nicht mehr benötigt wird. Das geschieht bei den meisten menschlichen Populationen sowie bei allen anderen Säugetierarten. Zum Beispiel sind Katzen entgegen der landläufigen Meinung nicht daran angepasst, Milch zu trinken. Wenn man eine ausgewachsene Katze mit Milch füttert, bekommt sie Verdauungsprobleme, die gewöhnlich mit Durchfall enden. Dasselbe gilt für Erwachsene aus den meisten menschlichen Populationen – 65 Prozent der erwachsenen Weltbevölkerung sind laktoseintolerant. Für diese Menschen ist es eine unangenehme Erfahrung, Milch zu trinken.

Das restliche Drittel der Menschheit hat mehr Glück. Wie kommt es, dass diese Menschen nach dem Abstillen weiter Milch trinken können – also eine Fähigkeit besitzen, die in der Welt der Säugetiere einmalig ist? Die Antwort liefern Kühe.

In den letzten paar Jahrtausenden begannen menschliche Populationen in verschiedenen Teilen der Welt – Ostafrika, dem Nahen Osten, Nordeuropa –, Rinder zu halten. Warum in diesen Regionen Viehwirtschaft betrieben wurde und in anderen nicht, ist ein Diskussionsthema unter Anthropologen, aber klar ist, dass diese Menschen unabhängig voneinander Kühe zu halten begannen.

Wer Kühe besaß, verfügte über eine ständige Milchquelle. Die natürliche Selektion fand schnell einen Weg, diesen Vorteil zu nutzen. Sie begünstigte genetische Veränderungen, die das Laktase-Gen lebenslang aktiv bleiben ließen, statt es im Kindesalter abzuschalten.[14] Wer zu denen gehört, die ein kühles Glas Milch – sowie Milchshakes, Speiseeis und Hüttenkäse –

schätzen, kann seinen Kühe haltenden Vorfahren dafür danken, dass sie ihn mit dem nötigen genetischen Rüstzeug ausgestattet haben. Obwohl mehrere menschliche Populationen konvergent die gleiche adaptive Lösung entwickelten, zeigen genetische Analysen, dass sie das nicht auf genau die gleiche Weise taten. Vielmehr entwickelten sich in den verschiedenen Populationen unterschiedliche Mutationen – jede mit dem Ergebnis, dass das Laktase-Gen angeschaltet blieb.

Wir Menschen sind nicht die einzige Spezies, bei der sich mehrere Populationen auf die gleiche Weise anpassen. Tatsächlich kommt so eine Konvergenz innerhalb von Spezies recht häufig vor: Populationen der Küstenmaus entwickelten wiederholt ein helles Fell, nachdem sie blendend weiße Sanddünen besiedelt hatten. Viele Populationen der mexikanischen Salmler (Verwandte der Salmler, die Halter von Süßwasseraquarien gut kennen) zogen in unterirdische Höhlen und verloren sowohl ihre Hautpigmente als auch ihre Augen. Viele Populationen der Rauhäutigen Gelbbauchmolche bilden viel Tetrodotoxin (das Gift, das auch in Kugelfischen und Fugu zu finden ist), um sich gegen ihren Fressfeind, die Strumpfbandnatter, zu verteidigen, und Strumpfbandnattern aus vielen Regionen entwickelten wiederum eine physiologische Resistenz gegen dieses starke Gift. Ich könnte noch viele weitere Beispiele anführen. Wenn eng verwandte Populationen derselben selektiven Umgebung ausgesetzt sind, neigen sie dazu, sich auf die gleiche Weise an sie anzupassen.

Bisher sprach ich über Konvergenz bei zwei Spezies, die in ähnlichen Umgebungen leben. Dieses Konzept hat tiefe historische Wurzeln. Darwin sprach an mehreren Stellen seines Hauptwerks *Über die Entstehung der Arten* davon. Und seither wird es von Evolutionsbiologen diskutiert. Wie ich bereits ausführte, erlangte dieses alte Konzept in den letzten Jahren neue Bedeutung, weil wir erkannten, dass Konvergenz viel häufiger vorkommt, als wir vermutet hatten.

Einige damit zusammenhängende Konzepte sind jedoch neuer, erst wenige Jahrzehnte alt. Darwins Konzept konzentriert sich auf einen einzigen selektiven Faktor und darauf, wie mehrere Spezies sich auf die gleiche

Weise entwickeln, aber warum sollte Konvergenz sich auf einige Spezies beschränken, die sich an dieselbe Herausforderung ihrer Umgebung anpassen? Wir wissen, dass an jedem beliebigen Ort eine große Vielfalt an Spezies existiert, von denen jede an ihre eigene ökologische Nische angepasst ist. Wenn zwei Orte sehr ähnlich sind, könnte die natürliche Selektion dann nicht ein ganzes Ensemble konvergenter Typen hervorbringen, wobei jede adaptive Form am einen Ort ein konvergentes Gegenstück am andern Ort hat? Das ist eine evolutionsbiologische Idee, die erst seit relativ kurzer Zeit erforscht wird, und ein großer Teil dieser Forschungsarbeit findet auf Inseln statt.

Kapitel 2

REPLIZIERTE REPTILIEN

Schauen Sie sich den reizenden Burschen auf dem Foto an. Das bin ich mit dreizehn Jahren während eines Familienausflugs nach Miami, wo wir meine Großtante besuchten. Wie immer auf diesen Ausflügen war ich nach draußen gegangen, um das üppige Laub von Südflorida nach meinen Lieblingsschuppentieren zu durchstöbern. An jenem Tag war meine Suche erfolgreich. Die Beute war eine kleine Echse, ein Grüner Anolis, der auch Rotkehlanolis oder Amerikanisches Chamäleon genannt wird.

Der Autor beginnt, sich der Herpetologie zu widmen.

Grüne Anolis wurden (und werden immer noch) häufig in Zoohandlungen verkauft, deshalb waren sie naheliegende Studienobjekte, als ich in der Schule wissenschaftliche Projekte über Echsen durchführen wollte. In der achten Klasse untersuchte ich, ob Grüne Anolis ihre Farbe verändern, um sich ihrem Hintergrund anzupassen (entgegen der landläufigen Meinung tun sie das nicht). In der zwölften Klasse versuchte ich herauszufinden, welche Auslöser die Anolis im Frühjahr dazu bringen, sich fortzupflanzen (das Projekt war ein Reinfall, aber die Antwort lautet: das länger werdende Tageslicht).

Mit diesen Vorkenntnissen wechselte ich aufs College, fest entschlossen, Herpetologie zu studieren. Als ich in meinem zweiten Studienjahr von einem Masterstudenten eingeladen wurde, nach Jamaika zu reisen, um ihn bei einer Feldstudie über Anolis – was sonst? – zu unterstützen, musste ich nicht lange überlegen (obwohl ich enttäuscht war, als es hieß, dass ich meinen Tennisschläger nicht mitzubringen brauchte. Die Feldarbeit sah offenbar etwas anders aus, als ich erwartet hatte).

Der Grüne Anolis ist Nordamerikas einzige einheimische Anolis-Art,* aber anderswo ist die Gattung sehr artenreich. Allein auf Kuba gibt es mehr als 60 Spezies, und auf dem mittel- und südamerikanischen Festland sind es fast 250. Jamaika, das zehnmal kleiner ist als Kuba, hat sieben Spezies.[1]

Das erste Reiseziel war ein Meeresforschungslabor an der Nordküste der Insel. Es war als hervorragende Einrichtung für Meeresbiologen bekannt, die karibische Korallenriffe erforschten, und hatte dank seines üppig bewaldeten Geländes, auf dem es von Echsen wimmelte, eine zweite Klientel hinzugewonnen: Biologen, die die an Land lebende Fauna Jamaikas erforschten, also ohne Schwimmflossen, Tauchermasken und Schnorchel auskamen, nutzten das Labor als Ausgangspunkt.

Nach unserer Ankunft brauchten wir nicht lange, um die Vielfalt an Echsen zu entdecken – sie waren überall und gar nicht scheu. Männliche Anolis (bei manchen Arten auch die Weibchen) haben unter ihrem Hals einen Hautlappen, der Kehlfahne genannt wird. In Ruhe ist die Kehlfahne zusammengefaltet und nur als länglicher Hautwulst sichtbar, der vom Unterkiefer bis zur Brust verläuft. Aber wenn die Echse etwas zu verkünden hat – »Verschwinde, Freundchen, das ist mein Revier« oder »He, Mädels, ich würde einen guten Familienvater abgeben« –, dann kommt die Kehlfahne heraus. Sie wölbt sich vom Hals nach unten und bildet eine so große Halbkugel, dass die Echse oft die Beine durchdrücken und den Körper hochstemmen muss, um Abstand vom Boden zu schaffen.

Die Echsen kamen überall in der Vegetation vor. Die häufigste Art war ein Strauchanolis, der vorwiegend am Boden unterwegs war. Diese kleinen Gesellen huschten zwischen den Sträuchern umher oder hielten sich im Sockelbereich von Bäumen auf und überwachten ihr Revier. Weil sie in Bodennähe lebten, passte ihre graubraune Farbe zum Hintergrund.

---

* Zehn weitere wurden in den letzten paar Jahrzehnten von Karibikinseln eingeführt.

Jamaikanische Habitatspezialisten (im Uhrzeigersinn, links oben beginnend):
Jamaikanischer Strauchanolis, Graham-Anolis *(Anolis grahami)*, Jamaika-
Anolis *(Anolis garmani)*, Jamaikanischer Zweiganolis *(Anolis valencienni)*

Doch oben in den Bäumen sah es anders aus. Am auffälligsten war dort eine andere Spezies von etwa der gleichen Größe wie der Strauchanolis: der Graham-Anolis. Er war überall in den Bäumen zu finden – oben, unten, am Stamm – und flitzte Äste entlang. So unscheinbar wie der Strauchanolis war, so prächtig war der Graham-Anolis. Ein edles Aquamarinblau zog sich über den Kopf, den Rumpf und die Vorderbeine und ging ab der Körpermitte in ein tiefes Blau und am Schwanz in Kobaltblau über. Weiße Tupfen und schnörkelige Linien bedeckten den Körper und verwandelten ihn in eine Art organischen QR-Code. Diese Farbenpracht der Männchen steigerte sich noch, wenn sie ihre Kehlfahnen zeigten, deren leuchtendes Orange mit den variierenden Blautönen ihrer Körper kontrastierte.

Doch so imposant der Graham-Anolis auch ist, den Schönheitswettbewerb für jamaikanische Echsen gewinnt er nicht. Den ersten Platz belegt sein größerer, baumlebender Vetter, der Jamaika-Anolis, den die Jamaikaner den grünen Leguan nennen. Doch dieser schlichte einheimische Name wird dem schönen Tier, das wie ein Fabelwesen wirkt, nicht ganz gerecht. Es trägt ein smaragdgrünes Gewand, hat gelbe Ringe um die Augen, und über seinen Rücken zieht sich der Schuppenkamm eines prähistorischen Drachen. Der Jamaika-Anolis, der doppelt so lang und achtmal so schwer ist wie der Graham-Anolis, ist der König der jamaikanischen Echsen, ein despotischer Herrscher, der Insekten und Früchte, aber ebenso gern kleinere Verwandte verspeist.

Noch ein Mitglied der Anolis-Sippe lebt in den Bäumen, aber es hat einen anderen Schneider. Statt farbenprächtige Gewänder zu tragen, setzt der Jamaikanische Zweiganolis auf Understatement. Sein dezenter hellgrauer Anzug mit den bräunlichen Flecken ist vor dem Gehölz im Hintergrund kaum zu erkennen, und seine schlanke Gestalt verschmilzt mit den dünnen Ästen, auf denen er ruht.

Diese bunte Palette von Schuppentieren war eine großartige Einführung in die Vielfalt der jamaikanischen Anolis-Echsen, aber sie erzählte nur einen Teil ihrer evolutionären Geschichte. Tatsächlich unterscheiden sich die Spezies nicht nur in der Farbe, sondern auch in vielen anderen Merkmalen.

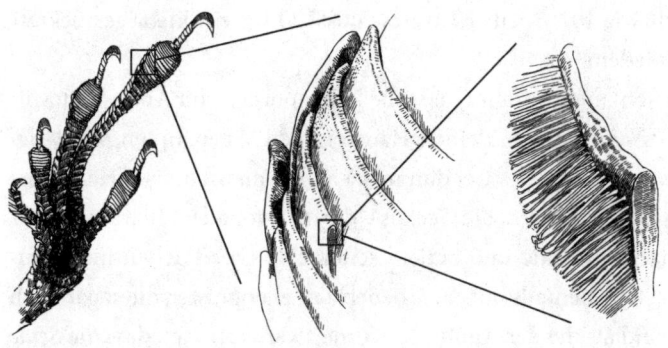

Die Haftsohlen eines Anolis – die Haftsohlenschuppen sind mit Millionen von mikroskopisch kleinen Härchen (Setae) bedeckt.

Beginnen wir mit dem vielleicht eindrucksvollsten Merkmal. An jeder Zehenspitze haben diese Echsen flache, ovale Polster. Wenn man die Echsen auf den Rücken dreht, erkennt man, dass die Unterseiten der Polster aus rechteckigen, sich leicht überlappenden Schuppen bestehen. Am Anfang des Polsters sind die Schuppen klein, in der Mitte dann breiter und an der Spitze wieder klein.

Wenn man sanft mit dem Finger über das Polster fährt, spürt man ein wenig Widerstand – selbst wenn man den Finger nicht bewegt, übt das Polster eine gewisse Haftwirkung aus. Wenn man die Echse auf eine horizontale Glasplatte setzt, sodass ihre Zehenpolster Kontakt mit der Oberfläche haben, und die Glasplatte dann auf einer Seite langsam anhebt, bis sie senkrecht steht, sackt der Körper der Echse zwar nach unten, aber ihre Zehenpolster bleiben fest haften und widerstehen der Schwerkraft. Kippt man die Glasscheibe weiter, über den 90-Grad-Winkel hinaus, hängt die Echse, ähnlich wie Spiderman, kopfüber am Glas, mit dem nur noch ihre vier Füße – oder, genauer gesagt, ihre zwanzig Zehen – Kontakt haben. Manchmal bleibt die Echse selbst dann noch hängen, wenn man die Glasscheibe völlig umdreht.

Jahrzehntelang überlegten sich Wissenschaftler, was den Echsen diese Haftfähigkeit verleiht. Vielleicht ihre Krallen, die winzige Löcher im Glas finden? Nein. Eine Saugkraft? Oder winzige Häckchen an den Zehenpolstern, ähnlich wie bei einem Klettverschluss? Oder ein klebriges Sekret? Nichts von alledem.

Es war schon lange bekannt, dass die Zehenpolster von Anolis mit Millionen von mikroskopisch kleinen Härchen, den sogenannten *Setae*, bedeckt sind, von denen jedes viel dünner ist als ein menschliches Haar. Eine andere Gruppe von Echsen, die Geckos – die man vor allem in warmen Gebieten oft nachts Wände und andere senkrechte Oberflächen hinaufhuschen sieht –, hat ebenfalls mit *Setae* bedeckte Zehenpolster, die sogar noch haftfähiger sind als die der Anolis. Es wurde zwar vermutet, dass die *Setae* zur Haftfähigkeit beitragen, aber auf welche Weise sie das tun, blieb lange ein Rätsel.

Erst im Jahr 2000 fand ein Forscherteam es endlich heraus, und die Antwort klingt nach Science-Fiction. Jede der Millionen von *Setae* hat freie Elektronen an ihrer Oberfläche, und unter den richtigen Bedingungen können diese Elektronen sich mit Elektronen auf der Oberfläche von Glas oder einem anderen Gegenstand verbinden. Diese Bindungen – der Fachbegriff für sie ist Van-der-Waals-Kräfte – können so stark sein, dass die Echse an einem einzigen Zeh an einer senkrechten Wand hängen kann. Sie kann sich sogar im freien Fall abfangen, indem sie mit einem Fuß ein Blatt berührt. Versuch das mal, Spiderman!

Die gewonnenen Erkenntnisse führten übrigens zur Entstehung eines ganz neuen Zweigs der Ingenieurwissenschaft, der »Gecko-Forschung« genannt wird. Bei den besten Klebstoffen, die wir gegenwärtig haben, zum Beispiel Sekundenkleber oder Klebeband, kann entweder die Klebeverbindung nicht mehr aufgelöst werden oder der Klebstoff hinterlässt hässliche pappige Rückstände. Dagegen können Echsen wie die Geckos ihre stark haftfähigen Zehen jederzeit nicht nur mühelos, sondern auch völlig rückstandsfrei entfernen. Aus diesem Grund versucht eine große und wachsende Zahl von Forschern, die Magie der Echsenzehen zu kopieren, um für uns nützliche Produkte zu entwickeln. Das erste, ein neues Mittel zum Verschließen von Wunden, wurde 2008 vorgestellt.[2]

Doch kehren wir zu den jamaikanischen Anolis zurück. Wie andere Anolis-Arten haben sie alle stark haftfähige Zehenpolster. Aber manche haften besser als andere. Wenn man einen Anolis auf eine sogenannte Kraftmessplatte setzt und ihn dann behutsam nach hinten zieht, kann man messen, wie viel Haftkraft seine Zehenpolster bei seinem Versuch, sich nicht wegziehen zu lassen, auf die Platte ausüben.

Die Methode wurde von meinem ehemaligen Doktoranden Duncan Irschick entwickelt, der sich inzwischen als eigenständiger Forscher einen Namen gemacht hat, und die Ergebnisse seiner Studien sind klar: Die Kraft, mit der ein Anolis sich festhalten kann, ist proportional zur Größe seiner Zehenpolster. Und wer hat die größten Zehenpolster? Das wäre mit Abstand der grüne Leguan, der größte jamaikanische Anolis. Die anderen drei Spezies sind ungefähr gleich groß. Doch ihre Zehenpolster sind recht verschieden. Die des Graham-Anolis, der in Baumkronen lebt, sind fast dreimal so groß wie die des Strauchanolis, der in Bodennähe lebt.

Es gibt zwei Gründe, warum baumlebende Echsen eine größere Haftfähigkeit brauchen. Erstens bewegen sie sich öfter auf rutschigen Oberflächen – wie Blättern oder den sehr glatten Stämmen einiger Tropenbäume –, die kaum Halt bieten. An solchen Oberflächen können sie sich nur dank einer besonders starken Haftkraft festhalten. Zweitens macht es einen großen Unterschied, ob man aus einer Baumkrone herabfällt oder von einem Ast, der nur dreißig Zentimeter vom Boden entfernt ist. Viele Anolis sind relativ klein, sodass ihnen ein Sturz wenig ausmacht, aber danach wieder in die Baumkrone hinaufzuklettern kostet viel Kraft und ist zudem riskant, weil die Echse unterwegs viel eher Fressfeinden ausgesetzt ist.

Beim Vergleich der jamaikanischen Anolis-Arten fällt auf, dass sie sich noch in einem zweiten Aspekt ihrer Anatomie unterscheiden: der Beinlänge. In diesem Fall ist der in Bodennähe lebende Strauchanolis im Vorteil. Seine Hinterbeine sind wesentlich länger als die der anderen Spezies (beim grünen Leguan im Verhältnis zur Körpergröße gerechnet). Dagegen hat der Zweiganolis, der Dachshund unter den Echsen, sehr kurze Beine und einen langen Rumpf.

Bei den jamaikanischen Spezies und den karibischen Anolis im Allgemeinen hängt die Beinlänge davon ab, wo im Habitat die Echsen leben. Spezies wie der jamaikanische Strauchanolis, die sich normalerweise auf dicken Baumstämmen und auf dem Boden aufhalten, haben sehr lange Beine. Spezies, die auf Zweigen und dünnen Ästen unterwegs sind, haben viel kürzere Gliedmaßen.

Um herauszufinden, warum, brachten wir verschiedene Anolis ins Labor und veranstalteten eine Echsen-Olympiade. Beim Leichtathletikwettkampf war die erste Disziplin ein Kurzstreckenlauf über zwei Meter, bei dem die Echsen dazu animiert wurden, eine schmale Bahn entlangzusprinten. Ihre Geschwindigkeit wurde gemessen, während sie durch Infrarotstrahlen liefen, die in einem regelmäßigen Abstand positioniert waren. Die nächste Disziplin war der Weitsprung, bei dem die Echsen durch einen sanften Klaps auf den Rumpf zum Springen animiert wurden.

Die Ergebnisse dieser Tests waren eindeutig: Je länger die Beine einer Echse waren, desto schneller konnte sie laufen und desto weiter konnte sie springen. Biomechanisch machten diese Erkenntnisse Sinn, aber sie stellten uns nicht zufrieden – welchen Vorteil hatten dann kurze Beine?

Der Fünfkampf lieferte die Antwort. Wir maßen erneut, wie schnell die Echsen laufen konnten, aber diesmal ließen wir sie auf fünf verschiedenen zylindrischen Oberflächen rennen, wobei der Durchmesser der verwendeten Zylinder von sehr groß bis sehr klein reichte. Unsere Prognose war, dass die langbeinigen Spezies auf der breiten Oberfläche am flinksten sein würden, während die kurzbeinigen Zweiganolis auf dem schmalen Stock, der den dünnen Ästen ähnelte, auf denen sie in der Natur unterwegs waren, schneller sein würden.

Falsch! Alle Spezies liefen auf den schmalen Oberflächen langsamer. Der Zweiganolis war in diesem Versuch nicht schneller als die anderen. Kurze Beine sind eindeutig keine Anpassung, um sich auf schmalen Oberflächen schneller bewegen zu können.

Während wir die Echsen laufen ließen, stellten wir fest, dass sie manchmal stolperten oder sogar ganz von der Oberfläche herabfielen. Wir zeichneten diese Fehltritte auf, aber erst später erkannten wir, dass genau das das fehlende Puzzleteil war. Auf breiten Oberflächen hatte keine der Spezies wirklich Probleme. Nur in etwa zwanzig Prozent der Tests kam es zu kleinen Missgeschicken. Doch auf der schmalen Oberfläche hatten die langbeinigen Spezies enorme Schwierigkeiten. In mehr als fünfundsiebzig Prozent der Tests rutschten sie aus oder fielen ganz herunter, während die Zweiganolis souverän und gelassen blieben. Das war unsere Antwort: Der Vorteil von kurzen Beinen ist nicht, dass die Echse sich auf schmalen Oberflächen schnell fortbewegen kann, sondern einfach, dass sie mit ihnen problemlos zurechtkommt.

Im Nachhinein betrachtet, hätten wir uns das denken können. Wir hatten stundenlang Anolis in ihren natürlichen Habitaten beobachtet. Langbeinige Spezies rannten oft mit Höchstgeschwindigkeit, um Beute zu fangen oder Angreifern zu entkommen. Dagegen setzten die Zweiganolis nicht auf Geschwindigkeit, sondern auf geschicktes Verstecken. Gut getarnt schleichen sie sich langsam an Beute heran. Und wenn sie einen Fressfeind entdecken, verkriechen sie sich auf die andere Seite des Astes und stehlen sich Schritt für Schritt davon. Entscheidend bei so einem Lebensstil ist nicht Schnelligkeit, sondern Wendigkeit. Und die ist der Vorteil, den kurze Beine einer Echse verschaffen.

Die Insel Jamaika war ursprünglich gar keine Insel, sondern als Teil von Mittelamerika mit der Region um das mexikanische Yucatán verbunden. Vor rund fünfzig Millionen Jahren gingen Jamaika und der Kontinent dann getrennte Wege. Die neugeborene Insel trieb ostwärts in die Karibik. Dabei sank sie unter Wasser, das ihre Bewohner wegspülte. Erst Jahrmillionen später tauchte sie unbewohnt wieder auf, bereit für eine ganz neue Zukunft. Auf dieser neuen leeren Bühne der Evolution mussten die ersten Darsteller ihren eigenen Platz finden.

Später wurde die Ahnenspezies der jamaikanischen Anolis ans Ufer gespült. Sie war von einer anderen Insel, wahrscheinlich Kuba, durch die Karibik nach Jamaika getrieben worden. Im Laufe der Zeit gingen aus dieser Ahnenspezies viele neue Arten hervor,[*3] und diese passten sich an un-

---

* Der Prozess der Artenbildung (Speziation) – wie aus einer Ahnenspezies verschiedene neue Arten entstehen – ist eine der großen Fragen der Evolutionsbiologie und könnte das Thema eines eigenen Buches sein (tatsächlich gibt es schon mehrere darüber). Zwei Populationen gelten als verschiedene Spezies, wenn sie sich nicht untereinander

terschiedliche Bereiche des Habitats an, indem sie unterschiedliche Farben, Zehenpolster und Beinlängen sowie diverse andere Merkmale entwickelten.

Das Ergebnis dieser divergenten Evolution ist eine Gruppe von Arten, die alle von einem geologisch neuzeitlichen gemeinsamen Vorfahren abstammen. Und jede ist an ihre eigene ökologische Nische angepasst. Biologen haben einen Fachbegriff für dieses Phänomen – wir nennen es »adaptive Radiation« –, und viele halten es für einen der wichtigsten Aspekte der evolutionären Diversifikation.

Adaptive Radiationen kommen häufig vor und werden schon lange von Wissenschaftlern erforscht. Darwins Finken, die in seinem Konzept eine wichtige Rolle spielen, sind ein Lehrbuchbeispiel. Doch die adaptive Radiation von Anolis ist ein Sonderfall. Um zu verstehen, warum, müssen wir weitere Inseln in der Karibik aufsuchen.

Fünf Jahre nach meinem ersten Aufenthalt in Jamaika war ich wieder dort, diesmal als Doktorand, der Daten für seine eigene Dissertation sammelte. Erneut steuerte ich das Meeresforschungslabor an und irritierte ein neues Team von Meeresbiologen, weil ich an Land blieb und Echsen erforschte.

Doch diesmal war Jamaika nur die erste Etappe meiner Reise. Nachdem ich dort die benötigten Daten gesammelt hatte, reiste ich von Insel zu Insel. Im üppig grünen Luquillo-Mountains-Regenwald von Puerto Rico fand ich ebenfalls eine Gruppe nebeneinander existierender Anolis-Arten, von

vermehren und fortpflanzungsfähige Nachkommen erzeugen können. Im Falle der Anolis scheint die Kehlfahne ein wichtiger Teil der Geschichte zu sein – Anolis können Echsen ihrer eigenen Spezies an der Farbe und Musterung der Kehlfahne von Echsen anderer Spezies unterscheiden, wodurch eine Kreuzung (Hybridisierung) vermieden wird. So ist die Artenbildung bei Anolis oft auf die Entwicklung unterschiedlicher Kehlfahnenornamente zurückzuführen. Wie es dazu kommt, bei Anolis oder im Allgemeinen, ist umstritten. Eine geografische Trennung kann eine wichtige Rolle spielen, weil die Genpools von zwei Populationen sich dann ohne ständige Vermischung unterschiedlich entwickeln können. Natürliche Selektion, die die Populationen in unterschiedliche Richtungen treibt, kann eine divergente Entwicklung ebenfalls beschleunigen. Evolutionsbiologen debattieren gegenwärtig über die relative Bedeutung dieser beiden Faktoren.

denen jede ihren eigenen Bereich des Habitats besetzte. Aber es war keine beliebige Artengruppe. Vielmehr bestand sie aus den gleichen Habitatspezialisten, die auf Jamaika vorkommen. Oben in den Baumkronen lebte eine Art, die ungefähr so groß war und ähnlich aussah wie der grüne Leguan. Eine kleinere grüne Spezies bewegte sich auf sehr großen Haftsohlen in der Vegetation umher. In Bodennähe lebte eine braune Spezies, die lange Beine und kleine Zehenpolster hatte, mit denen sie schnell laufen und weit springen konnte. Und auf den Zweigen und dünnen Ästen war eine gut getarnte, kurzbeinige Spezies unterwegs, die zwar nicht schnell laufen konnte, aber wie dafür geschaffen war, schmale Oberflächen entlangzukriechen.

Wenn man es nicht besser wüsste, würde man denken, diese auf verschiedenen Inseln lebenden Doppelgänger seien eng miteinander verwandt. Die Zweiganolis aus Puerto Rico scheinen evolutionäre Geschwister der jamaikanischen zu sein, die beiden grünen Leguane Cousins und die langbeinigen, in Bodennähe lebenden Schnellläufer das Ergebnis einer neuzeitlichen evolutionären Divergenz. Aber dem ist nicht so. Die ökologisch und anatomisch verschiedenen jamaikanischen Spezies stammen alle von einem gemeinsamen jamaikanischen Vorfahren ab und sind miteinander enger verwandt als mit ihren ökologischen Gegenstücken aus Puerto Rico. Auf Jamaika kam es zu einer adaptiven Radiation und auf Puerto Rico zu einer anderen. Doch obwohl diese beiden evolutionären Auffächerungen unabhängig voneinander stattfanden, kam dabei eine ganz ähnliche Gruppe von Habitatspezialisten heraus (fairerweise muss ich darauf hinweisen, dass die Übereinstimmung nicht perfekt ist. Puerto Rico hat noch eine weitere Spezies aufzuweisen, die sich auf Jamaika nicht entwickelte, einen Anolis, der an ein Leben zwischen Grashalmen angepasst ist).

Im darauffolgenden Jahr reiste ich in die Dominikanische Republik, die den größeren Teil der Insel Hispaniola einnimmt (ihr kleinerer Nachbarstaat im Westen der Insel ist das leidgeprüfte, aber ebenfalls echsenreiche Haiti).* Auch dort fand ich eine Gruppe von Anolis-Arten, und zwar er-

---

* Ich war noch nie in Haiti, denn als ich mir vor Jahren überlegte, von der Dominikanische Republik aus die Grenze zu überqueren, riet man mir davon ab. Ich würde wahrscheinlich nicht getötet, sondern einfach ins Gefängnis geworfen, hieß es. Ein paar

Die Zweiganolis von Hispaniola (oben), Puerto Rico (Mitte) und Kuba (unten)

neut die inzwischen vertrauten Doppelgänger, die gleichen fünf Habitatspezialisten, die auch auf Puerto Rico vorkommen. Doch erneut ließ sich
das nicht mit einer engen Verwandtschaft erklären. Allem Anschein zum
Trotz beweist die DNA, dass die Zweiganolis von den drei Inseln nicht eng
miteinander verwandt sind, ebenso wenig wie die in Bodennähe lebenden
braunen Spezies oder die anderen Habitatspezialisten.

Ein paar Jahre später erhielt ich schließlich die Genehmigung, Kuba zu
besuchen. Das war kein Kinderspiel angesichts des US-amerikanischen
Handelsembargos und des kubanischen Verdachts, dass jeder Gringo, der
angab, in der freien Natur wissenschaftlich arbeiten zu wollen, in Wirklichkeit ein CIA-Agent war, der insgeheim eine Invasion plante. Aber langer
Rede kurzer Sinn: Ich sah dort etwas bereits Bekanntes, nämlich wieder die
gleiche Gruppe von Habitatspezialisten, die sich unabhängig entwickelt
hatten – diesmal auf kubanischem Boden.

Die Anolis-Populationen von den vier Inseln der Großen Antillen sind
auffallend ähnlich. Auf allen vier Inseln finden sich vier Typen von Habitatspezialisten. In vielen Fällen ähneln sich die Spezies eines bestimmten

mutigere Kollegen von mir waren dort und sahen Fantastisches. Leider sind viele der
wirklich außergewöhnlichen haitianischen Spezies, Echsen und andere, aufgrund der
weitgehenden Zerstörung von Haitis Wäldern stark gefährdet.

Typs inselübergreifend so sehr, dass man sie für dieselbe Spezies halten könnte. Auf drei dieser Inseln kommt noch ein weiterer Typ von Habitat-spezialist vor. Und nur auf Kuba und Hispaniola gibt es noch zwei zusätzliche Typen, die ich nicht erwähnt habe. Nur sehr wenige Spezies von einer Insel haben keine Doppelgänger auf mindestens einer anderen Insel.

Die Anolis von den Großen Antillen waren mehrere Jahre lang der einzige gut dokumentierte Fall von wiederholter adaptiver Radiation, wie dieses Phänomen inzwischen genannt wird. Doch in der letzten Zeit kam eine Reihe weiterer Beispiele ans Licht. Inzwischen sieht es so aus, als wäre Konvergenz von ganzen Radiationen gar nicht so selten wie einst gedacht.[4]

Ein unlängst entdecktes Beispiel sind Schnecken von einer wenig bekannten japanischen Inselgruppe.[5] Diese Schnecken gehören zur Gattung *Mandarina* und haben keinen umgangssprachlichen Namen. Ihre Heimat sind die Ogasawara-Inseln, eine Gruppe von dreißig Inseln, die etwa tausend Kilometer südlich von Tokio liegt. Sie ist recht abgeschieden, sehr klein (Gesamtfläche: 88 Quadratkilometer) und größtenteils unbewohnt (Einwohnerzahl insgesamt: 2400). Daher wundert es nicht, dass sie kaum bekannt ist. Aber die Ogasawaras machen ihren Mangel an Fläche und Einwohnern durch ihre natürliche Schönheit mehr als wett. 2011 wurden sie von der UNESCO zum Weltnaturerbe erklärt. Auf diesen Inseln ist die Biodiversität so groß, dass sie manchmal »die Galapagosinseln des Ostens« genannt werden.

Und die *Mandarina*-Schnecken, deren neunzehn Spezies auf die Inseln verteilt sind, sind ein Grund für diese Reputation. Wie bei den Anolis besiedeln nebeneinander existierende Spezies stets unterschiedliche Bereiche des Habitats. Einige sind nur in Bäumen zu finden, gewöhnlich auf den Blättern, andere halten sich auf Baumstämmen und am Boden auf, und die nur am Boden lebenden Arten unterteilen sich in die, die im offenen Gelände unterwegs sind, und die, die in Deckung bleiben.

Diesen unterschiedlichen Lebensräumen der Schnecken entsprechen Unterschiede in ihrer Anatomie. Die baumlebenden (arborealen) Spezies sind kleiner als die am Boden lebenden (terrestrischen), vielleicht weil es nicht leicht ist, ein Schneckenhaus einen Baum hinaufzuschleppen, besonders wenn man keine Füße hat. Die Schneckenhäuser der arborealen Arten haben auch größere Öffnungen, wodurch ein größerer Teil des Körpers der Schnecke Kontakt mit dem Untergrund hat. Die semi-arborealen Arten, die sowohl auf Baumstämmen als auch am Boden leben, haben besonders flache Schneckenhäuser, was ihrer Neigung entspricht, sich in enge Schlupfwinkel in der Vegetation zu zwängen. Die beiden terrestrischen Typen unterscheiden sich ebenfalls. Die exponiertere Spezies ist flacher und hat eine unauffälligere Farbe.

Mit anderen Worten, das ist adaptive Radiation nach Schneckenart. Und genau wie bei den karibischen Anolis wiederholt sich die Radiation der Schnecken auch auf den Ogasawaras. Auf mehreren Inseln stammen die Schnecken von einer einzigen Ahnenspezies ab, aus der eine Gruppe unterschiedlicher Habitatspezialisten hervorging. Und wie bei den Anolis ergibt ein Vergleich zwischen den Inseln, dass sich auf jeder Insel die gleiche Gruppe von Habitatspezialisten entwickelte. In manchen Fällen sind die Habitatdoppelgänger von verschiedenen Inseln so konvergent, dass ihre Schneckenhäuser sich nicht voneinander unterscheiden lassen.

Ein anderer Fall von wiederholter adaptiver Radiation kommt aus dem Reich der Lüfte. Von den mehr als 5000 Säugetierarten, die heute auf der Welt leben, ist eine von fünf eine Fledermaus – nach der letzten Zählung gibt es 1240 Arten dieser kleinen pelzigen Fledertiere. Eine besonders erfolgreiche Gruppe ist die Gattung der Mausohrfledermäuse (Myotis). Es gibt mehr als hundert Mausohrarten. Wenn man in Nordamerika eine Fledermaus sieht, handelt es sich oft um die Kleine Braune Fledermaus, Myotis lucifugus, eine sehr verbreitete und nützliche Art, die jeden Tag bis zur Hälfte ihres Körpergewichts an Insekten vertilgen kann.

Trotz ihrer Mausohren sehen nicht alle Myotis gleich aus. Die traditionelle Klassifizierung unterscheidet drei Hauptgruppen, die sich sowohl anatomisch als auch von ihren Gewohnheiten her unterscheiden. Wie die Kleine Braune Fledermaus schwirren die Spezies der Untergattung Selysius auf der Jagd nach Beute – fliegenden Insekten – durch die Luft. Sie haben kleine Füße und zwischen ihren Hinterbeinen eine große Membran, die sie wie einen Fanghandschuh benutzen, um Insekten im Flug zu fangen. Die Fledermäuse der Untergattung *Leuconoe* sind schmalflügelig und suchen gewöhnlich über Gewässern nach Futter, manchmal schnappen sie sogar mit ihren langen behaarten Hinterbeinen einen Fisch von der Wasseroberfläche. Und die Spezies der Untergattung *Myotis* haben kräftigere Körper, große Ohren und breite Flügel und pflücken Beute von Blättern und Ästen oder vom Boden.

Die gängige Lehrmeinung war, dass diese drei Untergattungen drei verschiedene evolutionäre Gruppen darstellten, wobei jeder Typ sich nur ein einziges Mal entwickelte und dann viele ähnliche Spezies hervorbrachte, die sich weltweit verbreiteten. Dann stellten DNA-Vergleiche die Welt der Mausohrfledermäuse auf den Kopf.[6] Durch die Sequenzierung mehrerer Gene von drei Vierteln der *Myotis*-Spezies der Erde fanden Forscher heraus, dass die traditionelle, auf anatomischen Merkmalen beruhende Klassifizierung falscher nicht sein konnte. Genau wie bei den Anolis-Echsen und den *Mandarina*-Schnecken waren anatomisch und ökologisch verschiedene Fledermäuse, die in derselben Region lebten, miteinander enger verwandt als mit ähnlichen Spezies aus anderen Regionen. Die Meinung, dass jeder Typ sich nur einmal entwickelte und dann auf der ganzen Welt ausbreitete, wurde widerlegt. Stattdessen scheint bei den Mausohrfledermäusen in vielen Teilen der Welt wiederholt eine adaptive Radiation in die gleichen drei Typen stattgefunden zu haben.

Geschichten wie die der Anolis-Echsen, *Mandarina*-Schnecken und Mausohrfledermäuse häufen sich. Anscheinend sind die Umweltbedingungen von Ort zu Ort so ähnlich, dass die natürliche Selektion an jedem Ort die Entwicklung der gleichen Gruppe von Spezialisten bewirkt. Diese konvergenten Zwänge sind so stark, dass sie zur Entstehung von Spezies führen, die so ähnlich aussehen, dass man sie für enge Verwandte hält, statt zu erkennen, dass sie das Ergebnis unabhängiger evolutionärer Radiationen sind.

Nun komme ich zu den beiden letzten Beispielen, dem Ergebnis von DNA-basierten Studien über die Bewohner Madagaskars. Vor ein paar Jahren erfuhren wir, dass die Frösche von Madagaskar entgegen der früheren

Auffassung mit ihren ökologischen Doppelgängern aus Indien nicht eng verwandt sind. Vielmehr diversifizierten sie sich *in situ* auf der Großen Roten Insel. Dabei entstanden Höhlenbewohner, Bachbewohner und Baumfrösche, die denen aus Indien sehr ähnlich sind.[7]

Madagaskars Vögel singen das gleiche Lied. Trotz großer Ähnlichkeiten mit der afrikanischen Vogelwelt belegte unlängst eine DNA-Analyse, dass die große Vielfalt an Sperlingsvögeln auf Madagaskar hauptsächlich das Ergebnis einer starken Diversifikation auf der Insel selbst ist.[8] Wie wir im ersten Kapitel sahen, gilt das auch für die evolutionäre Radiation von australischen Vögeln, durch die eine ganze Palette von verschiedenen ökologischen Spezialisten entstand, die mit verschiedenen Spezies aus der nördlichen Vogelwelt konvergent sind.

In Goulds Gedankenexperiment ging es darum, die Zeit zurückzudrehen, die Evolution unter den gleichen Ausgangsbedingungen neu zu starten und zu sehen, ob sie den gleichen Verlauf nimmt. Aber es gibt noch eine andere Möglichkeit, dieses Gedankenexperiment durchzuführen. Wie wäre es, wenn man das Band des Lebens – statt es in eine frühere Zeit zurückzuspulen und neu zu starten – zur gleichen Zeit an verschiedenen Orten ablaufen ließe? Mit anderen Worten: Man schaffe identische Umgebungen an mehreren Orten und besiedele sie mit identischen Populationen, um zu sehen, ob diese die gleiche Entwicklung nehmen.

Das ist natürlich ein Gedankenexperiment, eine ideale Welt, in der alles möglich ist. In der wirklichen Welt ist so ein Experiment unmöglich, weil es außerhalb des Labors keine zwei Orte gibt, die wirklich identisch sind, und weil Orte im Laufe der Zeit unterschiedliche Ereignisse durchmachen.

Trotzdem wurden Inseln nicht ohne Grund als Reaktionsgefäße der Evolution bezeichnet. Ihre Isolation verleiht ihnen Unabhängigkeit – was auf einer Insel geschieht, hat keinen Einfluss auf das, was auf anderen Inseln vorgeht (zumindest bei Spezies mit geringer Ausbreitungsfähigkeit). Und obwohl Inseln nie identisch sind, sind etliche, besonders wenn sie in derselben Region liegen, doch ziemlich ähnlich.

In der Idealwelt würde man dieses Gedankenexperiment durchführen, indem man identische Echsen-Populationen auf vier identischen Inseln aussetzt und dann beobachtet, wie sie sich in Millionen von Jahren entwickeln. Aber unterscheidet dieses utopische Forschungsprogramm sich denn so sehr von dem, was mit den Anolis-Echsen auf den Großen Antillen tatsächlich geschah? In der wirklichen Welt kam die Natur hier einem Neustart von Goulds Band des Lebens doch recht nahe.

Und die Ergebnisse widersprechen natürlich seiner These. Das Band lief gleichzeitig auf vier Inseln der Großen Antillen ab, und die Entwicklung der Echsen verlief auf jeder Insel annähernd gleich, obwohl Jamaika nicht gleich Kuba und Kuba nicht gleich Puerto Rico ist. Der Verlauf, den die Evolution der Echsen nahm, hing also nicht von den speziellen Bedingungen auf ihren jeweiligen Inseln ab.

Dasselbe gilt für die Landschnecken, die Mausohrfledermäuse und viele andere Organismen. Wiederholte adaptive Radiationen fanden an vielen Orten statt, und es kommen immer mehr Fälle ans Licht. Anscheinend wiederholt sich die Evolution. Mehrere Würfe der evolutionären Würfel können im Grunde zu den gleichen Ergebnissen führen, unabhängig von Kontingenzen.

Tahiti, Bermuda, Madeira, Bali. Jeder liebt Inseln, aber niemand ist so verrückt nach ihnen wie Evolutionsbiologen. Darwin gewann viele seiner Erkenntnisse, während er auf seiner legendären Reise mit der *Beagle* Inseln besuchte, so wie Alfred Russel Wallace auf seinen Forschungsreisen durch Südostasien. Und seit Darwin und Wallace gemeinsam ihre Theorie der Evolution durch natürliche Selektion veröffentlichten, strömen Biologen auf Inseln, um neue Einsichten zu gewinnen. Der Forschungsarbeit, die sie dort leisten, verdanken wir vieles, was wir in den letzten anderthalb Jahrhunderten über Evolution gelernt haben.

Weswegen kehren Evolutionsbiologen immer wieder auf Inseln zurück?[9] Ich kann diese Frage auf zwei Arten beantworten. Erstens mit den sachlichen Argumenten eines Wissenschaftlers: Inseln sind wiederholte natürliche Experimente der Evolution. Jede Insel oder Inselgruppe im Meer ist eine Welt für sich. Die evolutionären Vorgänge dort sind unabhängig von dem, was anderswo ablief. Das heißt, durch den Vergleich einer Insel mit einer anderen erhalten wir eine Vorstellung davon, welches evolutionäre Potenzial besteht und wie vorhersehbar die Evolution ist. Führt sie immer wieder zu ähnlichen Endergebnissen? Bei den Anolis und den Ogasawara-Schnecken ist das der Fall, aber lässt sich diese Erkenntnis verallgemeinern? Wie verschieden sind die möglichen Ergebnisse evolutionärer Diversifikation? Das wollen Inselforscher herausfinden, indem sie die Ähnlichkeiten und Unterschiede zwischen der Flora und Fauna von Inseln vergleichen.

Die andere, enthusiastischere Antwort ist: Inseln sind toll! Nicht nur wegen ihrer landschaftlichen Reize, sondern vor allem wegen ihrer außerordentlichen Vielfalt, den faszinierend ungewöhnlichen Pflanzen und Tieren, die von Insel zu Insel verschieden sind. Nehmen wir zum Beispiel Neukaledonien, eine gebirgige Inselgruppe im südlichen Pazifik. Ihre kupferroten Berghänge sind mit Regenwald bedeckt. In diesen Dschungeln wohnen wundervolle Geschöpfe: nachtaktive Geckos, die so groß sind wie mein Unterarm, problemlösende Krähen, die aus Palmwedeln ihre eigenen Werkzeuge herstellen, *Amborella,* ein hochinteressantes Gewächs aus der Entstehungszeit der Blütenpflanzen, eine Riesenlandschildkröte mit einem stacheligen Schwanz und Hörnern auf dem Kopf und ein landlebendes Krokodil (die letzten beiden Spezies wurden leider von den ersten menschlichen Neukaledoniern ausgerottet).

Inseln sind voller Kuriositäten. Aber mein Lieblingsbeispiel von all den verrückten Spezies, die sich auf Inseln entwickelten, stammt aus der Steinzeit, aus Felsental, der Heimat von Fred Feuerstein und Barney Geröllheimer. Gut unterrichtete Leser werden sich an die vielen technologischen Fortschritte jener visionären Zeit erinnern – mit den Füßen angetriebene Autos, Pterodaktylus-Flugzeuge, die Vogelschnabel-Plattenspielernadel und der Baukran-Brontosaurus, aber nichts davon war biologisch raffinierter als der zum Staubsauger umfunktionierte Rüssel eines winzigen Wollmammuts auf Rädern.

Vermutlich ließen sich die Schöpfer der *Familie Feuerstein,* das Hollywood-Erfolgsduo William Hanna und Joseph Barbera, von den echten

Zwergmammuts (der Name ist ein Oxymoron) inspirieren, die in der jüngeren geologischen Vergangenheit auf der griechischen Insel Kreta lebten. Mit einer Schulterhöhe von weniger als 120 Zentimetern wogen diese Mini-Mammuts nur rund 500 Pfund, vielleicht drei Prozent ihrer riesigen Mammut-Vorfahren.

Vielleicht dachten Hanna und Barbera auch an eine andere Insel, denn Kreta hatte kein Monopol auf kleine Dickhäuter. Tatsächlich entwickelten sich zu vielen verschiedenen Zeiten auf mehreren Inseln rund um den Globus kleine Elefanten, einige so spät, dass es zu ihrer Zeit bereits moderne Menschen gab. Sie lebten auf Malta, Korsika, St. Paul vor der Küste Alaskas und Flores, wo sie mit Komodowaranen koexistierten, und sogar auf den Kanalinseln vor der Küste Südkaliforniens.

Aus dieser Vielzahl von kleinen Rüsseltieren lassen sich drei Lehren ziehen. Erstens könnte man mit der Züchtung kleiner Jumbos viel Geld verdienen. Wer hätte nicht gern einen Dickhäuter von der Größe eines Shetlandponys als Haustier? Ich würde zwei nehmen! Zweitens ist das ein weiteres Beispiel für konvergente Evolution. Man setze einen Elefanten auf einer Insel aus, warte eine Weile und voilà, da ist er, der unglaubliche schrumpfende Riese.

Aber am wichtigsten ist, dass das nicht nur ein weiteres Beispiel für Konvergenz ist, in dem ein bestimmter Typ von Tier oder Pflanze sich unter

Der Zwergelefant von Malta und Korsika, der erst vor ein paar tausend Jahren ausstarb.

den gleichen Bedingungen auf die gleiche Weise entwickelt. Vielmehr veranschaulicht die Entwicklung von Kleinwüchsigkeit bei Inselelefanten eine allgemeine evolutionäre Regel, die nicht nur für Rüsseltiere, sondern für viele große Säugetiere gilt: Auf mehreren Inseln im Mittelmeer und anderswo entwickelten sich Zwergflusspferde, auf der Insel Jersey war Rotwild nach ein paar tausend Jahren Inselleben um 83 Prozent kleiner, und auf einer indonesischen Insel lebte vor nur 17 000 Jahren sogar ein Hominid, der kaum größer war als einen Meter (der »Hobbit«, dessen wissenschaftlicher Name *Homo floresiensis* lautet). Wenn man ein großes Säugetier auf einer Insel aussetzt, wird es langfristig wahrscheinlich kleiner, manchmal sogar sehr klein.[10]

Eine andere evolutionäre Tendenz auf Inseln ist, dass Tiere, die fliegen können, diese Fähigkeit verlieren – die Flügel werden kleiner, Teile von ihnen gehen verloren, gelegentlich verschwinden sie sogar ganz. Flugunfähigkeit bei Vögeln entwickelte sich viele Male auf Inseln rund um den Globus. Beispiele dafür sind der Dodo auf Mauritius, Rallen (kleine Vögel, die aussehen wie eine Kreuzung zwischen einem Huhn und einem Reiher) auf Hunderten von Inseln, Ibisse auf Hawaii und Reunion, Papageien auf mehreren Inseln, der Galapagoskormoran und viele andere, darunter Enten, Gänse, Eulen und ein Falke. Und der Verlust der Flugfähigkeit beschränkt sich nicht auf unsere gefiederten Freunde. Viele Inselinsekten – besonders Käfer, aber auch andere wie Ohrwürmer, Falter, Grillen und Wespen – wurden ebenfalls von der Evolution geerdet.

Große Säugetiere werden kleiner, Vögel und Insekten verlieren ihre Flügel. Man könnte meinen, Inseln seien ein Schauplatz evolutionärer Reduktion. Aber dann sähe man vor lauter Bäumen den Wald nicht. Denn einige Typen von Organismen werden auf Inseln größer. Ein Musterbeispiel dafür sind Pflanzen. Die Samen von Bäumen überstehen in der Regel keine lange Seereise, hauptsächlich deshalb, weil sie zu groß sind. Daher schaffen es nur wenige Festlandbäume auf eine Insel.* Das bedeutet, dass neu entstan-

---

* Palmen sind eine Ausnahme – die Kokosnuss ist ein Samen, der übers Meer treiben kann und aufgeht, wenn er an ein Ufer gespült wird.

dene Inseln in der Regel keine hohe Vegetation aufweisen. Es gibt einen Grund, warum Bäume groß sind. Hohe Bäume werden nicht von anderen beschattet und können daher viel Sonnenlicht aufnehmen, also ihr fotosynthetisches Potenzial maximieren. Auf einer Insel ohne Bäume haben daher Wildkräuter oder Blumen, die etwas größer sind als die anderen, einen Vorteil. Man könnte also erwarten, dass Pflanzen, die normalerweise klein sind, sich im Laufe der Zeit zu baumähnlichen Gewächsen entwickeln. Und genau das geschieht. Auf einer Insel nach der anderen entwickeln sich Spezies, die auf dem Festland kleine Sträucher, Wildkräuter oder Blumen sind, schließlich zu hohen Bäumen mit einer Rinde und einem zentralen Stamm, die im Grunde nicht mehr von Bäumen auf dem Festland zu unterscheiden sind.

Doch für Inseln gelten nicht alle evolutionären Gesetzmäßigkeiten. In den zwei wohl berühmtesten Beispielen evolutionärer Vorhersehbarkeit geht es darum, wie sich die Größe und die Gestalt von Säugetieren und Vögeln mit zunehmendem Abstand vom Äquator verändern. Zum Beispiel sind die zwei größten Bären der Welt der Kodiakbär und der Eisbär, die beide im hohen Norden heimisch sind. Und die größte Katze ist der Sibirische Tiger, der wesentlich größer ist als andere Tiger-Unterarten und alle anderen lebenden Katzen. Die Bergmannsche Regel – die nach dem deutschen Biologen aus dem 19. Jahrhundert benannt ist, der sie formulierte – besagt, dass die Größe von Individuen einer Art oder von eng miteinander verwandten Arten tendenziell mit der geografischen Breite zunimmt.

Wenn man den Kopf eines Eisbären betrachtet, stellt man fest, dass seine Ohren ziemlich klein sind. So wie bei einem anderen Tier aus dem hohen Norden, dem Polarfuchs, dessen Beine zudem auffallend kurz sind. Dagegen hat der allgemein bekannte Rotfuchs aus wärmeren Regionen größere Ohren und längere Beine. Die Ohren des Wüstenfuchses, der in den Wüsten Afrikas lebt, sind sogar noch größer. Diese Tendenz beschreibt die Allensche Regel, die nach einem amerikanischen Biologen aus dem 19. Jahrhundert benannt ist. Sie besagt, dass bei Säugetieren und Vögeln aus nördlicheren Breiten die exponierten Körperteile (Extremitäten, Ohren, Schwanz) im Verhältnis zur Körpergröße kürzer sind.

Über diese beiden Regeln wird viel debattiert, und sie sind eindeutig nur Verallgemeinerungen mit vielen Ausnahmen. Doch es herrscht Einigkeit darüber, dass der Grund für diese Tendenzen die Temperatur ist. Im Norden müssen endotherme Tiere – das sind die, die selbst von innen heraus Wärme erzeugen, um ihre Körpertemperatur aufrechtzuerhalten* – den Wärmeverlust minimieren. Wärme wird in jeder Körperzelle des Tieres erzeugt und geht an der Körperoberfläche verloren. Wenn Tiere größer werden, verringert sich das Verhältnis zwischen der Oberfläche und dem Volumen ihres Körpers, sodass sie weniger Wärme verlieren. Wenn die exponierten Körperteile kürzer sind, begrenzt das den Wärmeverlust ebenfalls. In heißen Klimazonen haben Tiere dagegen das umgekehrte Problem: Sie müssen Überhitzung vermeiden. Deshalb ist es effektiver, wenn das Verhältnis zwischen der Oberfläche und dem Volumen ihres Körpers größer ist, also wenn die Tiere kleiner und ihre exponierten Körperteile größer sind.

Ich werde noch eine letzte allgemeine Tendenz erwähnen, die Darwin vor anderthalb Jahrhunderten als Erster beschrieb: Domestizierte Tiere neigen dazu, eine Reihe ähnlicher Merkmale zu entwickeln.[11] Zum Beispiel haben viele domestizierte Spezies weiße Flecken im sonst dunkleren Fell. So eine gescheckte Fellzeichnung sieht man bei Mäusen, Ratten, Meerschweinchen, Kaninchen, Hunden, Katzen, Füchsen, Nerzen, Frettchen, Schweinen, Rentieren, Schafen, Ziegen, Rindern, Pferden, Kamelen, Alpakas und Lamas. Bei domestizierten Rassen von Kaninchen, Hunden, Füchsen, Schweinen, Schafen, Ziegen, Rindern und Eseln treten häufig Schlappohren auf. Und bei Hausschweinen, bestimmten Hunderassen und domestizierten Füchsen haben sich Ringelschwänze entwickelt. Die meisten domestizierten Spezies – Hunde und Katzen leider eingeschlossen – haben zudem kleinere Gehirne als ihre wilden Vorfahren. Und natürlich wurden alle domestizierten Spezies fügsamer.

Warum diese Merkmale sich wiederholt entwickelten, ist unbekannt.

---

* Sie werden oft »warmblütig« genannt, aber diese Bezeichnung ist aus mehreren Gründen unpassend. Der Hauptgrund ist, dass selbst Tiere, die von innen heraus nicht viel Wärme erzeugen, hohe Körpertemperaturen aufrechterhalten können, indem sie sich in der Sonne wärmen.

Außer der Zahmheit war keines dieser Merkmale das Ziel von künstlichen Selektionsprogrammen. Züchter versuchten, weder Rassen mit weißen Flecken zu züchten, noch bevorzugten sie bewusst Ziegen mit Schlappohren oder Schweine mit aufragenden Ringelschwänzen. Vielmehr scheint die Entwicklung dieser Merkmale die Folge einer Selektion nach einem anderen Merkmal zu sein.

Das zeigte ein lange laufendes Experiment in Sibirien.[12] In den späten 1950er-Jahren kauften die russischen Genetiker Dmitry Belyaev und Lyudmila Trut hundertdreißig Silberfüchse von einer estnischen Pelztierfarm. Sie bewerteten die Füchse nach ihrer Aggressivität gegenüber Menschen und wählten die sanftmütigsten Tiere zur Zucht aus. An deren Nachwuchs legten Belyaev und Trut dieselben Kriterien an und an den Nachwuchs des Nachwuchses ebenfalls. Das Zuchtergebnis von vierzig Jahren einer solchen Selektion waren Tiere, die mit dem Schwanz wedelten, sich gern am Bauch kraulen ließen, Aufmerksamkeit suchten und insgesamt mehr Hund als Fuchs zu sein schienen – es ist inzwischen sogar möglich, sich so einen Fuchs als Haustier zuzulegen (allerdings ist der Transport aus Sibirien sehr teuer).

Aber neben diesen Verhaltensänderungen entwickelten die Füchse auch anatomische Unterschiede, die typisch für das »Domestikationssyndrom« sind. Viele haben jetzt einen weißen Fleck auf der Stirn. Wenn sie aufgeregt sind, drehen sie den Schwanz nach oben. Und die Ohren vieler Welpen sind so schlapp wie die eines Jack Russell Terriers.

Warum die Füchse und domestizierte Tiere im Allgemeinen diese Merkmale entwickelten, ist unklar. Die gängigste Hypothese ist, dass die Selektion nach sanftmütigen Tieren zu hormonellen Veränderungen führt, die ein noch gefügigeres Verhalten bewirken. Aber diese Hormone beeinflussen nicht nur das Verhalten. Während der Schwangerschaft spielen sie eine Rolle bei der Regulierung der embryonalen Entwicklung und haben daher Auswirkungen auf die Anatomie. Die hormonellen Veränderungen, die eine Selektion nach Verhalten verursacht, haben also noch viele andere Konsequenzen und führen zu den Merkmalen, die sich während des Domestikationsprozesses regelmäßig entwickeln.

Weitverbreitete Konvergenz, wiederholte adaptive Radiationen, allgemeine evolutionäre Regeln: Die Beweise für evolutionären Determinismus scheinen erdrückend. Vielleicht haben Conway Morris und seine Kollegen recht damit, dass die Evolution sich auf vorhersehbare Arten wiederholt.

Aber da ist ein Problem. Viele der Beweise – besonders all die aufgelisteten Beispiele für Konvergenz und wiederholte adaptive Radiation – wurden nachträglich gesammelt. Es sind keine Erkenntnisse aus Experimenten, mit denen Wissenschaftler testeten, wie vorhersehbar die Evolution ist. Es handelt sich nicht einmal um eine unverzerrte Stichprobe. Das sind die Fälle, in denen die Evolution sich wiederholte. Aber in wie vielen Fällen tat sie das nicht?

Kapitel 3

EVOLUTIONÄRE BESONDERHEITEN

Schnüffelnd wandert das zottelige kleine Geschöpf durchs Unterholz des nächtlichen Waldes und steckt da und dort seine Nase hinein, auf der Suche nach dem Duft seines weichen tierischen Abendessens. Es ist finster, und der kleine Wicht sieht nicht gut, aber dank seiner Tastborsten, die an die Schnurrhaare einer Katze erinnern, und seines feinen Geruchssinns findet er sich zurecht. Droht ihm Gefahr, dann flüchtet er mit halsbrecherischer Geschwindigkeit, rast durch die Vegetation, schlüpft durch Löcher und ist bald nicht mehr zu sehen.

Kein außergewöhnlicher Lebensstil. Viele Tiere wandern nachts auf dem Waldboden herum und suchen auf ähnliche Weise nach kleiner Beute: Igel, Spitzmäuse, Wiesel, um nur ein paar zu nennen, und auch größere wie Opossums und sogar Schweine. Die Welt ist voll von ihnen.

Aber dieses Tier ist anders. Alle anderen sind behaart. Seine Körperbedeckung ist zwar auch weich und besteht aus Millionen dünner Fasern, aber es sind keine Haare. Alle anderen laufen auf vier Beinen herum und gebären lebenden Nachwuchs. Dieses Tier nicht.

Es scharrt auf dem Boden, durchstöbert und beschnuppert ihn, ruft in den Wald, oft im Duett mit seinem Partner, oder antwortet auf dessen Rufe, um mit ihm in Kontakt zu bleiben, während die beiden ihr Revier durchqueren. Die Rufe des Männchens verraten, um was für ein Tier es sich handelt: »Kii-wii, kii-wii.«

Wir sind in Neuseeland, und dieser nächtliche Insektenfresser ist ein Vogel mit verkümmerten Flügeln, Tastborsten, einem weichen Gefieder und, im Gegensatz zu allen anderen Vögeln, zwei Nasenlöchern an der Spitze seines Schnabels. Viele bezeichnen ihn als »Säugetier ehrenhalber«.

Der Kiwi ist nicht der einzige komische Vogel von Neuseeland.* Am berühmtesten sind die Moas, bis zu 2,70 Meter große und etwa 270 Kilogramm schwere, flugunfähige Vögel. Unter den anderen sind ein flugunfähiger Papagei, ein fleischfressender Papagei, der Schafe angreift, der Aptornis, ein gedrungener flugunfähiger Verwandter der Wasserhühner mit einem großen Raubvogelschnabel, und der größte Raubvogel

Der Kiwi

überhaupt, ein riesiger Adler, der Moas hätte erbeuten können. Weitere neuseeländische Kuriositäten sind verschlungene Büsche, bei denen die Äste außen liegen und die Blätter im Innern versteckt sind, Schnecken, die die Größe von Hamburgern haben, und eine gepanzerte Grille von der Größe einer Ratte – das wohl größte Insekt der Welt. In Neuseeland gibt es eine Unmenge außergewöhnlicher Spezies.**

Gleichermaßen ungewöhnlich ist jedoch, was es dort nicht gibt: Säugetiere. Tiere mit einem Fell sind auf den Inseln die große Ausnahme. Wenn man die Robben, die Neuseelands einsame Strände besuchen, nicht mitrechnet, sind drei Fledermausarten die einzigen heimischen Säugetiere, und selbst die sind eigenartig. Da die Hände bei Fledermäusen zu Flügeln umgebildet sind, sind die Tiere auf dem Boden gewöhnlich recht unbeholfen. Doch nicht in Neuseeland. Die kurzschwänzigen Neuseelandfledermäuse sind die terrestrischsten Handflügler der Welt. Da sie auf der Futtersuche nach Insekten, Früchten und Nektar mit großer Wendigkeit über den Waldboden flitzen, sprach der renommierte Biologe Jared Diamond von einem »Versuch der Fledermausfamilie, eine Maus hervorzubringen«.[1]

* Genau genommen gibt es fünf Kiwi-Arten, die eng miteinander verwandt sind und sehr ähnlich aussehen; alle sind in Neuseeland heimisch.
** Zumindest war das einmal so. Leider starben viele Vögel – einschließlich der Moas, der Aptornis und der riesigen Adler – im letzten Jahrtausend aus, die meisten aufgrund menschlicher Bejagung und massiver Veränderungen des Ökosystems.

Seit 55 Millionen Jahren beherrschen Säugetiere die terrestrischen Ökosysteme der Erde. Neuseeland vermittelt eine Vorstellung von einer anderen Welt ohne Säugetiere. Dort übernahmen Vögel ökologische Rollen, die sonst Säugetiere spielen, doch sie erfüllen sie auf ungewöhnliche Weise. Wenn man nicht so genau hinsieht, könnte man einen Kiwi vielleicht für das Pendant einer Spitzmaus oder eines Dachses halten. Doch die dominanten Pflanzenfresser – die inzwischen ausgestorbenen Moas und die ebenfalls flugunfähigen Riesengänse – waren etwas ganz anderes als Antilopen- und Rotwildherden. Und ein fleischfressender Papagei und ein riesiges Wasserhuhn mit einem gewaltigen Schnabel waren ungewöhnliche Stellvertreter für das bekannte Raubtier-Ensemble aus Katzen, Wölfen, Bären und Wiesel. Tatsächlich führte wahrscheinlich der Wegfall des Prädationsdrucks zur Entwicklung übergroßer Schnecken, Insekten und anderer Gliederfüßer sowie nagetierähnlicher Fledermäuse. Wenn bei einem evolutionären Neustart Vögel die dominanten Lebewesen sind, nimmt die Evolution ganz andere Wege, als wenn Säugetiere die Vorherrschaft haben.

Neuseeland ist nicht das einzige Inselreich, das seinen eigenen Weg ging. Ungeachtet der karibischen Anolis und der *Mandarina*-Schnecken sind Inseln reich an evolutionären Kuriositäten. Das weit von Neuseeland entfernte Kuba hat seine eigenen Besonderheiten. Die Eule von der Größe eines Erstklässlers, die vielleicht junge Riesenfaultiere fraß, ist leider ausgestorben (so wie die Faultiere, von denen eine Spezies so groß war wie ein Gorilla), aber die Insel beheimatet immer noch einen Kolibri, der so klein ist wie eine Hummel, und den Schlitzrüssler, ein archaisches Säugetier, das einem Kinderbuch von Dr. Seuss entsprungen scheint, mit giftiger Spucke und einer langen biegsamen Nase, die mit Schnurrhaaren versehen ist, sowie die meerschweinchenähnlichen Hutias, die so groß sind wie Beagles, auf Bäume klettern und viele bananenförmige grüne Kothaufen produzieren.

Selbst winzige Inseln haben ihre Kuriositäten. Lord-Howe-Island, ein 14,6 Quadratkilometer großes Eiland in der Tasmansee, ist die Heimat der 15 Zentimeter langen, schwarzen »Baumhummer«, die trotz ihres Spitz-

Der Schlitzrüssler

namens und ihrer massigen Körper zu den sonst zierlicheren und kleineren Stabschrecken gehören. Die Salomon-Inseln im Südpazifik beherbergen eine Echse, die Affen nachahmt – der glänzende, schlanke, 75 Zentimeter lange Wickelschwanz-Skink benutzt seinen Greifschwanz, um sich zu sichern, wenn er das Blätterdach des Waldes nach Früchten durchforstet. Saint Helena ist bekannt, weil einst Napoleon auf diese Insel im südlichen Atlantik verbannt wurde. Weniger bekannt ist, dass dort bis vor wenigen Jahrzehnten ein über acht Zentimeter langer Riesenohrwurm lebte. Das glänzende schwarze Insekt, dessen hinteres Ende dreieinhalb Zentimeter lange Greifzangen zierten, erinnert vage an ein Geschöpf aus einem *Star-Trek*-Film. Und jeder hat schon vom Dodo gehört, der auf der Insel Mauritius im Indischen Ozean heimisch war. Diese flugunfähige, furchtlose, Früchte verschlingende Taube war so groß wie ein Truthahn, 90 Zentimeter hoch und 40 Pfund schwer.

Unter den kleinen Inseln gewinnen jedoch die Hawaii-Inseln den Preis für evolutionäre Sonderlinge: eine Libelle, deren Larven nicht mehr im Wasser, sondern an Land leben, unersättliche fleischfressende Raupen, Fruchtfliegen, die von ihrer üblichen fruchtigen Nahrung auf faulendes Pflanzenmaterial umgestiegen sind, und andere Fruchtfliegen, die hammerförmige Köpfe haben und ihre Reviere mit Kopfstößen verteidigen, als wären sie Dickhornschafe. Die hawaiianische Pflanzenwelt ist ebenfalls seltsam, insbesondere die Vulkanpalme *(Brighamia insignis)*, die aussieht

»wie ein Bowlingkegel mit einem Salatkopf obendrauf« (daher der umgangssprachliche Name »Kohlkopf auf einem Stock«). Diese etwa einen Meter hohe Klippenpflanze »ähnelt keiner anderen Pflanze der Welt« – um einen bekannten Botaniker zu zitieren.[2] Sie wächst in Felsspalten an den nördlichen Steilküsten von Kauai und Molokai. Da sie unten zwiebelförmig ist, kann sie mit den starken Seewinden hin und her schwingen. Ihre harten Blätter sind an die trockenen und salzigen Bedingungen angepasst, denen sie ausgesetzt ist.

Und dann ist da noch Madagaskar, das manchmal wegen der Einzigartigkeit seiner Flora und Fauna der achte Kontinent genannt wird. Auf die Frösche und Vögel der Insel bin ich bereits eingegangen, aber es gibt dort noch viel mehr: ein Zwergflusspferd, eine adaptive Radiation von Lemuren, darunter ein Fünfundsiebzig-Pfünder, der anscheinend wie ein Faultier mit dem Kopf nach unten hing, und ein anderer, der aussah wie ein übergroßer Koala,* drei Meter hohe und eine halbe Tonne wiegende Elefantenvögel (die schwersten Vögel, die je gelebt haben), die Hälfte aller Chamäleon-Arten der Welt – diese Schuppenkriechtiere können ihre klebrigen Zungen doppelt so weit hinausschleudern, wie ihre Körper lang sind, um arglose Insekten zu fangen –, versteinerte Frösche von der Größe einer XL-Pizza, Krokodile, die Vegetarier waren, ein Käfer mit einem Giraffenhals. Und die Pflanzen von Madagaskar sind nicht weniger ungewöhnlich, zum Beispiel die Trockenwälder aus hohen, schmalen, dornigen Stängeln (Didieraceen) und der stämmige Baobab-Baum, der aussieht, als wäre er verkehrt herum in den Boden gerammt worden, sodass die Wurzeln oben heraussstehen. Und da ist die Orchidee, die die Tier- und die Pflanzenwelt ver-

Hawaiianische
Vulkanpalme

---

* Beide wurden in den letzten zwei Jahrtausenden von den frühen menschlichen Bewohnern Madagaskars ausgerottet, zusammen mit allen anderen großen Lemuren.

eint. Ihre Blüte hat unten einen dreißig Zentimeter langen schlauchartigen Lippensporn, passend zu einem Falter mit einem Saugrüssel, der um ein Vielfaches so lang ist wie sein Körper und genau die richtige Länge hat, um ihn in den langen Sporn zu stecken und den Nektar in dessen unterem Ende zu erreichen.*

Und zu guter Letzt sind da noch die Wunder Australiens: das Schnabeltier, das Känguru und der Koala, die mit nichts auf der Welt vergleichbar sind.

Was bedeutet diese Vielfalt an Inselkuriositäten? Inseln vermitteln uns eine Ahnung von anderen evolutionären Welten, die entstanden sein könnten, wenn das Leben einen anderen Verlauf genommen hätte. Was wäre, wenn am Ende der Kreidezeit die Säugetiere zusammen mit den Dinosauriern ausgelöscht worden wären? Neuseeland zeigt eine Möglichkeit auf, wie es hätte kommen können. Wohin hätte die Primatenevolution geführt, wenn sich keine Halbaffen und Menschenaffen entwickelt hätten? Man braucht sich nur die vielen verschiedenen Lemuren auf Madagaskar anzuschauen, die nirgendwo sonst zu finden sind.

Inseln sind wie ein großes Kochbuch der Evolution. Und die entstandenen Gerichte zeigen, dass man nicht sagen kann, was aus dem Ofen herauskommen wird. Wenn man die Zutaten oder die Reihenfolge, in der man sie hinzufügt, ändert, die Temperatur erhöht, etwas weglässt oder zwei Prisen Salz statt einer hineinstreut, kann das Ergebnis ganz anders schmecken. Selbst wenn man das gleiche Rezept benutzt, können scheinbar harmlose Veränderungen, zum Beispiel wenn man eine Mehlsorte durch eine andere ersetzt oder in der Küche des Nachbarn kocht statt in der eigenen, einen großen Unterschied ausmachen. Das Inselkochbuch ist voller Geschichten von Kontingenzen und Möglichkeiten. Die vielen unterschiedlichen Ergebnisse legen nahe, dass sich nur schwer vorhersagen lässt, was sich auf einer bestimmten Insel entwickeln wird. Man muss einfach hingehen und selbst nachsehen und damit rechnen, alles Mögliche vorzufinden.

---

* In Evolutionsbiologenkreisen ist dieser Falter berühmt, weil Darwin seine Existenz voraussagte, nachdem er die Anatomie der Orchidee studiert hatte.

Natürlich gibt es nicht nur auf Inseln evolutionär einmalige Spezies. Die natürliche Welt ist voller außergewöhnlicher Pflanzen und Tiere, die einzigartig sind. Zum Beispiel der Elefant: Welches andere Tier benutzt seine Nase, um Dinge aufzuheben, sich mit Staub einzupudern und ein Familienmitglied zu liebkosen? Oder der Schützenfisch, dessen Sehsystem und Mundanatomie ihn befähigen, einen genau gezielten Wasserstrahl abzuschießen, der Insekten von Ästen ins Wasser hinabwirft, damit er sie fressen kann. Unschlagbar im Weitwurf produziert die Bolaspinne einen langen Seidenfaden mit einer klebrigen Kugel am Ende, den sie dann wie ein Lasso nach ihrer Beute schleudert. Die Kugel bleibt an jeder glücklosen Motte kleben, die sie trifft. Eine besondere Fortpflanzungstechnik hat der männliche Tiefsee-Anglerfisch, der sehr viel kleiner ist als das Weibchen. Er beißt das Weibchen und sondert ein Enzym ab, das seine Lippen und ihre Haut auflöst und die Körper der beiden verschmelzen lässt. Schließlich verschwindet der Körper des Männchens fast völlig, bis auf die Hoden, die noch eine Aufgabe zu erfüllen haben. Und natürlich die Zweibeiner mit dem großen Gehirn, die Werkzeuge benutzen. Die Biosphäre beheimatet eine Vielzahl von Spezies, die auf einzigartige Weise an ihre Lebensweise angepasst sind.

Conway Morris und seine Kollegen erstellten lange Listen von Beispielen für Konvergenz, aber es wäre ebenso einfach, vergleichbare Listen von Spezies ohne Gegenstücke anzulegen. Konvergenz ist leicht zu verstehen: Spezies passen sich auf die gleiche Weise an ähnliche Gegebenheiten an. Aber was ist so besonders an Spezies, die evolutionär einmalig sind? Warum haben keine anderen Spezies konvergent ähnliche Anpassungen entwickelt?

Eine Möglichkeit ist, dass diese Spezies in einzigartigen Umgebungen leben. Vielleicht haben sie keine Gegenstücke, weil keine andere Spezies sich in einer ähnlichen Umgebung entwickelte. Das erklärt möglicherweise den Koala. Seine Lebensweise besteht praktisch darin, in Eukalyptusbäumen zu wohnen und deren Blätter zu fressen. Da Eukalyptusblätter Giftstoffe enthalten, ist das Verdauungssystem des Koalas extrem lang und braucht viel Zeit, um die Blätter allmählich zu entgiften und ihnen die

Nährstoffe zu entziehen. Dieser langsame Verdauungsprozess und der geringe Nährwert der Blätter bedeuten, dass der Energiehaushalt der Koalas knapp ist. Deshalb minimieren sie ihren Energieverbrauch und schlafen fast den ganzen Tag. Eukalyptusbäume kommen nur in Australien natürlich vor, deshalb spiegelt die Einmaligkeit des Koalas vielleicht die Einzigartigkeit seiner Umgebung wider.

Aber in vielen Fällen ist das wohl nicht die Erklärung. Schnabeltiere leben in stehenden oder fließenden Süßgewässern Ostaustraliens, wo sie Krebse und andere wirbellose Wassertiere fressen. Bei der Futtersuche wühlen sie auf dem Grund des Gewässers herum und orten ihre Beute mithilfe von Elektrosensoren an ihrem Schnabel. Wenn sie nicht im Wasser herumpaddeln, ziehen sie sich in Schlafkammern am Ende ihrer langen Baue zurück, die sie in Uferböschungen graben.

Die Lebensweise des Schnabeltiers wäre eigentlich an vielen Orten außerhalb von Australien möglich. Die Gewässer, in denen sie leben, haben große Ähnlichkeit mit dem Bach, der in Saint Louis, wo ich aufwuchs, hinter dem Haus meines Freundes vorbeifloss. In Nordamerika gibt es unzählige Bäche voller Krebstiere, viele in Gebieten, deren Klima dem ähnelt, das das Schnabeltier gewohnt ist, und in denen es keine gefährlicheren Fressfeinde gibt als in seiner Heimat. Wo ist also unser Schnabeltier-Doppelgänger? Warum entwickelte sich nirgendwo sonst etwas wie das Schnabeltier? Oder wie das Känguru oder wie irgendeine andere der von mir aufgezählten Spezies, die alle Habitate bewohnen, die es auch anderswo gibt?

Die andere Erklärung für evolutionär einmalige Spezies ist, dass die natürliche Selektion entweder nicht so vorhersehbar oder nicht so stark ist, wie manche meinen. Das heißt, selbst wenn Spezies sich an identische Umgebungen anpassen müssen, entwickeln sie sich nicht unbedingt auf die gleiche Weise.

Ein entscheidender Grund für fehlende Konvergenz ist, dass es mehr als einen Weg geben kann, sich an ein Problem anzupassen, das die Umwelt bereitet. Überlegen wir uns beispielsweise, wie Wirbeltiere schwimmen. Viele benutzen ihren Schwanz als Antrieb, aber nicht alle Schwänze sind gleich. Die Schwänze von Fischen sind vertikal abgeflacht und werden hin und her bewegt. Krokodile schwimmen auf die gleiche Weise. Doch die Schwänze von Walen sind horizontal abgeflacht und werden auf und ab bewegt. Andere Tiere, zum Beispiel Aale und Seeschlangen, bewegen ihren ganzen Körper wellenförmig. Ein paar Vögel, zum Beispiel Kormorane und Seetaucher, können sich unter Wasser schnell bewegen, indem sie heftig mit ihren schwimmfüßigen Hintergliedmaßen paddeln. Andere Spezies benutzen zum Schwimmen dagegen umgebildete Vordergliedmaßen wie die Flossen von Seelöwen und die Flügel von Pinguinen. Doch die Schwimmer, die vielleicht am meisten überraschen, sind die Baumfaultiere. Mit ihren langen Vordergliedmaßen, die sich als eine Anpassung an ihre kopfunter hängende Fortbewegungsweise entwickelten, können sie den australischen Kraulstil ganz passabel nachahmen. Wirbellose Tiere haben noch mehr Möglichkeiten, sich schnell durchs Wasser zu bewegen, zum Beispiel den Rückstoßantrieb der Kraken und Kalmare.

Diese Liste verschiedener Fortbewegungsweisen im Wasser wirft die naheliegende Frage auf: Wie ähnlich müssen die Merkmale von zwei Spezies sein, um als konvergent zu gelten? Tintenfische und Delfine benutzen ganz unterschiedliche anatomische Strukturen, um sich schnell durchs Wasser zu bewegen – es steht außer Frage, dass sie nicht konvergent sind. Wie manche Wasservögel die Füße als Antrieb nutzen, ist eine weitere nicht-konvergente Fortbewegungsweise im Wasser.

Doch andere Beispiele sind nicht so eindeutig. Was ist mit den Schwanzflossen von Waltieren und Haien? Sie haben zwar eine ähnliche Form und Funktion, doch die einen sind horizontal und bewegen sich auf und ab, während die anderen vertikal sind und von einer Seite zur anderen schwingen. Sind diese Eigenschaften geringfügige Variationen eines konvergenten Themas oder nicht-konvergente Lösungen mit dem gleichen funktionellen Ergebnis? Vermutlich würden die meisten Leute horizontale und vertikale Schwanzflossen als im Grunde gleiche Lösung betrachten.

Gehen wir einen Schritt zurück, zu einer Eigenschaft, die das gleiche funktionelle Ergebnis bringt, aber eine größere Variation zwischen Spezies zeigt. Der Kraftflug entwickelte sich bei Wirbeltieren dreimal: bei den Fledertieren, den Vögeln und den Flugsauriern (den großen Reptilien, die im

Zeitalter der Dinosaurier den Himmel eroberten). Alle drei bildeten ihre Unterarme zu Flügeln um und fliegen – oder flogen, im Fall der Flugsaurier – im Grunde auf die gleiche Weise, nämlich indem sie eine leichtgewichtige Struktur abwärts schlagen, um Auftrieb und Vortrieb zu erzeugen.

Doch bei genauerem Hinsehen zeigt sich, dass die Flügel dieser fliegenden Wirbeltiere ganz unterschiedlich aufgebaut sind. Der offensichtlichste Unterschied ist die aerodynamische Oberfläche selbst. Vögel benutzen Federn, die einzeln aus den Armknochen wachsen. Dagegen bestehen die Tragflächen bei Fledertieren und Flugsauriern aus dünner, aber sehr fester Haut, die zwischen Fingerknochen und dem Körper gespannt ist, in manchen Fällen ist sie sogar mit den Hinterbeinen verbunden. Der Aufbau des Flügelskeletts ist bei diesen drei Gruppen von Fliegern ebenfalls ganz unterschiedlich.

Sind die durch Umbildung der Unterarme entstandenen Flügel von Vögeln, Fledertieren und Flugsauriern also konvergente Anpassungen für den

Fledertiere (oben), Vögel (Mitte) und Flugsaurier (unten)
entwickelten Flügel, indem sie unterschiedliche Elemente
ihrer Vordergliedmaßen verlängerten. Zudem bestehen die
Flügeloberflächen bei Fledertieren und Flugsauriern aus
Haut, während Vögel Federn benutzen.

Kraftflug, die nur unterschiedlich aufgebaut sind? Oder sind sie unterschiedliche, nicht-konvergente Merkmale, die für den Kraftflug entwickelt wurden?

Ein weiteres Beispiel. Der größte Fisch im Meer ist der Walhai, der über achtzehn Meter lang werden kann. Er heißt so, weil er ganz ähnlich aussieht wie die Bartenwale. Wie die großen Wale ist der Walhai ein Filtrierer, das heißt, er saugt gewaltige Mengen Wasser in sein riesiges Maul und filtert die Kleinlebewesen heraus, von denen er sich ernährt. Aber da endet die Ähnlichkeit. Die Bartenwale, zu denen die Blauwale, die Grauwale, die Buckelwale und andere gehören, sieben ihre Beute, indem sie Wasser durch kammähnliche Hornplatten, die sogenannten Barten, drücken, die wie ein Vorhang vom Oberkiefer herabhängen. Alle Nahrungspartikel, die größer sind als die sehr schmalen Lücken zwischen den Barten, bleiben an der inneren Oberfläche des Bartenvorhangs hängen und werden geschluckt. Dagegen filtern die Walhaie ihre Nahrung auf eine ganz andere Art. Das aufgenommene Wasser wird durch Kiemenspalten an beiden Seiten des Hinterkopfes hinausgedrückt. Knorpelfilter sitzen so in den Kiemenspalten, dass das Wasser durch sie ins Meer zurückströmt, während die Nahrungspartikel, an den Kiemenspalten vorbei, weiter nach hinten befördert werden und im Schlund eine Masse bilden, die dann geschluckt wird. Die Bartenwale und die Walhaie sind also beide große Meerestiere, die ihre riesigen Mäuler benutzen, um Wasser aufzunehmen und kleine Beute herauszufiltern. Doch ihre Filtrierapparate sind anders aufgebaut und platziert und funktionieren anders. Sind das konvergente oder nicht-konvergente Anpassungen für diese Art der Nahrungsaufnahme?

Es ist eine Ermessensentscheidung, wo man bei Strukturen, die eine gewisse Ähnlichkeit aufweisen und den gleichen funktionellen Vorteil bringen, die Grenze zwischen Konvergenz und Nicht-Konvergenz zieht. Ich tendiere dazu, die Flügel von Vögeln, Fledertieren und Flugsauriern als konvergent zu betrachten. Auch die Bartenwale und die Walhaie sind meines Erachtens konvergent, weil beide großmäulige, planktonfressende Filtrierer sind. Ihre Filtrierapparate betrachte ich jedoch als unterschiedliche, nicht-konvergente Anpassungen für diese Art der Nahrungsaufnahme. Aber eigentlich gibt es in Fällen wie diesen keine richtige oder falsche Antwort.

In anderen Fällen passen Spezies sich jedoch an, indem sie eindeutig unterschiedliche, nicht-konvergente Phänotypen entwickeln, die die gleichen funktionellen Vorteile bringen. In meinem Lieblingsbeispiel für dieses Phänomen geht es um die unterirdische Lebensweise von vielen Nagetieren. Mehr als zweihundertfünfzig Spezies aus der Rattensippe verbringen einen großen Teil ihres Lebens unter der Erde, wo sie sich durch selbst gegrabene Gänge bewegen. Dieses Verhalten hat sich bei Nagetieren wiederholt entwickelt, aber sie graben auf unterschiedliche Weise. Viele benutzen die übliche Methode: Mit ihren Vordergliedmaßen lösen sie Erde und werfen sie hinter sich. Die Vordergliedmaßen dieser Spezies sind stämmig und sehr muskulös, die Krallen lang und robust. Andere Spezies benutzen statt der Krallen die Zähne, um Erde abzutragen. Wie zu erwarten sind die Zähne dieser Spezies selbst für Nagetiere besonders lang und stehen weit vor. Sie haben eine stark ausgeprägte Kiefermuskulatur und einen wuchtigen Schädel. Die meisten mit den Zähnen grabenden Nagetiere beseitigen die gelöste Erde, indem sie sie mit ihren Vordergliedmaßen nach hinten kicken. Aber bei manchen Arten kommt noch eine andere Variante vor: Sie drücken die gelöste Erde mit Aufwärtsstößen ihrer verlängerten spatenähnlichen Schnauze in die Tunnelwand. Die unterschiedlichen Anatomien dieser Gräber sind ein anschauliches Beispiel für nicht-konvergente Anpassungen, die das gleiche funktionelle Ergebnis bringen.

Nicht-Konvergenz kann noch einen anderen Grund haben. Oft gibt es unterschiedliche funktionelle Möglichkeiten, sich an eine Umweltbedingung anzupassen. An die Anwesenheit von Raubtieren, sagen wir von Löwen, können potenzielle Beutetiere sich beispielsweise anpassen, indem sie sich zu schnellen Sprintern entwickeln, um ihnen davonrennen zu können. Aber es gibt noch andere Möglichkeiten wie Tarnung, passive Verteidigung oder aktive Verteidigung. Die entsprechenden Anpassungen sind eindeutig nicht-konvergent. Zu ihnen gehören die Hörner des Kaffernbüffels, der Panzer des Schuppentiers und der Schildkröte, die langen Beine der Impalas, die Stacheln des Stachelschweins, das Gift und die Treffsicherheit der Speikobra und das gemusterte Fell des Buschbocks.

Mehrfachlösungen für das gleiche selektive Problem beschränken sich nicht auf die Verteidigung. Geparden und Afrikanische Wildhunde jagen die gleiche Beute. Die Raubkatze tut das mit kurzen schnellen Sprints. Die Hunde verfolgen ihre Beute dagegen in einem langsameren Tempo, aber dafür über eine lange Zeit, bis das Beutetier so erschöpft ist, dass sie es erlegen können. Die Anpassungen der beiden Jäger sind entsprechend unterschiedlich: Der Gepard kann dank seiner extrem langen Beine und seiner flexiblen Wirbelsäule Geschwindigkeiten von bis zu 120 Stundenkilometern erreichen. Die Wildhunde können dank ihrer großen Ausdauer eine konstante Geschwindigkeit von 50 Stundenkilometern lange genug halten, um ihre Beute zu erschöpfen (Geparden können nur kurze Strecken sprinten).

Tiere entwickelten auch unterschiedliche Anpassungen, um an Nektar zu gelangen. Pflanzen produzieren diese oft süß riechende, zuckerhaltige Flüssigkeit, um Insekten, Vögel und andere Tiere dazu zu bringen, ihnen bei der Vermehrung zu helfen. Wenn ein Tier seinen Kopf in eine Blüte steckt oder ganz in sie hineinkriecht, um den Nektar aufzuschlecken, wird es mit Pollen überzogen. Wenn das Tier dann zur nächsten Blüte weiterzieht, fällt etwas von dem Pollen ab und befruchtet die Samenanlagen der Pflanze.

Viele Blüten haben lange Sporne, die ganz unten mit Nektar gefüllt sind – auf diese Weise kann die Pflanze den Zugang zum Pollen auf eine oder einige ganz bestimmte Spezies beschränken, die gut an die Pflanze angepasst sind, zum Beispiel Falter mit langen Rüsseln und Kolibris mit ähnlich langen Schnäbeln und Zungen. Solche Spezies besuchen, wegen ihrer Anpassungen, wahrscheinlich nicht viele andere Arten von Blüten. Das begrenzt das Risiko, dass der Pollen in der Pflanze einer anderen Spezies landet, also vergeudet wird.

Aber nicht alle Nektarfresser halten sich an die Regeln und erfüllen ihren Teil des koevolutionären Abkommens. Einige Arten von Insekten, Vögeln und Säugetieren kauen ein Loch ins untere Ende der Blüte und umgehen so die Blütenblätter und deren Pollen. Dazu entwickelten diese Nektardiebe sehr unterschiedliche Anpassungen. Statt langer Zungen und Mundwerkzeuge, die erforderlich sind, um bis ins untere Ende der Sporne zu gelangen, besitzen diese Spezies Merkmale, die es ihnen erleichtern, die Hülle der Blüte aufzureißen. Einige Kolibris haben zu diesem Zweck Sägezähnchen an den Schnabelkanten. Der Vogel mit dem passenden Namen Hakenschnabel hat einen scharfen Haken an der Spitze des Oberschnabels, mit dem er Blüten aufschlitzt.

Diese Beispiele zeigen, dass es oft mehrere evolutionäre Optionen gibt, auf ein Problem zu reagieren, das die Umwelt bereitet. Aber nur weil es mehrere Möglichkeiten gibt, heißt das keineswegs, dass alle, oder zumindest mehr als eine, sich entwickeln. Conway Morris und seine Kollegen argumentieren, dass gewöhnlich eine Option den anderen überlegen ist. Das sei der Grund, warum das gleiche Merkmal sich mehrfach konvergent entwickelt. Doch Konvergenz tritt nicht immer auf. Warum bevorzugt die natürliche Selektion nicht jedes Mal das gleiche Merkmal?

Es kann sein, dass zwei (oder mehr) Merkmale gleichwertig sind. Getarnt zu sein oder mit hoher Geschwindigkeit zu fliehen, können gleichermaßen erfolgreiche Strategien sein, um Fressfeinden zu entkommen. Oder vielleicht erfüllt eine Option einen bestimmten Zweck zwar erfolgreicher als eine andere, hat dafür aber Nachteile, die diesen Vorteil relativieren. Eine schnelle Flucht vor einem nahenden Fressfeind mag eine bessere Möglichkeit sein, ihm zu entkommen, aber eine gute Tarnung kann für ein Tier wie eine Schlange vorteilhafter sein, um seiner eigenen Beute aufzulauern. Wenn man das Überleben und die Fortpflanzung zusammennimmt, können getarnte Spezies ebenso erfolgreich sein wie diejenigen, die sich auf Geschwindigkeit verlassen, um sich fortpflanzen und ihre Gene an die nächste Generation weitergeben zu können. Deshalb bevorzugt die natürliche Selektion nicht unbedingt eine bestimmte Option. Welches Merkmal sich entwickelt, könnte auch reine Glückssache sein, also davon abhängen, welche Mutation in einer Population zufällig zuerst auftritt, wenn sie Fressfeinden ausgesetzt ist.

Andererseits könnte es auch vom ursprünglichen Phänotyp oder Genotyp einer Spezies abhängen, welches Merkmal sich entwickelt. Eine Spezies, die recht aktiv war, ist möglicherweise prädisponiert dafür, Merkmale zu entwickeln, die sie schneller machen, wenn sie mit einem neuen Fressfeind konfrontiert wird, während eine standorttreuere Spezies stattdessen eher eine Tarnung entwickeln könnte. Keine Option ist der anderen überlegen, doch das evolutionäre Ergebnis könnte stark von den Ausgangsbedingungen abhängen.

Es kann auch sein, dass eine Lösung tatsächlich überlegen, es in manchen Fällen aber einfacher ist, stattdessen eine suboptimale Lösung zu entwickeln. Der französische Wissenschaftler François Jacob, der für seine Forschung über die Funktionsweise der DNA den Nobelpreis erhielt, erklärte mit einem Vergleich, warum die natürliche Selektion nicht immer zur Entwicklung eines perfekt gestalteten Organismus führt.[3] Er sagte, die natürliche Selektion sei nicht wie ein Ingenieur, der die optimale Lösung für das vorliegende Problem konstruiert, sondern eher wie ein Tüftler, ein Heimwerker, der alle verfügbaren Materialien nutzt, um eine praktikable Lösung zu finden – also nicht die bestmögliche, sondern die, die unter den gegebenen Umständen am besten erreichbar ist.

Nehmen wir zum Beispiel eine Vogelart, die sich in einem Gebiet mit einem See voller langsamer Fische wiederfindet. Vielleicht beginnen die Vögel ins Wasser hinabzustoßen, um welche zu erbeuten. Und vielleicht passen sie sich mit der Zeit an ein Leben am und im Wasser an, entwickeln übergroße und kräftige Hinterfüße wie ein Kormoran oder bilden ihre Flügel zu Flossen um wie die Pinguine. Angenommen, die beste Art, schnell und wendig zu schwimmen, besteht darin, als Antrieb einen starken muskulösen Schwanz zu benutzen, der hin und her oder auf und ab schwingt – so wie die schnellsten Schwimmer der Tierwelt. Aber Vögel haben keine langen Schwänze – die verloren sie bereits früh in ihrer evolutionären Geschichte, vor mehr als hundert Millionen Jahren. Übrig blieb nur ein kleiner Stumpf aus verschmolzenen Knochen (die »Schwänze« von Vögeln bestehen nur aus Federn, nicht aus Knochen). Ich sage nicht, dass es unmöglich ist, wieder einen langen Schwanz zu entwickeln, aber die natürliche Selektion, der Tüftler, würde wahrscheinlich nicht diesen Weg wählen. Der Vogel hat bereits Flügel und Füße, die eine gewisse Antriebskraft liefern können. Viel wahrscheinlicher ist daher, dass die natürliche Selektion darauf hinarbeiten würde, die Schwimmleistung dieser bereits vorhandenen Strukturen zu verbessern, statt eine von Grund auf neue Struktur zu entwickeln, selbst wenn ein umgestalteter Vogel mit einem knochigen Schwanz – der etwa wie eine Kreuzung zwischen einem Seetaucher und einem Krokodil aussehen könnte – letztendlich vielleicht ein besserer Schwimmer wäre.

Aber wenn ein Vogel-Krokodil besser angepasst, also ein überlegener, schnellerer Schwimmer wäre, warum sollte der Schwimmvogel sich dann nicht trotzdem in diese Richtung weiterentwickeln? Die Antwort könnte lauten, dass man manchmal nicht so leicht von hier nach da kommt. Es könnte schwierig sein, sich von einer adaptiven Form zu einer anderen zu entwickeln, weil die Zwischenformen unterlegen wären. Ein langer kräftiger Schwanz mag ein superschneller Antrieb sein. Doch ein kurzer Wedel von einem Schwanz wäre vielleicht nur im Weg und würde die Schwimmleistung eher verschlechtern. Die natürliche Selektion hat keinen Weitblick – sie wird kein nachteiliges Merkmal bevorzugen, nur weil es ein erster Schritt auf einem Weg wäre, der schließlich zu einer überlegenen Form führt. Damit ein Merkmal sich durch natürliche Selektion entwickelt, muss jeder Schritt auf dem Weg eine Verbesserung des vorherigen Zustands sein – die natürliche Selektion wird nie einen schlechteren Zustand bevorzugen, selbst wenn er nur ein evolutionäres Übergangsstadium ist.

Deshalb kann es sein, dass Spezies am Ende mit suboptimalen Anpassungen leben müssen. Ihre Vorfahren schlugen, aus welchem Grund auch immer, nicht den besten Weg zur Anpassung ein. Die natürliche Selektion trieb die Spezies dann auf diesem Weg weiter, und am Ende waren sie angepasst, wenn auch nicht so gut, wie sie es vielleicht hätten sein können. Diese Überlegungen machen deutlich, dass Kontingenz die evolutionäre Richtung mitbestimmen kann und warum Spezies sich deshalb vielleicht nicht konvergent entwickeln können, wenn sie mit identischen Umweltbedingungen konfrontiert sind. Unterschiede in ihrem ererbten Genotyp und Phänotyp oder Mutationen – wobei es eine wichtige Rolle spielt, welche zufällig zuerst auftritt – können dazu führen, dass Spezies sich auf unterschiedliche Weise anpassen, und manchmal können ihre Anpassungen am Ende suboptimal sein.

Demnach könnte man annehmen: Je ähnlicher zwei Ahnenspezies sind, desto wahrscheinlicher ist es, dass sie sich auf die gleiche Weise entwickeln, wenn sie ähnlichen selektiven Bedingungen ausgesetzt sind. Und genau so ist es. Es ist kein Zufall, dass die besten Beispiele für wiederholte Konvergenz unter eng verwandten Spezies zu finden sind. Anolis-Echsen entwickelten viermal die gleiche Gruppe von Habitatspezialisten, doch kein anderer Typ von Insel-Echse entwickelte sich konvergent zu den Anolis. Die zwei fast identischen Arten von Schnabel-Seeschlangen gehören derselben Gattung an. Haftfähige Zehenpolster entwickelten sich elfmal bei Geckos, aber nur zwei weitere Male bei den mehr als sechstausend anderen Echsenarten. Nicht in allen Fällen von Konvergenz besteht eine nahe evolutionäre Verwandtschaft zwischen den Spezies, doch eine neuere statistische Analyse bestätigte, dass eng verwandte Spezies sich häufiger konvergent entwickeln.[4]

Der Einfluss enger Verwandtschaft ist besonders offenkundig, wenn man Populationen derselben Spezies vergleicht, die oft wiederholt das gleiche Merkmal entwickeln, wenn sie ähnlichen Umweltbedingungen ausgesetzt sind. Ich habe im ersten Kapitel bereits viele Beispiele aufgeführt – Küstenmäuse, Höhlenfische, giftige Molche und ihre Fressfeinde (die Strumpfbandnattern) und Menschen –, und ich werde an dieser Stelle nur noch ein weiteres Beispiel hinzufügen.

Der Dreistachlige Stichling ist ein kleiner, etwa sechs Zentimeter langer Fisch, der in Küstengewässern in nördlichen Gebieten des größten Teils der Nordhalbkugel vorkommt.[5] Die auffälligsten Merkmale dieses schlanken Fisches sind, wie sein Name schon sagt, die drei spitzen Stacheln, die vor seiner Rückenflosse in einer Reihe aus seinem Rücken ragen. Und unten, wo die Bauchflosse sein sollte, hat er noch einen weiteren Stachel. Fressfeinde müssen für diese Meeresbewohner eine große Bedrohung darstellen, weil sie nicht nur Stacheln haben, die sie in aufgestellter Position fixieren können, sondern weil zudem ihre Körperseiten mit Knochenplatten gepanzert sind – bei manchen Exemplaren sind es vierzig Stück.

Ein großer Teil der Nordhalbkugel war während der letzten Eiszeit unter Gletschern begraben. Als das Eis vor etwa zehntausend Jahren schmolz, ergossen sich neue Flüsse ins Meer. Wie die Lachse, pflanzen sich auch die Stichlinge in Süßgewässern fort, und lokale Populationen nutzten die neuen Flüsse schnell als Brutstätten.

Doch dann veränderte sich die Landschaft wieder. Wenn kilometerhohe Eismassen auf dem Boden lasten, senkt sich das Land unter ihrem Gewicht. Aber wenn das Eis verschwindet, hebt sich das Land langsam wieder. Als das damals im Gebiet des heutigen Kanada geschah, wurden einige Flüsse vom Meer abgeschnitten und verwandelten sich in Seen. Und viele Stichlinge, die davor im Meer gelebt hatten, waren nun in diesen Seen gefangen.

Das geschah mit Tausenden von Flüssen und Bächen, besonders entlang der Westküste von Nordamerika. Diese Gewässer waren geologisch neu und gering bevölkert – nur wenige andere Meeresfischarten hatten die Stichlinge stromaufwärts begleitet. So fanden sich die Stichlingspopulationen, die nun in Seen festsaßen, in einer neuen Umgebung wieder, in der es größtenteils keine Raubfische gab.

Das hatte zur Folge, dass diese Stichlingspopulationen, von denen jede in ihrem eigenen See isoliert war und sich unabhängig entwickelte, sich parallel veränderten. Warum sollten sie Energie und Ressourcen vergeuden, um Abwehrsysteme gegen nicht vorhandene Raubfische aufzubauen? Die Populationen verloren konvergent den größten Teil ihrer Körperpanzerung, und ihre Stacheln schrumpften. Genetische Studien ergaben, dass dieser evolutionäre Parallelismus auch das Genom betraf. Bei Stichlingspopulationen aus Seen waren die gleichen genetischen Veränderungen für die evolutionäre Reduktion der Körperpanzerung und der Stacheln verantwortlich.

Die Häufigkeit von Konvergenz bei eng verwandten Populationen und Spezies ist leicht zu verstehen. Enge Verwandte sind in der Regel genetisch ähnlich, deshalb besteht eine große Wahrscheinlichkeit, dass die natürliche

Selektion an den gleichen genetischen Systemen arbeitet. Zudem haben Verwandte in der Regel viele ähnliche phänotypische Attribute.

Wegen dieser Ähnlichkeiten haben eng verwandte Populationen und Spezies die gleichen evolutionären Prädispositionen. Das erhöht die Wahrscheinlichkeit, dass sie sich auf bestimmte Arten entwickeln. Einige Evolutionsbiologen bezeichnen diese Prädispositionen als Zwänge oder evolutionäre Tendenzen. Diese Tendenzen könnten sich auf mehrere Arten auswirken. Am offensichtlichsten ist die genetische Ähnlichkeit von engen Verwandten, die der natürlichen Selektion das gleiche Ziel bieten. Aber es könnten auch noch subtilere Tendenzen vorhanden sein. Ein Merkmal, das ein Vorfahr entwickelte, könnte einige evolutionäre Optionen ausschließen, sodass die Evolution bei den Nachkommen der Spezies nur eine begrenzte Zahl anderer Wege nehmen kann. Oder ein Vorfahr könnte ein Merkmal entwickelt haben, das den Weg für die Entstehung eines anderen Merkmals ebnet. Eine solche Potenzierung, wie Molekularbiologen es heute nennen, würde bewirken, dass eng verwandte Spezies das gleiche Merkmal entwickeln – eines, das bei Spezies, die nicht von diesem Vorfahren abstammen, wahrscheinlich nicht entstehen würde.

Aus all diesen Gründen entwickeln verwandte Spezies mit einer größeren Wahrscheinlichkeit konvergent das gleiche Merkmal, wenn sie ähnlichen Selektionsdrücken ausgesetzt sind. Das soll nicht heißen, dass entfernte Verwandte sich nicht ebenfalls konvergent entwickeln können – das kommt durchaus vor, nur nicht so häufig.

Das ist eine gute Stelle, um kurz abzuschweifen und darauf hinzuweisen, dass eine Konvergenz nicht zwangsläufig eine Anpassung an die gleichen Umweltbedingungen widerspiegelt. Sie muss nicht einmal das Ergebnis einer Anpassung sein. Denn die natürliche Selektion ist nicht der einzige Prozess, der Merkmale entstehen lässt. Gelegentlich entwickeln Merkmale sich zufällig, besonders in kleinen Populationen. Ein Merkmal kann sich auch herausbilden, weil es genetisch mit einem anderen Merkmal gekoppelt ist, das von der Selektion bevorzugt wird, oder als Ergebnis einer ständigen Zuwanderung aus einer anderen Population. Es könnte also zu einer zufälligen Konvergenz kommen, wenn zwei Populationen aus nicht-adaptiven Gründen zufällig das gleiche Merkmal entwickeln. Eine solche nicht-adaptive Konvergenz dürfte bei verwandten Populationen oder Spezies am häufigsten auftreten, weil sie gemeinsame evolutionäre Prädispositionen haben.

Ein Beispiel dafür liefern die Zehen von Salamandern. Viele Salamander entwickelten konvergent vier Zehen statt der fünf, die ihre Vorfahren besaßen. Die Anzahl der Zehen eines ausgewachsenen Salamanders wird davon bestimmt, wie viele Zellen in der frühen Embryonalentwicklung im entstehenden Körperglied vorhanden sind. Alles, was die Anzahl der Zellen in der Extremitätenknospe reduziert – zum Beispiel eine Zunahme der Zellengröße oder eine insgesamte Verringerung der Körpergröße –, kann zu einer geringeren Zehenzahl führen.[6] Wir haben keine Beweise dafür, dass diese konvergente evolutionäre Reduktion von der natürlichen Selektion herbeigeführt wurde. Spezies mit vier Zehen kommen nicht in speziellen Habitaten vor, und soweit wir wissen, haben weniger Zehen keinen Vorteil. Die wahrscheinlichere Erklärung ist, dass es aus nicht-adaptiven Gründen zu der konvergenten Reduktion der Zehenzahl kam. Vielleicht entwickelten einige Spezies zufällig größere Zellen, und andere wurden wegen ihrer kleinen Körpergröße selektiert.

Im Idealfall würden wir die Hypothese, dass die natürliche Selektion die Konvergenz herbeiführte, direkt überprüfen.[7] Es gäbe mehrere Möglichkeiten, relevante Daten zu gewinnen: direkte Messungen der natürlichen Selektion, detaillierte Analysen, welche Vorteile ein Merkmal bringt (falls es überhaupt vorteilhaft ist), und Erkenntnisse über die evolutionäre Geschichte der Spezies. Schon allein die Beobachtung, dass ein Merkmal sich unter den gleichen Umweltbedingungen wiederholt entwickelt hat, spricht für eine adaptive Erklärung – ein Zusammenhang zwischen der Entwicklung eines Merkmals und der Umwelt ohne Beteiligung der natürlichen Selektion wäre unwahrscheinlich. Doch leider verfügen wir manchmal über keinerlei relevante Informationen.

Nehmen wir zum Beispiel den *T. rex*. So furchterregend und gefährlich der Tyrannosaurier war, er hatte ein Manko: seine Arme. Mit seinen kümmerlichen Vordergliedmaßen, die nur zwei Finger aufwiesen, konnte er nicht einmal seinen Mund erreichen. Wissenschaftler warteten mit allen möglichen verrückten Erklärungen auf. Vielleicht fraß der Superräuber so gierig, dass er kurze Arme entwickelte, um sie nicht versehentlich abzubeißen und zu verschlingen. Vielleicht benutzte er die kleinen Arme, um sich vom Boden hochzustemmen, wenn er nach einem Schläfchen aufstand. Vielleicht brauchten männliche T. rex kürzere Arme, um ihre Weibchen besser stimulieren zu können. Natürlich fand keine dieser Ideen Unterstützung.

Unlängst entdeckten Paläontologen einen neuen theropoden Dinosaurier, *Gualicho shinyae,* der ähnlich schwache Vordergliedmaßen mit zwei Fingern hatte. Obwohl wir nicht verstehen, warum sich dieses Merkmal bei beiden Spezies entwickelte, sagte einer der Verfasser der Studie: »Offensichtlich hatte es irgendeinen adaptiven Vorteil, weil wir es mehrmals bei verschiedenen Linien von Theropoden sehen.«[8]

Aber vielleicht ist es nicht so offensichtlich. Eine konvergente Entwicklung beweist nicht unbedingt, dass ein gemeinsames Merkmal das Ergebnis natürlicher Selektion ist. Vielleicht entwickelten T. rex und G. shinyae rein zufällig winzige Vordergliedmaßen. Wenn wir wüssten, warum die Stummelärmchen mit den zwei Fingern sich entwickelten, welchen Vorteil sie boten oder warum die natürliche Selektion sie bevorzugte, hätten wir Grund zu der Annahme, dass die Konvergenz adaptiv war. Aber ohne irgendwelche Daten können wir nicht einfach davon ausgehen, dass natürliche Selektion der Grund ist.

Zum Schluss möchte ich noch auf eine Fallstudie eingehen, die einige der verschiedenen Wege zu evolutionärer Nicht-Konvergenz veranschaulicht. In diesem Beispiel geht es um die Spezies, die im Wald lebende Insektenlarven frisst. Jeder kennt das Klopfgeräusch, wenn ein Specht ein Loch in einen Baum hämmert, indem er seinen Kopf zwanzigmal pro Sekunde mit hoher Geschwindigkeit gegen den Stamm schlägt.* Doch viele wissen

---

* Deshalb ist er nun ein Studienobjekt von Schädel-Hirn-Trauma-Forschern.

nicht, wie der Specht die Made herausbekommt, wenn er zu ihr vorgedrungen ist. Dazu streckt er seine Zunge – die so lang ist, dass sie, wenn sie nicht benutzt wird, hinten um die Hirnschale gewickelt wird – tief in das Loch, um die Beute mithilfe von Widerhäkchen an der Zungenspitze zu packen und herauszuziehen.

Eine raffinierte Methode, sicher, aber die Mitglieder der Specht-Familie sind nicht die Einzigen, die im Holz verborgene Maden herausholen können. Spechte sind fast auf der ganzen Welt verbreitet, aber da sie nicht übers weite Meer gelangen können, kommen sie in Australien und auf vielen Inseln nicht vor. Dort entwickelten sich andere Spezies, die die Nische der Madenfresser besetzten, aber keine benutzt die Methode der Spechte. Statt Konvergenz sieht man dort mehrere unterschiedliche Lösungen für das Problem, im Holz verborgene Insektenlarven herauszubekommen.

Auf den Hawaii-Inseln ist der Madenfresser ein hübscher olivgrüner Vogel (das Männchen hat einen gelben Kopf) mit einem außergewöhnlichen Schnabel. Sein Oberschnabel und sein Unterschnabel sind völlig verschieden. Der Unterschnabel ist kurz, kräftig und gerade und wird benutzt, um in Specht-Manier ein Loch ins Holz zu hacken. Doch statt einer Zunge, um die Beute herauszuholen, hat der Akiapola'au einen schmalen und tief nach unten gebogenen Oberschnabel, der doppelt so lang ist wie der Unterschnabel und tief genug in das Loch hineinreicht, um die Larve herauszerren zu können.

In Neuseeland ist so ein multifunktionaler Schnabel offenbar zu viel für einen einzelnen Vogel. Jedenfalls wählte der Huia eine andere Taktik: die Aufgabenteilung zwischen den Geschlechtern. Das Männchen war der spechtähnlichere Partner im Paar. Es hatte einen kräftigen Schnabel, mit dem es verrottendes Holz aufmeißelte, in dem sich Maden befanden. Dagegen ähnelten beide Schnabelhälften des Weibchens dem Oberschnabel des Akiapola'aus. Sie waren schmal und weit nach unten gebogen, um Beute aus tiefen Spalten herausklauben zu können. Einst dachte man, dass die Paare im Team arbeiteten: Das Männchen bohrte das Holz auf, und das Weibchen holte die Beute heraus. Aber diese Vorstellung scheint auf einem Missverständnis des ursprünglichen wissenschaftlichen Berichts zu beru-

Verschiedene Arten der Anpassung, um Maden fressen zu können
(von oben nach unten): Huia, Akiapola'au, Specht und Spechtfink

hen. Inzwischen nimmt man an, dass die beiden Geschlechter getrennt nach Futter suchten. Leider starb die Spezies irgendwann im letzten Jahrhundert aus, sodass sie nicht mehr genauer erforscht werden kann.

Die wohl bemerkenswerteste Anpassung an die Lebensweise eines Madenfressers zeigt der Vogel mit dem unauffälligsten Schnabel. Der Spechtfink von den Galapagosinseln, der zu den Darwinfinken gehört, hat einen normalen, nicht gebogenen Schnabel, der weder besonders kräftig oder schmal noch besonders lang oder kurz ist. Nicht robust genug, um ein Loch zu hämmern, und nicht grazil genug, um an die Beute heranzukommen. Doch das ist egal, weil der Spechtfink nicht seinen Schnabel benutzt, um Maden aus dem Holz herauszuholen. Zumindest nicht direkt. Stattdessen hält er – wie ein Schimpanse, der Termiten aus ihrem Hügel fischt – ein Stöckchen von genau der richtigen Größe in seinem Schnabel, mit dem er geschickt in einem Loch oder einer Spalte herumstochert, bis er die aufgescheuchte Made herauspulen und schnell verschlingen kann. Und wie Schimpansen (oder Neukaledonienkrähen und natürlich wir) benutzen diese Finken nicht einfach irgendein Stöckchen, das gerade in der Nähe herumliegt, sondern wählen es sorgfältig aus. Manchmal bearbeiten sie es sogar, um ein Werkzeug zu erhalten, das seinen Zweck perfekt erfüllt.

In Anbetracht dieser Beispiele könnte man denken, dass es eine Lebensweise für Vögel ist, Maden aus Bäumen herauszuklauben. Aber das wäre ein Irrtum. Auf Madagaskar, dieser Insel evolutionärer Wunder, ist die madenfressende Spezies die wohl außergewöhnlichste von allen. Dort wird die Nische des Spechts nicht von einem Vogel, sondern von einem Primaten besetzt. Und was für ein Primat das ist! Das nachtaktive Fingertier, das die Größe

Das Fingertier

einer Hauskatze hat, sieht aus wie ein Wesen aus einem Horrorfilm. Gelb leuchtende Augen, große schwarze, ledrige Schlappohren, ein helles Gesicht mit einer großen Stirn und einer kurzen schmalen Schnauze, struppige dünne, graue Haare, die ihm oben und seitlich aus dem Kopf sprießen – das Tier sieht aus wie eine finstere Kreuzung zwischen Albert Einstein und Yoda. Doch im Gegensatz zu dem Physiker und dem Jedi-Meister haben Fingertiere zwei große, ständig nachwachsende Schneidezähne und – das gruselige Merkmal, das sicher der Hauptgrund für den alten madagassischen Aberglauben ist, dass diese Geschöpfe magische Kräfte besitzen – einen stark verlängerten knochendürren Mittelfinger, der in alle Richtungen drehbar ist.

Wie das Fingertier an seine Beute kommt, ist wirklich erstaunlich. Zuerst klopft es mit seinem langen, dürren Finger den Baumstamm ab. Dank seiner großen Ohren, die wie Radarschüsseln funktionieren, hört es, wann das Klopfgeräusch nach einem Hohlraum im Holz klingt. Sobald es einen möglichen Fressgang einer Larve geortet hat, setzt es seine vorstehenden Schneidezähne ein und nagt das Holz bis zu dem Hohlraum durch. Wenn es ihn freigelegt hat, bohrt es seinen langen Finger hinein, zuerst in die eine Richtung, dann in die andere, bis es die Made mit der Kralle am Endes des Fingers packen und herausziehen kann. Wer braucht schon einen speziellen Schnabel, wenn ein langer Finger und Zähne den gleichen Zweck erfüllen?

Warum begünstigte die natürliche Selektion verschiedene Lösungen für das gleiche Maden-Problem? Es ist vorstellbar, dass Insektenlarven sich von Ort zu Ort unterscheiden, dass die Methode des Spechts die beste ist, um festländische Maden zu fangen, während Galapagos-Maden sich am besten mit Stöckchen herausfummeln lassen und madagassische Insektenlarven am ehesten von großohrigen Primaten aufgespürt werden können. Wir können diese panglossianische Möglichkeit, dass jede Spezies die bestmögliche Technik entwickelte, einheimische Maden zu fangen, nicht ausschließen, aber zwei andere Erklärungen sind wahrscheinlicher.

Ein Szenario ist, dass die Unterschiede sich ganz zufällig entwickelten. Vielleicht trat beim Vorfahren des Spechts eine Mutation auf, die zu einer langen Zunge mit Widerhäkchen führte, während beim Vorfahren des Spechtfinken eine andere Mutation die Fähigkeit förderte, Stöckchen aufzuheben und in Löcher zu stecken. Mit anderen Worten, keine Methode war überlegen, und welche Mutation auftrat, war reine Glückssache.

Eine zweite Möglichkeit ist, dass die Vorgeschichte eine Rolle spielt – dass die Reaktion einer Spezies auf die natürliche Selektion davon abhängt, wie sie sich in der Vergangenheit entwickelt hat. Nehmen wir zum Beispiel das Fingertier, das zur Familie der Lemuren gehört. Primaten haben, wie die allermeisten Säugetiere, Mäuler, die aus Knochen, Haut, Muskeln und Zähnen bestehen.* Für ein Säugetier wäre es ein evolutionärer Kraftakt, einen robusten spitzen Schnabel wie den eines Vogels zu entwickeln. Das wäre genetisch viel komplizierter, als die bereits vorhandenen Schneidezähne so zu verändern, dass sie Holz zernagen können. Umgekehrt haben Vögel, da sie ihre Vordergliedmaßen in Flügel umwandelten, keine Fingerknochen mehr, die sie in etwas wie den langen dürren Haken des Fingertiers umbilden könnten.

Also, welchen Erkenntnisstand haben wir nun? Ist Konvergenz allgegenwärtig, ein Prozess, der eine inhärente Struktur in der biologischen Welt aufzeigt und von vorhersehbaren Kräften der natürlichen Selektion zu Ergebnissen getrieben wird, die durch die Umgebung vorbestimmt sind? Oder sind Fälle von konvergenter Evolution Ausnahmefälle, herausgepickte Beispiele biologischer Vorhersehbarkeit in einer willkürlichen Welt, in der die meisten Spezies keine evolutionären Gegenstücke haben?

Wir könnten über diese Standpunkte debattieren, bis wir schwarz werden. Ich würde das Schnabeltier anführen, Sie würden mit konvergenten Igeln kontern, ich würde auf das einzigartige, algenverkrustete, kopfunter am Baum hängende Faultier verweisen, Sie würden auf zwei Beinen hüpfende Mäuse, die sich unabhängig voneinander auf drei Kontinenten entwickelten, als Gegenbeispiel präsentieren. Und so ist diese Debatte in der

---

* Ein paar wenige Säugetiere, hauptsächlich Spezies, die Ameisen und Termiten fressen, sind zahnlos.

Vergangenheit im Grunde auch geführt worden: Es wurden Listen erstellt und Geschichten erzählt.

Conway Morris und seinen Kollegen gebührt Lob dafür, dass sie die konvergente Evolution in den Fokus rückten. Wir alle hielten Konvergenz für einen tollen Trick der Naturgeschichte, ein eindrucksvolles Beispiel für die Macht der natürlichen Selektion. Aber Conway Morris und seine Kollegen machten uns klar, dass evolutionäre Konvergenz sehr viel öfter vorkommt, als wir dachten. Inzwischen erkennen wir, dass sie ein häufiges Geschehnis in der natürlichen Welt ist, für das es um uns herum zahlreiche Beispiele gibt. Aber sie ist bei Weitem nicht allgegenwärtig. Anscheinend ebenso häufig, vielleicht sogar noch häufiger, passen Spezies, die in ähnlichen Umgebungen leben, sich nicht konvergent an.

An diesem Punkt müssen wir über das Dokumentieren des historischen Musters, über das Sammeln von weiteren Beispielen und Gegenbeispielen hinausgehen. Stattdessen müssen wir uns fragen, ob wir verstehen können, warum Konvergenz in manchen Fällen auftritt und in anderen nicht – was das Ausmaß erklärt, in dem Konvergenz auftritt oder eben nicht, warum sich in Wüsten rund um den Globus unabhängig voneinander auf zwei Beinen hüpfende Nagetiere entwickelten, während das Känguru nur einmal entstand. Und dazu müssen wir mehr tun, als unseren Listen weitere Beispiele hinzuzufügen. Wir müssen die Hypothese vom evolutionären Determinismus direkt überprüfen.

Im letzten Jahrhundert war der experimentelle Ansatz in vielen wissenschaftlichen Disziplinen der Standard – aus gutem Grund. Indem man gezielt eine Variable ändert und die anderen konstant hält, kann man Ursache und Wirkung direkt überprüfen. Nicht experimentelle Studien leiden unter dem Mangel an Kontrollen und der Möglichkeit, dass jede von vielen Variablen für die beobachteten Unterschiede zwischen den Studienobjekten verantwortlich sein kann.

Evolutionsbiologen begannen jedoch erst sehr spät zu experimentieren – die extrem langsame Geschwindigkeit der Evolution ließ jeden Gedanken an Experimente müßig erscheinen. Inzwischen wissen wir, dass diese Sichtweise falsch war, dass die Evolution sehr schnell verlaufen kann. Und diese Erkenntnis öffnet dem Studium der Evolution eine neue Tür.

Bisher haben wir die Schubladen der Naturgeschichte durchstöbert und in frühere Zeitalter zurückgeschaut, um zu verstehen, was in der Vergangenheit entstand. Jetzt ist es Zeit, nach vorne zu blicken und die Vorteile des experimentellen Ansatzes zu nutzen, um die evolutionären Rollen von Kontingenz und Determinismus zu erforschen.

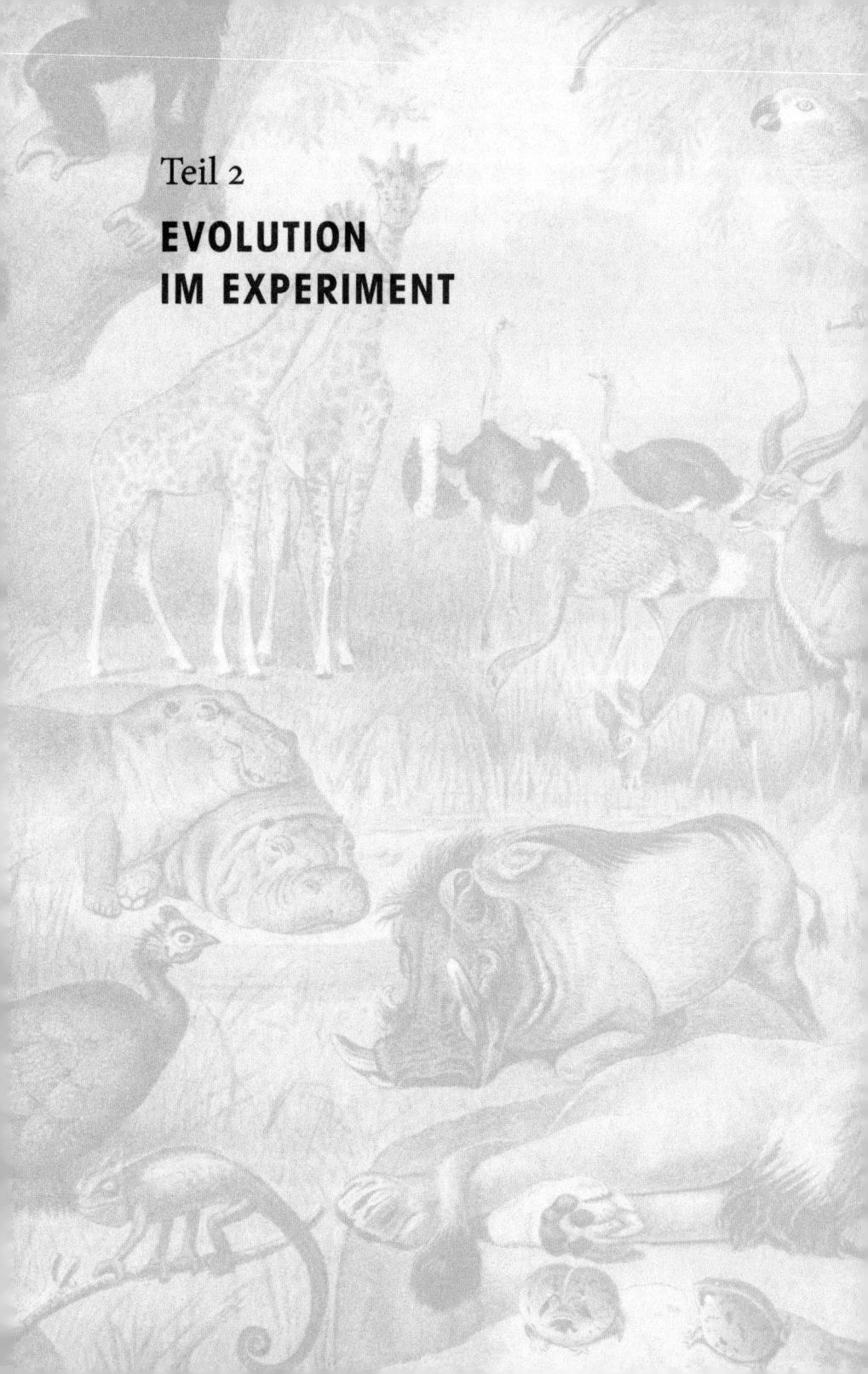

Teil 2

EVOLUTION
IM EXPERIMENT

Kapitel 4

EVOLUTION IM ZEITRAFFER

Charles Darwin war ein großer Experimentator, wird als solcher aber wenig gewürdigt. Zu einer Zeit, als diese wissenschaftliche Methode noch in den Kinderschuhen steckte, führte Darwin Experimente durch, um herauszufinden, ob Samen in Salzwasser überleben können (manche können es), wie Pflanzen in Richtung des Lichts wachsen (dabei entscheidet die Spitze der wachsenden Pflanze) und ob Würmer auf Musik reagieren (meistens nicht). Aber zu seiner großartigsten Idee, der Evolutionstheorie durch natürliche Selektion, entwickelte er nie ein Experiment.

Für diesen Widerspruch gibt es eine einfache Erklärung: Eine solche Untersuchung wäre ihm sinnlos erschienen. Darwin glaubte, Evolution finde so unendlich langsam statt, dass ihr Fortschreiten nur über Äonen hinweg nachweisbar war. »Wir sehen nichts von diesen langsam fortschreitenden Veränderungen, bis die Hand der Zeit auf eine abgelaufene Weltperiode hindeutet«, schrieb er in *Die Entstehung der Arten*.[1] Ein Evolutionsexperiment würde erst in Tausenden von Jahren ein Ergebnis bringen, und das war viel zu lange, um praktikabel zu sein. Soweit bekannt, zog Darwin ein solches Projekt niemals in Betracht.

Die Liste von Darwins wissenschaftlichen Errungenschaften ist beeindruckend. Er fand heraus, wie sich Korallenriffe bilden, welche Rolle Würmer bei der Durchlüftung des Bodens spielen, und er entdeckte nicht nur, dass Evolution stattfindet, sondern auch, dass ihr Hauptantrieb die natürliche Selektion ist. Und weil Darwin es gesagt hatte, glaubten Experten mehr als einhundert Jahre lang, die Evolution bewege sich im Schneckentempo voran.

Zu Darwins Lebzeiten gab es noch keine echten Daten darüber, mit welcher Geschwindigkeit Evolution abläuft. Niemand überprüfte draußen in der Natur bei Populationen, ob und in welchem Umfang sie sich mit der Zeit veränderten. Darwin stützte sich bei seinen Aussagen auf gängige Meinungen zur Geschwindigkeit geologischer Transformationen und viktorianische Ansichten über die angemessene Geschwindigkeit von Innovation im modernen Leben.

Doch in den letzten fünfzig Jahren stellte sich heraus, dass Darwin sich hier irrte. Evolution bewegt sich manchmal – vielleicht auch oft – fast mit Lichtgeschwindigkeit, also ganz und gar nicht unmerklich langsam. Anders als Darwin glaubte, kann der natürliche Selektionsdruck enorm sein, und in solchen Fällen kann sich eine Population in kurzer Zeit stark verändern.

Unsere völlig neue Sicht auf die Geschwindigkeit, mit der evolutionäre Veränderungen voranschreiten, verdanken wir mehreren unterschiedlichen Arten von Daten, die alle erst seit der Mitte des letzten Jahrhunderts zur Verfügung stehen. Die wohl einflussreichste Geschichte war jene vom Birkenspanner aus Großbritannien im 19. Jahrhundert, die heute berühmt ist.

Biston betularia ist ein kleiner grauweißer Schmetterling, etwa so groß wie die Falter, die an Sommerabenden um das Licht auf der Veranda schwirren. Niemand hätte je vermutet, dass ein so unscheinbarer Schmetterling zu einer Ikone der Evolution werden würde.

Aber genau so kam es. Vor zweihundert Jahren war der Birkenspanner noch grau mit kleinen schwarzen Flecken. Natürlich gab es gelegentlich eine Mutation mit einer anderen Farbe oder einem anderen Muster, aber die überlebte nie lange, und zwar aus einem einfachen Grund: Birkenspanner leben an Bäumen, sie hängen mit ausgebreiteten Flügeln flach an Baumstämme gepresst. Und mit ihrem gefleckten Muster passten sie perfekt zu den Baumrinden in englischen Wäldern. Die normalen Birkenspanner waren so gut getarnt, Mutanten hingegen fielen deutlich auf und wurden zur leichten Beute für jeden scharfäugigen Vogel auf der Suche nach einem Mittagessen.

Ab Mitte des 19. Jahrhunderts veränderte die industrielle Revolution die

Welt für Menschen und Schmetterlinge mit vielfältigen Auswirkungen, die für Menschen zu technischem Fortschritt und sozialen Verwerfungen führten. Die Auswirkungen auf die Schmetterlinge sind schnell beschrieben: In Industriezentren und Gebieten in deren Windschatten waren die Bäume vom Ruß aus den Fabrikschloten geschwärzt. Für helle Schmetterlinge wurde das zum Problem. Wo sie vorher perfekt getarnt waren, stachen sie jetzt vor dem Hintergrund der verrußten Baumstämme hervor.

Es gibt kaum einen komischeren Anblick als einen Schmetterlingssammler, vor allem einen vom Ende des 19. Jahrhunderts: Häufig war es ein Hobby-Naturforscher in Knickerbockern, einem wollenen Anzug und Krawatte, vielleicht einer Brille und einer Wollkappe. Diese Gestalten rannten einem umherflatternden Schmetterling hinterher, wedelten dabei wild mit einem Schmetterlingsnetz herum, und dennoch entkam ihnen das Insekt meistens, ließ sich abrupt fallen oder wich im letzten Moment aus.

Damals war die Schmetterlingsjagd groß in Mode – es gab Versammlungen, Vereine und Newsletter. Und jede neu entdeckte Art war eine Sensation. Über jede Neuentdeckung wurde in Fachzeitschriften wie *The*

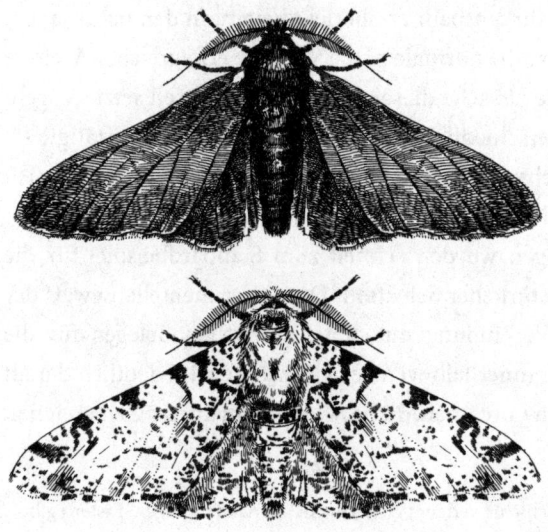

Der Birkenspanner

Entomologist's Monthly Magazine und *The Entomologist's Record and Journal of Variation* artig berichtet. Daher ist gut dokumentiert, wann und wo die schwarze Variante auftrat und wie weit und schnell sie sich verbreitete.

Die ersten dunklen Schmetterlinge wurden in den britischen Midlands gefangen, zuerst in Manchester im Jahr 1848 und dann im Jahr 1860 ein weiterer in Yorkshire. Kurz darauf wurden sie auch weiter im Norden und Süden gesichtet, in London schließlich gegen Ende des Jahrhunderts. In Industriezentren und Gebieten in deren Windschatten bestanden die Populationen häufig fast ausschließlich aus dunklen Tieren.

Die Bedeutung dieser raschen evolutionären Verwandlung wurde lange nur von wenigen erkannt, obwohl Wissenschaftler die Verbreitung der schwarzen Birkenspanner seit Beginn des 20. Jahrhunderts untersuchten. Das änderte sich, als der britische Arzt und Insektenkundler Bernard Kettlewell eine Reihe heute klassischer Experimente durchführte. Kettlewell setzte beide Spannervarianten in ländlichen Wäldern und auch in Waldgebieten von Industriezonen aus und kehrte später zurück, um möglichst viele von ihnen wieder einzufangen. Seine Untersuchung zeigte, dass in den Wäldern bei Industriegebieten, wo die Bäume rußgeschwärzt waren, sehr viel mehr dunkle Birkenspanner überlebt hatten. In den naturnahen, ländlichen Gebieten war die normale graue Variante erfolgreicher. Weitere Studien offenbarten die Ursache dieser Selektion: Kettlewell setzte Vögeln Birkenspanner auf unterschiedlichen Hintergründen vor und bestätigte so, dass es den Vögeln leichter fiel, die Schmetterlinge zu schnappen, die sich vom Untergrund abhoben.[2]

Diese Untersuchungen wurden schnell zum Standardbeispiel für die Funktionsweise von natürlicher Selektion. Der experimentelle Beweis der starken Selektion in Verbindung mit den historischen Belegen für die schnelle Farbänderung innerhalb weniger Jahrzehnte wies deutlich darauf hin, dass sich Evolution durch natürliche Selektion in kurzer Zeit ereignen kann.*[3]

---

* Die Birkenspanner-Geschichte verlangt gleich nach drei Anmerkungen. Erstens gibt es zum Aufstieg der dunklen Birkenspanner eine nette symmetrische Fortsetzung. Im Jahr 1956 wurde in England als Reaktion auf die Smog-Katastrophe in London von

Etwa zur selben Zeit, als Kettlewell seine Arbeiten durchführte, wurden Wissenschaftler und Öffentlichkeit auf die schnelle Evolution in der Welt um sie herum aufmerksam. Das »Wundermedikament« Penicillin wurde erstmals während des Zweiten Weltkriegs in großem Maßstab eingesetzt, und man sah eine Zukunft ohne ansteckende Krankheiten voraus. Doch fast sofort entwickelten Staphylokokken-Bakterien (die schwere Entzündungen auslösen können) eine Resistenz gegen den Wirkstoff, und Mitte der 1950er-Jahre hatte Penicillin bereits den Großteil seiner Wirksamkeit eingebüßt.

In der Folge entwickelten Bakterien schnell Resistenzen gegen jedes neue Antibiotikum, das entwickelt wurde: Tetracyclin wurde im Jahr 1950 eingeführt, und neun Jahre später traten resistente Bakterien auf; Erythromycin kam 1953 auf den Markt – 1968 wurden resistente Bakterien entdeckt. Bei Methicillin gab es, nach der Einführung im Jahr 1960, nur zwei resistenzfreie Jahre. Die schnelle Evolution war für alle Menschen unübersehbar und kostete Menschenleben.

Zur selben Zeit, als Mikroben Antibiotika wirkungslos machten, taten verschiedene Schädlings- und Unkrautarten dasselbe mit den neu entwickelten Pestiziden und Herbiziden. Die Ackerwinde entwickelte im Jahr

1952 ein Luftreinhaltungsgesetz, der Clean Air Act, erlassen. Danach ging die Luftverschmutzung stark zurück und damit auch der Bestand an schwarzen Birkenspannern. Heute ist die dunkle Variante in ganz Großbritannien selten geworden und in manchen Gebieten völlig verschwunden.

Zweitens ist die Geschichte ein ausgezeichnetes Beispiel für konvergente Evolution. Der Birkenspanner kommt nicht nur in Großbritannien vor, sondern auf der ganzen Nordhalbkugel, und der Anteil der dunklen Variante am Birkenspannerbestand hat auch an anderen Orten zu- und wieder abgenommen. Besonders gut dokumentiert ist das für Nordamerika, wo die Aufzeichnungen jenen von der anderen Seite des großen Teichs fast exakt entsprachen. Die interkontinentale Konvergenz geht sogar noch einen Schritt weiter: In England und in den Vereinigten Staaten wird die Dunkelfärbung durch eine Mutation im selben Gen ausgelöst.

Schließlich wurde die Birkenspanner-Geschichte in den letzten Jahren mehrfach in Zweifel gezogen, was vor allem Kreationisten sehr begrüßten. Sicher waren Kettlewells Methoden nach heutigem Standard unausgereift – das Studium der natürlichen Selektion hat in den letzten sechzig Jahren riesige Fortschritte gemacht. Dennoch wurden Kettlewells Erkenntnisse durch aktuelle Untersuchungen überwältigend bestätigt.

1950 als erste Pflanze eine Resistenz gegen Herbizide. Kurz darauf wurden viele weitere Pflanzen unempfindlich gegen die Chemikalien der Menschen, manche fast ebenso schnell, wie neue Herbizide entwickelt wurden. Bei tierischen Schädlingen war es genauso. DDT wurde im Zweiten Weltkrieg verbreitet eingesetzt; die ersten Hinweise auf Resistenzen fand man Anfang der 1940er-Jahre, und in den Sechzigern waren die meisten Tiere bereits resistent. Im Jahr 1958, nur zehn Jahre nach der Markteinführung von Warfarin, entwickelten Ratten eine Resistenz gegen dieses Rattengift. Insgesamt stieg die Anzahl der Insekten, von denen eine Resistenz gegen irgendein Insektizid bekannt ist, von sieben im Jahr 1938 auf 447 im Jahr 1984.* Die schnelle Evolution richtete Schäden in Höhe von mehreren Milliarden Dollar an und löste mancherorts Hungersnöte und Elend aus.

Birkenspanner, Mikroben, Schädlinge und Unkraut. Mitte des 20. Jahrhunderts wendete sich das Blatt für Darwins Theorie von der langsamen Evolution. Aber einen Haken hatte die Sache noch: Darwin hatte über die Evolution in der Natur gesprochen. Und bei all den gerade aufgeführten Beispielen passte sich eine Art an radikale Veränderungen ihrer Umwelt durch Menschen an. In all diesen Fällen standen die Arten extrem starkem und neuartigem Selektionsdruck gegenüber, der mit nichts vergleichbar war, was sie bisher erlebt hatten, ob es nun um Luftverschmutzung oder zunächst äußerst effektive Medikamente ging. Dieser starke Selektionsdruck bestand außerdem nicht nur vorübergehend, sondern setzte sich jahrelang unvermindert fort. So wirkte sich die Selektion in freier Natur nicht aus. Zumindest dachte man das. (Damals gab es erst wenige Daten aus Feldstudien.)

Ab den 1920er-Jahren zeigten Genetiker, dass Fruchtfliegen und andere Tiere sich schnell anpassen, wenn sie im Labor einem starken und konstanten Selektionsdruck ausgesetzt werden. Neue Tierarten und landwirtschaftliche Nutzpflanzen entwickeln sich unter ähnlichen Selektionsbedingungen. Nun könnte man Birkenspanner, resistente Mikroben und

* Bei der letzten Zählung (im Jahr 2008) waren es 553.

Schädlinge als Freilandentsprechungen zu Studien im Labor und in der Landwirtschaft betrachten – aus diesen künstlichen Selektionsstudien weiß man bereits, dass sich Populationen rasch anpassen, wenn Menschen konstanten Selektionsdruck ausüben. Diese neuen Beispiele zeigten, dass auch in der Natur schnelle Evolution als Reaktion auf ähnliche Selektionsdrucke auftritt, wie sie im Labor oder in einem landwirtschaftlichen Betrieb ausgeübt werden.

Diese wahrgenommene Äquivalenz ließ vermuten, dass eine schnelle Anpassung für die Evolution im Lauf der Zeitalter untypisch war. Man argumentierte, in der unberührten Natur sei der Selektionsdruck selten so stark oder konstant. In der Natur, in die kein Mensch eingriff, geschehe Evolution wahrscheinlich in dem gemütlicheren Tempo, das Darwin vorschwebte. Erst, wenn der Mensch alles durcheinanderbringe, schalte die Evolution einen Gang höher.

In einer Ironie des Schicksals gaben Forschungen über die Vögel, die Darwins Namen tragen – die Galapagos-Finken – der Theorie, dass Evolution immer langsam voranschreitet, den Rest. Die Darwinfinken sind inzwischen, ebenso wie der Birkenspanner, ein Vorzeigebeispiel für Evolution, und das nicht nur aufgrund ihres Namens und ihrer Geschichte. Einen Großteil ihres Ruhms verdanken sie dem ungewöhnlichen, 40 Jahre dauernden Forschungsprogramm der Princeton-Biologen Rosemary und Peter Grant.[4]

Ab 1973 verbrachten die Grants jedes Jahr mehrere Monate auf der kleinen, kraterförmigen Galapagosinsel Daphne Major. Sie wollten dort die Population der Mittel-Grundfinken (die so heißen, weil es sowohl größere als auch kleinere Grundfinkenarten gibt) untersuchen, um herauszufinden, ob und wie sich die Population von einer Generation zur nächsten verändert, und um zu messen, wie die natürliche Selektion eine solche Veränderung vorantreibt.*

Zu diesem Zweck fingen und maßen die Grants jedes Jahr alle Finken

---

* Bei ihrer Ankunft hatten sie ein anderes Untersuchungsziel, aber das Projekt verwandelte sich schnell in eine Langzeitstudie zu natürlicher Selektion und evolutionären Veränderungen.

auf der Insel. Nur so konnten sie herausfinden, ob sich die Charakteristika der Population – Körpergewicht, Schnabelgröße, Flügellänge usw. – von einer Generation zur nächsten veränderten.

Einen Vogel zu fangen, ist ein passiverer Vorgang als das Fangen eines Schmetterlings oder einer Eidechse. Ornithologen suchen nicht nach ihrer Beute, um sie mit einer Falle, einem Netz oder einer Schlinge zu fangen, sondern sie lassen die Vögel sich selbst fangen. Dazu wird eine Art übergroßes Badmintonnetz mit sehr dünnen Fasern aufgehängt. Die Netzfasern sind so dünn, dass Vögel sie oft erst sehen, wenn es zu spät ist. Sie fliegen direkt hinein und verheddern sich hoffnungslos. Dann befreite einer der Grants den schimpfenden Finken vorsichtig aus dem Netz, steckte ihn in einen Baumwollsack und trug ihn zur Bearbeitung ins Camp.

Das Expeditionscamp selbst war nichts Großartiges – eine Felsnische, ein paar Planen als Sonnenschutz und Klappstühle. Mit einem Messschieber vermaßen die Grants sorgfältig den Schnabel: Länge, Höhe, Breite. Dann breiteten sie geschickt die Flügel des Vogels aus, um ihre Länge aufzuzeichnen, und maßen anschließend auch noch die Beinknochen. Zuletzt legten sie jedem Vogel mehrere farbige Ringe um, die jedes Tier eindeutig kennzeichneten.

Die Grants kehrten jedes Jahr zurück und konnten so die Evolution beobachten, während sie geschah. Natürliche Selektion tritt auf, wenn das Überleben und der Reproduktionserfolg eines Tieres im Zusammenhang mit seinem Phänotyp stehen. Anhand ihrer Daten konnten die Grants feststellen, ob eine natürliche Selektion stattfand. Jedes Jahr hielten sie tabellarisch fest, wer das letzte Jahr überlebt hatte und wer nicht. Die phänotypischen Maße aller Vögel hatten sie bereits und konnten daher einfach die beiden Datensätze in Korrelation setzen: Gab es einen Zusammenhang zwischen der Beinlänge oder der Schnabelbreite eines Vogels und seinem Überleben?

Auf diese Frage fanden die Grants rasch eine Antwort. Im vierten Jahr ihrer Studie herrschte eine außergewöhnliche Trockenheit. In einem normalen Jahr fallen auf der Insel in der Regenzeit gut zwölf Zentimeter Regen, aber im Jahr 1977 waren es kaum zwei Zentimeter. Daphne Major verwandelte sich in ein dürres Ödland. Pflanzen vertrockneten. Es gab noch weniger Wasser als sonst. Samen – die Hauptnahrung der Finken – wurden rar.

Die Vögel starben scharenweise. Hunger und Durst beutelten sie sehr, vor allem, weil hungernde Vögel keine neuen Federn bilden können, und wenn die alten ausfielen, verloren sie zusätzliche Feuchtigkeit über die ungeschützte Haut. Im Januar 1977 gab es auf Daphne Major 1200 Mittel-Grundfinken; zwölf trockene Monate später waren es nur noch 180.

Aber der Tod schlug nicht zufällig zu. Besonders große Vögel und jene mit großen Schnäbeln überstanden die Zeit besser. Das lag daran, dass kleine Samen als Erstes aufgefressen waren; nach ihrem Verschwinden hatten die Vögel mit kleinen Schnäbeln ein Problem – sie hatten nicht die kräftigen Kiefermuskeln, die sie brauchten, um die noch übrigen größeren Samen zu knacken. Das ist eines der eindrücklichsten Beispiele für natürlich Selektion, die in freier Wildbahn je beobachtet wurden.

Natürliche Selektion führt nicht zwingend zu evolutionären Veränderungen. Wenn Vögel mit großen Schnäbeln bessere Überlebens- und Reproduktionschancen haben, dann müsste die durchschnittliche Schnabelgröße mit der Zeit zunehmen. Das gilt aber nur, wenn Vögel mit großen Schnäbeln auch Nachkommen mit großen Schnäbeln hervorbringen. Diese Merkmalsvariante muss eine genetische Grundlage haben, sodass die Eigenschaft von Eltern zu Kindern vererbt wird. Das ist häufig der Fall, aber nicht immer. Bei Menschen haben die Kinder von Bodybuildern zum Beispiel nicht notwendigerweise große Muskeln.

Ein weiteres Beispiel ist die sonnenliebende Hauspflanze, die man am Küchenfenster stehen hat. Wenn man sie in eine schattige Ecke stellt, wächst sie deutlich langsamer. Wie viel man gießt und düngt, hat ebenfalls Auswirkungen. Oder man setzt mehrere genetisch identische Pflanzen, die man aus Ablegern oder veredelten Stecklingen erhält, unterschied-

Ein Mittel-Grundfink frisst einen großen *Tribulus*-Samen.

lichen Kombinationen von Licht, Wasser und Dünger aus. Nach wenigen Monaten hat man dann fast unausweichlich unterschiedlich aussehende Topfpflanzen.

Wenn genetisch identische Organismen aufgrund von Umweltbedingungen unterschiedliche Phänotypen ausbilden, bezeichnet man das als »phänotypische Plastizität«. Das ist die Umwelt-Seite in der Anlage-Umwelt-Debatte.

Bei den Darwinfinken hatten die phänotypischen Variationen eine genetische Basis, die Eltern an ihre Kinder weitergaben. Die Grants zeigten dies durch einen Vergleich von Eltern und Nachkommen – sie wussten, welche Eltern und Kinder zusammengehörten, weil sie die Vögel kurz nach dem Schlüpfen markiert hatten, als sie noch im Nest saßen. Dadurch entdeckten sie eine starke Korrelation zwischen Eltern und Nachkommen – die Körpergröße wurde häufig vererbt, ebenso wie die Größe von Schnabel, Flügeln und Beinen.

Folglich wurden die größeren Körper- und Schnabelmaße der Überlebenden der Dürre an die nächste Generation weitergegeben, und in den folgenden Jahren waren die Finken größer und hatten größere Schnäbel. Starke Selektion hatte zu schnellen evolutionären Veränderungen geführt.

Die Grants setzten ihr Studium der Finken von Daphne Major noch weitere 35 Jahre lang fort und fanden dabei heraus, dass eine solche starke Selektion nicht ungewöhnlich war. Nur wenige Jahre später fielen bei einem der stärksten El-Niño-Ereignisse aller Zeiten 135 Zentimeter Regen – zehnmal mehr als normal. Die Regenflut führte zu einem Überfluss an kleinen Samen, was wiederum zu einer starken Selektion zugunsten kleinschnabliger Vögel führte, die mit ihren zarten Schnäbeln kleine Samen effizient ernten konnten. Und auch hier reagierte die Population mit schneller Evolution.

Die Arbeit der Grants war nicht nur wegen der neuen Erkenntnisse einflussreich, die sie dokumentierte, sondern auch weil sie zeigte, was möglich war. Entgegen gängiger Überzeugungen bewiesen die Grants, dass man fortschreitende Evolution in freier Natur beobachten konnte. Ihre Arbeit hat mehrere Generationen von Feldbiologen inspiriert mit dem Ergebnis, dass die Anzahl der Forscher mit ähnlichen Projekten explodierte und zu einer Informationsflut über die Evolutionsraten in der Natur führte, die vorher nicht verfügbar gewesen war.

Die Aussage all dieser Studien ist eindeutig: Wenn sich die Umwelt verändert, können sich Arten sehr schnell anpassen. So schnell, dass man die Veränderungen beobachten und im Rahmen einer fünfjährigen Forschungsarbeit dokumentieren kann.

Noch vor wenigen Jahren machte man Schlagzeilen, wenn man schnelle evolutionäre Veränderungen dokumentierte. Heute ist das die Regel, und inzwischen erregt man mehr Aufsehen, wenn man keine schnelle Anpassung feststellen kann. Jetzt verlangt dieses unerwartete Ergebnis nach einer Erklärung.

Darwin war ein geschickter Experimentator, der mit den einfachen Materialien, die ihm zur Verfügung standen, gekonnt seine Theorien überprüfte. So beobachtete er bei seiner Untersuchung über die Hörfähigkeit von Würmern ihre Reaktion auf einen lauten Pfeifton, ein Fagott, ein Klavier und sein eigenes Schreien. Die Würmer ignorierten all diese Angriffe auf ihr Gehör, aber wenn man sie oben auf ein Klavier legte, während es gespielt wurde – statt auf einen Tisch daneben –, dann wurden sie sehr unruhig. Offensichtlich reagierten sie auf Vibrationen völlig anders als auf Töne.

Was hätte Darwin mit seiner Vorliebe für Experimente wohl gemacht, wenn er gewusst hätte, wie schnell Evolution auftreten kann? Aber er wusste es nicht und erdachte daher nie Experimente, um seine Theorie der Evolution durch natürliche Selektion zu überprüfen. Erst ein Jahrhundert nach Darwin versuchten sich Wissenschaftler daran.

Stephen Jay Gould vertrat als einer der Ersten die Theorie, dass Evolution manchmal extrem schnell voranschreiten kann. Seine Punktualismus-Theorie besagt, dass Evolution in Episoden voranschreitet: Lange Zeiträume mit wenigen Veränderungen werden von kurzen Schüben mit starken Veränderungen unterbrochen.[5] Dennoch kam Gould nicht auf die

Idee, dass sein Gedankenexperiment vom erneuten Abspielen des Bands des Lebens sich dank der schnellen Evolution überprüfen ließe.* Diese Aufgabe übernahm eine neue Wissenschaftlergeneration.

---

* Wahrscheinlich weil er in geologischen und nicht in menschlichen Zeitmaßstäben dachte: Schnell im Verlauf von Tausenden von Jahren ist nicht dasselbe wie schnell in Jahrzehnten.

Kapitel 5

FARBENFROHES TRINIDAD

Wir können die Uhr nicht um mehrere Millionen Jahre zurückdrehen und die Evolution unter denselben Bedingungen noch einmal ablaufen lassen. Das Experiment, das Gould vorschwebte, ist nicht durchführbar, das war für Gould vor 25 Jahren ebenso offensichtlich wie für uns heute. Eine Zeitmaschine wurde seither immer noch nicht erfunden. Das bedeutet aber nicht, dass Goulds Idee – oder die generelle Theorie von einem evolutionären Determinismus – vor experimentellen Methoden gefeit wäre.

Conway Morris' Logik – nach der konvergente Evolution im Wesentlichen einem erneuten Abspielen der Evolution im Raum entspricht, und nicht einer Wiederholung in der Zeitebene – lässt sich auf Evolutionsexperimente anwenden. Statt Pro- und Contra-Beispiele zu katalogisieren, können Forscher direkt auf Konvergenzen testen und so die Hypothese vom erneuten Abspielen experimentell überprüfen.

Nehmen wir beispielsweise an, Insekten in üppig bewachsenen Gebieten seien grün, wohingegen jene in staubigen, dürren Gebieten braun seien. Indem man nun eine Population aus braunen Tieren im Rahmen eines Experiments in einer sattgrünen Gegend ansiedelt, kann man die Hypothese überprüfen, nach der die Experimentpopulation, wenn sie denselben Bedingungen unterliegt, denselben Phänotyp ausbildet wie die einheimische Population. Oder Forscher können mehrere Populationen ähnlichen Bedingungen aussetzen, um zu überprüfen, ob sie darauf dieselben evolutionären Antworten herausbilden. Eine Kombination aus diesen beiden Ansätzen ist sogar noch aussagekräftiger, wenn man also testet, ob mehrere Populationen dieselbe Antwort herausbilden, die Populationen aufweisen, die von Natur aus diesen selektiven Bedingungen unterliegen.

Wissenschaftliche Disziplinen werden manchmal in zwei Kategorien unterteilt: experimentelle und beobachtende Wissenschaften. Diese Aufteilung geht mit einer gerüttelten Portion Chauvinismus einher. Die Experimentalisten, oder zumindest manche von ihnen, halten sich für überlegen und schauen auf die nicht-experimentelle Wissenschaft herab – manche Extremisten behaupten sogar, das sei gar keine Wissenschaft.*

Natürlich ist das ignorant. Durch das sorgfältige Beobachten und Vergleichen natürlicher Phänomene kann man viel erfahren, auch ohne manipulative Experimente. Außerdem haben Experimente ihre ganz eigenen Grenzen – bei Größe und Umfang. Dazu muss man nur versuchen, ein Experiment über die Ursachen von Vulkanausbrüchen oder die Schwerkraft eines Mondes durchzuführen.

Vor allem aber sind Beobachtung und Experiment eher das Yin und Yang der Naturwissenschaft als Gegensätze – Beobachtungen aus der freien Natur bilden die Grundlage für Hypothesen, die dann experimentell überprüft werden. Das beste Beispiel hierfür ist das Forschungsprogramm, das die Ära der Feldexperimente in der Evolutionsbiologie einläutete.

Ich habe Regenwälder überall auf der Welt besucht, und in vielfacher Hinsicht ist dieser eine ziemlich gewöhnlich: üppige Vegetation, extreme Luftfeuchtigkeit, der Hintergrundlärm von Insekten und Vogelrufen. Jede Menge Schlangen, alle faszinierend und hochgiftig. Ich bin froh über meine wadenhohen Watschuhe, nur für den Fall, dass ich einen unbedachten Schritt mache. Die Vegetation ist ungewöhnlich dicht, fast undurchdringlich. Sie ist so dicht, dass wir den Bach entlangwaten, der Hauptgrund für meine Gummistiefel. Und obwohl es die besten Outdoorschuhe sind, die man kaufen kann, bewege ich mich äußerst vorsichtig, denn die Steine sind extrem glitschig.**

Doch wir gingen noch aus einem weiteren Grund bachaufwärts. Nor-

---

* Manchmal wird sie auch abwertend als »Pfadfinderwissenschaft« bezeichnet.
** So glitschig, dass ich am ersten Tag mehrmals fast auf dem Hintern gelandet wäre. Danach stieg ich auf Profistiefel mit Metallstollen um.

malerweise suche ich nach Eidechsen, wenn ich in den Regenwald gehe. Aber dieses Mal hielt ich nach winzigen Fischen Ausschau. Guppys gibt es überall in Aquarien zu Hause oder in Schulen. Sie sind für ihr prachtvolles Aussehen bekannt – helle Farben, große Flecken, übergroße Schwanzflossen. Wie bei Hunden und Tauben züchteten Menschen auch Guppys zu einem wahren Zirkus aus bizarren Varianten heran, und ebenfalls wie bei Hunden und Tauben werden Guppys bei Ausstellungen, Wettbewerben und zu Werbezwecken präsentiert.

Aber ebenso, wie alle Hundearten von einem Wolfsahnen abstammen, sind auch die verschiedenen Guppy-Arten Nachkömmlinge einer wilden Art, die ursprünglich aus dem Norden von Südamerika stammt, einschließlich der Insel Trinidad vor der Küste von Venezuela. (Vor wenigen tausend Jahren, als der Meeresspiegel tiefer lag, war Trinidad noch mit Südamerika verbunden.) Doch im Gegensatz zum Wolf, von dem in der unglaublichen Vielfalt seiner Hundeverwandten nur wenig zu erkennen ist, sind Guppys von Natur aus sehr variantenreich, und die Populationen unterscheiden sich mitunter stark in Farbe und Muster.

Irgendwann erreichen wir einen kleinen Teich. Wir stehen still und warten. Nach wenigen Momenten setzen sich die kleinen Fische wieder in Bewegung. Einmal kurz mit dem Kescher eingetaucht, und schon können wir uns einen Fisch ansehen. Es ist tatsächlich ein Guppy, aber ein ziemlich langweiliger. Er ist fade silbergrau und hat kaum Farbe oder Muster, ganz anders als die Guppys in den Zoohandlungen.

Wenige Minuten und einige weitere gefangene Guppys später platschen wir so vorsichtig wie möglich weiter den Bach hinauf. Guppys leben normalerweise nur in ruhigen Becken, daher finden wir in langen Abschnitten mit schnell fließendem Wasser keine weiteren Tiere. Wir kommen an mehreren ruhigen Stellen vorbei, wo ähnlich aussehende Fische schwimmen, und schließlich gelangen wir an einen Bachabschnitt, wo die Guppys leuchtend blau und orange sind, mit schwarzen Flecken und Streifen, schillernd, mit auffallend schwarzen Schwanzflossen.

Diese Unterschiede gibt es in vielen Nebenflüssen im Norden Trinidads: unauffällige Fische flussabwärts, knallig bunte flussaufwärts. Eine span-

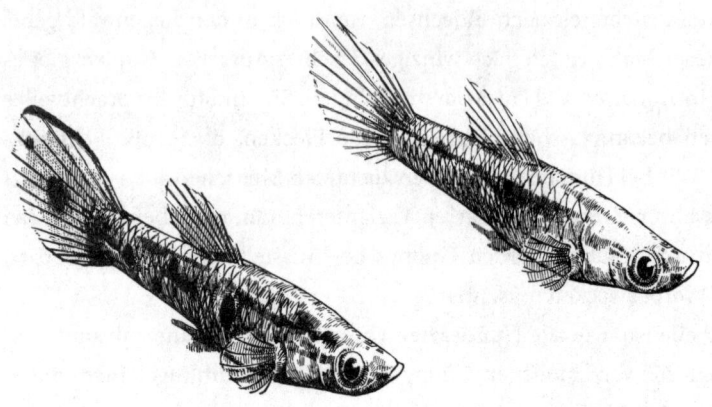

In Wasserstellen, in denen die Gefahr durch Fressfeinde niedrig ist, haben Guppys auffälligere Muster (links) als bei hoher Bedrohung durch Raubtiere (rechts).

nende Beobachtung für einen Evolutionsbiologen: wiederholte, konvergente Unterschiede, die darauf hindeuten, dass die verschiedenen Farbmuster bei Guppys durch etwas ausgelöst werden. Aber durch was? Die Antworten fand man durch eine Reihe von Studien, die über mehr als ein halbes Jahrhundert durchgeführt wurden. Die Forschungen erklärten nicht nur, was in den Gewässern von Trinidad vor sich ging, sondern sie machten die winzigen Guppys zu Promis der Evolution.[1]

Die Geschichte beginnt Mitte des letzten Jahrhunderts mit einem Universalgenie, das in unserer spezialisierten Zeit so selten geworden ist. Caryl Parker Haskins veröffentlichte seinen ersten Fachartikel über die Bedeutung der Chemie für die Landwirtschaft im Alter von 18 Jahren. Danach, immer noch als Student in Yale, folgten mehrere Abhandlungen über Ameisen. Im Jahr 1935 schrieb er seine Doktorarbeit in Harvard über die Genetik der Fruchtfliegen. Seine Arbeit führte ihn in den folgenden Jahren in viele verschiedene Richtungen.

Eine Zeit lang untersuchte er in den Laboren von General Electric die Auswirkungen von radioaktiver Strahlung auf Schimmelpilzsporen. Er schrieb das hochgelobte Buch *Of Ants and Men* (Von Ameisen und Menschen), in dem er die soziale Organisation von Ameisen und Menschen verglich.[*2] Er war Miteigentümer eines der ersten Farbfilmunternehmen und half bei der Entwicklung von Hilfsmitteln für Soldaten, die im Zweiten Weltkrieg ihr Augenlicht verloren hatten. Außerdem arbeitete er in den Bereichen Mikrobiologie, Ernährung und Genetik.

Das ist ja alles ganz nett, aber was hat das mit Guppys zu tun? Anfang des 20. Jahrhunderts entdeckte der dänische Wissenschaftler Øjvind Winge, dass sich Guppys für genetische Studien gut eignen, vor allem wenn man die Vererbung von geschlechtsspezifischen Merkmalen erforschen will – Merkmale, die nur bei einem Geschlecht vorkommen.[**] Haskins knüpfte an diese Arbeiten an und begann im Jahr 1932 mit eigenen Guppy-zucht-Projekten, weil er verstehen wollte, wie sich Farbmerkmale, die überwiegend bei männlichen Tieren vorkommen, vererben.

Die Arbeiten zur Guppy-Genetik von Haskins und anderen machten rasche Fortschritte und ermöglichten viele Rückschlüsse über die Entstehung des genetischen Systems von Guppys. Doch Haskins erkannte, dass diese Theorien ohne weitere Informationen über wildlebende Guppy-Populationen nicht überprüft werden konnten. Daher machten sich er und Edna Haskins, seine wissenschaftliche Mitarbeiterin und Ehefrau, im Jahr 1946 auf, um die Verteilung von Farbmustern bei Guppys und deren genetische Grundlage in freier Wildbahn zu untersuchen.

Haskins bemerkte bald, dass ein topografisches Merkmal manche Fischarten stärker beeinflusste als andere. In den Bergen im Norden Trinidads, wo Haskins arbeitete, wurden die Wasserläufe immer wieder von

---

* In einem Artikel für das *New York World-Telegram* berichtete er nach der Veröffentlichung des Buches: »[Ameisen] sind faszinierende Wesen. Wenn sie Krieg führen, stechen sie aufeinander ein, besprühen sich mit Gift und schneiden sich die Köpfe ab. Sie unterwerfen schwache Völker und halten Sklaven. Aber sie können auch freundlich sein. Ihre Haustierkäfer lieben sie über alles.«, und: »Sie sind, so wie wir Menschen, die anpassungsfähigsten Organismen in ihrer Gruppe, und ebenso wie bei uns sind ihre Artgenossen ihre gefährlichsten Feinde. Sie gehen überallhin, wie Menschen auch.«

** Winges Arbeiten beschränkten sich nicht nur auf Fische. Er arbeitete mit einer Vielfalt von Organismen. Am bekanntesten ist er als Vater der Hefegenetik, was ihn zum intellektuellen Vorfahren einiger Laborexperimente macht, die in den Kapiteln neun, zehn und elf beschrieben werden.

Ein typischer Wasserfall in Trinidad mit einem Pool voller Guppys und wahrscheinlich Fressfeinden

Wasserfällen unterbrochen, von denen die meisten nur ein oder zwei Meter
hoch waren, aber an anderen stürzte das Wasser bis zu zehn Meter in die
Tiefe. Die Wasserfälle stellten für manche Fische ein Hindernis dar, auch
für einige der größten Fressfeinde der Guppys, doch insbesondere zwei
Fischarten wurden häufig oberhalb dieser Hürden gefunden: Guppys und
Killifische.

Lachse springen über Wassertreppen und wandern so flussaufwärts.
Aber Guppys und Killifische sind zu klein und die Gefälle zu hoch. Statt-
dessen machen diese Fische dasselbe wie Kanuten, wenn sie vor einem
Hindernis auf dem Weg flussaufwärts stehen: Sie umgehen die Stelle. Im
Gegensatz zu den meisten anderen Fischarten können sich Killifische weite
Strecken über feuchten Waldboden winden; sie kriechen einfach aus dem
Tosbecken am Fuß eines Wasserfalls und krabbeln den Hügel hinauf
ans obere Ende des Gefälles. Guppys sind nicht ganz so gut zu Fuß, aber
sie können in sehr seichten und nur kurzzeitig bestehenden Gewässern

schwimmen. Zwar hat es noch niemand direkt beobachtet, aber wahrscheinlich wandern die Fische über Kanäle aufwärts, die sich nach schweren Regenfällen für kurze Zeit im Waldboden bilden.

Die evolutionäre Bedeutung dieser Wasserfallbarriere – die für viele Fischarten unüberwindbar ist, für ein paar wenige nicht – wurde offenbar, als Haskins Fische aus verschiedenen Teilen der Bäche und Flüsse Trinidads verglich. In den Populationen über den Wasserfällen, die wenige Fressfeinde hatten, waren die Männchen sehr farbenfroh, nicht aber die Weibchen, während in Populationen mit vielen Fressfeinden weiter flussabwärts beide Geschlechter unauffällig gefärbt waren. Haskins zog daraus den Schluss, dass An- oder Abwesenheit der größten Fressfeinde der Hauptfaktor war, der die Evolution der Farbe bei Guppy-Männchen beeinflusste.

Um seine Theorie zu überprüfen, führte Haskins im Labor Untersuchungen mit Fressfeinden durch. Dabei setzte er Guppys zusammen mit verschiedenen Raubfischen aus Trinidad in Aquarien und Gewässer im Freien. Und tatsächlich verschwanden die bunten Fische schneller aus den Wasserbecken als die unauffälligen. Damit bestätigte sich, dass bunte Farben ein Nachteil beim Überleben in Gewässern mit hohem Feinddruck war.

Aber warum waren die Männchen bunt, wenn es keine Fressfeinde gab? Hier kommen die Damen ins Spiel. Aus bisher ungeklärten Gründen bevorzugen Guppy-Weibchen auffällige Männchen, und diese Präferenz setzt sich in Lebensräumen ohne Fressfeinde durch. Diese Erkenntnis wurde durch eine Reihe eleganter Untersuchungen gewonnen, die sich über die letzten zwanzig Jahre erstreckten und einem Forschungsansatz folgten, den Haskins bei einer weiteren Aquariumsstudie erstmals umgesetzt hatte.[3]

Haskins' Guppy-Forschung war extrem innovativ und durchdacht, was umso beeindruckender ist, als es sich dabei nur um ein Nebenprojekt zu seinen anderen Arbeiten und Aufgaben handelte. Sie war so untergeordnet, dass sie in den Minibiografien und Nachrufen, die nach seinem Tod veröffentlicht wurden, nicht einmal erwähnt wird. Dennoch stellte Haskins' Arbeit mit den Guppys die Weichen für eines der aufregendsten Forschungsprogramme zur Evolutionsbiologie Ende des 20. und Anfang des 21. Jahrhunderts.

In den aufregenden 1960er-Jahren widmete mindestens ein Student an der University of California seine Aufmerksamkeit den Studieninhalten.[4] Er hatte als Kind im südkalifornischen Chaparral Eidechsen gejagt und Käfer gefangen. Später ging der junge John Endler nach Berkeley, um Zoologie zu studieren. Dort zog ihn schnell das berühmte Museum of Vertebrate Zoology (Museum für Wirbeltier-Zoologie) der Universität an, mit all seinen Ausstellungsstücken und vielen Wissenschaftlern, die sie untersuchten. (Außerdem war es dort ruhig; Endler schrieb: »Die ganzen Proteste fanden draußen statt, am anderen Ende des Campus, sodass ich meine Ruhe hatte.«) Die meisten Menschen denken bei Naturgeschichtemuseen an große öffentliche Ausstellungen, wie die Dioramen voller ausgestopfter Tiere im Smithsonian und anderen Museen. Doch kaum jemand weiß, dass viele Museen hinter den Kulissen riesige Sammlungen konservierter Pflanzen und Tiere beherbergen, die sorgfältig katalogisiert und kuratiert werden und den wissenschaftlichen Mitarbeitern des Museums und externen Besuchern für wissenschaftliche Untersuchungen zur Verfügung stehen.

Zu Endlers Aufgaben als Assistent des Kurators der Herpetologie-Abteilung gehörte die Arbeit mit den eingelegten Reptilien und Amphibien in der Sammlung. Dabei untersuchte er Exemplare aus verschiedenen Regionen und stellte fest, dass sie sich, je nach Herkunftsort, häufig stark unterschieden. Dass in der Natur derartige geografische Variationen auftreten, ist ein bekanntes Phänomen. Unterschiedliche Hautfarben und Gesichtsformen beim Menschen sind klassische Beispiele dafür, wie sich Populationen innerhalb einer Art unterscheiden können.

In Berkeley wurde Endler nicht nur mit geografischen Variationen vertraut, sondern er lernte noch etwas anderes: wie man Experimente entwirft, um Theorien zu überprüfen. Bei einem Experiment rollte er Molche in einer Dose umher, um herauszufinden, ob die Rotationen ihre Fähigkeit, sich nach den Sternen zu orientieren, beeinflussten. (Das war der Fall, und das Experiment führte zu Endlers erster Veröffentlichung in einer Fachzeitschrift.) Bei einem anderen Experiment setzte er Eidechsen Aluminiumkappen auf, um den Lichteinfall auf ihre Köpfe zu reduzieren und so Hypothesen zu überprüfen, wie der Tagesrhythmus reguliert wird. (Die Ausrüstung versagte leider, sodass das Experiment fehlschlug.)

Die geografischen Variationen faszinierten Endler, daher ging er nach Edinburgh und führte dort mit einem Experten für Schnecken Untersuchungen für seine Dissertation durch. Er entwickelte Theorien darüber, wie eine geografische Differenzierung dazu führen konnte, dass sich eine weitverbreitete Spezies in mehrere Unterarten aufteilt, die sich nicht untereinander paaren.

Doch Endler, der Experimentator, gab sich nicht zufrieden damit, nur eine provokative Theorie darüber aufzustellen, wie neue Arten entstehen. Er erdachte umgehend ein Experiment, mit dem sich diese Theorie überprüfen ließ. Das Ergebnis war eine umfangreiche Laborstudie mit Fruchtfliegen, bei denen verschiedene Populationen in unterschiedlichen Käfigen angesiedelt wurden. Für diese Populationen wurden Selektionsbedingungen nachgestellt, denen sie an Orten ausgesetzt gewesen wären, die bestimmte Merkmale förderten. In jeder Generation wurde ein kleiner Teil der Fliegen zwischen den Populationen ausgetauscht und so der natürliche Austausch imitiert, der zwischen benachbarten Populationen stattfindet. Nach der herkömmlichen Theorie führt dieser Austausch zu einer Homogenisierung der Genpools von benachbarten Populationen. Doch die Ergebnisse von Endlers Experiment widersprachen dieser Theorie. Trotz des genetischen Austauschs führte der unterschiedliche Selektionsdruck, der sich auf die Populationen auswirkte, dazu, dass sich die Populationen genetisch auseinanderentwickelten, genau wie Endlers Theorie vorausgesagt hatte.

Die Arbeit war ein Riesenerfolg und führte zur Veröffentlichung von mehreren wichtigen Fachartikeln sowie einer vielbeachteten Monografie und begründete Endlers Ruf als aufsteigenden Star der Evolutionsbiologie.[5] Doch im Herzen war Endler Naturforscher. Ihn faszinierte die Biosphäre und wie sie funktioniert. Daher plante er bereits seinen nächsten Schritt,

noch während er über seinen theoretischen Folgerungen und Laborauf-
bauten brütete, und suchte nach einem Projekt, das er draußen durchführen konnte.

Bei seinen Recherchen zu geografischen Variationen für seine Doktorarbeit war Endler auf Artikel über die Farbvariationen bei Guppys gestoßen. Fasziniert schrieb er an Haskins, der zu der Zeit (Anfang der
1970er-Jahre) Präsident der Carnegie Institution of Washington war.*
Haskins war nach mehr als zehn Jahren im Amt immer noch stark in der
Guppy-Forschung engagiert, und die beiden Männer begannen eine leb-
hafte Korrespondenz. Endler traf sich sogar mit Haskins im riesigen Haupt-
sitz des Instituts in Washington, D. C., und am Ende seines Aufenthalts bekam Endler eine Führung durch die große Guppy-Sammlung in Haskins'
Privathaus. Endler war begeistert von den Guppys – den Fischen, die im
Zentrum seines nächsten Forschungsprojekts stehen sollten.

Nach seiner Rückkehr in die Vereinigten Staaten und zu einem Lehrauf-
trag in Princeton beschäftigte sich Endler eingehend mit Haskins' Theorie,
nach der die Gefahr durch Fressfeinde eine entscheidende Rolle bei der
Farbgebung der Guppy-Männchen spielt. Er verbrachte jedes Jahr den ganzen Sommer in Trinidad, stapfte an Wasserläufen entlang und dokumentierte die Ausbreitung der Guppys.

Im äußersten Norden Trinidads befindet sich eine Gebirgskette; an den
Nord- und Südhängen dieser Berge strömen zahllose Bäche hinab. Tatsächlich kann man sie zählen, und Endler hatte eine Karte, auf der alle verzeichnet waren. Er machte sich zu jedem Bach in intakten Waldgebieten
auf, um herauszufinden, welche Fischarten dort lebten und wie die Guppys
aussahen. Insgesamt inspizierte er in fünf Jahren 113 Stellen in 53 Wasserläufen.

Endler bestimmte anhand seiner Karte die Stellen, die er aufsuchen
musste, aber sie waren oft nicht einfach zu erreichen. Manchmal gab es in
der Nähe Straßen, sodass er nur ein kurzes Stück durch die Wälder wan-

---

* Die inzwischen umbenannte Carnegie Institution for Science ist eine anerkannte,
  private wissenschaftliche Forschungsorganisation, die Andrew Carnegie 1902 gründete.

dern musste. Doch bei anderen Gelegenheiten waren lange Wanderungen nötig – bei denen er sich durch den Urwald schlagen musste.

Am Bach angekommen, musste Endler auch noch die Guppys aufspüren, und ging dabei bachauf- oder bachabwärts auf der Suche nach einem ruhigen Becken. Und dann musste es dort auch noch eine gute Guppy-Population geben – manchmal gab es mehr, manchmal weniger. Wenn das Ufer zu steil war, lief Endler im Bach und wirbelte dabei das Wasser auf und verscheuchte die Fische, so wie ich es viele Jahre später auch machte. Manchmal führte der einzige Weg über einen umgestürzten Baumstamm. Auch Wasserfälle waren ein Problem. Die Felsen am Ufer waren oft rutschig vom Sprühwasser, sodass man sehr vorsichtig auftreten musste. Über den Wasserfällen gab es häufig idyllische Pools voller Fische, aber dorthin zu gelangen, konnte zur Herausforderung werden, vor allem, wenn an den steilen Felswänden keine praktischen toten Bäume standen, die den Aufstieg erleichterten.

Wenn er endlich eine geeignete Wasserstelle gefunden hatte, setzte sich Endler eine Stunde lang regungslos ans Ufer, starrte in das klare Bachwasser und machte Notizen über alle Raubfischarten und die geschätzte Populationsdichte der Guppys. Dann ging er auf Guppy-Fang. Endler trieb, mit einem Schmetterlingsnetz in jeder Hand, geduldig die Guppys zusammen und fischte dann mit einer Bewegung die gesamte Schule heraus. An jeder Stelle fing er etwa 200 Fische, genug, um etwa 50 ausgewachsene Männchen zu erwischen. Jedes Männchen wurde untersucht, und die Verteilung und Farbe aller Flecken wurden aufgezeichnet.

Vier Jahre lang sammelte Endler geduldig Daten, aber die Ergebnisse waren es wert. Das Muster war eindeutig erkennbar. Haskins hatte völlig recht gehabt: Es gab eine starke Korrelation zwischen Farbgebung der Guppy-Männchen und der Anwesenheit von Fressfeinden. An Orten mit wenigen oder gar keinen Fressfeinden, etwa über einem Wasserfall, waren die Guppy-Männchen farbenfroher und hatten mehr große Punkte als anderswo. Doch nicht alle Punkte waren gleich; vor allem rote und schwarze Punkte wurden größer, während die blauen und schillernden Punkte mehr wurden. Diese Vergleiche zwischen Standorten lieferten deutliche Hinweise, waren aber nicht beweiskräftig. Korrelation war eben auch hier nicht gleichbedeutend mit Kausalzusammenhang. Vielleicht war irgendein anderer Faktor, der mit der Anwesenheit von Fressfeinden korrelierte, verantwortlich. So lagen die Orte, an denen es keine gab, oberhalb von Wasserfällen, wo die Kiesel im Bachbett größer waren als an tiefer gelegenen Bachabschnitten. Die Größe der Farbpunkte bei Guppys korrelierte also nicht nur mit der An- oder Abwesenheit von Fressfeinden, sondern auch mit der Kieselgröße im Bachbett. Wenn die Punkte Guppys halfen, sich dem Hintergrund anzupassen, dann müsste man eigentlich erwarten, dass die Größe der Punkte mit der Kieselgröße vor Ort korreliert, was eine alternative Erklärung dafür wäre, warum die Fische mit den großen Punkten über den Wasserfällen leben. (Das würde darauf hindeuten, dass Guppys neben anderen Fischen auch noch weitere wichtige Fressfeinde haben – möglicherweise Vögel.)

Endler wusste, wie man derartige Probleme lösen kann, und er erklärte es in seinem heute klassischen Artikel von 1980: »Die Ergebnisse der Feldversuche sind frappierend, aber die Möglichkeit besteht, dass die Farbmuster von anderen Umweltfaktoren beeinflusst werden. Um die Hypothese, dass das gesamte Farbmuster der natürlichen Selektion unterliegt, direkt zu überprüfen, wurden zwei Experimente durchgeführt, eines im Gewächshaus, das andere in freier Natur.«[6]

Der erste Teil bestand in einem Laborversuch. Bei Laborversuchen denkt man häufig an Fruchtfliegen in Glasphiolen oder Mikroben in Petrischalen. Tatsächlich werden aktuell viele Laborversuche dieser Art durchgeführt. Aber Endlers Experiment fand in völlig anderen Maßstäben statt. Eine Guppy-Population braucht sehr viel mehr Platz, als in einem normalen wissenschaftlichen Labor zur Verfügung steht, vor allem wenn die Umgebung lebensnah sein soll. Glücklicherweise fand Endler den idealen Ort für ein solches Experiment in seiner unmittelbaren Nähe, in einem verlassenen Gewächshaus. Endler übernahm es und verwendete es für seine ichthyologischen Untersuchungen.

Das Gewächshaus war groß, achtzehn Meter lang und siebeneinhalb Meter breit, und stand voll mit langen Tischen und botanischen Utensilien.

Endler räumte sie komplett aus und machte sich an die Arbeit. Mit Zement bildete er auf dem Boden – zum größten Teil selbst – natürlich aussehende Guppy-Habitate nach, mit Tümpeln und Bächen, jeweils dreißig Quadratmeter groß mit eigenem Wasserfall. Insgesamt baute er zehn Versuchsgewässer in drei Reihen, mit zwei Fußwegen dazwischen. Die Becken wurden mit schreiend buntem Aquariumkies ausgelegt. In einem Treibhaus in New Jersey erwartete man eine solche Farbenpracht nicht, aber den Bachbetten auf Trinidad waren sie erstaunlich ähnlich. Pflanzen und wirbellose Tiere wurden aus einheimischen Bächen geholt, um ein funktionierendes Ökosystem zu erschaffen. Die Algen genossen die Wärme und das viele Licht, gediehen prächtig und bildeten die Grundlage für ein funktionierendes Nahrungsnetz.

Für die einzelnen Versuchspopulationen mischte Endler Guppys aus elf unterschiedlichen Gewässern und ließ sie sich mehrere Generationen lang miteinander fortpflanzen. Dann setzte er in jedes Gewässer 200 Fische ein, die er zufällig auswählte, daher waren die Populationen ähnlich stark ornamentiert.

Mit diesem Experiment wollte Endler herausfinden, inwiefern die Farbentwicklung der Guppys im Zusammenhang mit der An- oder Abwesenheit von Raubfischen vorhersagbar war. Vier Wochen nach dem Einsetzen der Guppys in die Tümpel entließ Endler in einige Pools zusätzliche Raubfische. In vier Teiche kam jeweils ein besonders räuberischer Hechtbuntbarsch, ein stromlinienförmiger Torpedo mit Zähnen, der sich von Guppys ernährt; in vier weitere kamen deutlich weniger gefährliche Killifische, die nur gelegentlich junge Guppys fressen; und zwei Pools blieben ohne Fressfeinde. Endler prognostizierte, die Populationen würden mit der Zeit unterschiedliche Farbvarianten ausbilden, falls die Unterschiede, die er in den Bächen Trinidads

Ein Hechtbuntbarsch

beobachtet hatte, auf die Anwesenheit von Fressfeinden zurückzuführen waren. Die Guppys, die mit Hechtbuntbarschen zusammenlebten, würden farbloser werden, jene, die mit wenig oder gar keiner Gefahr durch Fressfeinde konfrontiert wurden, würden aufgrund sexueller Selektion bunter werden.

Das Einsetzen der Raubfische war Endlers letzter Eingriff in das Experiment. Abgesehen von der täglichen Fütterung und Überwachung der Wasserchemie wurden die Guppys und ihre Fressfeinde sich selbst überlassen. Guppys sind bekannt für ihren kurzen Lebenszyklus. Sie werden mit weniger als zwei Monaten geschlechtsreif. Wie viele Generationen würde es wohl brauchen, bis sich die Evolution bemerkbar machte? Endler kehrte zu seiner Feldforschung in Trinidad zurück und ließ – im Gewächshaus – der Natur ihren Lauf.

Fünf Monate nach dem Einsetzen der Raubfische sah Endler wieder nach. Alle Fische in jedem Pool wurden eingefangen und fotografiert, ihre Flecken gezählt und vermessen, ihre Farbe verzeichnet. Dann wurden die Fische unbeschadet wieder zurückgeworfen, damit sie sich weiter entwickeln konnten. Fünf Monate sind höchstens zwei Guppy-Generationen und damit sicherlich zu wenig Zeit für evolutionäre Veränderungen.

Falsch gedacht! Die Populationen waren bereits dabei, sich auseinanderzuentwickeln. Die Guppys, die mit den aggressiven Hechtbuntbarschen lebten, wiesen zehn Prozent weniger Flecken auf, jene ohne Fressfeinde oder mit den gutmütigen Killifischen in der Nachbarschaft hatten etwa im selben Verhältnis Flecken zugelegt.

Bei der nächsten Zählung neun Monate später hatten sich die Populationen noch weiter in gegensätzliche Richtungen entwickelt und unterschieden sich noch stärker: Die Guppys in den Tümpeln mit den Killifischen oder ganz ohne Fressfeinde hatten mehr als 40 Prozent mehr Flecken als die Fische mit den Hechtbuntbarschen als Mitbewohner.

Wie bei den Guppy-Populationen, die auf Trinidad mit unterschiedlichen Fressfeinden zusammenlebten, war der Unterschied bei der Fleckenanzahl überwiegend auf unterschiedlich viele blaue und schillernde Flecken zurückzuführen. Ebenso waren die Flecken bei den Männchen aus den Killifisch-Becken fast 50 Prozent größer als bei jenen mit Buntbarsch-Nachbarn, was wiederum den Ergebnissen in freier Natur entsprach. Tatsächlich waren die Ähnlichkeiten zwischen den Gewächshausteichen und ihren Entsprechungen in freier Natur extrem hoch – in nur zwei Jahren hatten sich die Experimentpopulationen an Guppys angeglichen, die in vergleichbaren Umgebungen in freier Natur leben.

Die Ergebnisse waren eindrucksvoll, aber dennoch waren es Ergebnisse eines Laborexperiments (auch wenn es im Gewächshaus stattfand), mit allen Künstlichkeiten, die damit einhergehen: Die Fische wurden täglich gefüttert; abgesehen von den Guppys und ihren Fressfeinden gab es keine Vertreter – Vögel, andere Fische, Krebse – eines Ökosystems auf Trinidad; es regnete nie. Hätte das Projekt nur aus diesem Experiment bestanden, wären die Ergebnisse immer noch als bemerkenswerte Demonstration von schneller Evolution bei Tieren, die größer sind als Fliegen oder Mikroben, angesehen worden. Aber sie wären auch von manchen als Laborartefakte abgetan worden, die auf die natürliche Welt nicht anwendbar waren.

Endler kam diesem Einwand zuvor. Noch während er den Zement goss und die Wasserfälle baute, dachte er bereits an einen unberührten Tümpel im Oberlauf des Flusses Aripo auf Trinidad. Der Pool befand sich direkt über einem Wasserfall und enthielt Killifische, aber scheinbar keine Guppys. Zwei Jahre lang kehrte er immer wieder an diesen Ort zurück und suchte sorgfältig nach Anzeichen für lebende Guppys, aber es gab keine. Im Juli 1976 war er schließlich überzeugt, dass dort keine Guppys lebten, und er begann mit Teil zwei seines Projekts.

An zwei Zuflüssen des Aripo entdeckte Endler zwei sehr ähnliche Wasserläufe, in denen Guppys unter verschiedenen Fressfeindbedingungen lebten. An einer Stelle gab es nur Killifische, aber an der anderen wimmelte es von Guppy verschlingenden Raubfischen, auch Hechtbuntbarschen. Und wie überall sonst auf der Insel auch, wiesen die Guppys in den beiden Zuflüssen die zu erwartenden Unterschiede auf: In den Wasserläufen, in denen es nur Killifische gab, waren die Guppys bunter und hatten mehr und größere Flecken.

Endlers Experiment war einfach. Er entnahm 200 Guppys aus dem Bach voller Fressfeinde und entließ die eintönig gefärbten Tiere mit den kleinen Flecken in seinen unberührten, von Guppys bisher unbewohnten Tümpel über dem Wasserfall, in dem es nur Killifische gab. Seiner Prognose nach, die auf Beobachtungen natürlich vorkommender Populationen basierte, würden sie sich zu farbenfrohen Guppys entwickeln, wie sie in nahen Flüssen lebten, in denen es auch nur Killifische gab.

Endler wusste sehr genau, wie es in seinem Fachbereich zur damaligen Zeit zuging, das bewies er allein dadurch, dass er dieses Experiment durchführte. Dass Guppys in Trinidad in unterschiedlichen Umgebungen unterschiedliche Farben haben, heißt nicht, dass sich diese Unterschiede in kurzer Zeit entwickelten. Zwar sandte damals die bevorstehende Revolution bereits ihre Vorboten, aber die Vorstellung, dass Evolution sich grundsätzlich sehr langsam vollzieht, war damals noch wissenschaftlicher Standard. Doch Endler glaubte nicht an dieses Dogma. Er war mit der Evolutionstheorie vertraut genug, um zu erkennen, dass Evolution auch in der Lage sein musste, sich rasch auszuwirken, wenn der natürliche Selektionsdruck stark genug war. Beispiele wie der Birkenspanner, resistente Schädlinge und Mikroben hatten ihn überzeugt. Eine experimentelle Evolutionsstudie in freier Natur war noch nie durchgeführt worden, aber Endler hatte den Mut zu glauben, dass ein solches Experiment durchführbar war.

Zwei Jahre später kehrte Endler zurück, fing die Guppys im Bach und nahm die üblichen Maße. Wie im Gewächshaus hatte auch hier der Selektionsdruck evolutionäre Wunder bewirkt: In wenigen kurzen Generationen hatte die Guppy-Population mehr und größere Flecken entwickelt und sich aus einer für gefährliche Gewässer typischen Population in eine verwandelt, die für Orte, an denen nur Killifische lebten, typisch war.

Endler hatte bewiesen, dass die Evolution bei Guppys vorhersagbar war. Jetzt war nicht nur klar, warum manche Guppys bunt sind und andere nicht, sondern auch, dass sie sich erwartungsgemäß entwickeln, wenn man – im Labor oder in freier Natur – die Selektionsbedingungen nachstellt.

Doch für Evolutionsbiologen geht die Tragweite der Erkenntnisse über

Guppys hinaus: Bei starkem Selektionsdruck kann Evolution sich rasch vollziehen. Und als logische Folge: Experimentelle Methoden – der Motor der modernen Wissenschaft – können nicht nur für Evolutionsstudien unter den kontrollierten, aber künstlichen Bedingungen im Labor angewendet werden, sondern auch draußen, in der unordentlichen, unkontrollierten, wilden Natur.

Endlers Arbeit hatte zu Beginn meiner eigenen Studien großen Einfluss auf mich. In meinem zweiten Studienjahr belegte ich ein Seminar, in dem wir seine Monografie zur Entstehung neuer Arten lasen. Das Buch lehrte mich viel über das Zusammenspiel von Theorie und Daten: wie Beobachtungen in der Natur zur Entwicklung von Theorien führen, die wiederum durch das Sammeln neuer Daten überprüft werden.

Noch mehr beeindruckte mich ein Vortrag, den Endler im Rahmen der wöchentlichen Vortragsreihe gab. Zu der Zeit war ich ein absoluter Biologie-Nerd, hing in den Büros der Studenten im Aufbaustudium herum, schnappte dort Wissensbrocken und Uni-Tratsch auf und versuchte, nicht allzu lästig zu sein. Diese Studenten waren, wie Studenten im Aufbaustudium es auch heute noch überall sind, ein abgebrühter Haufen und immer schnell dabei, die unbelegten Annahmen und echten Fehler in einem Fachartikel oder Vortrag aufzuzeigen. Aber nicht dieses Mal. Endler hielt einen Vortrag über seine Experimente, und ich habe heute, 35 Jahre später, immer noch die überschwänglichen Kommentare der Aufbaustudenten im Ohr, die ich beim Verlassen des Raums hörte. Die Worte haben sich in mein Gehirn gebrannt: »Ich hätte nie gedacht, dass Evolutionsökologie eine experimentelle Wissenschaft sein könnte!« Ich konnte es damals nicht wissen, aber diese Worte und die zugehörige Erkenntnis sollten Jahre später in meiner eigenen Karriere eine wichtige Rolle spielen.

Endler verblüffte mit seinen Vorträgen nicht nur die älteren Studenten und mich. Einige Jahre vorher, noch bevor seine Arbeit veröffentlicht war, präsentierte Endler seine Guppy-Experimente vor der Akademie der Naturwissenschaften in Philadelphia.

Damals saß David Reznick, ein Student im vierten Jahr des Aufbaustudiums an der Universität von Pennsylvania, im Publikum.[7] Reznick war, wie Endler auch, bereits als kleiner Junge Naturforscher gewesen und hatte sich besonders für Reptilien interessiert.* Bei einem Praktikum während seines Studiums im amerikanischen Südwesten hatte er Eidechsen kennengelernt, die auf Lavagestein leben und durch ihre schwarze Färbung auf dem Boden kaum zu sehen sind. Sie haben eine völlig andere Farbe als ihre Verwandten, die im Sand der angrenzenden Wüste leben. Die Lava stammt aus Eruptionen, die sich vor wenigen tausend Jahren ereigneten, daher müssen die Populationen ihre dunkle Färbung in der jüngeren Vergangenheit entwickelt haben. Diese Beobachtung überzeugte Reznick, dass Evolution sehr schnell auftreten kann, wenn sich Populationen an neue Lebensumstände anpassen müssen.

Reznick beschloss, sich bei seiner Doktorarbeit auf die Evolution der Lebensgeschichte zu konzentrieren, beschäftigte sich aber mit Fischen, weil sie für die Forschung in mehrfacher Hinsicht praktischer sind als Eidechsen. Der Begriff der Lebensgeschichte oder »Life history« bezeichnet alle Faktoren, die den Reproduktionserfolg eines Individuums beeinflussen: wie lange es lebt, wann es Fortpflanzungsreife erreicht, wie viele Nachkommen pro Brutereignis es produziert usw. (»Demografie« ist ein älterer Begriff mit ähnlicher Bedeutung.)

Zahlreiche Theorien prognostizieren, wie Lebensgeschichten unter unterschiedlichen Umständen variieren sollten. Wenn die Bedrohung durch Fressfeinde groß ist, werden Individuen voraussichtlich schnell leben und

---

* Nicht nur in dieser Hinsicht ähneln sich Reznick und ich. Auch ich jagte als kleiner Junge Eidechsen, und bei den Recherchen zu diesem Buch fand ich heraus, dass wir beide als Jugendliche dasselbe Sommerlager besucht hatten, den Prairie Trek, bei dem Teenager aus dem gesamten Südwesten der Vereinigten Staaten zum Camping fuhren. Später verbrachten wir beide Zeit an der Universität of Washington, er als Student im Grundstudium, ich Jahre später als Professor. Am bemerkenswertesten ist wohl, dass der *National Enquirer* sich über unser beider Arbeiten lustig machte, über Reznick im Artikel »Uncle Sam Wastes $ 97,000 to Learn How Old Guppies Are When They Die« (Der Staat verschwendet 97 000 Dollar, um herauszufinden, wie alt Guppys sind, wenn sie sterben) und über mich in »Leapin' Lizards! $ 60,000 of Your Taxes Is Wasted Studying Why They Have Favorite Islands« (Heilige Eidechsen! 60 000 Dollar Steuergelder werden verschwendet, um zu untersuchen, warum sie eine Lieblingsinsel haben).

jung sterben – angesichts der Tatsache, dass sie wahrscheinlich nicht sehr alt werden, sollten sie schnell geschlechtsreif werden und ihre Energie statt in Größenwachstum darin investieren, sich früh und häufig zu vermehren. Darüber hinaus werden Individuen bei hohem Feinddruck ihre Chancen erhöhen, indem sie viele kleine Nachkommen zur Welt bringen statt wenige große.

Wenn die Bedrohung durch Fressfeinde allerdings eher niedrig und die durchschnittliche Lebensdauer hoch sind, können sich Tiere den Luxus leisten, ihre Energie in Wachstum zu investieren und die Fortpflanzung auf eine spätere Lebensphase zu verschieben, weil sie dann größer sind und viel mehr Nachkommen hervorbringen können. Die Überlebenschancen dieser Nachkommen sind dann gut, daher werden die Eltern viel Energie in jeden ihrer Sprösslinge investieren, um sie optimal auf ein Leben im Wettbewerb mit anderen vorzubereiten.

Theorien zur Evolution der Lebensgeschichte wurden mit Laborexperimenten an Fruchtfliegen und anderen Organismen getestet, aber nie in freier Natur. Wie Endler war auch Reznick der Überzeugung, dass Evolution sich bei hohem Selektionsdruck rasch auswirken müsste; seine Beobachtungen von divergenten Populationen in geologisch ungewohnten Umgebungen lieferten Beweise, die diese Theorie stützten.

Um zu bestätigen, dass sich die Lebensgeschichte schnell evolutionär anpasst, untersuchte Reznick in den Sümpfen von Cape May, New Jersey, Populationen von Moskitofischen – unauffällig aussehende Verwandte der Guppys. Doch die Arbeit hielt nicht, was sie versprach. Die Fische wurden stark durch die Jahreszeiten beeinflusst, was den Vergleich mit anderen Populationen, die mit oder ohne Fressfeinde lebten, erschwerte. Außerdem entsprachen die lange Anfahrt aus Philadelphia und vor allem die Sehenswürdigkeiten und Gerüche in New Jersey nicht dem, was sich Reznick unter Feldforschung vorgestellt hatte. Er wollte lieber in die Tropen.

Nach Endlers Vortrag wusste Reznick, was er zu tun hatte. Was machte es schon, dass er zwei Jahre in Moskitofische investiert hatte? Die Guppys boten alles, was er für ein Forschungsprojekt brauchte. Außerdem hatte er als Kind Guppys im Aquarium gehalten.

Beim Abendessen nach dem Seminar erzählte Reznick Endler von seinen Ideen. Eine Woche später trafen sich die beiden in Princeton, und Endler lud Reznick ein, ihn bei seiner Forschungsreise nach Trinidad im folgenden Jahr zu begleiten. Reznicks Interesse für die Lebensgeschichte ergänzte Endlers und Haskins' Fokus auf Farbe perfekt.

Im darauffolgenden März stieß Reznick in einer Feldforschungsstation in den Bergen von Trinidad zu Endler. Auf einem Tisch hatte Endler seine topografische Karte der nördlichen Bergregion ausgebreitet und – damals gab es noch keine tragbaren Computer – zeichnete sie auf Pauspapier ab. Reznick hat diese handgezeichnete – und heute wertvolle – Karte immer noch in seinem Büro. Auf der Karte hatte Endler angemerkt, welche Wasserläufe sich für einen Vergleich von Guppy-Populationen mit und ohne Fressfeinde anboten. Reznick sprang in seinen Mietwagen und fuhr höher in die Berge hinauf. Zu Beginn dieses Forschungsprogramms, das fast vierzig Jahre dauern sollte, sammelte er zahlreiche und weit verstreute Stichproben. Dazu fing er Guppys, um den Ablauf ihrer Lebensereignisse festzustellen.

In jenem ersten Sommer inspizierte Reznick 16 Populationen, und auch bei den demografischen Merkmalen gab es, wie bei der Farbe, deutliche Unterschiede: Guppys in Populationen mit Hechtbuntbarschen und anderen Fressfeinden unterschieden sich stark von den Guppys in den Wasserläufen mit wenigen Fressfeinden. Insbesondere waren hochgefährdete Guppys bei der Geschlechtsreife kleiner, sie verwendeten mehr Ressourcen auf die Reproduktion und brachten kleinere Nachkommen in größerer Stückzahl hervor. Genau wie die Theorie vorhergesagt hatte! Begründet wird dies natürlich mit der Annahme, dass Guppys mit vielen Fressfeinden kürzer leben. Auch das bestätigte Reznick, indem er Guppys fing, sie markierte und zu einem späteren Zeitpunkt zurückkehrte, um nachzuschauen, wie lange die markierten Fische überlebten. An den Stellen mit hohem Feinddruck starben innerhalb von nur zwei Wochen 15 Prozent mehr Guppys als in den Wasserläufen mit wenigen Fressfeinden; eine langfristigere Studie mit markierten Fischen zeigte, dass an Orten mit hohem Feinddruck die Überlebensrate nach sieben Monaten bei etwa einem Prozent lag, während sie an Wasserstellen, wo nur Killifische lebten, 25-mal höher war.

Die Unterschiede bei den Lebensgeschichten lagen auf der Hand. Aber Reznick betrachtete diese Ergebnisse, ebenso wenig wie Endler, nicht als endgültige Beweise, sondern als Grundlage für Hypothesen, insbesondere für jene, nach der die Gefahr durch Fressfeinde für die Unterschiede zwischen Populationen verantwortlich war. Reznick hatte sich für Guppys entschieden, weil er an ihnen Theorien experimentell überprüfen konnte, und schloss daher voller Eifer an Endlers Untersuchungen an. Er suchte die Wasserstellen in Trinidad, an denen Endler Guppys neu eingeführt hatte, erneut auf und stellte fest, dass die Guppys dort – Nachkommen von Tieren, die mit vielen Fressfeinden gelebt hatten und dann in eine friedliche Umgebung umgesiedelt wurden – die Lebensgeschichte von Guppys mit geringem Feinddruck entwickelt hatten. Dasselbe galt für die Experimente im Gewächshaus: Zweieinhalb Jahre nach dem Beginn von Endlers Studie verglich Reznick die Lebensgeschichten von Guppys in den Anlagen mit vielen und mit wenigen Fressfeinden. Dabei stellte er Unterschiede fest, die jenen entsprachen, die er in freier Natur beobachtet hatte.

Reznick begann daraufhin mit eigenen Experimenten und führte Guppys an zwei weiteren Stellen in Wasserläufe mit geringem Feinddruck ein. Auch dort waren die Ergebnisse weitgehend dieselben. Schließlich wagte er ein völlig neues Experiment: Er versetzte die Fressfeinde, führte also Hechtbuntbarsche über einem Wasserfall ein, wo vorher nur Guppys und Killifische vorgekommen waren. Die Hechtbuntbarsche fühlten sich wie im Schlaraffenland, und die naiven Bewohner bezahlten dafür mit dem Leben. Die Guppys entwickelten schnell die Merkmale von Populationen mit hohem Feinddruck. Fünf Jahre nach Beginn dieses Experiments (als Reznick zum letzten Mal nachsah), wies die Lebensgeschichte der ehemals fressfeindarmen Guppys Merkmale auf, die fast einer exakten Mischung zwischen benachbarten Populationen mit vielen und wenigen Fressfeinden entsprachen.

Insgesamt kamen Endler und Reznick bei ihren Forschungen zu auffallend ähnlichen Ergebnissen. Wie bei Endlers Arbeiten zur Farbe entwickelten sich auch Reznicks experimentelle Populationen entsprechend der Prognosen, die auf Basis des Wissens über Variationen bei natürlichen Populationen getroffen wurden. Die Lebensgeschichte von Guppys erwies sich als extrem anpassungsfähiges evolutionäres Merkmal, bei dem natürlicher Selektionsdruck schnell und vorhersagbar eine evolutionäre Reaktion auslöst.

Um die Beweisführung für die schnelle adaptive Evolution endgültig abzuschließen, musste sich Reznick noch mit einem weiteren Einwand beschäftigen: Vielleicht waren die beobachteten Unterschiede zwischen Guppys je nach Feinddruck gar nicht das Ergebnis von Evolution. Anstelle genetischer Veränderungen könnten die Unterschiede bei den Lebensgeschichten der Populationen, theoretisch, auch die Folge von Umwelteinflüssen sein, die dazu führen, dass genetisch identische Guppys auf unterschiedliche Art wachsen und sich fortpflanzen. Ursache könnte also auch das Phänomen der phänotypischen Plastizität sein, das in Kapitel vier beschrieben wurde.

Reznick ging dieses Problem direkt an, indem er Fische aus unterschiedlichen Populationen im Labor in identische Aquarien einsetzte, die alle frei von Fressfeinden waren. Der »Tierbestand« – wie er die Fische nannte – wurde getrennt untergebracht und durfte sich vermehren. Die Fischbabys wurden einzeln unter identischen Bedingungen aufgezogen. Dieser Aufbau wird als »common garden«-Experiment bezeichnet und kommt ursprünglich aus der Botanik.

Reznick wollte so herausfinden, ob die Unterschiede zwischen wild gefangenen Weibchen an ihre Nachkommen weitergegeben werden, die alle unter identischen Bedingungen aufgezogen wurden. Wenn die Unterschiede zwischen den Müttern genetischer Natur waren, dann würden sich auch ihre Nachkommen unterscheiden. Entsprechend würden sich die Nachkommen, die in einem »gemeinsamen Garten« aufgezogen wurden, ähneln, wenn die Unterschiede zwischen den Müttern durch die Umwelt verursacht waren, in denen sie aufwuchsen.

Die Ergebnisse waren so klar wie das Wasser der Flüsse Trinidads. Die im Labor aufgezogenen Guppys und deren Nachkommen wiesen immer noch die Merkmalsunterschiede ihrer wild gefangenen Mütter und Großmütter auf. Jene, die von Tieren aus Gewässern mit hohem Feinddruck stammten, wuchsen schnell und vermehrten sich im jungen Alter zahlreich, wie ihre Vorfahren; jene, die aus einer friedlicheren Heimat mit weniger Fressfeinden stammten, wiesen die entspannte, langsam reifende Lebensgeschichte auf. Reznick schloss daraus, dass die Unterschiede genetisch bedingt und damit das Ergebnis von Divergenz sein mussten.

In gewisser Hinsicht setzte Reznick mit seiner Arbeit die genetischen Studien fort, die Haskins ein paar Jahrzehnte zuvor betrieben hatte. Haskins hatte sich damals mit der Frage beschäftigt, ob Farbunterschiede genetische Ursachen hatten. Er wählte eine andere Herangehensweise, paarte Individuen mit unterschiedlichen Phänotypen und untersuchte dann, wie Merkmale von den Eltern an die Nachkommen weitergegeben wurden, ganz wie Mendel es mit seinen berühmten Erbsen gemacht hatte. Und wie Reznick mit seiner Untersuchung der unterschiedlichen Lebensgeschichten belegten Haskins' Arbeit und die nachfolgenden Studien eindeutig, dass die Farbunterschiede bei Guppys ebenfalls überwiegend durch genetische Unterschiede bestimmt werden.

Heute haben Wissenschaftler bei der genetischen Untersuchung von phänotypischen Unterschieden völlig neue Möglichkeiten, denn sie können das gesamte Genom vieler Individuen sequenzieren. Reznicks Gruppe arbeitet derzeit mit eben diesem Ansatz daran, die genauen DNA-Unterschiede zu identifizieren, die für die Variationen bei Lebensgeschichte, Farbe und anderen Guppy-Merkmalen verantwortlich sind.

Bisher habe ich vor allem den wissenschaftlichen Wert von Reznicks Arbeit beschrieben und kaum ein Wort darüber verloren, was es bedeutet, mitten im tropischen Dschungel modernste wissenschaftliche Forschung zu betreiben. Reznick ist seit seiner ersten Studienreise im Jahr 1978 jedes Jahr bis zu viermal nach Trinidad zurückgekehrt. Er verfolgte experimentelle Neuansiedlungen nach und initiierte manchmal sogar neue experimentelle Populationen – zuletzt zwei im Jahr 2008 und zwei im Jahr 2009. Vor allem aber verglich er, wie sich natürliche Populationen an Umgebungen mit hohem und niedrigem Feinddruck angepasst haben.

Bei vielen dieser Vergleiche geht es um zwei eng benachbarte Populationen, die durch lebensfeindliche Stromschnellen oder Wasserfälle getrennt sind. Um die Daten zu sammeln, muss man den ganzen Tag im Wald verbringen, man wandert von einer Stelle zur nächsten, vermisst und fängt mitten in der tropischen Pracht Fische.

Leuchtend blaue Schmetterlinge schweben vorüber, Eidechsen huschen durchs Laub, in den Bäumen sitzen prächtige Vögel. Frösche quaken einträchtig, werden zuweilen vom überraschend angenehmen Summen der Insekten übertönt. David Reznick hat den wahrscheinlich besten Job der Welt.

Doch die Arbeit in Trinidad hat ihre Risiken, so idyllisch sie auch erscheinen mag, und in vierzig Jahren hat Reznick einige der Gefahren dort kennengelernt. Er fand heraus, dass man auf den Wildpfaden am einfachsten durch den Wald kommt. Leider nutzen auch ein paar Einheimische, die sich gern unerlaubterweise die Waldbewohner auf den Esstisch stellen, diese Pfade. Um an das Fleisch zu kommen, stellen die Wilderer Fallen mit selbst gebauten Schusswaffen auf, bestehend aus einem Rohr, das mit einer Schrotpatrone geladen und durch einen Stolperdraht ausgelöst wird. Diese Gewehrfallen werden direkt am Boden aufgebaut und sind so perfekt positioniert, um Agutis, gelbbraune, hasengroße Nagetiere, oder anderes vierbeiniges Kleinwild zu erlegen. Doch die Fallen werden von allem ausgelöst, was vorbeigeht, auch von zweibeinigen Biologen, die von einem Fluss zum nächsten eilen. Reznick hatte Glück, und der Großteil des Schrots ging zwischen seinen Beinen durch, aber 17 Schrotkugeln blieben in seinem linken Knöchel stecken, und durch den Knall verlor er das Hörvermögen im rechten Ohr.

Ein anderes Mal artete eine Flusswanderung an der oberen Kante eines Wasserfalls zum Abenteuer aus. Am Ende hing Reznick, wie Indiana Jones, an einen Busch geklammert von einer Felskante. Er war in diese missliche Lage geraten, nachdem er auf einem nassen Stein ausgerutscht war und das tosende Wasser ihn an die Kante des sechs Meter tiefen Abgrunds mitgerissen hatte. Im letzten Moment hielt er sich an einem Strauch fest und konnte sich so retten. Kurz zuvor hatte sich sein einziger Begleiter schwer am Arm verletzt (sie waren auf dem Weg zum Arzt gewesen, als Reznick den Halt verlor) und konnte so nicht einmal Hilfe leisten. Zum Glück brachte Reznick, wie viele Abenteuerhelden vor ihm, die Kraft auf, sich selbst wieder hochzuziehen, sodass er weiterhin Experimente durchführen konnte.

Bei vielen seiner Abenteuer spielten Schlangen eine Rolle. Reznick war zwar Ichthyologe geworden, aber seine Leidenschaft für alles, was kriecht, hat er sich immer bewahrt: Nach jedem harten Arbeitstag im Freien zog er Abends immer noch einmal los auf der Suche nach Fröschen, Schlangen oder was es sonst zu finden gab.

In der Danksagung eines Artikels bedankte sich eine andere Wissenschaftlergruppe bei Reznick für seine »weise Führung im Feld (die er manchmal auf einer Lanzenotter stehend ausübte)«. Lanzenottern sind extrem giftige Schlangen. Reznick behauptet, die Geschichte sei übertrieben, aber tatsächlich schaut er immer noch ein wenig genauer hin, wenn andere einen großen Bogen um die Schlangen machen, und manchmal fängt er sie auch ein, um sie irgendwo anders wieder freizulassen, wo sie nicht im Weg sind.

Und dann sind da noch die Wanderameisen, gefräßige Horden, die sich zu Hunderttausenden durchs Gelände bewegen und dabei jedes Insekt und jedes Tier mit weichem Körper verschlingen, das zu langsam ist, um ihren scharfen Kiefern zu entwischen. Für Menschen besteht keine Gefahr, gefressen zu werden, aber ein Zusammentreffen mit Wanderameisen ist kein Spaß. Eine angegriffene Kolonie schaltet in einen Kamikazeverteidigungsmodus; der Biss der Ameisen ist besonders schmerzhaft, weil ihre langen Kiefer in der Haut stecken bleiben, und am hinteren Ende haben sie zusätzlich noch einen fiesen Stachel.

In regelmäßigen Abständen wandert eine vorrückende Kolonne mitten durch das Gebäude mit dem Feldlabor. Das ist eigentlich kein Problem – man rückt einfach die Stühle aus dem Weg, stellt sicher, dass sich auch sonst nichts Wichtiges auf dem Weg der Ameisen befindet, und wartet ab, bis sie durch sind. Dabei säubern sie den Boden von Abfällen und anderen Insekten, was durchaus willkommen ist.

Doch einmal erspähte Reznick eine prachtvolle, fast zwei Meter lange metallblaue Schlange mit orangefarbenem Bauch, ein Sipo, der sich über den Waldboden schlängelte. Er bückte sich und griff die Schlange am Schwanz, das Tier wand sich und versuchte, ihn zu beißen – Sipos sind nicht giftig, aber sie haben scharfe Zähne. Erst dann bemerkten Schlange und Reznick, dass sie mitten in einer Kolonne von Wanderameisen standen und kurz davor waren, überlaufen zu werden. Daraufhin schlossen sie einen Waffenstillstand, Reznick ließ den Schwanz los, die Schlange brach ihren Angriff ab, und sie flohen in entgegengesetzte Richtungen. Reznick lief direkt in einen nahen Fluss, um die kleinen Angreifer loszuwerden. Trotz zahlreicher Stiche und Bisse könnten die Ameisen ihn vor einem schlimmeren Ausgang bewahrt haben – bei einer anderen Gelegenheit, als er ebenfalls einen Sipo am hinteren Ende gepackt hatte, drehte sich das Tier herum und biss ihn in die Nase.

Schließlich gab es noch die flutartigen Überschwemmungen. Ein Großteil der Feldforschung wird in der Regenzeit durchgeführt, wenn jederzeit ein Gewitter aufziehen kann. Die Flüsse, in denen die Forscher arbeiten, fließen oft in engen Schluchten, und wenn weiter flussaufwärts ein Gewitterregen niedergeht, dann kommt es vor, dass ohne Vorwarnung eine Sturzflut die Schlucht hinunterdonnert. Reznick und sein Team sind mehrfach nur knapp entkommen, aber verletzt wurde nie jemand.

Reznick und andere haben mittlerweile viele Wasserstellen untersucht, und inzwischen ist es möglich, die Lebensgeschichte der Guppys in diesen Populationen abhängig von der Anwesenheit von Fressfeinden akkurat vorherzusagen. Angesichts der konsistenten Ergebnisse bei natürlichen Vorkommen kann man davon ausgehen, dass die Ergebnisse der experimentellen Neuansiedlungen vorhersagbar sind, und das trifft auch tatsächlich zu.

Die Untersuchungen von Haskins und Endler bewiesen eine ähnliche Vorhersagbarkeit für die Farbe: Guppy-Männchen sind an Orten mit niedrigem Feinddruck auffällig gefärbt. Endlers Experimente – die zehn Teiche im Gewächshaus und die eine Neuansiedlung in freier Natur – lieferten Ergebnisse, die zueinander und zu den natürlich vorkommenden Variationsmustern passten. Im folgenden Vierteljahrhundert untersuchte niemand die Farbevolution der anderen neu angesiedelten Populationen, was umso überraschender ist, als Endlers Arbeit hochgeachtet war. Im Jahr 2005 sahen Reznick und Endler gemeinsam mit Experten für das Sehvermögen von Tieren wieder nach einer von Reznicks Neuansiedlungen.

Wie bei Endlers Projekten waren auch Reznicks Guppys farbenfroher geworden, nachdem sie von einer Wasserstelle mit hohem Feinddruck in eine andere, in der es nur Killifische gab, versetzt worden waren. Doch die Farbenfreude sah bei den beiden Populationen unterschiedlich aus. Die Endler-Populationen hatten mehr rote, schwarze und irisierende Flecken. Im Gegensatz dazu war Team Reznick deutlich mehr irisierend geworden, aber die roten und schwarzen Flecken waren gleich groß geblieben – die roten Flecken waren sogar kleiner geworden, vielleicht um mehr Platz für die schillernde Farbe zu machen.[8]

Warum entwickelten sie diese unterschiedliche Pracht? Die Farbe der Guppys wird von vielen Faktoren bestimmt, nicht nur dem Feinddruck. Die optimale Farbe – bei Tarnung und Zurschaustellung – hängt davon ab, wie viel Licht durch das Blätterdach dringt und wie klar das Wasser ist. Sogar die Größe der Steine im Flussbett könnte eine Rolle spielen. Bei seinen Gewächshausexperimenten verwendete Endler unterschiedlich große Kiesel – große oder kleine – und fand so heraus, dass sich die Fleckengröße bei Anwesenheit von Fressfeinden (aber nicht bei deren Anwesenheit) an den Hintergrund anpasst.

Oder die unterschiedlichen Fragen haben gar nichts mit Unterschieden in der Umgebung zu tun, sondern könnten stattdessen ganz einfach das Ergebnis von Konvergenz sein, dem Umstand, dass die beiden Populationen unterschiedliche Evolutionsgeschichten haben. Reznicks Ausgangspopulation war deutlich mehr irisierend als die von Endler. Der Grund dafür ist unbekannt, aber man weiß, dass Weibchen ihre Partner nach Farbe aussuchen und dass Weibchen in verschiedenen Populationen unterschiedliche Vorlieben haben. Gut möglich, dass die Weibchen in Reznicks Ausgangspopulation irisierende Männchen ungewöhnlich stark bevorzugten; ohne Gefahr durch Fressfeinde könnten diese weiblichen Vorlieben die verstärkte Entwicklung von schillernden Männchen vorangetrieben haben.

Aber das sind reine Vermutungen, eine Hypothese, die weiterer Untersuchungen bedarf. Bisher lässt sich nur feststellen, dass man auffälliger gefärbte Fische erhält, wenn man die Tiere in Umgebungen mit geringem Feinddruck umsiedelt. Welche Ausprägung diese Färbung annimmt, lässt sich nicht vorhersagen.[9]

Mit Guppy-Experimenten haben Forscher auch untersucht, inwiefern sich die Evolution eines weiteren Merkmals vorhersagen lässt. Anne Magurran, eine Expertin für Guppy-Verhalten in Oxford, erkannte die Möglichkeiten, die Guppy-Experimente bieten. Wie viele andere Aspekte der Guppy-Biologie unterscheidet sich auch das Verhalten der Fische zwischen Populationen mit hohem und niedrigem Feinddruck. Wenn Fressfeinde anwesend sind, bewegen sich Guppys an Orten mit hohem Feinddruck eher in Gruppen und halten Abstand von den Fressfeinden. Im Gegensatz dazu haben Guppys in Umgebungen mit niedrigem Feinddruck ihre Vorsicht verloren: Sie suchen sehr viel weniger den Schutz der Schule und schwimmen näher an Fressfeinde heran. Würden sich Guppys aus Experimentpopulationen – die nur wenige Jahre zuvor von einer Stelle mit hohem Feinddruck zu einer ungefährlicheren Stelle versetzt wurden – wie die vorsichtigen Guppys aus ihrer ursprünglichen Heimat verhalten? Oder hatten sie den sorglosen Lebensstil der unbejagten Fische entwickelt?

Um das herauszufinden, brachte Magurran Fische ins Labor und vermehrte sie dort. Die Nachkommen wuchsen ohne Fressfeinde auf. Dann führte sie im Aquarium Verhaltensexperimente durch: Sie setzte Guppys mit einer Fischschule und dem realistischen Modell eines Fressfeindes zusammen und beobachtete, wie sie reagierten.

Die Ergebnisse der Verhaltensexperimente im Labor waren eindeutig: Die Fische zeigten das unbekümmerte Verhalten der Sorglosen. Sie gaben die Sicherheit des Schwarms auf und schwammen allein umher; sie schwammen direkt auf das Modell eines Hechtbuntbarsches zu, um ihn sich anzusehen. Wie bei der Lebensgeschichte und der Farbe entwickelt sich auch das Verhalten der Guppys bei experimentellen Umsiedlungen schnell und vorhersagbar.

Die olympische Goldmedaillengewinnerin und spätere Evolutionsbiologin Shyril O'Steen* ging noch einen Schritt weiter. Sie betrachtete nicht das Verhalten der Guppys, sondern das Ergebnis ihrer Interaktion mit Fressfeinden. Haben Guppys, die mit Fressfeinden zusammenleben, bessere Fluchtfähigkeiten entwickelt als Guppys, die ohne Fressfeinde ein schönes Leben haben? Um das herauszufinden, holte O'Steen Guppys aus drei Versuchspopulationen.[10] Zwei Populationen waren von Endler und Reznick in Wasserstellen mit niedrigem Feinddruck eingeführt worden, die dritte stammte von der Stelle, an der Reznick Hechtbuntbarsche eingesetzt hatte. Für jede Versuchspopulation holte O'Steen außerdem zusätzliche Tiere aus einer anderen Population als Kontrollgruppe. Bei den beiden umgesiedelten Populationen stammten die Vergleichstiere aus deren Ursprungspopulation, bei der Population mit den neu eingeführten Hechtbuntbarschen nahm sie eine benachbarte Population, in der es nach wie vor keine Hechtbuntbarsche gab.

Zur Überprüfung ihrer Hypothese führte O'Steen Fressfeindversuche im Labor durch. Dabei setzte sie Guppys aus einem Populationspaar in einen Teich mit einem Hechtbuntbarsch ein. Gemäß ihrer Prognose zeigten die Guppys aus den hechtbuntbarschfreien Wasserstellen sehr viel schlechtere Überlebensfähigkeiten als ihre Gegenstücke, die Fressfeinde gewohnt waren: Bei allen drei Vergleichsgruppen wurden die naiven Guppys zweimal so oft gefressen wie ihre erfahrenen Artgenossen. Nachfolgende Studien zeigten, dass Guppys, die mit Fressfeinden leben, nicht nur vorsichtiger, sondern auch geschickter darin sind zu entkommen, wenn sie angegriffen werden. Common-Garden-Experimente bestätigten, dass diese

---

* O'Steen gewann bei den Olympischen Spielen 1984 eine Goldmedaille im Rudern mit dem US-Achter mit Steuermann der Frauen.

Unterschiede das Ergebnis von vorhersagbaren evolutionären Veränderungen sind.

Hier bietet es sich an, ein Wort über die Ethik experimenteller Umsiedlungen zu verlieren. Invasive Arten sind weltweit ein großes ökonomisches und ökologisches Problem. Viele befürworten ein grundsätzliches Verbot absichtlicher Einschleppungen von Arten in Gebiete, wo sie nicht natürlich vorkommen, auch für wissenschaftliche Zwecke. Tatsächlich haben Magurran und Kollegen kürzlich ein solches Moratorium für zukünftige Guppy-Umsiedlungen gefordert.

Das Umsetzen von Fischen könnte in mehrfacher Hinsicht Schaden anrichten. Erstens stören solche Einschleppungen die natürliche Ordnung. Guppyfreie Wasserstellen sind das Ergebnis natürlicher Prozesse, und ihre Bewohner haben sich an das Leben ohne Guppys angepasst. Aktuelle Arbeiten von Reznick und anderen zeigen, dass das Hinzufügen von Guppys in ein Wasserbecken zu großen Veränderungen des Ökosystems führen kann. In dieser Hinsicht sind Guppys auch nur eine eingeschleppte Art, die die natürliche Ordnung stört, nicht anders als die Braune Nachtbaumnatter, wegen der die Vögel in Guam ausstarben, oder die Wasser saugenden Tamariskenbüsche, die den ausgetrockneten Südwesten der USA transformieren.

Neu angesiedelte Guppys beeinflussen aber nicht nur den Gewässerabschnitt, in den sie entlassen werden. Manchmal halten Wasserfälle Guppys davon ab, sich weiter flussaufwärts zu bewegen, doch wenn sie diese Hürde einmal überwunden haben, kann nichts verhindern, dass sie sich von dort nach unten und weiter flussabwärts verbreiten. So besetzen neu angesiedelte Guppys bisher guppyfreie Abschnitte von Gewässern und beeinflussen eine natürlich vorkommende Guppy-Population, weil sie neues genetisches Material einführen.

Neuansiedlungen haben auch einen wissenschaftlichen Preis. Wenn man Guppys an einer Wasserstelle einschleppt, kann kein anderer Wissenschaftler diese Stelle nutzen, um zu untersuchen, was ohne Guppys geschieht. Die Guppy-Gene, die flussabwärts wandern, verändern die genetische Landschaft und damit zukünftige Forschungen im ganzen weiteren Bachlauf.

Ich sprach Reznick auf diese Kritikpunkte an, und er antwortete, Neuansiedlungen von Guppys seien etwas völlig anderes als die Einschleppung von fremden Arten aus einem Teil der Welt in einen anderen. Er habe nur natürliche Vorgänge nachgeahmt, indem er Guppys aus dem Unterlauf eines Baches an Orte weiter bachaufwärts im selben Gewässersystem versetzte. Manchmal schaffen es Guppys tatsächlich von allein über einen Wasserfall hinweg, indem sie sich in der Regenzeit über kurzzeitig bestehende Wasserläufe nach oben winden. Und Reznick erzählte von Guppys, die bei Sturzfluten aus Flüssen geschwemmt wurden. Daher sei die An- oder Abwesenheit von Guppys in einem bestimmten Lebensraum nicht konstant – sie kommen und gehen. Tatsächlich haben genetische Untersuchungen in Reznicks Labor gezeigt, dass Guppy-Populationen in Oberläufen von Bächen erst seit relativer kurzer Zeit dort leben und das Ergebnis kürzlicher Besiedlung sind. Was wir heute dort sehen, entspricht also dem natürlichen Gleichgewicht zwischen Besiedlung und Aussterben. Dass eine Wasserstelle bachaufwärts heute keine Guppys enthält, heißt nicht, dass es sie nie dort gab oder nie geben wird. Guppy-Populationen besiedeln ständig neue Wasserstellen – Reznick ahmte mit seinen Neuansiedlungen nur einen natürlichen Vorgang nach.

Im Kern geht es hierbei um eine philosophische Diskussion über wissenschaftlichen Fortschritt und die Unberührbarkeit der Natur in einer sich verändernden Welt. Es gibt kein objektives Richtig oder Falsch, nur unterschiedliche Meinungen. In Trinidad sind solche Neuansiedlungen erlaubt, und sie werden mit staatlicher Genehmigung weiterhin durchgeführt.

Experimentelle Evolutionsstudien über Guppys gibt es nach wie vor, sie werden sogar ausgeweitet. Forscher untersuchen neue Aspekte der Guppy-Evolution und wie sich andere Arten als Reaktion auf die Guppys entwickeln. Reznick und andere siedeln Guppys immer wieder im Rahmen von Experimenten um. Doch eine Kernaussage dieser Studien steht bereits fest: Guppys entwickeln sich als Reaktion auf neue Selektionsbedingungen in vorhersagbarer Weise.

Endlers experimentelle Neuansiedlungsstudie, im Jahr 1980 veröffentlicht, wurde schnell zum Klassiker. Nur wenige Jahre später folgte Reznicks Bericht über die Evolution der Lebensgeschichte von Guppys nach einer zweiten Neuansiedlung. Die wissenschaftliche Welt nahm zur Kenntnis, dass Evolutionsbiologie eine experimentelle Wissenschaft sein kann, sogar in einer natürlichen Umgebung. Dennoch vergingen viele Jahre bis zur Veröffentlichung der nächsten experimentellen Evolutionsstudie, und bei diesen Forschungen ging es um etwas völlig anderes.

Kapitel 6

GESTRANDETE EIDECHSEN

Bei einem Besuch auf den Bahamas sieht man vor allem eines, egal, wo man auf der Insel ist. Keine Strände, keine Casinos, keine Palmen. Na gut, Palmen wahrscheinlich schon – da müsste man sich schon anstrengen, wenn man auf die Bahamas fliegt und keine Palmen sehen will. Aber noch allgegenwärtiger – an Bäumen, auf Gehsteigen, an Gebäuden, in den Büschen, auf dem Boden, so ziemlich überall – sind die kleinen braunen Eidechsen der Gattung *Anolis*, mit denen ich mich beschäftige.[1]

Der allgemeinsprachliche Name dieser Art, Braunanolis, wird der Herrlichkeit dieser Eidechse nicht gerecht. Zugegeben, auf den ersten Blick sind diese 20 Zentimeter großen Echsen langweilig braun, auch wenn sich bei manchen elegante, diamant- oder v-förmige Markierungen in Schwarz und Weiß den Rücken entlangziehen. Aber plötzlich neigt ein Männchen den Kopf nach oben, streckt meist gleichzeitig die Vorderbeine, um größer zu wirken. Dann taucht unter dem Hals ein leuchtend rot-orangefarbener Kehllappen auf. Der auffällige Halsschmuck passt zur lebhaften Art dieser Eidechsen – sie rennen, posieren, kämpfen, fressen, lassen sich auf ein Techtelmechtel ein. Im Land der Braunanolis gibt es so gut wie nie Langeweile.

Auf den Bahamas findet man kaum einen Ort, an dem es diese Echsen nicht gibt, doch Tom Schoener schaffte es. Schoener ist heute einer der führenden Ökologen weltweit und verdiente sich seine Sporen mit der Erforschung karibischer Anolis-Eidechsen. Er fand heraus, wie so viele Arten an einem Ort zusammenleben können. Mitte der 1970er-Jahre segelten Schoener und seine Frau, die Biologin Amy Schoener, zwei Sommer lang durch die Bahamas und inspizierten allerlei Inseln. Die Bahamas werden üblicherweise als Archipel aus 700 Inseln beschrieben, aber diese Zahl trifft es nicht einmal annähernd, weil sie das Ergebnis eines Definitionstricks ist – die winzigsten Inseln, schroffe Kalksteinfelsen mit zotteligen Büschen und manchmal kleinen Bäumen, werden offiziell als »Felsen« geführt. Mehrere Tausend solche Felsen sind über die Bahamas verstreut, und die Schoeners besuchten viele von ihnen. Dabei fanden sie heraus, dass die Felsen immer weniger Bewuchs aufwiesen, je kleiner sie waren; der winzigste, nur wenige Quadratmeter groß, wies nur Spuren von Vegetation auf. Und tatsächlich gibt es auf manchen dieser winzigen Inseln, im Gegensatz zu überall sonst auf den Bahamas, keine Eidechsen.

Die Schoeners beschlossen, ein Experiment durchzuführen. Offensichtlich konnten Anolis-Eidechsen auf kleinen Inseln nicht überleben. Aber warum nicht? Auch heute noch ist kaum erforscht, warum Populationen aussterben. Die Schoeners sahen in diesen Inseln eine Gelegenheit, den Aussterbevorgang zu untersuchen, indem sie ein paar wenige Eidechsen auf diesen Inseln aussetzten und zusahen, wie die Populationen schrumpften und schließlich verschwanden.

Doch das geschah nicht. Die Schoeners überwachten die Inseln fünf

Ein Braunanolis-Pärchen

Jahre lang. Die Populationen auf den kleinsten Inseln, kaum größer als eine Badewanne, verschwanden schnell. Populationen auf etwas größeren Inseln hielten länger durch, manche bis zu vier Jahre lang. Aber auf allen Inseln, die größer waren als ein Wurfhügel beim Baseball, überlebten die Eidechsenpopulationen, vermehrten sich gar. Das war ein unerwartetes Ergebnis. Wenn die Inseln für Eidechsen geeignet waren, warum gab es dort dann keine? Die Schoeners vermuteten, es könne an periodisch auftretenden Katastrophen liegen. Und bei Katastrophen steht in der Karibik eine ganz oben auf der Liste: Hurrikane.

Der Fachartikel der Schoeners erschien im Jahr 1983, aber ich las ihn erst einige Jahre später, am Ende meiner Recherchen für meine Doktorarbeit über die wiederholte adaptive Radiation der Anolis-Eidechsen. Ich ahnte nichts von Hurrikanen und erkannte in diesem Artikel keine Geschichte von Überleben und Aussterben, sondern ein unbeabsichtigtes Experiment zu evolutionärer Anpassung.

In meiner Doktorarbeit hatte ich dokumentiert, wie Anolis-Arten sich an verschiedene Habitate anpassten. Bei einem Aspekt dieser Anpassung ging es u. a. um Beinlängen – darum, dass Arten, die sich auf breiten Oberflächen bewegten, längere Beine entwickelten als jene auf kleineren Oberflächen. Die Inseln, auf denen die Schoeners Eidechsen ausgesetzt hatten, unterschieden sich bei der Vegetation, daher standen bei ihrem Experiment jene Muster in Echtzeit auf dem Prüfstand, die in Millionen Jahren evolutionärer Anpassung entstanden waren: Wenn kurz- und langfristige Evolution sich gleich auswirken, dann müssten Anolis-Populationen auf Inseln mit schmaler und karger Vegetation kürzere Beine entwickeln, und jene auf Inseln mit breiterer Vegetation, die den Habitaten auf den großen Heimatinseln der Eidechsen ähneln, längere Beine behalten.

Ich hatte Evolutionsexperimente durchführen wollen, seit ich vor Jahren John Endlers Vortrag über seine Guppy-Forschung gehört hatte. Dies war meine Chance. Ich musste nur Tom Schoener von der Idee überzeugen.

Die Gelegenheit ergab sich einige Monate später bei einer landesweiten Konferenz. Ich hatte im Voraus Kontakt zu Schoener aufgenommen und ein Treffen während einer Kaffeepause vereinbart. Ich unterbreitete ihm nervös meinen Vorschlag und machte ihn darauf aufmerksam, dass er, als er Eidechsen auf Inseln mit unterschiedlichen Vegetationsmerkmalen aussetzte, ein Evolutionsexperiment in die Wege geleitet hatte, mit dem sich die Auswirkungen von Umweltbedingungen auf die Anpassung der Eidechsen überprüfen ließen. Seine Antwort übertraf meine kühnsten Hoffnungen: Er lud mich ein, in seinem Labor an der Universität von Kalifornien in Davis zu untersuchen, ob sich die Populationen gemäß meiner Prognose entwickelt hatten. Zwei Jahre später, im Frühjahr 1991, fand ich mich auf der kleinen Insel Staniel Cay mitten in den Bahamas wieder.

Wenn ich erzähle, dass ich meine Feldforschungen auf den Bahamas durchführe, versuchen meine Zuhörer zwar, sich jedes Grinsen zu verkneifen, aber ich kann sehen, wie ihre Mundwinkel zucken. Ich weiß, was sie sich vorstellen: Strand, Palmen, Hängematte, Mai Tais in Cocktailgläsern mit kleinen Schirmchen.

Doch so war es auf Staniel Cay ganz und gar nicht. Erstens trinkt man dort Bahama Mama ohne Schirmchen. Vor allem aber gab es kaum Strand, und der Großteil der Vegetation besteht aus dürren Wäldern, nur vereinzelt stehen Palmen dazwischen. Statt traumhafter Ferienanlagen und luxuriöser, abgeschiedener Villen gab es nur den Staniel Cay Yacht Club, an dem das einzig Mondäne der Name war. Der Club zeichnete sich vor allem durch sein Nudeln-mit-Käse-Spezial aus; auch die riesigen fliegenden Schaben waren unübertroffen. Die Zimmer waren schäbig, die Gäste eine bunte Mischung aus Bankern, Weltenbummlern und kleinen Drogenschmugglern.

Meine Aufgabe bestand darin, möglichst viele Eidechsen von den 14 Populationen einzufangen, die die Schoeners mehr als zehn Jahre zuvor angesiedelt hatten. So sollte festgestellt werden, ob die Populationen – die alle von derselben Quellpopulation abstammten – sich bei der Beinlänge auseinanderentwickelt hatten, um sich an die unterschiedliche Vegetation auf den Inseln anzupassen.

Braune Anolis-Eidechsen zu fangen, ist einer der schöneren Aspekte der

Feldforschung und lässt sich auf vielerlei Arten durchführen. Am einfachsten ist es, einfach nachts loszuziehen und sie beim Nickerchen zu schnappen. Anolis-Eidechsen schlafen sehr exponiert, auf Blättern oder am Ende dünner Äste. An diesen Bettstätten können die Tiere ruhig schlafen, weil sie wissen, dass ein sich nähernder Fressfeind Vibrationen auslöst und sie rechtzeitig weckt, sodass sie entkommen können. Diese Strategie entwickelte sich als Abwehr gegen Schlangen, Ratten und Tausendfüßer, die den Ast entlanglaufen müssen, um die Echse zu erreichen. Gegen zweibeinige Jäger mit einer Taschenlampe ist sie aber völlig unzureichend. Im Schein der Lampe sind die Eidechsen vor dem grünen Hintergrund gut zu erkennen. Manche sitzen hoch oben in den Bäumen, aber die meisten sind in Reichweite, sodass man sie nur noch erwischen muss – ich nehme sie meist zwischen beide Hände –, bevor das Licht sie weckt.

Die zweite Fangmethode von Eidechsen ist sportlicher, weil dabei aktiv Tiere mit dem Lasso gefangen werden. Ich knüpfe dazu eine Schlinge aus einem geeigneten Material – am liebsten weiße, nicht minzgrüne, gewachste Zahnseide, weil die grüne Seide in der Vegetation schlecht zu sehen ist. Das Lasso wird dann an einer drei Meter langen Angelrute befestigt, und schon geht es los zur Eidechsenjagd. Sobald ich eine Eidechse erspäht habe – im besten Fall auf Ausguck in einem Baum, nach unten geneigt und den Kopf leicht über die vertikale Oberfläche erhoben –, nähere ich mich langsam bis auf etwa vier Meter. Manche Eidechsen lassen einen gar nicht so dicht herankommen, aber bei Anolis geht das oft. Dann bewege ich die Schlinge an der Angelrute noch langsamer auf die Eidechse zu und lasse sie über den Kopf des Tieres gleiten. Warum lässt eine Eidechse das geschehen? Für sie ist die dünne weiße Schlinge zwar fremd, aber nicht bedrohlich – manchmal schnappen sie sogar danach und wollen sie fressen.

Wenn alles klappt, lege ich der Echse die Schlinge um den Hals und ziehe die Schnur schnell zurück. Das Körpergewicht der Eidechse, die von der Angel hängt, zieht die Schlinge zu. Eidechsen haben kräftige Hälse und wiegen nur wenig, daher passiert ihnen nichts, außer dass sie überrascht und in ihrem Stolz verletzt sind. Glücklich sind sie nicht darüber, das zeigt ihr offenes Maul, und sie nutzen jede Gelegenheit, mich zu beißen, wenn ich sie aus der Schlinge befreie. Die Zähne von Eidechsen können sehr scharf sein, aber Braunanolis sind so klein, dass die Zähne kaum die Haut verletzen.

Die Beschreibung lässt den Vorgang allerdings leichter erscheinen, als er ist. Die Arbeit auf diesen Inseln ist kompliziert. Sie bestehen aus stark erodiertem, brüchigen Kalkstein, sodass es dort viele Löcher, scharfe Kanten und lose Felsstücke gibt, die unerwartet abbrechen, wenn man darauf tritt. Die Vegetation ist rau, mancherorts dicht und an anderen von Giftbäumen dominiert, einem fiesen Verwandten des Giftefeus, der in Bäume hineinwachsen kann.

Auch die Eidechsen selbst können schwierig sein. Manche stehen zwar stockstill, dass man ihnen die Schlinge um den Hals legen kann, aber die meisten sind zumindest misstrauisch, bewegen ihren Kopf zur Seite, wenn sich die Schlinge nähert, oder klettern einfach auf die andere Seite des Astes. Auch die Vegetation ist der Schlinge im Weg, und eine Windbö im falschen Moment weht sie vom Ziel weg. Für mich ist das Eidechsenfangen deshalb wie Fliegenfischen, ein urzeitlicher Kampf zwischen einem Menschen mit primitiver Ausrüstung und einem Tier mit einem winzigen Gehirn. Doch die meisten Fliegenfischer, denen ich von dieser Vorstellung erzählt habe, reagierten nur mit ungläubigen Blicken. Anscheinend ist das Fliegenfischen eine elysische Erfahrung, die auf Erden ihresgleichen sucht. Trotzdem ist das Eidechsenfangen ganz genauso ein Kampf von Mensch gegen Natur, bei dem ich von den Sauriern mit dem erbsengroßen Gehirn oft genug überlistet werde.

Es gibt noch eine andere Möglichkeit, eine Anolis-Eidechse zu fangen. Man geht einfach auf sie zu und greift sie mit den Händen. Dieser Trick hat bei mir noch nie funktioniert – die Tiere spüren meine Absicht, lange bevor ich nahe genug bin, und türmen. Aber mein Kollege Manuel Leal – geboren und aufgewachsen mit Anolis-Eidechsen in Puerto Rico – schleicht sich an die Eidechsen heran und pflückt sie dann mit einer blitzschnellen Handbewegung vom Baum. Ich habe nie herausgefunden, wie dieser Eidechsenflüsterer das anstellt.

Bei meiner Studie war das Eidechsenfangen aber nur ein Teil der Herausforderung. Viel größer war das Problem, überhaupt erst auf die Versuchsinseln zu gelangen. Sie waren alle gar nicht weit von Staniel Cay entfernt, nur mehrere Kilometer. Aber in meiner Jugend in Saint Louis machte ich keinerlei Erfahrung mit Booten, und vor allem von der Reparatur sperriger Schiffsmotoren hatte ich keine Ahnung. Bei jeder Ausfahrt in dem Walfänger, den ich vom Club gemietet hatte, fragte ich mich, ob ich es zurückschaffen würde oder ob ich draußen warten musste, bis die Mitarbeiter des Clubs merkten, dass ich nicht zurückgekehrt war, und jemanden losschickten, mich zu suchen. Ich nahm immer ein Buch mit, das ich lesen konnte, während ich auf Rettung wartete.

Der schlimmste Tag war, als der Motor des Schiffs direkt neben einer großen Insel – viel größer als die Versuchsfelsen – den Geist aufgab. Auf der Insel stand ein Haus, das aussah wie ein Lagerhaus, und es gab eine Flugpiste. Sie gehörte einem Mann, der Gerüchten zufolge dubiosen Geschäften nachging. (Damals blühte der Drogenhandel auf den Bahamas, die als Zwischenstation zwischen Südamerika und den USA dienten.) Man hatte mir geraten, diese Insel und ihre zwielichtigen Bewohner unter allen Umständen zu meiden. Und jetzt trieb ich direkt vor ihrer Küste mit funktionsunfähigem Motor dahin. Nervös – ich glaube nicht, dass ich in meinem Leben jemals mehr Angst hatte – schwamm ich ans Ufer, ging zur Tür des Hauses und klopfte. Ein freundlicher Mann öffnete, ich erklärte meine prekäre Lage, er funkte den Club an, und 15 Minuten später war ich wieder betriebsbereit. Wer hätte gedacht, dass Drogenhändler so nett sind? Oder vielleicht wussten sie nur ein gutes Experiment zu schätzen?

Ich steckte die gefangenen Eidechsen in kleine Beutel und legte sie in eine Kühltasche, damit sie nicht überhitzten. Abends kehrte ich in mein ungezieferverseuchtes Zimmer zurück. (Der Tiefpunkt meines Aufenthalts: Ich schüttete mein Rosinen-Kleie-Müsli zum Frühstück in eine Schüssel, und mit dem Müsli gleich ein halbes Dutzend Kakerlaken.) Dort betäubte ich die Eidechsen und vermaß schnell die Länge ihrer Beine, bevor sie wieder zu sich kamen. Am nächsten Tag brachte ich die Tiere auf ihre Inseln zurück und ließ sie putzmunter genau dort, wo ich sie gefangen hatte, wieder frei. So hatten sie ihren Kumpels eine tolle Geschichte zu erzählen.

Die Arbeit ging sehr viel langsamer voran, als ich vorausgesehen hatte. Der Frühling war trocken und windig: sehr schlechte Voraussetzungen, wenn man Eidechsen fangen will. Weil es kaum Regen gab, waren die Insekten nicht sehr aktiv, und die Echsen fanden nur wenig Futter. Durch die Kombination von Sonne und Wind trockneten die Tiere auch schnell aus. Schlau wie sie sind, versteckten sie sich daher und warteten auf eine Besserung der Lage. Mittags war es am schlimmsten – da rührte sich keine Eidechse. Ich verbrauchte meinen kompletten Lesestoff, aber am Ende der Reise nach vier Wochen hatte ich 161 Eidechsen gefangen und vermessen.

Damals gab es noch keine Laptops, und ich notierte alle Maße auf Papier. Ich wollte aber wissen, was die Daten aussagten, und zeichnete sie daher ganz altmodisch von Hand auf Millimeterpapier ein. Meine Diagramme zeigten kein eindeutiges Muster. Das passte zu meinem Eindruck, den ich beim Umgang mit den Tieren gewonnen hatte – sie unterschieden sich nicht groß von einer Insel zur nächsten. Das überraschte mich nicht wirklich – die Populationen waren noch jung. Vielleicht war die Erwartung, dass sie sich in solch kurzer Zeit entwickeln würden, überzogen.

Ich kehrte in mein Büro in Davis zurück und beschäftigte mich mit anderen laufenden Projekten. Ich vergaß die Daten nicht, aber sie hatten keine große Priorität. Ich wusste ja schon, dass es dort nichts zu entdecken gab, daher hatte ich es nicht eilig, sie in den Computer zu tippen, um das zu bestätigen. Irgendwann hatte ich alles andere von meiner To-do-Liste gestrichen und gab die Daten doch noch in mein Statistikprogramm ein. Es war endlich an der Zeit für eine formale Analyse.

Anfangs fehlinterpretierte ich die Ergebnisse auf dem Bildschirm und sah nur meine Erwartung bestätigt, dass sich auf den Inseln nichts Bemerkenswertes ereignet hatte. Erst beim zweiten Hinsehen erkannte ich es: Die Population hatte sich sehr wohl entwickelt, und zwar genau so, wie ich es prognostiziert hatte: Auf den Inseln, wo die Eidechsen dünne Zweige nutzten, hatten sie sehr kurze Beine, auf anderen Inseln, wo sie auf größeren Ästen saßen, waren ihre Beine in der Regel länger. Wir hatten experimentell eine schnelle, adaptive Evolution in freier Wildbahn bewiesen. (Das war das letzte Mal, dass ich Millimeterpapier benutzt hatte, um Daten zu veranschaulichen. Zu meiner Verteidigung muss ich sagen, dass die Unterschiede bei den Beinlängen der Populationen zwar statistisch signifikant, aber zu gering waren, um in einem handgezeichneten Diagramm aufzufallen.)

Wir brauchten eine Weile, um die Analyse zu beenden und den Fachartikel zu verfassen. Kurz vor seiner Veröffentlichung in der britischen Zeitschrift *Nature* waren Schoener und ich (gemeinsam mit unserem Kollegen David Spiller) wieder auf Exkursion auf den Bahamas. Dieses Mal arbeiteten wir an einem neuen Experiment auf der nördlichen Insel Abaco. Bei der Unterkunft hatten wir uns deutlich verbessert – bessere Zimmer, besseres Essen, weniger Kakerlaken. Aber Telefon oder Internet hatten wir im Zimmer immer noch nicht.

Nichts Böses ahnend, hatte ich vor unserer Abfahrt noch die Ansage auf meinem Anrufbeantworter im Büro geändert, sodass die Anrufer erfuhren, dass man mir eine Nachricht an der Rezeption des kleinen Motels hinterlassen konnte, in dem wir wohnten. Die PR-Abteilung von *Nature* hatte, ohne mein Wissen, eine Pressemitteilung herausgegeben, in der stand: »Dies könnte eine der wichtigsten Arbeiten in der Evolutionsforschung sein, seit Darwin auf seiner Reise mit der *Beagle* die Diversität der Finken auf den Galapagosinseln erforschte.« Der Artikel war gut, aber das war völlig übertrieben.

Nach einigen Tagen auf den Bahamas kehrte ich am Ende eines langen Tages auf den Inseln ins Motel zurück und fand dort eine Nachricht des Hoteleigentümers vor, der sich auch um die Gäste kümmerte. Ich ging zu seinem Büro, und er sagte mir, ein Reporter der *New York Times* habe angerufen. Einen Tag später waren es der *Boston Globe* und *USA Today*. Am Tag danach kündigte *ABC News* an, man werde ein Reporterteam auf die Bahamas schicken.

Der Hotelier war sprachlos. Nach vielen Jahren im Beruf glaubte er, alles gesehen zu haben. Es war schon seltsam genug, dass jemand den langen Weg auf die Bahamas auf sich nahm, um Eidechsen zu jagen. Ich machte einen harmlosen Eindruck, aber offensichtlich war bei mir eine Schraube locker. Und dann wurde er plötzlich von den Medien der Welt belagert, die mich erreichen wollten und dabei seine einzige Telefonleitung blockierten. Kurz darauf verkaufte er sein Motel, was Zufall sein mag.

Wir kehrten gerade von den Bahamas zurück, als die Story herauskam. (*Nature* gibt die Pressemitteilung eine Woche vor Erscheinen der Zeitschrift heraus, besteht aber darauf, dass die Ergebnisse erst am Tag der Veröffentlichung bekannt gemacht werden.) Ich bekam meine 15 Minuten Ruhm und muss zugeben, dass es aufregend war, meinen Namen im vorderen Teil der *New York Times* und auf der Titelseite des *Boston Globe* zu sehen, ganz zu schweigen von *USA Today* und vielen weiteren Zeitungen und Zeitschriften. *ABC News* sendete einen Bericht, wenn auch nicht von den Bahamas. Freunde und Kollegen aus aller Welt gratulierten mir. Die Story lautete, wir hätten bemerkenswert schnelle Evolution bewiesen, und zwar mit einem Experiment in freier Natur. Trotz Endlers und Reznicks Arbeiten war das immer noch eine Sensation.

Bei unserer Studie, wie bei der Arbeit mit den Guppys, hatten wir durch Beobachtungen von Variationen in der Natur untersucht, inwiefern Evolution vorhersagbar war. Nach mehreren Millionen Jahren Anpassung hatten Anolis-Arten unterschiedliche Beinlängen, abhängig vom Durchmesser der Oberflächen, die sie nutzten. Würden sich dieselben Ergebnisse auch innerhalb weniger Jahre ausbilden, wenn wir ursprünglich ähnliche Populationen auf Inseln mit unterschiedlicher Vegetation verpflanzten? Die

Antwort war: Ja. Nach zehn Jahren Evolution unterschieden sich unsere 14 Populationen bei den Beinmaßen, die Länge ihrer Beine war proportional zur Breite der Zweige, auf denen sie herumkletterten. Wie bei der Guppy-Studie konnten wir vorhersagen, wie sich die Eidechsen entwickeln würden – wenn man die Bedingungen, die natürliche Populationen erlebten, nachstellte, dann entwickelten sich die Experimentpopulationen entsprechend.

Aber wie bei den Guppys, mussten wir auch hier die Möglichkeit in Betracht ziehen, dass die Längenunterschiede bei den Beinen zwischen den Populationen gar nicht das Ergebnis evolutionärer genetischer Veränderungen waren. Bei meinen wissenschaftlichen Vorträgen über die Arbeit saß immer eine Person im Publikum – meistens ein nerviger Botaniker –, die das Thema der phänotypischen Plastizität aufbrachte. Waren die Unterschiede zwischen den Populationen tatsächlich auf genetische Veränderungen zurückzuführen? Konnte es nicht sein, dass die Beine der Eidechsen, die auf Inseln mit schmalerer Vegetation geboren wurden, einfach nicht so lang wuchsen?

Ich hielt es für wenig plausibel, dass die Beinlänge einer Eidechse vom Durchmesser der Oberflächen beeinflusst wurde, die sie nutzte. Wie sollte das Gehen auf schmalen Oberflächen die Beine dazu bringen, dass sie nicht mehr weiterwuchsen? Aber ich musste mich damit beschäftigen, weil die Frage immer wieder aufkam.

Ich ging in die Bibliothek, um herauszufinden, was über die Auswirkungen des Durchmessers von Sitzgelegenheiten auf das Gliederwachstum von Eidechsen bekannt war. Die Recherche war schnell vorbei, weil sich noch niemand mit dem Thema beschäftigt hatte. Allerdings gab es relevante Forschungen über die Auswirkungen von Bewegung auf das Beinwachstum bei Wirbeltieren. Diese Arbeiten beschäftigten sich vor allem mit der Frage, ob verschiedene Bewegungsarten irgendwie das Wachstum von Tierbeinen beeinflussten. Im Rahmen dieser Studien wurden einige der bizarrsten Experimente durchgeführt, von denen ich je gehört hatte.

In einer Studie zwangen die Forscher junge Labormäuse, zehn Stunden am Tag auf dem Boden oder in einem Laufrad zu rennen, während die Kontrollgruppe einfach nur in ihren Käfigen herumlag. Bei einer anderen Studie wurden junge Ratten vier Stunden am Tag in eine Badewanne geworfen, wo sie schwimmen mussten; auch hier hatte die Kontrollgruppe Ruhe. In einer dritten Studie wurden Hühner auf ein Laufband gesetzt, wo sie über lange Zeiträume rennen mussten.

Die Ergebnisse dieser Experimente waren ziemlich einheitlich. Die Gliederknochen von Tieren, die sich viel bewegen mussten, wurden dicker. Bei Menschen gibt es Entsprechendes: Gewichtheber haben dickere Armknochen als andere Menschen. Das liegt daran, dass Knochensubstanz sehr dynamisch ist und Knochen die ganze Zeit über Kalzium aufnehmen oder abgeben. Wenn ein Knochen unter Druck gesetzt wird, beim Sport etwa, dann stärkt er sich mit zusätzlichem Kalzium selbst. Daher ist die Dicke eines Knochens eine plastische Eigenschaft, die durch das Verhalten des Tieres beeinflusst wird.

Aber bei unseren Forschungsergebnissen ging es nicht um die Dicke von Knochen. Wir untersuchten ihre Länge. Und bei den meisten Studien wurden keine Unterschiede bei der Beinlänge durch Bewegung festgestellt. Mit einer großen Ausnahme: eine Studie aus den 1950er-Jahren mit Profi-Tennisspielern. Diese Sportler schlagen Bälle, seit sie klein waren, und setzen ihren Aufschlagarm während der Wachstumsjahre beständiger hoher Belastung aus. Das Schöne an dieser Studie war, dass jede Testperson gleichzeitig ihre eigene Kontrollgruppe war, weil man den Aufschlagarm mit dem anderen Arm vergleichen konnte.

Tatsächlich sind die Aufschlagarme länger, wenn man jahrelang Tennisbälle schlägt.* Die Messungen wurden anhand von Röntgenbildern vorgenommen, sodass die Unterschiede eindeutig von der Knochenlänge herrührten, nicht von Bändern oder Muskeln.

Offensichtlich hat die unterschiedliche Nutzung von Gliedmaßen Einfluss auf ihr Längenwachstum; die Hypothese von der phänotypischen

---

* Natürlich könnte die Kausalität auch genau andersherum bestehen. Vielleicht werden nur Menschen mit asymmetrischen Armen Profi-Tennisspieler.

Plastizität war also gar nicht so weit hergeholt. Aber zwischen einem Aufschlag trainierenden Profi-Tennisspieler und Eidechsen, die von Zweigen hängen, ist ein himmelweiter Unterschied. Uns wurde klar, dass wir eine Plastizitätsstudie durchführen mussten.

Am einfachsten wäre wohl gewesen, Baby-Eidechsen (oder Mütter mit Eiern) von den Inseln in unserer Studie zu holen und sie alle zusammen in einer Laborumgebung aufzuziehen, um herauszufinden, ob die Unterschiede bestehen blieben. Doch unsere ursprüngliche Studie lief ja weiter, und die Populationen waren noch klein. Wir fürchteten, es könnte die Zukunft unseres Hauptexperiments beeinflussen, wenn wir viele Eidechsen von den Inseln entfernten. Ein Common-Garden-Experiment kam also nicht infrage.

Wir setzten daher Plan B um, das Gegenteil einer Common-Garden-Studie. Wir nahmen keine Eidechsen aus verschiedenen Populationen und ließen sie an einem Ort aufwachsen, sondern wir holten Eidechsen aus einer Population und zogen sie unter verschiedenen Bedingungen auf. Eine Eidechsengruppe wuchs in Terrarien mit einem neun Zentimeter breiten Stück Holz zum Draufsitzen auf. Die einzige Sitzgelegenheit für die andere Gruppe war ein sechs Millimeter schmaler Holzstab. Mit diesem Experiment testeten wir, ob es einen Einfluss auf das Beinwachstum der Echsen hatte, wenn sie auf derart unterschiedlichen Oberflächen aufwuchsen. Oder anders ausgedrückt: Erzeugte die phänotypische Plastizität Unterschiede, die mit jenen, die wir bei unseren Populationen in freier Natur beobachteten, vergleichbar waren?

Dieses Experiment führte ich nur durch, um die lästigen Botaniker mundtot zu machen und ihnen zu zeigen, dass, auch wenn manche Pflanzen unter verschiedenen Bedingungen anders wachsen, für Eidechsen nicht dasselbe gelten muss. Ich war entsprechend überrascht, als ich die Daten sah und erkennen musste, dass ich falsch lag. Verdammte Botaniker! Wenn man eine Eidechse im Wachstum auf eine breite Oberfläche setzt, dann werden ihre Beine länger als bei Eidechsen, die auf schmalen Stäben aufwachsen, selbst wenn man Unterschiede bei der Gesamtkörpergröße berücksichtigt.

Dennoch ließ die Studie auch darauf schließen, dass die Unterschiede auf unseren Experimentinseln sich nicht allein durch Plastizität erklären lassen. Beim Wachstumsexperiment im Labor waren die Eidechsen sehr viel größeren Unterschieden ausgesetzt – einem dürren Stab im Vergleich zu einem breiten Stück Holz – als bei den unterschiedlich breiten Sitzplätzen auf unseren Versuchsinseln. Trotzdem waren die Beinlängenunterschiede zwischen den Inselpopulationen dreimal größer als im Labor. Die phänotypische Plastizität konnte also, auch unter extrem unterschiedlichen Bedingungen, nur für einen Bruchteil der Variationen, die wir auf den Inseln sahen, verantwortlich sein. Wir schlossen daraus, dass wahrscheinlich evolutionäre genetische Veränderungen für den Großteil der Unterschiede bei der Beinlänge verantwortlich waren, die wir bei den Versuchspopulationen auf den Inseln beobachteten.

Natürlich ist dies nur ein indirekter Test für die genetische Grundlage von Beinlängenunterschieden. Damals, als wir die Arbeiten durchführten, war es noch nicht möglich, das Genom direkt zu untersuchen und die Gene zu lokalisieren, die für die Beinlänge codierten. Zwanzig Jahre später haben wir das immer noch nicht geschafft, aber in den nächsten Jahren werden Forscher wahrscheinlich die relevanten Gene identifizieren. Dann werden wir feststellen können, welche genetischen Unterschiede für die abweichenden Beinlängen zwischen Populationen verantwortlich sind.

Eine Anolis-Eidechse lebt auf einer kleinen, abgelegenen Insel auf den Bahamas. Sie verbringt viel Zeit auf dem Boden, bei der Insektenjagd und mit ihren Artgenossen. Eines Tages tauchen plötzlich zwei Rieseneidechsen auf der Insel auf. Sie sind ziemlich unbeholfen und können kein bisschen klettern, aber sie haben riesige Mäuler, und ganz offensichtlich betrachten sie die Eidechse als Abendessen. Was kann die kleine Echse da tun?

Die Antwort ist für jeden mit einer Spur Grips offensichtlich: in die Büsche hinaufklettern, sich vom Boden und von den Rohlingen fernhalten. Aber dann ergibt sich ein anderes Problem: Die Beine der Eidechse sind zu lang für die schmalen Zweige. Da muss wohl die Evolution aushelfen.

Darum ging es im Prinzip bei unserem nächsten Experiment. Nach dem

Erfolg der ersten Studie planten Schoener, Spiller und ich ein weiteres Experiment, bei dem wir bewusst nach evolutionären Veränderungen suchen wollten. Auch hier überprüften wir eine Prognose, die auf Beobachtungen in freier Wildbahn basierte. Auf seinen Reisen durch die Bahamas zwanzig Jahre vorher hatte Schoener beobachtet, dass Braunanolis sich auf Inseln, die auch von größeren und mehr erdgebundenen Eidechsenarten bewohnt werden, weiter oben in der Vegetation aufhalten. Unsere Prognose bestand dieses Mal aus zwei Teilen. Erstens: Bei Anwesenheit eines Fressfeindes verlassen Braunanolis den Boden und bewegen sich nach oben in die Büsche. Und zweitens: In der Folge passen sie sich an das neue Habitat an und entwickeln wieder kürzere Beine, um sich auf den schmalen Oberflächen bewegen zu können.

Das Grundgerüst des Experiments ähnelte dem der früheren Studie mit dem Schwerpunkt bei Braunanolis-Populationen auf winzigen Kalksteininseln. Nur dieses Mal verwendeten wir ein wenig größere Inseln, auf denen es bereits Anolis-Eidechsen gab, und führten dort einen großen, am Boden lebenden Fressfeind ein.

Der Bösewicht in unserem Experiment war der Rollschwanzleguan, eine stämmige Echse, die zweimal so lang und zehnmal so schwer ist wie eine Braunanolis-Eidechse. Der Name des Rollschwanzleguans erklärt sich selbst – wenn er bedroht wird, flieht er mit nach oben eingerolltem Schwanz. Der Grund dafür ist unbekannt. Vielleicht ist das eine Botschaft an den Fressfeind – »Ich sehe dich. Es hat keinen Sinn, mich zu jagen« –, oder vielleicht versucht er, den Angriff auf den entbehrlichen Schwanz abzulenken. Es sieht auf jeden Fall komisch aus, wenn diese plumpe Echse mit über dem Körper eingerolltem Schwanz davontrottet.

Anolis-Eidechsen finden diesen Echsen-Clown wahrscheinlich nicht ganz so amüsant. Rollschwanzleguane fressen alles, was in ihr geräumiges Maul passt, auch andere Echsen.

Unser Experiment hörte sich in der Planung gut an, aber beim Ergebnis hatten wir Zweifel. Es gab Berichte, dass Rollschwanzleguane Anolis-Eidechsen fressen, aber wir wussten nicht, wie groß der Einfluss dieses Feinddrucks als ökologischer Faktor war. Kam das nur alle Schaltjahre mal vor, oder hatte das großen Einfluss auf die Anolis? Daten zu dieser Fragestellung gab es keine. Wir mussten das Experiment durchführen, um es herauszufinden.

Rollschwanzleguane leben auf den größeren Felsen um Abaco und kolonisieren gelegentlich nahe kleinere Felsen, daher ahmten wir mit unserer Neuansiedlung natürliche Prozesse nach. Zunächst besuchten wir zwölf Inseln und teilten sie, nach Größe und Vegetation sortiert, in sechs Inselpaare ein. Dann bestimmten wir per Münzwurf, auf welcher der beiden Inseln wir fünf Rollschwanzleguane aussetzten und welche Insel als Kontrolle dienen sollte.

Wir fingen die Rollschwanzleguane im April 1997 ein und hatten dabei mehr Spaß als bei der Jagd auf Anolis-Eidechsen, weil wir dafür sechs Meter lange Stangen einsetzen mussten. Rollschwanzleguane sind misstrauischer als Anolis-Echsen und lassen niemanden nahe heran. Man braucht also mehr Geschicklichkeit, um die Stange über den Kopf der Echse zu manövrieren, vor allem an windigen Tagen, was das Einfangen der Rollschwanzleguane zu einer besonderen Herausforderung machte. Das Endergebnis war allerdings das gleiche – eine Eidechse, die mit einer Zahnseidenschlinge um den Hals von einer Stange hängt. Nur muss man vorsichtiger sein, wenn man Rollschwanzleguane aus der Schlinge holt, weil sie viel größere Mäuler haben und ihre Bisse richtig wehtun.

Der Rollschwanzleguan

Drei Monate später kehrten wir zum ersten Follow-up zurück, ohne zu wissen, was wir erwarten sollten. Hatten die Rollschwanzleguane in ihrer neuen Heimat überlebt? Hatte ihre Anwesenheit bei den Anolis-Eidechsen einen Unterschied bewirkt? Wir hatten natürlich unsere Prognosen, aber wir hielten sie nicht für besonders verlässlich.

Entsprechend überrascht waren wir, wie deutlich die Ergebnisse sich bereits zeigten. Die Anolis-Populationen auf den Inseln mit Rollschwanzleguanen hatte sich im Vergleich zu den Kontrollinseln halbiert. Dieser Unterschied blieb für den Rest des Experiments bestehen. Auf den Kontrollinseln fanden wir nach wie vor Anolis-Eidechsen auf dem Boden oder bodennah, während sie sich auf den neu mit Rollschwanzleguanen besiedelten Inseln nach oben verlagert hatten, vom Boden und ihren Todfeinden weg. Nach zwei Jahren Experimentdauer saßen Anolis-Eidechsen auf Rollschwanzleguan-Inseln im Schnitt siebenmal höher als die Kontrolleidechsen ohne Leguane.

Die Ergebnisse waren erheblich deutlicher, als wir erwartet hatten. Die Anolis hatten sich in den Büschen nach oben bewegt und nutzten die schmale Vegetation. Die Eidechsen bewegten sich auf diesen schmalen Oberflächen sehr unbeholfen, ein deutliches Zeichen, dass sie schlecht angepasst waren. Unsere Prognose besagte, dass die natürliche Selektion hier Wunder bewirken würde und dass die Eidechsen in wenigen Jahren kürzere Beine entwickeln und sich besser an die Fortbewegung in ihrem neuen Habitat in den Bäumen anpassen würden.

Leider fanden wir das nie heraus, denn im September 1999 traf der Hurrikan Floyd, ein Monster der Kategorie vier, Abaco mit voller Wucht. Unsere Versuchsinseln lagen nur wenige Meter über dem Meer und waren von der Sturmflut stundenlang überflutet. Alle Eidechsen wurden ins Meer gespült.

Damit beendete zum dritten Mal ein Hurrikan eines unserer Experimente. Im Oktober 1996 war der Hurrikan Lili in Georgetown auf den Bahamas direkt über unsere Köpfe hinweggezogen und hatte Eidechsen von anderen Inseln weggespült. Danach verlagerten wir unsere Arbeit nach Abaco. Aus diesen Ereignissen hatten wir viel über die Auswirkungen von Hurrikanen gelernt, unter anderem wurde Schoeners Theorie, warum auf den kleinen Inseln keine Eidechsen leben, bestätigt. Doch der Preis für unsere Ausbildung zu Hurrikanexperten war die vorzeitige Beendigung von mehreren unserer Langzeitexperimente. Ein teures Geschäft.

Immerhin gab es einen Silberstreif am Horizont: Wir wussten nun, wie groß der Einfluss von Rollschwanzleguanen auf Anolis-Eidechsen war, und konnten dieses Wissen für die Planung unseres nächsten Experiments nutzen. Ein weiterer Glücksfall: Floyd hatte früher in der Hurrikansaison zugeschlagen als die bisherigen Hurrikane, noch während der Brutzeit der Eidechsen. So blieben die Eier der Eidechsen im Boden zurück, nachdem alle Eidechsen von der Sturmflut weggespült worden waren. Einen Monat später wimmelte es auf den Inseln von Baby-Eidechsen, die aus Eiern geschlüpft waren, die eine sechsstündige Überflutung während der Floyd-Sturmflut überstanden hatten.

Wenige Jahre später hatten sich Vegetation und Eidechsen-Population erholt, und im Jahr 2003 konnten wir weitermachen: Die Einführung der Rollschwanzleguane II, das Sequel. Der Plan war grundsätzlich derselbe: Wir siedelten auf manchen Inseln Rollschwanzleguane an, auf anderen nicht. Doch diesmal machten wir etwas anders. Wir wollten nicht nur die Populationen über die Zeit beobachten, sondern auch die natürliche Selektion selbst messen.

Unsere Hypothese besagte, dass die Anwesenheit von Rollschwanzleguanen die natürlichen Selektionsmuster verändern würde. Unsere Prognose bestand aus zwei Teilen. Erstens erwarteten wir, dass die Anolis mit längeren Beinen bessere Überlebenschancen hatten – weil sie schneller waren und den Rollschwanzleguanen auf dem Boden so leichter entkommen konnten. Aber wir erwarteten auch, dass die Anolis-Eidechsen mit der Zeit ihr Habitat vom Boden in die Büsche verlagern würde, wie sie es beim vorherigen Durchlauf des Experiments getan hatten. Sobald sie nicht mehr auf dem Boden und damit außerhalb der Reichweite der Rollschwanzleguane waren (die aufgrund ihrer Größe nur besonders stämmige Bäume erklettern können), waren lange Beine kein Vorteil mehr. Stattdessen würde die natürliche Auslese, wie bei unserem Staniel-Cay-Experiment, Eidechsen mit kurzen Beinen bevorzugen, die sich besser auf schmalen Oberflächen bewegen können.

Die natürliche Selektion belohnt jene Individuen mit den meisten Nachkommen, die die nächste Generation überleben. Dieser Reproduktionserfolg lässt sich auf unterschiedliche Art maximieren: indem man ein hohes Alter erreicht, durch eine maximale Anzahl an Fortpflanzungsperioden (die sogenannte »sexuelle Selektion«) oder indem man die Anzahl der Nachkommen pro Brutereignis maximiert. In diesem Fall untersuchten wir, wie gut die Eidechsen an ihre Umgebung angepasst waren, daher entschieden wir uns für das Überleben als unsere Maßzahl für evolutionäre Anpassung.

Um zu bestimmen, ob es einen Zusammenhang zwischen Überleben und Beinlänge gab, mussten wir zu Beginn des Experiments Anolis-Eidechsen fangen, sie vermessen und sie eindeutig markieren, damit wir feststellen konnten, wie lange sie überlebten. Würden die Eidechsen mit kurzen Beinen länger durchhalten? Um das herauszufinden, suchten wir, bevor wir die Fressfeinde einführten, alle Inseln auf und fingen möglichst viele Anolis-Eidechsen.

Wenn Ornithologen einzelne Vögel in einer Population identifizieren wollen, legen sie ihnen kleine bunte Plastikringe um die Beine. Jeder Vogel erhält eine einzigartige Farbkombination, sodass die Wissenschaftler ihn per Fernglas von Weitem identifizieren können (rechtes Bein: orange oben, dann zwei schwarze Ringe; linkes Bein: gelb, orange, gelb – das ist Fred!). Anolis-Eidechsen sind zu klein für solche Ringe und auch für Mikrochips, wie Tierärzte sie in Katzen und Hunde injizieren. Markierungen auf der Haut gehen verloren, sobald sich eine Eidechse häutet, was im Sommer häufig vorkommt. Daher wenden Herpetologen eine Methode an, die für die Markierung von Lachsen entwickelt wurde. Dabei werden bunte, ungiftige Gummifäden direkt unter die Haut gespritzt. An der Unterseite der Beine ist die Haut bei Eidechsen durchsichtig, so sind die neonfarbenen Elastomere – fluoreszierendes Grün, Gelb, Pink und Orange – gut erkennbar, wenn die Eidechse gefangen wird. Jede Anolis-Eidechse bekommt einen einzigartigen Farbcode, mit unterschiedlichen Farben, die an verschiedenen Stellen der Gliedmaßen injiziert werden.

Bei meinen früheren Studien hatte ich die Erfahrung gemacht, dass es effizienter war, die Echsen gleich vor Ort zu bearbeiten, statt sie ins Zimmer zu bringen, dort über Nacht zu behalten und am nächsten Tag auf ihre Heimatinsel zurückzubringen. Doch dafür mussten wir eine mobile Arbeitsstation einrichten. Die Inseln bestehen überwiegend aus unebenen Kalksteinfelsen, die sich als Arbeits- und Sitzoberfläche nicht eignen. Daher borgte ich mir einen Plastikstuhl aus meinem Hotelzimmer und transportierte ihn auf dem Motorboot zu den Inseln.

In mancher Hinsicht war das ein toller Ort für ein Labor. Die Inseln waren so winzig, dass ich immer nur wenige Meter vom Meer entfernt war. Rochen und Meeresschildkröten waren ein gewohnter Anblick, und manchmal schwamm sogar eine Delfinschule vorbei.

Allerdings gab es keine Bäume, ich war der brennenden Bahamassonne schutzlos ausgesetzt. Mittags war die Hitze ohne Wind erdrückend, und dass ich meinen Körper von Kopf bis Fuß in Sonnenschutzkleidung hüllte, machte es noch schlimmer. Zumindest bot mein riesiger Sonnenhut, der die Größe einer kleinen fliegenden Untertasse hatte, ein wenig Schatten, auch wenn mir das den Spott von vorbeifahrenden Touristen einbrachte. Windiges Wetter war Fluch und Segen zugleich. Der Wind kühlte zwar, aber gleichzeitig bestand die Gefahr, dass meine Materialien und mein Hut davongeweht wurden.

Üblicherweise fing ich eine Eidechse, trug sie zu meinem Stuhl, setzte mich und vermaß das Tier. Dabei musste ich aufpassen, dass mir die sich windende Echse nicht entwischte, während ich die Daten in mein Notizbuch eintrug. Anschließend griff ich in die Kühltasche, in der vier Spritzen mit unterschiedlichen Farben auf Eis lagen, damit die Flüssigkeit nicht vorzeitig aushärtete. Dann stach ich mit der Spritzennadel knapp unter die Haut und spritzte die Farbe hinein. Die Flüssigkeit härtete schnell zu gummiartiger Konsistenz aus, und ich brachte die Eidechse an die Stelle zurück, an der ich sie gefangen hatte. Der ganze Vorgang dauerte kaum zehn Minuten.

Ich brauchte etwa einen Monat, um fast alle Eidechsen auf den zwölf Inseln zu fangen. Jede Echse war nun eindeutig markiert – wir konnten zurückkehren, das Tier wieder einfangen und es identifizieren. Vor allem aber wussten wir alles über die jeweilige Eidechse: wie groß sie war, wie lang ihre Beine waren, wie viele Schuppen sie an den Haftsohlen hatte. Jetzt waren wir für die Untersuchung, ob es einen Zusammenhang zwischen Überleben und Phänotyp gab, gerüstet. Hatten Eidechsen mit kurzen Beinen bessere Überlebenschancen als jene mit langen Beinen? Und die entscheidende Frage für unser Experiment: Wirkte sich die Anwesenheit von Rollschwanzleguanen auf die natürliche Selektion aus?

Nachdem alle Eidechsen vermessen waren, gingen wir wieder zur Rollschwanzleguan-Jagd auf Abaco und brachten die glücklichen Gewinner auf ihre neue Ferieninsel. Auch dieses Mal bekamen sechs Inseln Räuber, und sechs andere Inseln dienten als Kontrollgruppe. Danach flogen wir nach Hause und ließen die Echsen die Sache unter sich ausmachen.

Sechs Monate später, Ende November, kehrten wir zurück, um die Lage zu begutachten. Wir planten, jede einzelne Anolis-Eidechse auf allen Inseln zu fangen, um so festzustellen, wer überlebt hatte und wer nicht. Das war kein einfaches Unterfangen. Die ersten 80 oder 90 Prozent zu fangen, ist kein Problem, aber die wenigen letzten zu erwischen, schon – ein oder zwei entwischen immer, stecken kurz die Köpfe raus, gehen in Deckung, halten sich regungslos versteckt.

Die gefangenen Eidechsen drehten wir auf den Rücken und inspizierten die Unterseite ihrer Beine. Die Farben waren meist schnell zu finden, aber für den Fall der Fälle hatten wir eine UV-Taschenlampe mitgebracht, weil die Fäden im UV-Licht leuchten. Nach der Untersuchung – die etwa eine Minute dauerte – bekam die Eidechse einen kleinen Punkt auf den Rücken, damit wir wussten, dass wir sie bereits gefangen hatten, dann ließen wir sie dort wieder frei, wo wir sie gefangen hatten.

Unserer Hypothese nach hatte sich die natürliche Selektion auf die Beinlänge ausgewirkt. Um das zu prüfen, berechneten wir einen sogenannten Selektionsgradienten, der in diesem Fall die Differenz zwischen der Beinlänge der überlebenden und der gestorbenen Eidechsen darstellte. Ein hoher Positivwert würde anzeigen, dass mehr langbeinige Eidechsen überlebt hatten, ein hoher Negativwert das Gegenteil.

Auf den Kontrollinseln ohne Rollschwanzleguane lagen die Selektionsgradienten um null – die Beinlänge hatte keinen Einfluss auf das Überleben. Aber auf den Inseln mit Raubechsen hatten die Selektionsgradienten überall hohe Positivwerte. Wenn es auf einer Insel Rollschwanzleguane gab, hatten langbeinige Eidechsen höhere Überlebenschancen; das Vorhandensein von Fressfeinden beeinflusste die natürliche Selektion genau so, wie wir es vorhergesagt hatten.

Bei unserer Eidechsenjagd im November hatten wir außerdem aufgezeichnet, wo wir die Tiere gefunden hatten. Wie bei unserem vorherigen Experiment beobachteten wir auch dieses Mal, dass die Anolis in die Büsche kletterten, um die Rollschwanzleguane zu vermeiden – auf den Kontrollinseln fanden wir ein Drittel der Eidechsen auf dem Boden, auf den Inseln mit Rollschwanzleguanen aber in zehn Prozent. Außerdem saßen die Anolis auf den Rollschwanzleguan-Inseln weiter oben und auf dünneren Zweigen.

Wir erwarteten, dass die natürliche Selektion als Folge dieser veränderten Habitatnutzung die Richtung ändern würde. Außer Reichweite der Rollschwanzleguane boten lange Beine keinen Vorteil mehr. Und wir wussten, wie sich Anolis-Eidechsen an schmalere Oberflächen anpassen – sie entwickeln kürzere Beine, um die Manövrierfähigkeit zu verbessern. Wir rechneten also damit, dass die natürliche Selektion kurzbeinige Eidechsen auf den Rollschwanzleguan-Inseln bevorzugen würde.

Im folgenden Mai kehrten wir zu einer weiteren Bestandsaufnahme auf die Inseln zurück. Wir fingen wieder alle Überlebenden und stellten fest, dass die Unterschiede bei der Habitatnutzung noch ausgeprägter geworden waren. Die Eidechsen auf den Rollschwanzleguan-Inseln verbrachten noch weniger Zeit auf dem Boden und nutzten noch schmalere Sitzplätze als vorher. Erneut berechneten wir Selektionsgradienten, berücksichtigten dieses Mal aber nur Eidechsen, die wir auch im November bereits vorgefunden hatten, und verglichen jene, die bis Mai überlebt hatten, mit jenen, die in den vergangenen sechs Monaten gestorben waren.

Wieder lagen die Selektionsgradienten auf den Kontrollinseln um null – die natürliche Selektion ignorierte die Beinlänge auf diesen Inseln nach wie vor. Aber auf den Rollschwanzleguan-Inseln hatte sich das Bild verändert. Auch dieses Mal war die natürliche Selektion am Werk gewesen, hatte aber in die entgegengesetzte Richtung gearbeitet. Jetzt hatten mehr kurzbeinige Eidechsen überlebt – die natürliche Selektion hatte sich vollständig umgekehrt. Wir hatten das erwartet, aber lange nicht so schnell.

Diese Ergebnisse dokumentierten natürliche Selektion innerhalb einer Generation, aber nicht die evolutionären Veränderungen über Generationen hinweg. Tatsächlich hatten die beiden Selektionsepisoden auf den Inseln mit Rollschwanzleguanen einander weitgehend ausgeglichen, sodass die Nettoselektion um null lag. Aber wir rechneten nicht damit, dass die natürliche Selektion auch in Zukunft zwischen positiv und negativ wechseln würde. Die Anolis saßen jetzt in den Büschen und würden nicht mehr herunterkommen. Dafür sorgten die Rollschwanzleguane. Wir sagten voraus, dass die natürliche Selektion weiterhin kurze Beine bevorzuge, und wir freuten uns darauf herauszufinden, ob die Braunanolis mit der Zeit den Zweigspezialisten auf den Großen Antillen ähnlich werden würden.

Nach den Erfahrungen mit unseren früheren Experimenten konnte man nun damit rechnen, dass auch dieses Experiment durch einen Hurrikan beendet werden würde. Aber dieses Mal kam es anders. Unser Experiment wurde nicht durch einen Hurrikan beendet, sondern durch zwei. Die Hurrikane Frances und Jean schlugen beide innerhalb von drei Wochen im September 2004 zu und beendeten dieses Experiment, bevor die Evolution eine Chance gehabt hatte, sich auszuwirken.

Die Rollschwanzleguan-Population wurde, wie bei den früheren Experimenten, ausgelöscht, aber die Anolis-Eidechsen überlebten, wenn auch deutlich dezimiert. Die Vegetation auf den Inseln war zerstört. Wir mussten vier Jahre warten, bis wir das Experiment im Jahr 2008 erneut beginnen konnten. Es läuft noch, während ich dies schreibe – wir hoffen das Beste –, aber es war nicht einfach. Wir rechnen bald mit Ergebnissen.

Doch auch dieses Mal hatten die Hurrikane von 2004 nicht nur Nachteile. Während wir* darauf warteten, dass sich die größeren Inseln erholten, begannen wir ein neues Experiment auf ein paar kleineren Inseln, etwa so groß wie ein geräumiges Wohnzimmer, von denen die Hurrikane alle Eidechsen weggeschwemmt hatten. Dieses Experiment unterschied sich etwas von den anderen. Wir sammelten Eidechsen auf einer nahe gelegenen, stark bewaldeten großen Insel und siedelten sie auf sieben Inseln mit besonders dürrer Vegetation an. Die Populationen zogen also von Baumstämmen und breiten Ästen auf schmale Stämme und dünne Zweige um. Laut unserer Prognose müssten sie kurze Beine entwickeln.

Und genau das taten sie auch. In vier Jahren nahm die durchschnittliche Beinlänge auf allen sieben Inseln stetig ab. Die Eidechsen entwickelten sich genau nach Prognose, und zwar in deutlich größerem Umfang als bei unserem Plastizitätsexperiment im Labor. Diese Studie lief besonders gut, und aus ihr entstand ein besonders ausführlich dokumentiertes Beispiel für schnelle evolutionäre Veränderungen. Die Populationen überlebten sogar den Hurrikan Irene 2011. Leider fegte Hurrikan Sandy im folgenden Jahr fünf Populationen von der Landkarte. Wir überwachen die beiden überlebenden Populationen weiterhin, aber die Ergebnisse waren sehr viel überzeugender, als sich alle sieben Inseln parallel entwickelten.

Ehrlich gesagt habe ich langsam die Nase voll von Hurrikanen.

Trotz all der Aufmerksamkeit, die die Guppy- und Eidechsenforschungen erregten, folgten nur wenige Wissenschaftler unserem Beispiel. Ein Hinderungsgrund waren zweifelsohne die Zeit und der Aufwand, die für derartige Forschungen notwendig sind, ganz zu schweigen von der Möglichkeit, dass Launen der Natur – oder andere Ereignisse – das Projekt nach jahrelanger Arbeit stören oder sogar zerstören konnten. Unsere Studien hatten zwar gezeigt, dass bereits nach wenigen Jahren erkennbare Ergebnisse möglich waren, aber es gab keine Garantie, dass sich andere Organismen ebenso schnell entwickeln würden. Was, wenn die Evolution

---

* Zu Schoener, Spiller und mir waren inzwischen noch Jason Kolbe und Manuel Leal gestoßen.

sich erst nach mehreren Jahrzehnten merkbar auswirkte, statt nach wenigen Jahren?

Doch Evolution kann man auch noch auf andere Art experimentell untersuchen. Hierbei müssen Forscher nicht erst jahrelange Arbeit investieren, können aber trotzdem die Ergebnisse von mehreren Jahrzehnten Evolution studieren. In den 1970er- und 1980er-Jahren waren Langzeit-Evolutionsstudien noch ungewöhnlich, aber Langzeitstudien in der Ökologie keineswegs.* Bei unserer ersten Studie auf Staniel Cay hatten wir ein Experiment genutzt, das eingerichtet worden war, um ein ökologisches Phänomen zu untersuchen: Gab es einen Zusammenhang zwischen dem Überleben einer Eidechsenpopulation und der Inselgröße? Völlig unbeabsichtigt verschaffte mir das Experiment der Schoeners die Gelegenheit, später zurückkehren und überprüfen zu können, ob auf der Versuchsinsel eine evolutionäre Entwicklung eingetreten war. So konnte ich mir das Ergebnis von zehn Jahren Evolution anschauen, ohne das Experiment aufbauen und ein Jahrzehnt warten zu müssen.

Wie sich herausstellte, eignete sich nicht nur unsere Studie für eine Umrüstung zum Evolutionsexperiment. Insbesondere eine ökologische Studie läuft seit über einem Jahrhundert und ist damit das unangefochten älteste Evolutionsexperiment.

---

* Wissenschaftler verstehen unter »Ökologie« die Lehre von der Interaktion von Organismen mit ihrer Umgebung. In den 1970er-Jahren übernahm die Umweltbewegung den Begriff in seiner breiteren Bedeutung, quasi als Synonym für »natürliche Umgebung, Umwelt«.

Kapitel 7

VON DÜNGER UND
MODERNER WISSENSCHAFT

Das am längsten laufende Experiment der Wissenschaftsgeschichte begann vor mehr als 170 Jahren auf Feldern 50 Kilometer nordwestlich von London.[1] Das Pflanzenwachstum faszinierte John Bennet Lawes seit seiner Kindheit. Während seines Studiums in Oxford begann er, auf dem Familienanwesen Rothamsted Heilpflanzen anzubauen, aber schon bald galt sein Hauptinteresse der Entwicklung von Methoden zur Produktivitätssteigerung in der Landwirtschaft. Dies führte zu Experimenten mit »Kunstdünger«, und mit dreißig Jahren hatte John Lawes ein Unternehmen gegründet, das den Aufstieg der Kunstdüngerindustrie einleitete.[2]

Im Jahr 1843 beschloss Lawes, sein Anwesen in eine landwirtschaftliche Forschungsstation umzuwandeln (die lange Zeit als die Rothamsted Experimental Station bekannt war, aber kürzlich in Rothamsted Research umbenannt wurde). Er stellte den Chemiker Joseph Henry Gilbert ein, und gemeinsam heckten sie den Plan aus, die Felder von Rothamsted als Testgelände für Experimente zu den Auswirkungen verschiedener Düngemittel auf das Pflanzenwachstum zu nutzen. In den folgenden 15 Jahren unternahmen sie zahlreiche Versuche, von denen sieben bis heute fortgeführt werden. Bei diesen Experimenten wird die Effizienz von verschiedenen Düngern, Fruchtwechseln und Ernteplänen auf Pflanzen wie Weizen, Gerste, Rüben und Kartoffeln untersucht.

Diese Experimente hatten enorme Bedeutung für die Entstehung der modernen Landwirtschaft. Als Lawes 1900 starb, schrieb die Londoner *Times:*

Wenn man den Umfang der Untersuchungen, die in Rothamsted erfolgreich durchgeführt wurden, auch nur andeuten wollte, würde man de facto die Geschichte des Fortschritts der landwirtschaftlichen Chemie im letzten halben Jahrhundert zusammenfassen. ... Sir John Lawes war einer der größten Wohltäter der Landwirtschaft – vielleicht sogar der größte –, den die Welt je gesehen hat. Seine experimentelle Forschung und seine Zielstrebigkeit kombiniert mit einem außergewöhnlichen Genie ermöglichten ihm die Entdeckung großer Wahrheiten, die entscheidenden Einfluss auf den Fortschritt der Landwirtschaft hatten.

Lawes und Gilbert begannen ihr letztes Experiment – das heute als Park Grass Experiment (PGE) bekannt ist – im Jahr 1856 auf einer drei Hektar großen Wiese. Anders als bei den anderen Experimenten ging es beim PGE nicht um eine Untersuchung der Faktoren, mit denen sich die Produktion einer bestimmten Feldfrucht maximieren ließ, sondern um die Erntemenge von Heu. Damals fütterten Bauern ihr Vieh vor allem mit Heu, sodass gute Heuernten ebenso wichtig waren wie die Ernte von Feldfrüchten, die sie auf dem Markt verkaufen konnten.

Großstädter wie ich denken bei dem Wort »Heu« sofort an Heuballen, auf denen man vielleicht bei einer Traktorfahrt als Kind während der Ferien auf dem Land saß. Wie wahrscheinlich viele andere Großstädter auch, wusste ich nicht, dass Heu einfach alle Pflanzen bezeichnet, die auf einem offenen Feld wachsen, gemäht, getrocknet und an Vieh verfüttert werden. Neben Alfalfa und Klee kommen viele verschiedene Grassorten in Heu vor.

Anders als bei den anderen Rothamsted-Experimenten wurde beim PGE nicht jedes Jahr oder alle paar Jahre etwas angepflanzt. Stattdessen begann das Experiment mit einem langen, schmalen Feld, das seit mindestens einem Jahrhundert für die Heuproduktion genutzt worden war. Auf diesem Feld wuchsen viele verschiedene Pflanzenarten. Lawes und Gilbert teilten das Feld in 13 Streifen ein, jeweils 20 Meter breit, und brachten unterschiedliche Düngermischungen auf jedem Stück Land aus. Zwei Versuchswiesen wurden gar nicht gedüngt und dienten als Kontrolle. Die Düngung wurde regelmäßig (jedes Jahr oder seltener) wiederholt.

Mit diesem Experiment sollte vor allem die Effizienz künstlicher Düngemittel im Vergleich zu traditionellen Düngern, wie sie die Bauern verwendeten, bewertet werden. Dafür wurden die Versuchswiesen mit unterschiedlichen Düngern behandelt. Die meisten erhielten Mischungen von anorganischen Chemikalien (z. B. Ammonium, Magnesium, Kalium und Natrium). Auf anderen wurden Kombinationen aus Stalldünger, Geflügelmistkügelchen und Fischmehl ausgebracht.

Anfangs wuchs eine große Pflanzenvielfalt auf den Wiesen, die sich kaum voneinander unterschieden. Im Gegensatz zu anderen Rothamsted-Experimenten wurde dieses Land nicht neu eingesät; stattdessen ließ man der Natur ihren Lauf.

Das Park Grass Experiment läuft inzwischen seit mehr als eineinhalb Jahrhunderten. Manche Aspekte des Experiments wurden in der Zwischenzeit allerdings leicht verändert. Die Versuchswiesen, die im Jahr 1856 eingerichtet wurden, machen den Hauptteil des Experimentgeländes aus, aber in den folgenden 16 Jahren wurden sieben weitere Stück Land im Süden und Westen des Feldes hinzugefügt, sodass sich die Zahl der Versuchswiesen auf insgesamt 20 erhöhte. Daneben gab es noch ein paar weitere Veränderungen, die größte davon im Jahr 1903. Damals wurden alle Versuchswiesen noch einmal geteilt. Beide Hälften erhielten weiterhin dieselbe Düngung, die sie seit 1856 erhalten hatten, aber zusätzlich wurde auf einer der beiden Hälften Kalk ausgebracht, der den Säuregehalt im Boden verringerte.

Die Rothamsted-Experimente bewiesen sehr schnell Lawes' und Gilberts Theorie, dass Kunstdünger den Ertrag der Heuernte ebenso verbesserten wie Naturdünger. Aber das Park Grass Experiment bewies ebenso schnell etwas, das sie nicht erwartet hatten. Die Artenzusammensetzungen auf den unterschiedlichen Versuchswiesen, die sich anfangs kaum unterschieden hatten, entwickelten sich langsam auseinander; manche Arten verschwanden von einzelnen Wiesenstücken. Diese Veränderung in der Artenzusammensetzung ereignete sich so rasch und war so dramatisch, schrieben Lawes und Gilbert, dass »das Experimentgelände [nach nur zwei Jahren] fast so aussah, als würde auf jedem Landstück nicht nur mit verschiedenen Düngern experimentiert, sondern auch mit verschiedenen Saaten«.[3]

Eineinhalb Jahrhunderte später sind diese Unterschiede so offensichtlich, dass sie sogar auf Satellitenbildern zu erkennen sind. Die einzelnen Landstücke liegen nebeneinander, haben aber deutlich unterschiedliche Farben: dunkelgrün, hellgrün, manche fast weiß, andere leicht bräunlich.* Auf der Erde sind diese Unterschiede sogar noch deutlicher sichtbar. Mit den Jahren führten die meisten Düngerexperimente zu einem Rückgang der Artenanzahl auf diesen Landstücken. Viel Dünger verschaffte den am schnellsten wachsenden Pflanzen einen Vorteil vor den anderen Arten, die zum Großteil verdrängt wurden. Zusätzlich erhöhen manche Dünger den Säuregehalt des Bodens erheblich, sodass viele Arten, die unter diesen Bedingungen nicht wachsen können, ausstarben.

Machen wir mal einen Rundgang durch das PGE. Feld Nummer drei ist ein Kontrollfeld, das seit 150 Jahren in Ruhe gelassen wurde, der Boden dort ist mit keinerlei zusätzlichen Nährstoffen verschmutzt. Im Juni herrscht dort eine Vielfalt an Farben und Strukturen. Rot, gelb, grün; Blüten und Stiele in allen möglichen Formen und Größen. Die Grassorte Rotschwingel ist der Star dort. Sie dominiert das Feld, aus den starren Stielen wachsen lange, rotviolette Blütendolden. Aber daneben wachsen noch mehrere Dutzend andere Grassorten und auch Kräuter, manche mit großen und schönen Blüten.[4]

Das ist eine typische Vegetation für eine Heuwiese, und früher sah die ganze Wiesenfläche so aus. Aber auf den meisten anderen Versuchsfeldern gibt es diese Vielfalt nicht mehr. Auf manchen Stücken ist die Vegetation dichter und höher, aber ihre Zusammensetzung ist wesentlich homogener. Feld Nummer eins, ganz in der Nähe, bekommt zum Beispiel seit Beginn

---

* Wer sich das selbst anschauen will, muss bei Google Earth nur »Rothamsted Estate« eingeben. Dank des Wunders Internet schwebt man dann sofort über der Landschaft von Hertfordshire. Wenn man das Bild heranzoomt, sieht man kleine digitale Post-its unten und links neben dem Anwesen. Wenn man den Mauszeiger darüber bewegt, erscheint die Aufschrift »Park Grass Experiment«. Bei etwas größerem Zoom erkennt man die Experimentfelder.

Ein Versuchsfeld im Park Grass Experiment

des Experiments jedes Jahr eine Dosis Stickstoff und andere Mineralien. Inzwischen wachsen dort nicht mehr viele Arten. Verschiedene Grassorten dominieren das Feld und wachsen höher und kräftiger als der Rotschwingel auf Feld drei. Wenige Blumen lugen hier und da hervor.

Feld Nummer neun wird seit 150 Jahren mit Ammoniumsulfat behandelt. Der Boden wurde so sauer, dass nicht nur die meisten Pflanzenarten verschwunden sind, sondern auch Würmer und andere unterirdische Bodenbewohner. Heute wachsen dort nur noch drei Pflanzenarten; beim Blick über Feld Nummer neun sieht man vor allem die fedrig-haarigen Spitzen von Ruchgras, eine Art, die auf fast allen PGE-Feldern vorkommt.

Die unterschiedlichen Düngerbehandlungen haben die PGE-Versuchsfelder auf vielfältige Weise verändert, vor allem die Bodenbeschaffenheit, das Wachstum der Pflanzen und die Möglichkeiten des Zusammenlebens verschiedener Arten. Seit den Tagen von Lawes und Gilbert wurden die Unterschiede zwischen den Feldern auf diese ökologischen Phänomene zurückgeführt, ob eine Art die Bedingungen in einem Feld ertrug und ob sie mit den anderen Arten, die dort vorkamen, überleben konnten.

Mehr als ein Jahrhundert lang kam niemand auf die Idee zu fragen, ob vielleicht die Evolution beeinflusste, welche Unterschiede zwischen den Feldern entstanden, ob Populationen derselben Art sich auf den unterschiedlichen Feldern an die Bedingungen vor Ort anpassten. Warum hätte man diese Frage auch stellen sollen? Die vorherrschende Meinung war immer noch Darwins Theorie vom Zeitlupentempo der Evolution. Außerdem lagen die Versuchsfelder direkt nebeneinander, manchmal nur wenige Zentimeter voneinander entfernt. Nach damaligem Wissensstand verhinderte der genetische Austausch zwischen den Populationen – der sogenannte »Genfluss« – eine Divergenz der Arten. Die Gene wurden durch Blütenpollen ausgetauscht, die Pflanzen feldübergreifend bestäubten, oder durch Samen, die vom Wind über die Feldgrenzen getragen wurden, sodass die Populationen genetisch homogen blieben.

Der junge Botaniker Roy Snaydon war davon allerdings nicht völlig überzeugt. In den 1950er-Jahren, als Snaydon in Wales sein Aufbaustudium begann, wurde Botanikern gerade erst bewusst, dass Pflanzen sich schnell weiterentwickeln konnten, auch wenn sie nicht isoliert waren. Sein Doktorvater Tony Bradshaw veröffentlichte gerade seinen heutigen Klassiker über die Evolution von Schwermetalltoleranz bei Pflanzen, die auf alten, aufgegebenen Erzgruben wuchsen. Bradshaw fand heraus, dass der Boden über ehemaligen Kupfer-, Blei- und Zinkminen (die teilweise aus römischer Zeit oder sogar aus der Bronzezeit stammten) stark mit Schwermetallen belastet war, die für die meisten Pflanzen giftig sind. Dennoch wuchsen manche Arten dort. Bradshaw erkannte, dass die Pflanzen, die bei diesen Minen wuchsen, sich seit dem Abbaubeginn dort an die giftigen Lebensbedingungen angepasst haben mussten. Dies war eines der ersten Beispiele für schnelle Evolution in der Natur.

Die Minenpflanzen hatten sich nicht nur schnell weiterentwickelt, sondern sich auch trotz des Genflusses angepasst. Nur wenige Meter von den Schlackenbergen entfernt fielen die Metallkonzentrationen stark ab. Bradshaw und seine Studenten entdeckten, dass Pflanzen derselben Art, die auf dem unbelasteten Boden in der Umgebung wuchsen, auf der verseuchten Erde nicht überlebten. Die Minenpflanzen hatten eine Schwermetalltoleranz entwickelt, obwohl sie von metallintoleranten Pflanzen umgeben waren, deren Pollen und Samen mit ihren metallintoleranten Genen ständig auf das Gelände geweht wurden. Offensichtlich wirkte der Genfluss nicht so homogenisierend, wie allgemein angenommen worden war.

Snaydon trat mit seiner Doktorarbeit in Bradshaws Fußstapfen. Er dokumentierte die Anpassung von Weißklee und Schafschwingel, einer verbreiteten Grassorte, an verschiedene chemische Zusammensetzungen im Boden. Nach dem Abschluss seiner Doktorarbeit bekam Snaydon eine Lehrstelle an der Universität Reading und erfuhr dort von Rothamsted, das 80 Kilometer nordöstlich lag. Daraufhin fuhr er jedes Jahr mit einigen ausgewählten Studenten dorthin und kam dabei auf eine Idee. Snaydon erkannte im Park Grass Experiment eine Möglichkeit, die Theorie, dass die Bodenchemie, auch über kurze Distanz und in kurzer Zeit, die evolutionäre Divergenz von Pflanzen vorantreiben kann, experimentell auf die Probe zu stellen. In diesem Fall hielt er es für möglich, dass die Unterschiede zwischen den Versuchsfeldern des Park Grass Experiments zum Teil auf die adaptive Divergenz von Mitgliedern derselben Arten auf die unterschiedlichen Bedingungen in den einzelnen Feldern zurückzuführen waren.

Dabei gab es nur ein Problem: Für die Mitarbeiter von Rothamsted waren die Versuchsfelder – damals bereits 100 Jahre alt – heiliger Boden. Nur wenige ausgewählte Mitarbeiter durften dort überhaupt Material sammeln oder Forschungen durchführen. Die leitende Wissenschaftlerin, Joan Thurston, und das zuständige Komitee sahen Snaydons Antrag kritisch, aber er kam zur richtigen Zeit. Das Komitee erwog, die Experimente abzubrechen, weil die Mitglieder der Meinung waren, sie könnten keine weiteren Erkenntnisse liefern. Was schadete es dann, wenn der Professor auf ein paar Versuchsfeldern arbeitete? Snaydon wurde vor das Komitee geladen und intensiv befragt. Schließlich erhielt er die Erlaubnis, wenn auch widerstrebend, er durfte eine begrenzte Anzahl Samen sammeln. Thurston schaute ihm dabei genau auf die Finger, damit er die erlaubte Menge nicht überschritt.

Bei dem Test, ob sich die Pflanzen in den einzelnen Feldern auseinanderentwickelt hatten, konzentrierte sich Snaydon auf Ruchgras, das auf allen Versuchsfeldern wuchs. Zunächst wählte er drei Felder aus, die seit Beginn des Experiments im Jahr 1856 mit verschiedenen chemischen Mischungen gedüngt worden waren. Damit umfasste die Studie sechs Teilfelder mit stark unterschiedlichem Mineraliengehalt und Bodensäuregrad, denn auf den südlichen Hälften aller Felder wurde seit 50 Jahren Kalk ausgebracht. Snaydons Hypothese besagte, die Graspopulationen hätten sich in den vergangenen 100 Jahren auseinanderentwickelt, um sich an die jeweiligen Lebensbedingungen anzupassen.

Sie hatten sich tatsächlich auseinanderentwickelt. Snaydon fand mit der Hilfe seines Studenten Stuart Davies erhebliche Unterschiede zwischen den Ruchgraspflanzen auf den verschiedenen Versuchsfeldern. Auf manchen lag das Gesamtgewicht (der »Ertrag«) des Grases um 50 Prozent höher als auf anderen; auch die Pflanzenhöhe variierte entsprechend. Für eine Überprüfung der genetischen Unterschiede pflanzten die Forscher Samen von verschiedenen Feldern nebeneinander an (ein Common-Garden-Experiment im wörtlichen Sinn!). Die Gräser wuchsen unter identischen Bedingungen in einem Forschungsgarten der Universität heran und bildeten bei mehreren Merkmalen Unterschiede aus: beim Blütengewicht, der Blattgröße und der Anfälligkeit für Mehltau. Damit wurde gezeigt, dass die Unterschiede zwischen den Versuchsfeldern eine genetische Basis hatten.

Dass es genetische Unterschiede zwischen den Versuchsfeldern gab, bewies allerdings noch nicht, dass es adaptive Veränderungen waren – es hätte sich auch um zufällige genetische Fluktuationen handeln können, die in kleinen Populationen vorkommen. Um die Hypothese von der Anpassung unmittelbar zu überprüfen, pflanzten Snaydon und Davies Pflanzen unter einer Vielfalt unterschiedlicher Bodenbedingungen an. Wie erwartet wuchsen die Pflanzen am besten auf Böden mit derselben chemischen Zusammensetzung wie ihr Geburtsfeld. Jetzt gingen Snaydon und Davies noch einen Schritt weiter und setzten Pflanzen, die im Garten gewachsen waren, wieder auf den Versuchsfeldern ein. (Inzwischen war der wissenschaftliche Gewinn aus dieser Arbeit so offensichtlich, dass das Versuchsfeldkomitee den beiden Forschern mehr Freiheiten bei der Arbeit einräumte.) Und tatsächlich wuchsen die Pflanzen auf ihren Heimatfeldern viel besser als auf

Ruchgras

Feldern mit anderer Bodenchemie und anderen Vegetationsmerkmalen. Damit gab es nur eine Schlussfolgerung: Im Laufe eines Jahrhunderts hatten sich Pflanzen an die Bedingungen in ihren Versuchsfeldern angepasst.

Snaydon ließ auf diese erste Forschungsarbeit weitere Studien folgen, von denen zwei besonders bemerkenswert waren. Zunächst beschäftigten sich er und Davies mit den Grenzen zwischen zwei Feldpaaren: Bei einem waren die beiden Teile seit 112 Jahren unterschiedlich gedüngt worden, beim anderen Paar seit 60 Jahren. Die Forscher verglichen die Pflanzen zu beiden Seiten dieser Feldgrenzen, die nur wenige Zentimeter von Pflanzen entfernt standen, die auf einem Boden mit anderer chemischer Zusammensetzung wuchsen. Später betrachtete Snaydon mit Tom Davies, einem anderen Studenten (der nicht verwandt mit Stuart war), fünf weitere Felder, die nur sechs Jahre zuvor geteilt worden waren. Eine Seite wurde seither mit Kalk bestreut, die andere nicht. In allen Fällen entsprachen die Ergebnisse jenen von der ersten Untersuchung. Die Populationen hatten sich rasch und in kurzem räumlichem Abstand auseinanderentwickelt.

Snaydon und Davies wollten vor allem wissen, ob und wie schnell sich Populationen anpassten. Daher waren die meisten Daten, die sie sammelten und veröffentlichten, nicht direkt auf die Frage nach der Vorhersagbarkeit von Evolution ausgerichtet. Leider ist es auch unmöglich, heute, 30 bis 40 Jahre später, relevante Informationen aus den Forschungsberichten herauszulesen.

Doch zumindest in einer Hinsicht zeigten Snaydon und Davies, dass die Anpassung von Pflanzen nicht nur schnell ablief, sondern auch überaus wiederholbar war. Wegen der unterschiedlichen Bodenzusammensetzung unterschied sich die Wuchshöhe der Pflanzen auf den verschiedenen Feldern deutlich. Auch hier passte sich das Ruchgras an die verschiedenen Varianten an: Auf Feldern, wo die anderen Pflanzen sehr hoch wurden, wuchs auch das Ruchgras höher und gerader – um mehr Sonne abzukriegen – und entwickelte eine höhere Schattentoleranz als Ruchgras auf Feldern mit niedriger Vegetation.

Die Behauptung, eine neue Theorie oder ein neuer Ansatz sei in einem bestimmten wissenschaftlichen Text erstmals beschrieben worden, ist stets gefährlich. Irgendjemand findet immer eine obskure Quelle, die noch früher veröffentlicht wurde. Aber in diesem Fall wage ich zu behaupten, dass in den Studien von Snaydon und Davies zum ersten Mal gezeigt wurde, dass langfristige Evolution in der Natur durch Experimente untersucht werden kann.

Die Texte von Snaydon und Davies über das Park Grass Experiment erschienen zwischen 1970 und 1982, also genau zu der Zeit, als man in der Ökologie erkannte, dass ein experimenteller Ansatz gebraucht wurde, und als man in der Evolutionsbiologie anerkannte, dass Evolution auch schnell ablaufen kann. Daher könnte man erwarten, dass diese Arbeit eine bedeutende Rolle in der Vereinigung dieser beiden Perspektiven gespielt hätte, als Startschuss für Feldexperimente in der Evolutionsforschung.

Aber das war nicht der Fall. Die Texte gerieten nicht in Vergessenheit, aber bis vor Kurzem kannten sie, außer Experten in der Pflanzenevolution, nur wenige – ich selbst erfuhr erst im Rahmen meiner Recherchen für dieses Buch von ihnen. Diese Texte werden üblicherweise zitiert, wenn es um die Divergenz von Pflanzen über kurze Distanz als Reaktion auf unterschiedliche Selektionsdrucke geht. Dieses Phänomen hatte Snaydons Doktorvater Tony Bradshaw erstmals beschrieben. Gelegentlich wird der Aspekt der schnellen Evolution in der Arbeit hervorgehoben, aber bis vor Kurzem wurde sie nur selten als Beispiel dafür angeführt, wie Evolution in natürlicher Umgebung experimentell untersucht werden kann.

In den letzten zehn Jahren hat sich das geändert. Im Jahr 2007 lenkte eine einflussreiche Überblicksarbeit über ökologische Experimente, mit denen Evolution erforscht wurde, die Aufmerksamkeit auf das Park Grass Experiment. Heute wird das PGE bei populärwissenschaftlichen Artikeln neben Reznicks Guppy-Forschung genannt. Und derzeit untersuchen Molekularbiologen die Ruchgraspopulationen des PGE, weil sie herausfinden wollen, ob in dem Gras bei der Anpassung an neue Bodenbedingungen mehrfach dieselben genetischen Veränderungen aufgetreten sind. Es hat zwar vierzig Jahre gedauert, aber heute hat das fortlaufende Experiment in Rothamsted seinen Platz im entstehenden Pantheon der Feldexperimente zur Evolution eingenommen.

Die Wissenschaftler brauchten lange, bis sie die Bedeutung von Snaydons Arbeit erkannten, aber bei den Untersuchungen von Endler und Reznick war es genauso. Deren Arbeit zeigte deutlich, dass Evolution in freier Natur mit Experimenten studiert werden kann. Häufig löst eine neue Methode einen Goldrausch in der wissenschaftlichen Forschung aus. Ganze Horden von Forschern passen dann den neuen Ansatz an, um eine Vielzahl offener Fragen im Fachbereich zu beantworten. Die Guppy-Experimente waren innovativ und erregten viel Aufmerksamkeit. Auf sie folgte innerhalb kurzer Zeit … sehr wenig. Unsere Arbeit mit den Anolis-Eidechsen – die nach dem Vorbild von Snaydon auf der Grundlage von ökologischen Experimenten begann, dann aber zur Etablierung völlig neuer Experimente führte – war eines von sehr wenigen Feldexperimenten zur Evolution, die vor dem Ende des Jahrhunderts durchgeführt wurden. Erst 20 Jahre nach Endlers und 30 Jahre nach Snaydons ersten Arbeiten setzte der Run auf die Evolutionsexperimente schließlich doch noch ein.

Bei manchen dieser Studien wurden, nach dem Vorbild Snaydons, langfristige ökologische Feldexperimente unter das Evolutionsmikroskop gelegt. Die bekannteste von ihnen wurde in Silwood Park, einem weiteren alten Anwesen, etwa 60 Kilometer südwestlich von Rothamsted, durchgeführt.[5] Dort hatte der Ökologe Mick Crawley seit über 20 Jahren alle Kaninchen von kleinen Wiesenstücken ferngehalten, was enorme Auswirkungen auf die Vegetation hatte; das sah man beim ersten Blick auf beide Seiten des Trennzaunes, der diese eingezäunten Wiesen von einem Kontrollfeld trennte, auf dem Kaninchen grasten. Draußen war die Vegetation sehr kurz und sah aus wie ein gepflegter Rasen. Blumen gab es nur wenige und damit auch kaum Blumensamen. Innerhalb des Zauns sah die Welt völlig anders aus: Wollige Pflanzen wucherten wild. Blumen wuchsen im Überfluss; Samen sorgten für die nächste Generation. Im Lauf der Jahre behielten die Kaninchenwiesen ihren gepflegten Rasencharakter, aber die eingezäunten Stücke wurden immer wilder. Nach fünf Jahren wuchs dort vor allem Gras in Büscheln; manche kaninchenfreie Wiesen wurden von Sträuchern überwuchert. Nach einiger Zeit verwandelten sich viele dieser Wiesen in Miniwälder.

Aber wie in Rothamsted vor Snaydon, hatte auch in Silwood Park niemand die Frage nach der Evolution gestellt, ob sich Pflanzen auf den eingezäunten Stücken an ihre völlig anderen Umweltbedingungen anpassten. Bis Marc Johnson kam, ein kanadischer Evolutionsökologe, der heute an der Universität Toronto lehrt. Alle paar Jahre initiierten Forscher in Silwood Park neue Experimente, die alten wurden aber weitergeführt. So entstanden Wiesenstücke, von denen Kaninchen bereits unterschiedlich lange ferngehalten worden waren. Johnson klinkte sich bei einem dieser Stücke ein und stellte eine zweiteilige Prognose auf: Die Pflanzen passten sich daran an, dass nicht gegrast wurde, und der Anpassungsgrad nahm zu, je länger Kaninchen von einem Wiesenstück ausgesperrt waren.

Nash Turley, ein Student Johnsons, übernahm die Leitung des ersten Teils des Projekts. Turley beschäftigte sich mit Sauerampfer, einer schmalen, hochwachsenden Pflanze mit auffälligen roten Blüten, die wegen ihres würzigen Geschmacks häufig als Salatpflanze angebaut wird. Turley maß, wie schnell die Pflanzen im Gewächshaus wuchsen, und stellte eine sehr starke Tendenz fest: Je länger ein Stück Land frei von Kaninchen war, umso langsamer wuchsen die Pflanzen. Im Verlauf eines Vierteljahrhunderts hatte die Wachstumsgeschwindigkeit ohne Kaninchen um 30 Prozent abgenommen.

Vom Erfolg dieser Studie angespornt, untersuchten Johnson und Turley daraufhin, mit Unterstützung der jungen Studentin Teresa Didiano, weitere Pflanzenarten. Drei oder vier Arten – allesamt Grassorten – wiesen Zeichen von Anpassung auf. Beispielsweise nahm die Blattzahl beim Rotschwingel ab, je älter das Versuchsfeld war. Alle drei Arten hatten sich daran angepasst, dass die Felder nicht abgegrast wurden, aber jeweils auf verschiedene Weise, bei unterschiedlichen Merkmalen. Vor allem wies die einzige Hochstaude, die Gras-Sternmiere, bei keinem Merkmal eine eindeutige Tendenz im Zusammenhang mit dem Alter des Versuchsfelds auf.

Wie man die Ergebnisse dieser Studie beurteilt, hängt davon ab, ob man ein Mensch ist, für den das Glas halb voll oder halb leer ist. Bei den Versuchen in Silwood Park entwickeln sich Populationen einer Art als Reaktion

darauf, dass sie nicht mehr abgegrast werden, überwiegend auf vorhersagbare Weise: Je länger sie in Freiheit leben, umso umfangreicher sind die Anpassungen an den kaninchenfreien Lebensstil. Aber beim artenübergreifenden Vergleich waren die Anpassungen nicht vorhersagbar – unterschiedliche Arten entwickelten verschiedene Reaktionen auf dieselben Umweltbedingungen.

Etwa zur selben Zeit, als Johnson und andere die ökologischen Experimente umwidmeten, richteten Evolutionsbiologen endlich in größerer Zahl Feldexperimente ein, mit denen gezielt die Evolution untersucht werden sollte. Es gibt eine Vielzahl unterschiedlicher Versuche, alle faszinierend. Marc Johnson und Kollegen an der Cornell-Universität pflanzten die Gemeine Nachtkerze auf Versuchsfeldern an, auf denen pflanzenfressende Insekten mit Insektenvernichtungsmitteln ausgerottet worden waren. Alle acht Nachtkerzen-Populationen ohne Fressfeinde entwickelten sich innerhalb von drei Jahren parallel, sie blühten früher und steckten im Vergleich zu Nachtkerzen auf Feldern mit Insekten weniger Verteidigungschemikalien in ihre Samen.[6]

Andere Studien beschäftigten sich damit, wie sich Würmer in einer menschengemachten Umgebung mit ungewöhnlich warmem Boden (durch den der Klimawandel imitiert wurde) anpassten oder ob Insekten rasch Tarnmuster entwickeln, wenn man sie in kleine Versuchsfelder mit unterschiedlicher Vegetation setzt.[7] Weitere Studien sind derzeit noch nicht abgeschlossen.

Aufregend ist jedoch vor allem der nächste Schritt – Turbo-Feldexperimente zur Evolution. Dann werden keine Eidechsen mehr auf winzigen unbewohnten Inseln ausgesetzt oder landwirtschaftliche Felder benutzt. Experimentelle Evolutionsforscher heute sind ehrgeizig.

Kapitel 8

EVOLUTION IN SCHWIMMBECKEN
UND SANDKÄSTEN

Beim Flug über das südliche Ende des Campus der Universität von British Columbia in Vancouver sieht man zwanzig aquamarinfarbene Rechtecke. Sie sind in vier Reihen nebeneinander angelegt, ihre blaue Farbe verrät, dass sie voller Wasser sind, an einem Ende tiefer als am anderen, erkennbar an der helleren Farbe am seichten Ende. Wer diese zwanzigteilige, himmelblaue Anlage betreibt, weiß noch nicht einmal Google. Dolph Schluter kennt die Antwort. Der schmächtige, ewig grinsende, aber etwas schüchterne Kanadier wirkt zwar eher wie ein netter Biobauer als ein brillanter Wissenschaftler, ist jedoch der führende Evolutionsbiologe seiner Generation. Es sind seine Wasserbecken, und er kümmert sich um ihre Bewohner.[1]

In Schluters Kindheit deutete nichts darauf hin, dass er eines Tages ein Wasserimmobilienmogul werden und einen Komplex für Evolutionsexperimente entwerfen würde, der weltweit seinesgleichen sucht. Die Natur hatte ihn schon immer interessiert, und er finanzierte sein Studium durch Hilfsarbeiten bei Feldversuchen mit kanadischen Schnappschildkröten. Kurz vor seinem Collegeabschluss bekam er die Zusage für einen Job bei der Erfassung der Säugetiere in Alberta. Doch im letzten Moment hörte er einen brillanten Forschungsvortrag über Kolibri-Ökologie und stellte fest, dass er Wissenschaftler werden wollte. So begann er seine Doktorarbeit.

Doch er wählte nicht irgendein Doktorandenprogramm, sondern die Universität von Michigan, sein Doktorvater dort war kein Geringerer als Peter Grant, der Finken-Guru. Kurze Zeit später setzte Schluter seine Ideen bereits auf den Galapagosinseln um und untersuchte dort, wie sich Darwinfinkenarten anpassen, um verschiedene Ressourcen nutzen zu können. Seine detaillierten Berichte sind heute Klassiker, sie werden in Fachbüchern erwähnt und veränderten, wie Biologen die adaptive Radiation untersuchen.[2]

Aber nach dem Abschluss seiner Doktorarbeit suchte Schluter nach einem neuen Organismus, den er untersuchen konnte. Darwinfinken waren toll, aber von Kanada zu den Galapagosinseln war es ein weiter Weg. Vor allem aber wollte Schluter Experimente durchführen; er wollte nicht nur aufgrund von Mustern in der Natur Theorien aufstellen, sondern sie danach gleich noch experimentell überprüfen. Derartige Experimente wären mit Vogelarten nicht nur logistisch kompliziert, bei Darwinfinken wären sie, aufgrund der strengen Vorschriften des Galapagos-Nationalparks, sogar unmöglich.

Glücklicherweise lag die Antwort nahe. Der Dreistachlige Stichling war die perfekte Lösung: Dieser Fisch weist interessante evolutionäre Muster auf, lässt sich in freier Natur und im Labor einfach untersuchen und handhaben und ist in den Seen von British Columbia weit verbreitet. Damals war der Stichling bei Evolutionsbiologen kaum bekannt, aber heute gilt der Fisch als beispielhafter Organismus für Evolutionsstudien – und das verdankt er überwiegend Schluters Arbeit.

Stichlinge kommen auf der ganzen nördlichen Erdhalbkugel vor, aber in mehreren Seen in British Columbia tun die Fische etwas, das nirgendwo sonst geschieht. An den meisten Orten findet man nur eine Art Dreistachliger Stichling. Aber in fünf Seen von British Columbia gibt es zwei Arten, eine stromlinienförmige, schnell schwimmende Art, die im offenen Gewässer fernab der Küsten vorkommt, und eine zweite, rundliche, langsamere Art, die sich auf dem Grund in Küstennähe aufhält. Die Arten unterscheiden sich phänotypisch. Die Art in den offenen Gewässern hat eine Panzerung an beiden Seiten und lange, schmale Kiefer, die der Fisch blitzschnell ausfahren kann, um nach Beute zu schnappen; im Gegensatz dazu hat der Seegrundbewohner keine Panzerung, aber kräftige Kiefer, mit denen er Beute aus den Sedimenten und angrenzender Vegetation saugt.

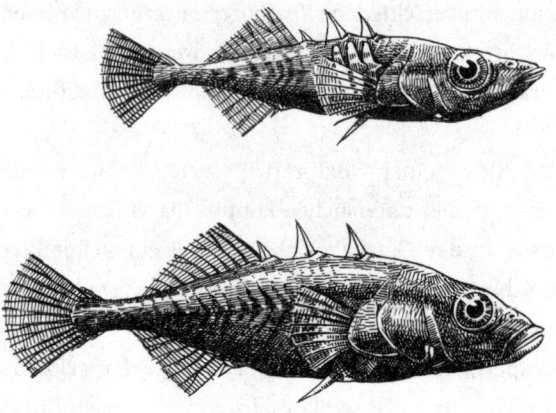

Dreistachlige Stichlinge aus dem Tiefenwasser (oben) und
aus Ufernähe (unten)

Schluters Kollegen von der Universität von British Columbia zeigten per
DNA-Vergleich, dass diese beiden Typen – der Tiefwasserfisch und der
Seegrundbewohner – sich in allen fünf Seen unabhängig voneinander entwickelt hatten und damit das gleiche Muster von wiederholter adaptiver
Radiation aufwiesen wie die Anolis-Eidechsen in der Karibik. In allen anderen Seen nutzt eine einzige Art des Dreistachligen Stichlings beide Habitate und weist eine Körperform auf, die einer Zwischenstufe der beiden
anderen Arten entspricht. Gleichzeitig kommen die Frischwasser- und die
Seegrundart in den fünf Seen nie einzeln vor, sondern nur gemeinsam.

Wachstums- und Ernährungsstudien im Labor und in freier Natur zeigten, dass die Fische aus den Seen mit nur einer Art Generalisten sind, also
überall leben können, aber in keinem Habitat besonders erfolgreich sind.
Die beiden anderen Arten haben sich auf ein bestimmtes Habitat spezia-
lisiert.

Nach Schluters Hypothese brachte der Wettbewerb um Nahrung diese
Muster hervor. Wenn zwei Arten zusammen auftreten, dann drängt der natürliche Selektionsdruck die beiden Arten, sich auseinanderzuentwickeln,
sich auf verschiedene Habitate zu spezialisieren und so den Wettbewerb
untereinander zu minimieren. Wenn jedoch nur eine Art anwesend ist,

dann werden Fische bevorzugt, die einen phänotypischen Mittelweg darstellen und alle Habitate nutzen können.

Alle Daten passten zu dieser Hypothese, aber Schluter wollte mehr. Er wollte die Theorie direkt überprüfen, durch Experimente. Er plante, einen der Habitatspezialisten allein in ein leeres Wasserbecken einzusetzen. Laut seiner Hypothese müsste die Population, wegen fehlender anderer Habitatspezialisten, den evolutionären Rückwärtsgang einlegen und sich zu Generalisten zurückentwickeln.

Geeignete Wasserstellen zu finden war recht einfach. In Vancouver gibt es jede Menge künstliche Seen, in denen es keine Stichlinge gibt. Schluter begann daher mit einem Probelauf für das Projekt. Er holte die Genehmigung ein, Stichlinge in zwei Teiche auf Golfplätzen und in einen weiteren in einem Stadtpark einzusetzen, und siedelte Tiefwasserstichlinge dorthin um. Zunächst lief alles problemlos, aber ein Jahr später legte der Golfplatz einen der Seen trocken. Den beiden anderen Populationen geht es nach wie vor gut, aber Schluter kümmerte sich kaum um sie.

Denn kurz nach Beginn des Experiments bot die Universität von British Columbia ihm eine Lehrstelle an. Daraufhin änderte Schluter seine Meinung bezüglich der Golfplätze. Wäre es nicht toll, wenn er mehrere, weitgehend identische Teiche auf dem Universitätscampus anlegen könnte? Sie wären leicht zu erreichen und vor Fremdeinflüssen geschützt. Außerdem konnte den Fischen nicht aus Versehen ein verirrter Golfball auf den Kopf fallen.

Die Universität erteilte ihre Zustimmung, und die Anlage von 13 Teichen wurde in Auftrag gegeben. Sie waren jeweils 23 Meter lang und fielen stetig auf bis zu drei Meter Tiefe ab. In die Teiche wurden zunächst Pflanzen und Insekten aus einem nahe gelegenen See, in dem zwei Stichlingsarten leben, eingesetzt und dann in Ruhe gelassen. Um die Teiche herum wuchsen Bäume – mit der Zeit ein ansehnlicher Wald –, und Vögel siedelten sich an; schließlich sahen die Teiche völlig natürlich aus. Man vergaß fast, dass auf der anderen Seite der Campus der Universität lag.

17 Jahre lang maßen Schluter und sein Labor mithilfe der Teiche, wie sich die natürliche Selektion bei den Stichlingen auswirkte. Sie untersuch-

ten, welche Merkmale die Überlebenschancen erhöhten und warum Hybride zwischen den beiden Arten bei der Selektion im Nachteil waren. Die Arbeit war ein Riesenerfolg und machte Stichlinge zum Musterbeispiel für Divergenz durch den Wettbewerb um Nahrung. Doch der Großteil der Arbeit erstreckte sich über eine einzige Generation, maß deren Überleben und Fortpflanzung, nicht aber die generationsübergreifenden evolutionären Folgen. Die Zeit für ein Evolutionsexperiment war endlich gekommen.*

Zu Beginn der Studie fing Schluters Student Rowan Barrett – mehr über ihn später – in einer nahe gelegenen Lagune Seestichlinge. Süßwasserstichlinge stammen von Seestichlingen ab, die in Binnengewässern festsaßen, nachdem die Gletscher am Ende der letzten Eiszeit geschmolzen waren und die Landmasse von British Columbia sich hob. Seestichlinge haben eine stärkere Panzerung, sind an gemäßigtere Temperaturen angepasst und ähneln daher der Urpopulation der Süßwasserstichlinge.

Barrett setzte in drei Experimentteiche Seestichlinge ein, um zu überprüfen, ob sie sich ebenso an das Leben im Süßwasser anpassten, wie es die Nachkommen der ursprünglichen Seestichlinge in den echten Seen getan hatten. Die Ergebnisse bezüglich der Panzerung waren komplex und uneindeutig. Aber bei dem Experiment wurde noch ein weiteres Merkmal untersucht, das heute besonders relevant ist: Wie schnell passen sich Stichlinge an veränderte Klimabedingungen an? Die Wassertemperatur in Süßwasserseen schwankt stärker als im Ozean – sie sind im Sommer heißer und im Winter kälter. Würden sich die Seestichlinge an diese Extreme anpassen?

Um das zu untersuchen, zeichnete Barrett ein Standardmaß der Thermalbiologie auf, die obere und untere Temperaturgrenze, bei denen Fische die Fähigkeit verlieren, sich koordiniert zu bewegen. Bei der Untersuchung von See- und Süßwasserfischen stellte Barrett fest, dass sie sich bei der

---

* Tatsächlich war dies der zweite Versuch. Kurz nach Fertigstellung der Teiche hatte Schluter bereits ein Evolutionsexperiment durchgeführt, das jedoch gescheitert war. Danach konzentrierte er sich darauf, die Auswirkungen der natürlichen Selektion innerhalb einer Generation zu untersuchen.

Maximaltemperatur, die sie vertrugen, nicht unterschieden – aus irgendeinem Grund kommen Stichlinge mit sehr viel höheren Temperaturen klar, als ihre Habitate je erreichen. Bei der Toleranz niedriger Temperaturen gab es allerdings Unterschiede. Süßwasserfische sind noch bei bis zu fünf Grad Celsius kälterem Wasser funktionsfähig als Seefische. Diese Differenz entspricht fast exakt der Differenz der Kälte, die diese Fische in ihren jeweiligen Lebensräumen erleben. Daher beschäftigte sich Barrett ab sofort vor allem mit der Kälteanpassung – konnten die Fische eine höhere Kältetoleranz entwickeln?

Ja, konnten sie, und zwar ziemlich schnell.[3] Die kalten Winter forderten ihren Tribut, und die Tiere, die die Kälte nicht vertrugen, starben; folglich hatten sich die Fische in allen drei Teichen bereits nach zwei Jahren so entwickelt, dass sie viereinhalb Grad kälteres Wasser vertrugen als ihre Vorfahren aus dem Meer. Das entsprach fast der Kältetoleranz von Süßwasserstichlingen in British Columbia.

Diese bemerkenswert zügige und parallele Anpassung kam unerwartet, und Barrett, Schluter und ihre Mitarbeiter warteten gespannt darauf, was als Nächstes geschehen würde. Leider sahen sie auch die nächste Entwicklung nicht voraus. Der Winter 2008/2009 war der kälteste seit vier Jahrzehnten und überforderte die Fische. Alle starben, sodass die Langzeitstudie früher beendet war als geplant. Dennoch hatte das Experiment deutlich bewiesen, dass Evolutionsexperimente in dem Komplex aus Versuchsteichen durchführbar waren.

Doch alles Gute hat ein Ende, so auch Schluters Versuchsteiche. Die Teiche waren mit Plastikplanen ausgelegt worden, weil der Boden wasserdurchlässig war und das Wasser sonst einfach versickert wäre. Schluter war von Anfang an gewarnt worden, dass der Kunststoff eine Lebensdauer von zwanzig Jahren hatte und sich das Verfallsdatum rasch näherte. Sie hatten die Zeit gut genutzt, aber wie es weitergehen sollte, war unklar.

Manchmal geschieht guten Menschen Gutes. Schluter erhielt aus heiterem Himmel einen Telefonanruf der Universitätsverwaltung. Die Universität wollte das Land zurück und dort neue Wohngebäude hochziehen, die dann für Unsummen auf dem Immobilienmarkt von Vancouver verkauft werden konnten. War Schluter bereit, seine Operation an einen anderen Ort zu verlegen, wenn die Universität ihm beim Bau neuer Teiche half?

Die Frage war schnell beantwortet, und Schluter bekam nur einen Steinwurf von den alten Teichen entfernt (wo sich heute Luxuswohnungen, ein Craft-Beer-Pub, eine Musikschule und Restaurants befinden) einen brandneuen Teichkomplex für seine Stichlinge. Die neuen Teiche sind etwa so groß wie die alten, haben aber eine andere Form: Sie sind rechteckig statt quadratisch, sinken an einem Ende auf eine Tiefe von bis zu sechs Metern ab und ähneln damit noch mehr natürlichen Gewässern.

Der Bau dauerte mehrere Jahre, aber der »Artenbildungsbeschleuniger« (wie Schluter die Anlage scherzhaft bezeichnet, in Anlehnung an den Zyklotron im Teilchenphysiklabor auf der anderen Straßenseite, der subatomare Partikel auf extreme Geschwindigkeiten beschleunigt) ist heute voll in Betrieb. Die erste Multigenerationenstudie, bei der die Rolle von Fressfeinden auf die Ausbildung von Verteidigungsmerkmalen untersucht wurde, ist bereits beendet. Fünf Teiche wurden mit Stichlingen und Fressfeinden, in diesem Fall Cutthroat-Forellen, bestückt. In fünf anderen Teichen blieben die Stichlinge allein. Das Experiment erstreckte sich über fünf Generationen.

Während der neue Teichkomplex gebaut wurde, machte sich Schluter in eine neue Forschungsrichtung auf: Aus dem Feldbiologen wurde ein Genetiker. Schluter sequenzierte mit führenden Genomexperten in Stanford und anderswo das Genom des Dreistachligen Stichlings, was eine Identifizierung der Gene ermöglichte, die wichtige Merkmale bestimmen, etwa die Ausbildung von Panzerung und Stacheln.[4]

Aufgrund dieses neu entdeckten genetischen Wissens bekam das Teichexperiment einen zweiteiligen Ansatz: Evolution wurde nun auf der phänotypischen und der genetischen Ebene untersucht. Die Prognose lautete, dass die Anwesenheit von Fressfeinden die Ausbildung längerer Stacheln, durch die der Fisch schwerer zu schlucken war, und auch die Gene fördern würde, die für die Stachellänge verantwortlich waren.

Die Ergebnisse sind sehr vielversprechend, auch wenn die Studentin Diana Rennison bisher nur die Daten bis zur dritten Generation analysiert hat. Innerhalb einer Generation haben in den Teichen mit Fressfeinden Fische mit längeren Rückenstacheln eher überlebt als andere. Diese Selektion führt zu einer evolutionären Antwort: Die Populationen in Teichen mit Fressfeinden haben jetzt längere Rückenstacheln, mit entsprechenden Ergebnissen auf der genetischen Ebene. In diesen Populationen treten Genvariationen, die längere Rückenstacheln ausbilden, häufiger auf als in den anderen. Interessanterweise ist die Selektion bei der Länge der Beckenstacheln nicht so eindeutig, längere Stacheln werden nur in einem Teil der Teiche begünstigt – die Ursache für diese evolutionäre Unbestimmtheit ist nicht bekannt.[5]

Die experimentelle Erforschung der Stichlingsevolution steht noch ganz am Anfang, dennoch ähneln die Ergebnisse bereits jenen aus der Guppy-Forschung. Populationen passen sich auf überwiegend ähnliche Weise an neue Lebensumstände an, doch manche Merkmale sind nur bis zu einem gewissen Grad vorhersagbar. Die beiden Fischarten wurden in völlig verschiedenen Umgebungen beobachtet – die einen in natürlichen Wasserläufen in den Bergen von Trinidad, die anderen in annähernd identischen künstlichen Teichen in Vancouver. Umso erstaunlicher sind die Übereinstimmungen bei ihrer Anpassung.

Ein weiteres, groß angelegtes Evolutionsexperiment nahm im US-amerikanischen Inland Form an, noch während sich Schluters Teiche langsam füllten. Seit damals schmückt fast ein Kilometer Blech die Landschaft von Nebraska, wie eine Christo-Installation aus Metall, sie glitzert in der Sommersonne und leuchtet bei Sonnenuntergang orange. Der amerikanische Westen wird von allerlei Zäunen durchzogen, aber dieser ist einzigartig, eine massive, quadratische Wand aus Metall, in vier Quadrate unterteilt. Diese Anlage gibt es nicht nur einmal, sondern zweimal, fast 50 Kilometer voneinander entfernt auf unterschiedlich gefärbten Böden.

Die sanft geschwungenen Hügel und Grasebenen von Nebraska sind für ihren fruchtbaren Boden berühmt – braun, erdig, mit Pflanzen dicht an dicht. Die Footballmannschaft der staatlichen Universität dort heißt nicht umsonst Cornhuskers (Maisschäler). Doch nicht alles Land im Staat ist so

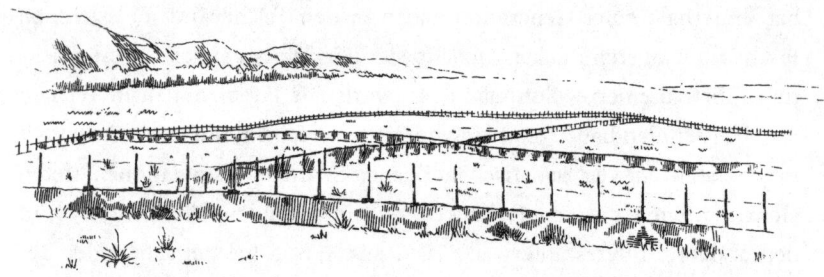

produktiv. Die Sandhills-Region, mit sandigem und hellem Boden, der aus Quarzkörnern besteht, die vor 8000 Jahren aus den Rocky Mountains gen Osten geweht wurden, macht etwa ein Viertel des Staates aus. Anbauen lässt sich dort kaum etwas, und der Großteil der Region wurde nie landwirtschaftlich genutzt.

Das bedeutet aber keineswegs, dass in den Sandhills nichts gedeiht. Ganz im Gegenteil, die Region verfügt über einen derart einzigartigen biologischen Reichtum, dass der World Wildlife Fund sie als eigene Ökoregion anerkannt hat. Die Flora und Fauna der Region ist nicht nur durch die geringe Fruchtbarkeit des Bodens geprägt, sondern auch durch seine helle Färbung. Überall auf der Welt entwickelten sich kleine Tiere passend zu ihrem Hintergrund, um so gut wie möglich zu verhindern, dass sie von Fressfeinden entdeckt werden. Auf alten Lavaströmen haben sich viel dunklere Eidechsen, Mäuse, Grashüpfer und andere Tiere entwickelt als anderswo. Entsprechend entstanden auf hellem Boden Tiere mit heller Färbung, um sich in den sandigen Untergrund einzufügen. Die Sandhills von Nebraska sind dabei keine Ausnahme – dort sind die Populationen vieler Arten heller als bei Tieren derselben Art auf dunklem Boden ganz in der Nähe.

Dieses Phänomen interessierte mich schon lange, seit meinem Studium am College, wo ich John Endlers Buch über die Artenbildung las. Endler führt die Anpassung an den Hintergrund als einen der frühesten und stärksten Hinweise an, dass natürliche Selektion die homogenisierende Wirkung des genetischen Austauschs zwischen Populationen überwinden kann. Die Grenze zwischen schwarzem Lavagestein und leuchtend weißem

Sand ist klar erkennbar – mancherorts kann man mit je einem Bein auf unterschiedlichem Boden stehen. Mäuse, Eidechsen und Grashüpfer wechseln ohne Weiteres von einer Oberfläche zur anderen.

Doch trotz der räumlichen Nähe unterscheiden sich Populationen auf unterschiedlichen Oberflächen häufig deutlich in der Färbung, jeweils passend zu ihrer Lebensumgebung. Tiere von unterschiedlichen Populationen können sich an der Grenze treffen, aber alle Nachkommen von solchen Begegnungen unterliegen der natürlichen Selektion, und die Gene für die unpassende Farbe werden schnell ausgemerzt. Einige dieser Umgebungen – die Sandhills von Nebraska, manche Lavaströme – gibt es noch nicht sehr lange, was darauf hindeutet, dass sich die Farbanpassung schnell vollzog. Ein weiterer Hinweis, wie stark die natürliche Selektion sich, sogar wenn Genfluss vorliegt, auswirkt. Es sind die tierischen Entsprechungen der Pflanzen, die auf oder an alten Minenanlagen oder auf den unterschiedlichen Versuchsfeldern in Rothamsted wachsen.

Besonders einflussreich waren Forschungen mit Hirschmäusen – die so heißen, weil sie besonders gut rennen und springen können. Naturforscher bemerkten Mitte des letzten Jahrhunderts viele benachbarte Populationen, die auf unterschiedlich gefärbten Untergründen lebten und entsprechend unterschiedliche Färbungen aufwiesen. Man nahm an, das diene zur Tarnung – Nagetiere haben viele visuell orientierte Fressfeinde, sodass die Populationen durch natürliche Selektion eine ähnliche Färbung annahmen wie der Hintergrund, vor dem sie lebten.

Der Biologe Lee Dice von der Universität Michigan testete diese Theorie sogar im Labor. Er bedeckte den Boden eines normal großen Raums mit Erde und setzte dort unterschiedlich gefärbte Mäuse ein. Und eine Eule. So wollte er herausfinden, ob der Vogel mehr Mäuse fing, die auf dem Boden hervorstachen, als andere. Die eine Hälfte der Versuche fand auf hellem Boden statt, die andere auf dunklem Boden. Die Antwort war eindeutig: Die Eulen fingen doppelt so viele schlecht angepasste Mäuse wie jene, die farblich nicht auffielen. Fressdruck durch Raubvögel verstärkte den Selektionsdruck also erheblich und förderte die Entwicklung einer Tarnfärbung.[6]

Dennoch handelte es sich hierbei um eine Laborstudie, die unter künstlichen Bedingungen durchgeführt wurde. Dreißig Jahre nach der Veröffentlichung von Endlers Buch war die Wirkungsweise von natürlicher Selektion bei der Fellfärbung von Mäusen noch immer nicht direkt bewiesen. Tatsächlich stammten die überzeugendsten Beweise nicht aus Feldstudien, sondern aus genetischen Untersuchungen, bei denen die Gene, die für die Unterschiede bei der Färbung von Mäusen verantwortlich sind, entdeckt wurden. Forscher fanden durch einen DNA-Vergleich von Nachbarpopulationen auf verschieden gefärbten Untergründen heraus, dass genetische Unterschiede noch nicht lange bestanden und wahrscheinlich das Ergebnis von gegensätzlichem natürlichem Selektionsdruck waren. Doch das waren nur Rückschlüsse, die aus genetischen Unterschieden gezogen wurden, keine direkten Beweise für Evolution durch natürliche Selektion.[7]

Dies führte einen bärtigen, Ski-verrückten Kanadier mit dem drahtigen Körperbau eines Radfahrers in die Sandhills von Nebraska. Trotz seiner Leidenschaft fürs Skifahren, Fahrradfahren und Klettern betreibt Rowan Barrett doch im Großteil seiner Zeit Evolutionsforschung. Barrett ist der Sohn eines bekannten Evolutionsbiologen und machte sich bereits als junger Forscher selbst einen Namen; mit Mitte dreißig ist er bereits eine führende Persönlichkeit in der experimentellen Evolutionsforschung. Als Master-Student an der McGill-Universität in Montreal führte er Versuche mit Bakterien im Labor durch, bei denen er untersuchte, wie sich die Bakterien an verschiedene neue Ressourcen anpassen. Im Anschluss arbeitete er, wie oben beschrieben, als Doktorand bei Schluter an der Universität von British Columbia. Die Studien waren außergewöhnlich erfolgreich, sie zogen eine Reihe von Veröffentlichungen in bekannten Fachzeitschriften nach sich und brachten Barrett alle möglichen Preise ein. (Er wurde für das All-Star-Team der Evolutionsbiologen nominiert und gewann sowohl europäische als auch nordamerikanische Neuling-des-Jahres-Preise.)

Aber all das war nur ein Vorlauf für seinen wahrscheinlich größten Erfolg. Gegen Ende seiner Doktorandenzeit an der Universität von British Columbia erfuhr Barrett von den genetischen Laboruntersuchungen meines Kollegen Hopi Hoekstra von der Harvard-Universität, die zeigten, dass Hirschmäuse aus den Sandhills eine neue Mutation entwickelt hatten, die für eine helle Fellfärbung sorgte. Ein DNA-Vergleich dieser Mäuse mit dunkelfarbigen Nachbarn deutete darauf hin, dass diese Mutation erst kürzlich entstanden war und sich rasch in der Population verbreitet hatte, wahrscheinlich als Anpassung an den Hintergrund durch Selektionsdruck.[8]

Doch Barrett fehlte etwas an der Geschichte. Wenn natürliche Selektion für die Entwicklung der hellen Fellfarbe verantwortlich war, dann musste sich das direkt beweisen lassen. Der Experimentator in ihm sagte ihm auch genau, wie er das anstellen musste: mit dem Ansatz, den Dice siebzig Jahre zuvor entwickelt hatte. Setze dunkle und helle Mäuse auf dunklen und hellen Boden und warte ab, welche überleben. Nur mache das nicht in einem geschlossenen Raum, sondern draußen in der Natur. Und untersuche, wie bei den Stichlingsexperimenten, Phänotyp und Gene, die für diese Entwicklung verantwortlich sind.

Das klingt im Prinzip ganz einfach, aber wie setzt man einen solchen Plan um? Teiche, Bäche und Flüsse haben den Vorteil, dass sie abgeschlossene Einheiten mit festen Grenzen sind, sich gleichende Versuchsräume, die nur darauf warten, genutzt zu werden. In den Sandhills gibt es nichts Vergleichbares. Wenn Barrett dort Experimente mit Hirschmäusen durchführen wollte, musste er Käfige bauen, damit seine Versuchsobjekte dort blieben, wo er sie haben wollte. Riesige Käfige, groß genug, um ganze Hirschmauspopulationen zu beherbergen.

Forscher hatten in der Vergangenheit bereits ähnliche Versuche in kleinerem Maßstab durchgeführt, aber sie waren alle fehlgeschlagen. Die Mäuse leben zwar auf dem Boden und in Erdlöchern, sind aber sehr flink.

Eine Hirschmaus aus den Sandhills

Wenn man Wände aufstellt, klettern sie drüber. Das brachte ihnen den Spitznamen Ninja-Mäuse ein. Frühere Studien waren durch Gefängnisausbrüche von Hirschmäusen vereitelt worden. Barretts erste Aufgabe bestand also darin, eine Möglichkeit zu finden, wie er die Mäuse in den Käfigen halten konnte.

Nach einiger Recherche stellte Barrett fest, dass das Problem bereits gelöst worden war. Zwar hatten Ökologen und Säugetierkundler nie herausgefunden, wie man Hirschmäuse aufhalten kann, aber Krankheitsforscher schon. Hirschmäuse sind Träger des Hantavirus, was Wissenschaftler in New Mexico veranlasste, ausbruchsichere Außenkäfige zu entwickeln, in denen Mäuse lange genug in Quarantäne gehalten werden konnten, um sicherzustellen, dass sie das Virus nicht hatten und man sie in die Forschungslabore zu Untersuchungen schicken konnte. Die Lösung bestand in viereinhalb Millimeter dickem, verzinktem Stahl, so glatt wie der sprichwörtliche Babypopo, in dem es keinerlei Unregelmäßigkeiten gab, an denen sich eine abenteuerlustige Hirschmaus festkrallen und so nach oben und draußen klettern konnte. Bei Versuchen im Labor konnte Barrett bestätigen, dass die dünnen Metallwände die Mäuse aufhielten. Damit hatte er einen Plan.

Doch er stand vor zwei großen Problemen: Er musste eine Baugenehmigung für die Käfige auf passendem Land bekommen und sie dann auch bauen. Wie schwierig das war, wird klar, wenn man die Größe der Käfige berücksichtigt, die Barrett einrichten wollte. Er rechnete mit mindestens 100 Hirschmäusen pro Population; bei einer natürlichen Lebensdichte bedeutete das etwa 2000 Quadratmeter pro Käfig. Für seinen Versuch plante er vier Käfige auf hellem Boden und vier auf dunklem, sodass er insgesamt einen Hektar Land und fast sieben Tonnen Stahl pro Standort benötigte.

Zunächst einmal musste Barrett also geeignete Standorte finden. Er begab sich mit seiner Kollegin Catherine Linnen, die genetische Untersuchungen in Hoekstras Labor durchführte, in dem auch Barrett inzwischen arbeitete, auf die Suche. Eine Stelle mit geeignetem hellem Boden war schnell gefunden, und sie leiteten den Bau der Käfige im Wildschutzgebiet Merritt Reservoir in die Wege.

Das Stück Land mit dunklem Boden war das größere Problem. Dunkler Boden ist fruchtbarer Boden. Es würde schwierig werden, jemanden zu überreden, ihnen einen Hektar gutes Ackerland zu überlassen, damit sie dort einen Käfig für Mäuse bauen konnten.

Barrett ging von Haus zu Haus und sprach mit Landbesitzern. Er befand sich im Kernland der Vereinigten Staaten, einer politisch und religiös konservativen Region. Die Menschen dort leben vom Landbau und produzieren die Lebensmittel, von denen der Rest des Landes sich ernährt. Jetzt klopften dort zwei junge Leute an die Türen, die nicht nur aus dem liberalen Nordosten kamen, sondern von einer Eliteuniversität. Einer von ihnen war noch nicht einmal Amerikaner, und er trug keinen Cowboyhut, sondern eine Radlermütze mit kurzem Schirm.

Barrett lernte schnell, dass er das E-Wort – Evolution – besser nicht erwähnte, sondern lieber über Arten sprach und wie sie in ihre Umgebung passen. Die Einheimischen waren Landwirte und Viehzüchter und kannten sich mit Vererbung gut aus und auch mit Raubtieren; auch mit Tarnung waren Menschen, die seit ihrer Kindheit auf die Jagd gingen, sehr vertraut. Außerdem ist Barrett ein offener Mensch, der leicht mit anderen ins Gespräch kommt. Die Leute waren sehr freundlich, sogar interessiert.* Sie ließen Barrett, Linnen und den Rest des Teams auf ihren Anwesen gerne

---

* Das erinnerte mich an eine Geschichte, die mir John Endler erzählte, wie er in einem Flugzeug ein Buch über Artenbildung las. Sein Sitznachbar fragte, was er lese, und sie begannen ein Gespräch, in dessen Verlauf Endler alles über natürliche Selektion erklärte, über Evolution und Artenbildung, aber ohne diese Begriffe zu verwenden. Der Mann war sehr interessiert, hörte aufmerksam zu und stellte ein paar sehr gute Fragen. Am Ende bat er Endler um eine Leseempfehlung, um mehr darüber zu erfahren, und Endler sagte, der beste Startpunkt sei Darwin. Kaum war der Name über Endlers Lippen gekommen, wurde der Mann knallrot im Gesicht, wandte sich ab und sprach für den Rest des Fluges kein Wort mehr.
Passend dazu verlangt die National Science Foundation von Forschern eine kurze Zusammenfassung über erhaltene Zuschüsse. Vor nicht allzu langer Zeit riet man dort Evolutionsbiologen, bei der Beschreibung ihrer Arbeit das Wort »Evolution« zu vermeiden. Offenbar haben viele Gegner kein Problem mit den Prinzipien von natürlicher Selektion und modifizierter Abstammung, solange man sie nicht mit dem E-Wort bezeichnet.

Mäuse sammeln. Aber sie waren nicht bereit, ihnen einen Hektar Land zu überlassen.

Die Suche zog sich bis weit in die Feldsaison hinein hin, und langsam wurde die Zeit knapp; Barrett befürchtete zunehmend, dass man das Projekt würde auf Eis legen müssen. Eines Abends ging Barrett in der Kleinstadt Valentine, Nebraska, mit 2737 Einwohnern, in die Hotelbar, um ein Bier zu trinken, und der Besitzer machte ihn mit Wild Bill bekannt, einer Lokalberühmtheit, der mit seinem langen blonden Haar mehr an einen Surfer erinnerte als an einen Farmer aus Nebraska. Im lockeren Gespräch erzählte Barrett Bill von dem Projekt und seiner Suche nach einem Versuchsstandort. Zu Barretts Überraschung sagte Bill, er baue auf einem Stück Land vor den Toren der Stadt Alfalfa an. Dort könne man die Käfige vielleicht errichten. Am nächsten Tag sah Barrett sich den Acker an und fand ihn perfekt.

Wild Bill war ziemlich egal, was dort gebaut wurde, als Miete einigten sie sich auf jeweils einen Kasten Bier und ein Grillfest, jedes Mal, wenn Barretts Team in die Stadt kam.

Die Versuchsstandorte zu finden war natürlich nur der erste Schritt. Als nächsten mussten die Gehege gebaut werden. Barrett stammte aus einer Akademikerfamilie und hatte keinerlei Bauerfahrung. In den Gelben Seiten von Nebraska war auch nichts über den »Bau von Mäusegehegen« zu finden. Barrett musste selbst ausklügeln, wie das ging.

Er recherchierte andere Gehege, die Forscher gebaut hatten, und entschied sich schließlich für einen Entwurf. Die Wände mussten einen Meter hoch sein, damit die Mäuse nicht darüber sprangen. Gekrönt wurden sie von einem weiteren Meter Kaninchendraht, damit kein Coyote auf die Idee kam hineinzuspringen. Außerdem musste die Wand unter der Erde noch einen halben Meter tief sein, damit sich die Mäuse nicht darunter durchgraben und so entkommen konnten.

Per Flachbett-Sattelzug bekommen nur wenige Evolutionsbiologen ihre Forschungsausrüstung geliefert. Die anderthalb mal drei Meter großen und einen halben Millimeter dicken Stahlwände fuhr ein Lkw aus dem 400 Kilometer entfernten Kimball, Nebraska, heran. Eine gemietete Ditch

Witch hob den Graben für die Wände aus, und ein Baggerfahrer aus der Gegend brachte die Wände von der Straße auf die Felder. Mit Beton wurden 192 Pfosten, die die Wände an den Übergängen zwischen den einzelnen Platten stützten, im Boden verankert. Das ganze Unternehmen dauerte zwei Wochen. Drei Bauarbeiter aus der Region bedienten die Maschinen, vier Gärtner vom nahen Golfplatz halfen, die Gräben auszuheben, und sieben Labormitarbeiter erledigten den Rest. (Das klingt nach einem alten Witz: Wie viele Wissenschaftler braucht man, um ein Mäusegehege zu bauen?)

Vielleicht ist es Barretts sorgfältigem Management zuzuschreiben, vielleicht auch der harten Arbeit der Labormitarbeiter aus Harvard, die sich schnell an die für sie ungewöhnliche Arbeitsumgebung gewöhnten, vielleicht gebührt auch den Maschinenführern vor Ort besonderes Lob dafür, dass sie den Job in der Gegenwart solcher Grünschnäbel erledigt bekamen. Wahrscheinlich lag es an allen gemeinsam. Jedenfalls liefen die Arbeiten bemerkenswert glatt und schnell ab. Selbstverständlich gab es auch Probleme, z. B. fiel der Bagger einmal beinahe vornüber, weil er mit zu vielen Stahlplatten beladen war, ein anderes Mal wehten starke Windböen rasiermesserscharfe, 20 Kilogramm schwere Stahlplatten über die Felder. Aber niemand kam dabei zu Schaden, und nach zwei Wochen waren die Gehege so weit, dass die Mäuse einziehen konnten.

Barrett wollte in jedes Gehege gleich viele helle und dunkle Mäuse einsetzen. Doch dazu mussten seine Mitarbeiter die Mäuse erst fangen.

Nach althergebrachter Tradition fängt man lebende Nagetiere am besten, indem man am späten Nachmittag in die Felder geht und dort zahlreiche 30 Zentimeter lange Metallkisten mit einem offenen Ende aufstellt. In der Kiste befinden sich Lockfutter – schmackhafte Körner, Erdnussbutter oder eine andere Leckerei – und eine waagerechte Kontaktplatte. Wenn die Maus (oder ein anderes Tier, alles von Skorpionen bis Schlangen) diese Plattform betritt (oder hinaufkriecht), schnappt die Falltür zu, und das Tier ist in der Kiste gefangen. Dann kommt man früh am nächsten Morgen zurück, hebt die Kisten auf und schaut vorsichtig nach, ob man etwas gefangen hat.

Barrett und Mitarbeiter hatten bereits einige Zeit Mäuse in Nebraska gefangen und für ihre genetischen Untersuchungen Exemplare überall aus der Region gesammelt. Sie hatten eine gute Erfolgsquote gehabt, daher hielt Barrett es für problemlos, die Mäuse zu bekommen, die er brauchte.

Doch die Mäuse sahen das anders und mieden die Fallen wie nie zuvor. Eines Abends stellte das Team 700 Fallen auf und fand am nächsten Morgen nur zwei Mäuse darin (normal wären 35 gewesen). Die Mäusejagd dauerte so drei Monate statt ein oder zwei Wochen. Doch irgendwann waren die Gehege gefüllt, und das Experiment begann.

Eine letzte Entscheidung musste Barrett noch treffen: Bei dem Experiment ging es um den Einfluss visuell orientierter Räuber auf die Mäusefärbung, aber nicht alle Raubtiere spüren ihre Beute mit den Augen auf. Manche nutzen den Geruchssinn oder sogar Wärme. Diese Räuber müssten Mäuse ohne Berücksichtigung ihrer Färbung fangen; durch solche Beutezüge würden unvorhersagbare Daten in das Ergebnis einfließen und so, vielleicht rein zufällig, die Wirkung von visuellen Räubern verschleiern. Sollte man diese Räuber ausschließen, um die Fallstricke zu vermeiden? Andererseits sollte dies ein Experiment in einem natürlichen System werden, und die Räuber waren Teil dieses Systems. Barrett überlegte hin und her, was er tun solle.

Besondere Sorgen bereiteten ihm Schlangen. Die Prärieklapperschlange ist in den Sandhills verbreitet. Ausgewachsen werden die Schlangen über einen Meter lang. Sie jagen alle möglichen Säugetiere bis zur Größe eines Präriehundes; Hirschmäuse haben genau die richtige Größe für heranwachsende Prärieklapperschlangen. Bullennattern können doppelt so groß werden wie die Klapperschlangen und haben eine besondere Vorliebe für Nagetiere. Barrett beschloss, die Nattern – vorsichtig – aus den Gehegen zu entfernen. Jede Schlange wurde mit einem Schlangenfänger mit Greifzange sanft aufgehoben und außerhalb des Geheges wieder freigelassen.

Aber sie fanden immer weitere Schlangen. Wie viele konnten auf einem Hektar Land leben? Wann hätten sie endlich alle erwischt? Und dann verstanden sie: Die Wände hielten die Schlangen nicht draußen. Schlangen sind dafür, dass sie keine Beine haben, überraschend gute Kletterer, und die einen Meter hohe Wand ist für eine große Prärieklapperschlange oder eine Bullennatter kein Hindernis. Barrett fing und entfernte Schlangen, so schnell er konnte, aber es kamen immer mehr (oder möglicherweise dieselben) wieder hinein. Schließlich gab er auf. Es würde doch ein völlig natürliches Experiment werden.

Nachdem die Mäuse im Gehege waren, konnte Barrett sich nur noch zurücklehnen und darauf warten, dass sich die Evolution bemerkbar machte. Alle drei Monate führte er ein Team zurück nach Nebraska, um eine Bestandsaufnahme der Gehege zu machen. Sie stellten Lebendfallen auf, um herauszufinden, welche Tiere noch da waren. Vor der Ansiedlung im Gehege war jeder Maus ein kleiner Chip eingespritzt worden, wie man es auch bei Katzen und Hunden macht, mit einem einzigartigen Strichcode. So erschien eine Kennzahl auf dem Bildschirm, wenn man einen Scanner über die Maus hielt und sie eine der ersten Neubewohnerinnen war. Innerhalb von zehn Tagen konnte fast jede Maus in allen Gehegen gefangen, gescannt und wieder freigelassen werden.

Bei diesen Besuchen trafen Barrett und sein Team auch all die vielen neuen Freunde in der Kleinstadt Valentine, die sich als ebenso gastfreundlich erwiesen hatte, wie der Name versprach. Fast jeden Abend waren die Wissenschaftler bei einer anderen Familie zum Essen eingeladen. Ein älteres Ehepaar ließ ein paar Teammitglieder fast kostenlos in ihrem Haus übernachten und lagerte in der Garage die Ausrüstung ein. Bei jedem Besuch schmiss Barrett eine Riesenparty für alle.

Auch die Mäuse machten ihre Sache gut. Bei Beginn des Experiments war die Sterblichkeit sehr hoch, was nicht verwunderlich ist, wenn man Tiere an einen neuen Ort bringt. Während sie die Umgebung erkunden und sich mit ihr vertraut machen, sind sie leichte Beute für Räuber. Außerdem bedeutet ein Umzug jede Menge Stress, wie wahrscheinlich jeder weiß – vor allem, wenn man dazu gezwungen wird. Das trug zweifellos zu der hohen Sterberate bei.

Aber das Aufregende war nicht die Sterberate, sondern welche Maus überlebte und welche nicht. In allen Gehegen in den Sandhills überlebten die hellen Mäuse besser als ihre dunklen Verwandten, das Verhältnis lag im

Durchschnitt bei 2:1. In den Gehegen auf dunklem Boden war die Lage umgekehrt. Dort waren die dunklen Mäuse die Gewinner. Von ihnen überlebte ein Drittel mehr als von ihren hellen Mitbewohnern. Die Untersuchung der Genotypen der Mäuse ergab entsprechende Resultate. Auf dem hellen Sand überlebten Tiere mit Mutationen, die eine helle Färbung ergaben, besser, auf dem dunklen Boden war die Situation umgekehrt. Die natürliche Selektion war aktiv, und zwar in unterschiedlichen Gehegen in verschiedene Richtungen, entsprechend der Prognose.

Fünfzehn Monate nach Projektbeginn waren alle ursprünglichen Mäuse tot. Aber den Populationen, bestehend aus den Nachkommen der Gründergeneration, ging es gut. Aus dem Selektionsversuch war nun ein Langzeitevolutionsexperiment geworden.

Heute, während ich dies schreibe, läuft das Experiment seit fünf Jahren, genug Zeit für etwa zehn Hirschmausgenerationen. Barrett stellt gerade alle Ergebnisse zusammen und beendet die Genanalyse. Wie die Ergebnisse aussehen werden, weiß er noch nicht, aber nach der starken Selektion zu Beginn des Experiments zu urteilen, werden sie wahrscheinlich belegen, dass sich die Populationen in entgegengesetzte Richtungen entwickelt haben. Doch Barrett rechnet mit allem, immerhin ist die Natur immer für eine Überraschung gut. Der Artikel wird wahrscheinlich zur selben Zeit fertig werden wie das Buch. In Anbetracht der Größe des Experiments könnte es durchaus sein, dass die *New York Times* über die Ergebnisse berichtet.

Experimentelle Feldstudien zur Evolution werden immer umfangreicher, mutiger und aufregender. Bei einem Versuch wird ständig Kohlendioxid in ein großes Feld gepumpt, um den Gehalt auf ein Niveau zu erhöhen, das voraussichtlich der globalen Atmosphäre in fünfzig Jahren entspricht. Werden sich Pflanzen daran anpassen? Und wenn ja, wie?

In zwanzig Jahren, vielleicht sogar früher, werden wir in Daten aus Evolutionsexperimenten ertrinken. Möglicherweise wird sich ein anderes Bild ergeben, wenn mehr Daten verfügbar sind, aber nach heutigem Stand ist die allgemeine Tendenz deutlich. Wenn bei einem Experiment mehrere

Populationen denselben Umweltbedingungen unterworfen werden, entwickeln sich Populationen sehr ähnlich. Das trifft für Pflanzen, die vor grasenden Kaninchen geschützt werden, ebenso zu wie für Eidechsen, die gezwungen werden, schmale Sitzplätze zu nutzen. Simon Conway Morris kann sich freuen. Evolution ist wiederholbar.

Dieses Ergebnis ist keine völlige Überraschung. In Teil eins dieses Buches schrieb ich bei der Einführung in die konvergente Evolution, eng verwandte Populationen oder Arten entwickelten sich oft auf dieselbe Weise, weil sie sich genetisch ähneln; für die Selektion steht das gleiche genetische Material zur Verfügung, sodass oft die gleichen Lösungen entstehen. Entfernte Verwandte hingegen haben als Ausgangsbasis unterschiedliche genetische Aufbauten. Daher besteht eine höhere Wahrscheinlichkeit, dass auf die gleichen Herausforderungen in der Umwelt unterschiedliche Anpassungslösungen entstehen. Feldversuche zur Evolution beginnen immer mit sehr ähnlichen Populationen, die üblicherweise aus derselben Quellpopulation stammen. Daher sind die Experimente dafür prädisponiert, parallele evolutionäre Antworten zu ergeben.

Das bedeutet keineswegs, dass die evolutionären Veränderungen verschiedener Populationen identisch sind. Ganz im Gegenteil, es gibt immer eine gewisse Abweichung. Bei Nash Turleys Studie mit den ausgesperrten Kaninchen beispielsweise wurden bei den meisten Pflanzenpopulationen unterschiedliche Wachstumsraten festgestellt. Bei vier Versuchsfeldern, die sechs Jahre alt waren, lag die Wachstumsrate bei der am schnellsten wachsenden Population um 50 Prozent höher als bei der langsamsten. Eine ähnliche Abweichung war bei den neun, dreizehn und fünfundzwanzig Jahre alten Populationen feststellbar. Obwohl die Populationen gleich lange vor dem Abgrasen durch Kaninchen geschützt waren, unterschieden sie sich quantitativ bei der evolutionären Antwort. Auch bei dem Cornell-Experiment, bei dem Nachtkerzen vor Insekten geschützt wurden, blühten die Pflanzen deutlich früher im Jahr als normal, aber beim genauen Zeitpunkt gab es große Unterschiede zwischen den Versuchsrabatten. Manche Pflanzen trugen zu Beginn der Wachstumssaison fünfmal mehr Blüten als andere.

Derartige Abweichungen könnten ein gewisses Maß an Unbestimmtheit bei der evolutionären Antwort anzeigen, die sogar bei eng verwandten Populationen in derselben selektiven Umgebung besteht. Feldversuche zur Evolution konzentrieren sich, wie die meiste wissenschaftliche Forschung, vor allem auf generelle Trends, die in einem statistischen Rahmen analysiert werden. Dabei werden Ausnahmen übersehen; gelegentlich mag es eine abweichende Population geben – die sich anders anpasst –, die aber nicht bemerkt wird. Manche Versuchsberichte enthalten die Rohdaten gar nicht: Ausreißer – jene wenigen, die einen anderen evolutionären Kurs einschlagen – sind für den Leser nicht ersichtlich. Wie groß der Anteil der Populationen ist, die einen anderen Weg einschlagen, bleibt oft unklar.

Außerdem werden bei Studien häufig viele unterschiedliche Merkmale gemessen, aber nur jene besonders erwähnt, die sich ähnlich entwickeln. Jene, die sich bei verschiedenen Populationen ganz unterschiedlich entwickeln, zeigen keine statistisch signifikanten Tendenzen auf und werden daher ignoriert, obwohl sie auf abweichende Anpassungsmuster hinweisen könnten.

Natürlich sind gewisse Abweichungen bei den Reaktionen von Populationen, die denselben Bedingungen unterworfen werden, keine eindeutigen Beweise für evolutionären Nichtdeterminismus. Eine andere mögliche Erklärung, die viele naheliegender fänden, ist, dass die Umgebungen, die diese Populationen erlebt haben, nicht exakt die gleichen waren. Könnten die Unterschiede bei den Pflanzenmerkmalen nicht einfach Anpassungen sein, die winzige Unterschiede bei Bodenzusammensetzung, Anzahl der Schnecken oder Schattenwurf durch Bäume auf den Versuchsfeldern widerspiegeln? Könnten die Unterschiede bei den Beinlängen der Eidechsen nicht kleine Unterschiede bei den Buscharten auf den Versuchsinseln reflektieren?

Das kann niemand wissen. Der große Vorteil von Feldversuchen besteht darin, dass sie draußen in der Natur durchgeführt werden und den vielfältigen selektiven Faktoren unterworfen sind, die auf die echte Welt einwirken. Sie sind keine Abstraktion oder Vereinfachung der Natur – sie zeigen tatsächlich, womit Populationen in der Wildnis konfrontiert sind.

Einen erheblichen Nachteil haben Feldversuche allerdings – man kann nicht alle Aspekte kontrollieren. Die Natur ist vielfältig, auch über kurze Strecken, und diese Unterschiede können die Interpretation von Resultaten erschweren. Deswegen schrecken Laborwissenschaftler vor Experimenten im Feld zurück – die Unkontrollierbarkeit macht sie nervös. Wer wirklich wissen will, wie wiederholbar Evolution ist, wie stark die gleiche selektive Umgebung vorhersagbar die gleichen evolutionären Resultate ergibt, muss sein Experiment im Labor durchführen, wo die Umgebung präzise kontrolliert werden kann. Bei derartigen Studien wird experimenteller Genauigkeit der Vorrang vor Relevanz für die reale Welt gegeben. Aber eine gründliche Überprüfung von Goulds Postulat könnte diesen Tausch wert sein.

Teil 3

EVOLUTION UNTER DEM MIKROSKOP

Kapitel 9

DAS BAND NOCHMALS ABSPIELEN

Die ikonischen Schauplätze der Evolution: die Galapagosinseln, die Olduvai-Schlucht, Australien, Madagaskar.

East Lansing, Michigan?

Überraschenderweise stammen einige der wichtigsten Erkenntnisse der Evolutionsforschung in den letzten Jahrzehnten aus Studien über evolutionäre Veränderungen, die mitten im Staat der Großen Seen stattfinden.

Raum 6140 im Gebäude der Fachbereiche Biomedizin und Naturwissenschaften der Michigan-State-Universität scheint ein ganz gewöhnliches Biologielabor zu sein. Zwei lange hohe Tische mit schwarzen Arbeitsflächen und hellen Regalen ziehen sich quer durch den mittleren Bereich des Labors und schaffen drei Inseln. An den Arbeitsplätzen an den Längsseiten beider Tische sitzen Forscher, umgeben von den Utensilien der Laborarbeit: Flaschen voller bernsteinfarbener und klarer Chemikalien in den Regalen, Stapel von Petrischalen, seltsam aussehende Gerätschaften auf der Tischplatte. Die Wände sind mit der üblichen bunten Mischung aus Postkarten, Wissenschaftscartoons und Fotos von Tieren und berühmten Wissenschaftlern geschmückt. An einem Regal hängt, waagerecht an zwei Büroklammern, ein rätselhaftes Stück Holz. Kinderspielzeug und anderer Schnickschnack gucken aus Ecken und hinter Computerbildschirmen hervor. Ein Kühlschrank mit Glastür im Feinkostladenstil, gefüllt mit Chemikalien, und andere große Geräte nehmen eine ganze Wand ein. Die andere Wand besteht aus großen Fenstern, die bis zur Decke reichen und auf den Campus hinausgehen.

Viele Labore haben ihre Eigenheiten, auch dieses. Quer über mehrere Fenster sind mit Klebeband blaue Papierstücke befestigt. Sie sind so arrangiert, dass sie in großen Ziffern, eine pro Fenster, 64 000 ergeben, allerdings spiegelverkehrt, wenn man sie vom Innern des Labors aus betrachtet. Doch vom Fußweg draußen, sechs Stockwerke tiefer, ist die Zahl gut zu lesen. Wir werden später auf sie zurückkommen.

Im Labor herrscht ein geschäftiges Treiben. Es sind überwiegend junge Leute in T-Shirts und Jeans, die hier arbeiten. Doch ein junger Mann sticht hervor – er trägt ein farbenfrohes Kleidungsstück in verschiedenen Blautönen, das aussieht wie eine Mischung aus einem gebatikten Laborkittel und dem Mantel eines Zauberers. Auf ihn kommen wir natürlich auch zu gegebener Zeit zurück.

Das Herzstück des Labors – im Grunde sein Daseinszweck – ist ein klotziger Apparat neben der Tür. Von der Größe und der Form her ähnelt er den Gefriertruhen in Tankstellenshops, die Eiskremsandwiches und dergleichen enthalten, doch er sieht neuer und mehr nach einem Hightechgerät aus. Trotzdem hätte es mich nicht überrascht, darin ein Sortiment Speiseeis zu finden.

Endlich kam der Augenblick, auf den ich gewartet hatte. Mein Gastgeber hob den Deckel der falschen Gefriertruhe und ließ mich hineinsehen. Als ich mich vorbeugte, strich mir warme Luft übers Gesicht – in dieser Metallkiste war sicher kein Eis am Stiel. Stattdessen enthielt sie zwei Reihen von je sieben Glaskolben. Jeder passte genau in seinen Halter auf einer Metallplatte, die sich langsam vor und zurück und von rechts nach links bewegte und die kleine Menge Flüssigkeit in jedem Kolben sanft umherschwenkte.

Zugegeben, ich war überrascht und vielleicht ein bisschen enttäuscht. Ich war am Bodennullpunkt einer der wichtigsten evolutionsbiologischen Studien des letzten Vierteljahrhunderts, doch er wirkte so ... unscheinbar.

Langweilig. Banal. Nur kleine Behälter mit einer klaren Flüssigkeit, die langsam hin und her schwappte, in einem Kasten, der wie eine Eistruhe aussah, in dem jedoch eine tropische Temperatur herrschte.

Die Geschichte, warum so kleine Behälter so großes Aufsehen erregten, beginnt nicht in einem Labor in Michigan, sondern vor fast vierzig Jahren in den Appalachen in North Carolina. Dort benutzte ein junger Doktorand namens Rich Lenski die althergebrachte Bodenfallenmethode, um Käferpopulationen zu zählen. Eine Bodenfalle funktioniert so, wie das Wort vermuten lässt. Ein Forscher gräbt ein Loch und wartet darauf, dass Tiere hineinfallen. Man könnte meinen, dass Tiere nicht so dumm sind. Aber wie sich immer wieder zeigt, sind sie es doch. Sie wandern umher, und – plopp – plötzlich sind sie hineingefallen und kommen nicht mehr heraus. Die Größe des Lochs hängt davon ab, was man fangen will: Für Käfer muss es nicht größer sein als ein Pappbecher, aber für Echsen und Schlangen sollte es schon die Dimensionen eines großen Eimers haben.

Lenski war schon lange fasziniert von der natürlichen Welt. Er stammte aus North Carolina und studierte Biologie an einem kleinen College in Oberlin, Ohio, das vor allem für sein Konservatorium berühmt ist, aber auch ein hervorragender Ort ist, um eine naturwissenschaftliche Ausbildung zu absolvieren. Dort entwickelte Lenski eine Vorliebe für die experimentelle Methode, wissenschaftlichen Fragen nachzugehen. Damals forschten Naturwissenschaftler vorwiegend im Labor. Die natürliche Welt durch Experimente im Freien zu studieren war weniger üblich.

Zu jener Zeit befand sich das Fachgebiet Ökologie im Umbruch. Die meisten Studien basierten auf Beobachtungen und Vergleichen: Man sammelte an verschiedenen Orten detaillierte Daten und suchte dann nach Verbindungen zwischen den Variablen, um die Ähnlichkeiten und Unterschiede zu erklären. Vielleicht gab es an Orten mit mehr Schmetterlingen auch mehr Libellen. Das könnte bedeuten, dass die Häufigkeit von Schmetterlingen bestimmt, wie viele Libellen an einem bestimmten Ort vorkommen, was Sinn ergeben würde, wenn Libellen Schmetterlinge fressen. Aber es könnte auch ein umgekehrter Kausalzusammenhang bestehen: Vielleicht bestimmt die Häufigkeit der Libellen die Zahl der Schmetterlinge.

Eine mögliche Erklärung wäre, dass Libellen vielleicht Fressfeinde von Schmetterlingen fressen, sodass mehr Libellen zu weniger Schmetterlingsräubern und damit zu mehr Schmetterlingen führen würden. Oder vielleicht besteht gar kein direkter Zusammenhang, sondern die Häufigkeiten von Libellen und Schmetterlingen werden von einer dritten Variablen bestimmt: Vielleicht haben feuchtere Orte einen positiven Effekt sowohl auf Schmetterlinge als auch auf Libellen. In diesem Fall wäre, selbst wenn Schmetterlinge und Libellen keinen Einfluss aufeinander haben, ihre Häufigkeit korreliert, weil beide auf Feuchtigkeitsbedingungen reagieren.

Das ist das uralte Problem zwischen Korrelation und Kausalität. Und die direkteste Art, es anzugehen, ist ein Experiment. Wenn die Größe der Schmetterlingspopulation die Anzahl der Libellen bestimmt, dann sollte eine Veränderung der Anzahl von Schmetterlingen zu einer Veränderung der Anzahl von Libellen führen. Der Ablauf des Experiments ist klar: Man geht an mehrere Orte, erhöht oder verringert dort die Anzahl der Schmetterlinge und beobachtet, wie die Libellenpopulationen reagieren. Natürlich kann jede beobachtete Veränderung auch ein Zufallsergebnis sein, das vielleicht auf das Wetter oder eine andere äußere Variable zurückzuführen ist. Um das auszuschließen, braucht man einen Vergleichsort, an dem man alles gleich macht, außer dass man die Anzahl der Schmetterlinge verändert. Wenn am Ort des Experiments eine Reaktion festzustellen ist, am Vergleichsort dagegen nicht, spricht das dafür, dass die Anzahl der Schmetterlinge Einfluss auf die Häufigkeit der Libellen hat. Doch eigentlich genügen zwei Orte nicht – jeder Unterschied könnte immer noch eine Zufallsschwankung sein. Deshalb ist es besser, an mehreren Orten die Schmetterlingspopulation zu verändern und auch mehrere unveränderte Vergleichsorte zu haben, um sicherzugehen, dass Tendenzen einheitlich sind.

In den späten 1970er-Jahren trieb eine Gruppe von Ökologen, darunter Mick Crawley vom Imperial College in Silwood Park, den experimentellen Ansatz voran. Sie argumentierten, dass die ökologischen Beobachtungsstudien vergangener Jahrzehnte ein Irrweg gewesen seien, dass es einer aussagekräftigeren Methode bedürfe. Es sei notwendig, Experimente in der

Natur durchzuführen, auch wenn das schwierig sein mochte. Einer der Anführer dieser Bewegung war Nelson Hairston sen. von der Universität North Carolina, und es war sein Labor, in das es den jungen Lenski zog, nachdem er mit 28 Jahren seinen Universitätsabschluss gemacht hatte. Hairston war vielseitig interessiert, was die Fragen, denen er nachging, und die Organismen, an denen er forschte, betraf, allerdings mit der einen Konstanten, dass er stets einen experimentellen Ansatz benutzte. Dass Lenski sich dafür interessierte, wie Ökosysteme funktionieren, war sicher hilfreich, und die Käfer der Appalachen waren gute Studienobjekte.

Lenski konzentrierte sich in seiner Doktorarbeit auf die Häufigkeit von zwei gewöhnlichen Käferarten in den Wäldern von North Carolina und auf zwei Fragen: Konkurrieren die Spezies um Ressourcen, und welchen Einfluss hat die Waldabholzung auf Käferpopulationen? Die zweite Frage zeigt sein starkes Interesse an der Umwelt und dem Einfluss der Menschen auf sie.

Lenski ging diese Fragen in zwei Etappen an. Zuerst benutzte er den klassischen vergleichenden Ansatz. Er suchte mehrere Orte auf und sammelte die Käfer. Mithilfe der erhobenen Daten konnte er erkennen, welche Faktoren mit der Häufigkeit jeder Spezies korrelierten. Um Hypothesen, die diese Daten nahelegten, zu überprüfen, baute er dann große Gehege, um Experimente durchzuführen, in denen er diese Faktoren (Käferdichte, Wald im Vergleich zu abgeholzter Fläche) verändern konnte.

Der Ansatz klingt einfach, doch es war enorm viel Arbeit. Eine einzige Bodenfalle bestand aus einem elfeinhalb Zentimeter tiefen Loch, in das dann ein Plastikbecher eingefügt wurde. Das scheint keine allzu große Mühe zu sein. Nur dass für eine Studie 192 solcher Löcher gegraben wurden und für eine andere gleichzeitige Studie 64. Zwei Monate lang stapfte Lenski täglich den Berg hinauf, um Orte zu inspizieren, dann ging er von einem Plastikbecher zum anderen und kontrollierte den Inhalt: Er nahm alles heraus, was hineingefallen war, untersuchte es und ließ es wieder frei.

Die Experimente aufzubauen und durchzuführen war ebenfalls aufwendig. Er legte quadratische Gehege an – bei einem Experiment betrug die Seitenlänge anderthalb Meter, bei einem anderen sechs Meter. Als Begrenzung versenkte er Aluminiumbleche in den Boden. Die Käfer in den Gehegen wurden mit Bodenfallen regelmäßig kontrolliert. Die Glückspilze unter ihnen wurden jedes Mal, wenn sie gefangen wurden, von Hand gefüttert, um zu sehen, ob das verfügbare Nahrungsangebot ihre Größe und Fortpflanzung begrenzte. Manche Experimente dauerten zwei Wochen, andere drei Monate.

Die beiden Teile des Projekts ergänzten sich gut. Die Experimente bestätigten im Allgemeinen die Hypothesen, die die Beobachtungsstudien nahelegten. Die Ergebnisse zeigten, dass es den Käfern im Wald besser ging als auf den abgeholzten Flächen und dass die Nahrungskonkurrenz zwischen den Spezies ein wichtiger Faktor bei der Regulierung ihrer Populationen sein kann.

Verglichen mit anderen Doktorarbeiten war die von Lenski ein großer Erfolg. Sie führte zu sechs Veröffentlichungen, drei davon in den führenden Fachzeitschriften der Branche. Das sprach für die hohe Qualität der Arbeit und machte Lenski zu einem Senkrechtstarter. Seine Zukunft sah rosig aus.

Doch es war nicht alles gut. Lenski war nicht begeistert von seinem Forschungsprogramm. Seine Interessen hatten sich in den Jahren als Doktorand geändert. Eine Reihe von Kursen über Evolution, die ihn zum Nachdenken anregten, sowie unzählige Diskussionen mit ähnlich gesinnten Masterstudenten beim Pac-Man-Spielen und bei Freitagabendbieren hatten sein Interesse an einem anderen Thema geweckt. Er wollte erforschen, wie Organismen sich an ihre Umgebung anpassen. Und so machte er sich auf die Suche nach einem Organismus, der besser geeignet war, evolutionäre Veränderungen zu erforschen, und zwar mit dem experimentellen Ansatz, den er so schätzte.

Während seines Masterstudiums hatte er von einem klassischen Experiment zur Genetik von Mikroben gelesen.* »Ich dachte, solange ich an

---

* Die 1943 veröffentlichte Abhandlung *Mutations of Bacteria from Virus Sensitivity to Virus Resistance* zeigte auf, dass die Vererbung bei Bakterien genbasiert ist, genau wie bei Pflanzen und Tieren, und dass Mutationen zufällig auftreten. Salvador Luria und Max Delbrück erhielten für diese Arbeit den Nobelpreis.

etwas arbeiten würde, das mir neu und unbekannt war (das galt für fast alles), hatten Mikroben den Vorteil eines Modellsystems, das seinen Wert schon auf anderen Gebieten bewiesen hatte«, sagte er. So wurde aus dem Käferforscher ein Mikrobiologe.

Lenski folgte einer langen Reihe von Wissenschaftlern, die die Evolution an Laborpopulationen erforscht hatten. Seit dem frühen 20. Jahrhundert sind Tausende – vielleicht sogar Zehntausende – solcher Experimente durchgeführt worden, mit überraschend einheitlichen Ergebnissen. Bei jedem Organismus, der ins Labor gebracht und gezüchtet werden kann, führt die Selektion nach fast jedem beliebigen Merkmal zu einer schnellen evolutionären Reaktion in die vorhergesagte Richtung. In diesen Studien ging es nicht nur um Merkmale, die man erwarten würde – wie die Körpergröße, die Farbe, die Anzahl der Borsten von Fruchtfliegen –, sondern auch um eine große Vielfalt an anderen Merkmalen wie die Widerstandsfähigkeit von Ratten gegen die Entwicklung von Kavernen, die Neigung von Fruchtfliegen, ins Licht zu fliegen, oder die Unempfindlichkeit von Fruchtfliegen gegen Alkoholdämpfe (mehr dazu in Kapitel elf). Man kann so gut wie jedes Merkmal auswählen, das in einer Population variiert, unterwirft die Population einer künstlichen Selektion und erhält eine evolutionäre Reaktion.

Im Grunde wurde der gleiche Ansatz benutzt, um Nutztiere und Nutzpflanzen zu züchten, die uns vertraut sind, aber wenig Ähnlichkeit mit ihren wilden Vorfahren haben, zum Beispiel Mais und das Wildgras, von dem er abstammt: die Teosinte aus dem Hochland von Mexiko. Deren zehn Zentimeter lange Ähre hat vielleicht ein Dutzend Körner mit einer harten Schale – welch ein Unterschied zu den Hunderten von köstlichen, ungeschützten Körnern der Maiskolben, die wir uns jeden Sommer schmecken lassen! Ein gezüchtetes Legehuhn kann mehr als 300 Eier im Jahr produzieren, sehr viel mehr als seine wild lebende Stammform, das Bankivahuhn. Auf die gleiche Weise hat die künstliche Selektion aus dem Wolf die Deutsche Dogge und den Chihuahua entstehen lassen.

Die künstliche Selektion war ein Segen für die Wissenschaft und die

Landwirtschaft und diente dem Wohl der Menschheit. Aber sie entspricht dem natürlichen evolutionären Prozess nur bedingt. Als Lenski gerade seine Doktorarbeit abschloss, erkannte er, dass es zwei Möglichkeiten gibt, Laborstudien den Vorgängen in der Natur ähnlicher zu machen.

Erstens verbinden wir den Begriff Evolution mit Entwicklungen, die im Laufe von Jahrtausenden oder Jahrmillionen stattfanden. Doch im Labor durchgeführte Selektionsstudien erstreckten sich in der Regel nur über mehrere Generationen. Das genügte, um eine starke evolutionäre Reaktion zu beobachten und viel zu lernen, doch selbst die Dauer von Multigenerationenstudien war sehr kurz im Vergleich zu den Zeitskalen der Natur. Der Grund ist natürlich klar: Die wissenschaftliche Laufbahn von Menschen ist nicht so lang, und erst recht nicht der Förderzeitraum, in dem ein Forscher Ergebnisse vorweisen und Berichte vorlegen muss, um weitere Fördermittel für sein Forschungsprojekt zu erhalten. Zudem haben die Organismen, die für solche Studien benutzt werden – Fruchtfliegen, Mäuse und dergleichen –, Generationszeiten von vielen Wochen oder sogar Monaten, was die Anzahl der Generationen begrenzt, die bis zum Ende einer Studie untersucht werden können. Lenski erkannte, dass ein Organismus mit einem sehr kurzen Lebenszyklus und damit einer sehr schnellen Generationenfolge benötigt wurde, sodass Veränderungen schnell genug auftraten, um ihre langfristigen evolutionären Folgen studieren zu können.

Der zweite unnatürliche – künstliche – Aspekt von Laborstudien und landwirtschaftlichen Studien ist, dass die Selektion gewöhnlich direkt vom Forscher oder Züchter vorgenommen wird. Wenn man zum Beispiel Rinder züchten will, die besonders viel Fleisch liefern, sucht man aus jeder Generation immer nur die größten und kräftigsten Tiere zur Weiterzucht aus. Das ist eine gute Methode, um zu erforschen, wie erfolgreich man durch eine gezielte Selektion evolutionäre Veränderungen herbeiführen kann, aber in der Natur läuft der Selektionsprozess anders ab.

In der freien Natur ist die Selektion selten so stark, dass nur die phänotypisch extremsten Individuen überleben und sich fortpflanzen. Vielmehr läuft die Selektion nach einem bestimmen Merkmal normalerweise schleichender ab, und mehrfacher Selektionsdruck wirkt gleichzeitig auf verschiedene Merkmale, manchmal auf gegensätzliche Weise. Schnellere Mäuse mögen einen Vorteil haben, aber nur einen kleinen. Vielleicht sind die Überlebenschancen der schnellsten Mäuse um zehn Prozent höher als die der langsamen, aber das würde bedeuten, dass viele schnelle Mäuse durch einen unglücklichen Zufall umkämen und einige langsame durch einen glücklichen Zufall am Leben blieben. Die am besten getarnten Mäuse könnten einen ähnlichen Vorteil haben, doch schnelle Mäuse sind nicht unbedingt auch gut getarnt, sodass gegenläufiger Selektionsdruck wirksam sein kann. Das Gesamtergebnis ist, dass die natürliche Selektion oft recht schwach und probabilistisch ist, im Gegensatz zu der sehr starken und gezielten Selektion, die bei Laborstudien vorgenommen wird.

Die Selektion im Labor ist noch in einer anderen Hinsicht unnatürlich, denn in der Natur bevorzugt die Selektion gewöhnlich nicht durchgängig das gleiche Merkmal. Im einen Jahr haben vielleicht muskulösere Hirsche einen Vorteil, doch wenn im darauffolgenden Jahr harte Zeiten anbrechen, überleben vielleicht eher die schlankeren. Populationen können während ihrer Evolution sogar selbst das selektive Milieu verändern – ein Merkmal, das begünstigt wird, wenn es selten ist, bietet vielleicht keinen Vorteil mehr, wenn es häufig vorkommt. Populationen können auch ihre Umgebung verändern – Biberdämme sind ein extremes Beispiel dafür –, und diese Veränderungen können wiederum den Selektionsprozess beeinflussen, sodass nach neuen Merkmalen selektiert wird, die vorher nicht bevorzugt wurden. Auch das ist ein großer Unterschied zum gleichbleibenden Selektionsdruck, der bei Selektionsstudien im Labor auf eine Generation nach der anderen ausgeübt wird.

Lenski erkannte, dass es einen Weg gab, diese Probleme zu umgehen, eine Strategie, die bereits entwickelt worden war, aber noch nicht ihr volles Potenzial erreicht hatte. Der Ansatz bestand darin, die Evolution experimentell im Labor zu erforschen, an mikroskopisch kleinen Organismen. Mikroben haben eine sehr kurze Generationenfolge von zwanzig Minuten (bei manchen ist sie sogar noch kürzer). Es bestand also ausreichend Gelegenheit, ihre Evolution in menschlichen Zeitmaßstäben zu erforschen. Und statt den Selektionsprozess zu steuern, wie in den meisten früheren

Laborstudien, konnten Forscher die Organismen einer neuen Umgebung aussetzen, an die sie anfangs vermutlich nicht gut angepasst waren. Zweifellos würde die Selektion unter diesen Bedingungen die Evolution vorantreiben, aber nicht der Forscher, sondern die experimentelle Umgebung würde bestimmen, welche Organismen überlebten und sich vermehrten, so wie in der Natur.

Seit den 1940er-Jahren hatten das schon einige Mikrobiologen gemacht, aber nicht um zu erforschen, wie die Evolution funktioniert, sondern um die Vorgänge in mikrobischen Organismen zu verstehen. Das Konzept war, Mikroben einer schwierigen Umgebung auszusetzen und zu beobachten, welche biochemischen oder physiologischen Tricks sie entwickeln konnten, um zu überleben. Oder die Forscher wählten einen fieseren, aber effektiven Ansatz und setzten molekularbiologische Techniken ein, um einen kleinen Teil der mikrobischen Maschinerie auszuschalten und zu sehen, wie die Population reagierte, um diesen Ausfall auszugleichen. Auf diese Weise lernten wir viel darüber, wie die DNA und Zellen funktionieren. Doch den meisten Wissenschaftlern, die diesen Ansatz wählten, ging es nicht darum, die Evolution besser zu verstehen. Vielmehr benutzen sie die Evolution, um zu erforschen, wie Zellen funktionieren. Das begann sich in den frühen 1980er-Jahren zu ändern, als Lenski gerade seine Doktorarbeit fertigstellte.

Sechs Jahre später – 1988: Inzwischen hatte der junge Lenski ein Forschungsprogramm an der Universität von Massachusetts absolviert, wo er als Postdoktorandenstipendiat im Labor von Bruce Levin gearbeitet hatte, einem Superstar auf dem Gebiet der Mikrobiologie, der damals zu den wenigen gehörte, die die Evolution durch experimentelle Studien von Mikroben erforschten.* Danach übernahm Lenski eine Lehrtätigkeit an der Universität von Kalifornien in Irvine. Dort initiierte er sein eigenes Forschungsprogramm und verwirklichte seine Vorstellung von einem neuen

---

* Außer Levin würdigte Lenski insbesondere Lin Chao, Dan Dykhuizen und Barry Hall als Pioniere auf diesem Gebiet.

Ansatz für langfristige Evolutionsexperimente, indem er Laborstudien des Bakteriums *Escherichia coli* (kurz *E. coli*) durchführte.

Jedes *E.-coli*-Individuum besteht nur aus einer einzigen winzigen Zelle, die in der Regel etwa einen Mikrometer (0,001 Millimeter) lang ist. Und diese Zellen können sich schnell teilen, alle zwanzig Minuten, wenn genug Nahrung vorhanden ist. Da *E. coli* mikroskopisch klein ist, kann selbst ein kleiner Glaskolben Milliarden von Individuen enthalten. Je mehr Individuen eine Population umfasst, desto größer ist die Zahl der auftretenden Mutationen. Und je mehr Mutationen in einer Population auftreten, desto größer ist die Wahrscheinlichkeit, dass zufällig eine besonders nützliche entsteht, die von der natürlichen Selektion begünstigt wird und es der Population ermöglicht, sich besser an ihre Umgebung anzupassen. Es war also zu erwarten, dass bei *E. coli* die Evolution zügiger verlaufen würde als bei anderen Labororganismen mit längeren Lebensspannen und kleineren Populationsgrößen.

E. coli wurde bereits seit Jahrzehnten im Labor erforscht. Deshalb war bekannt, in welchen Umgebungen die Bakterien leben konnten. Mit diesem Wissen konnte Lenski eine Umgebung wählen, die sie zwar vertrugen, die jedoch eine Herausforderung für sie darstellte, also eine Umgebung, in der viel Raum für evolutionäre Verbesserungen war.

Nebenbei sollte ich erwähnen, dass die Arbeit mit *E. coli* nicht gefährlich ist. *E. coli* wird zwar im Zusammenhang mit Lebensmittelvergiftungen regelmäßig in den Nachrichten genannt und kann einige sehr schwere, gelegentlich sogar tödliche Krankheiten verursachen, aber die meisten Typen – auch der Stamm, mit dem Lenski arbeitet – sind harmlos. Tatsächlich haben die meisten Menschen große Populationen von nützlichen *E.-coli*-Stämmen in ihrem Verdauungstrakt, wo sie wichtige Funktionen wie die Produktion von Vitamin K_2 und die Abwehr schädlicher Bakterien erfüllen. Außerdem haben die Laborstämme sich an das Leben in einem Glaskolben angepasst und ihre Fähigkeit, in Menschen zu leben, verloren, sodass sie eindeutig keine Gefahr mehr darstellen. Lenski und seine Mitarbeiter arbeiten in normalen Laborkitteln und tragen nicht einmal Handschuhe, geschweige denn Biogefahrschutzanzüge.

Am 24. Februar 1988, einem sonnigen Tag, der für die Jahreszeit selbst in Südkalifornien ungewöhnlich warm war, nahm Lenski eine ganz gewöhnliche Petrischale in die Hand.[1] Wie andere Bakterien wächst *E. coli* asexuell. Jede Zelle teilt sich einfach in zwei identische Tochterzellen. Wenn man eine *E.-coli*-Zelle auf die Oberfläche einer Petrischale gibt, beginnt sie sich zu teilen und zu teilen und zu teilen, bis schließlich ein kleiner Hügel aus Millionen von Zellen entsteht, die alle identische Nachkommen dieser ersten Gründerzelle sind. Diese Hügel werden Kolonien genannt. Der Boden der Petrischale, nach der Lenski griff, war mit einer Schicht aus klebriger, durchsichtiger Nährgelatine überzogen, auf deren Oberfläche Dutzende solcher Kolonien wuchsen. All diese Kolonien waren aus einzelnen Zellen eines *E.-coli*-Laborstamms namens REL606 entstanden.* Lenski nahm eine kleine sterile Metallnadel, berührte damit behutsam eine zufällig ausgewählte Kolonie und sammelte so Hunderttausende von identischen Zellen an der Nadelspitze. Dann tauchte er die Nadelspitze in zehn Milliliter Flüssigkeit in einem sterilen Glaskolben. Damit war eine Population für seine Langzeitstudie geboren. Nachdem er diese Prozedur elfmal wiederholt hatte, stellte er ein Dutzend Glaskolben** – jeder war kleiner als eine Teetasse – in einen »Kühlschrank«, der auf eine konstante Temperatur von 37 Grad Celsius eingestellt war (so wie das Innere unseres Körpers).

Für dieses Experiment benötigte er noch eine weitere wichtige Zutat. Wissenschaftler, die *E. coli* erforschen, ernähren ihre mikroskopisch kleinen Schützlinge mit ganz unterschiedlichen Menüs. Manche verwenden die üblichen biochemischen Nährstoffe wie pulverisierte Hefe oder Milchproteine, andere entscheiden sich für exotische Zutaten wie Schafsblut oder Bouillons aus Schweinehirn und -herz. Die Kost, mit der Lenskis *E. coli* gefüttert wurden, war in zweifacher Hinsicht ungewöhnlich. Erstens

---

* R. E. L. sind Lenskis Initialen.

** Zur Kontrolle kam ein dreizehnter Glaskolben mit der Nährlösung, aber ohne *E. coli* hinzu, um mögliche Verunreinigungen zu erkennen. Aus Gründen, auf die ich hier nicht eingehe, wurde Jahre später noch ein vierzehnter Glaskolben hinzugefügt. Deshalb sah ich bei meinem Laborbesuch zwei Reihen mit je sieben Glaskolben.

war in ihrem flüssigen Zuhause nur ein Nährstoff verfügbar, den sie verwerten konnten, nämlich Glukose, ein Einfachzucker, aus dem viele Organismen Energie gewinnen.* Zweitens war diese Nahrung, anders als in den meisten Nährlösungen für Labore, nur in sehr begrenzter Menge vorhanden. Das Nahrungsangebot war so knapp, dass die Population jeden Tag sechs Stunden lang schnell wuchs, bis die Glukose aufgebraucht war. Dann hörten die Zellen auf, sich zu teilen, und warteten ruhig. Am nächsten Tag saugte ein Labormitarbeiter 0,1 Milliliter Flüssigkeit aus jedem Glaskolben ab – das entsprach einem Prozent vom Inhalt des Glaskolbens und damit einem Prozent der *E.-coli*-Population (ungefähr fünfzig Millionen *E. coli*). Die entnommene Menge spritzte er dann in einen neuen Glaskolben mit 9,9 Millilitern frischer glukosehaltiger Flüssigkeit (Laborforscher bezeichnen die mit Nährstoffen angereicherte Umgebung, in der ihre gezüchteten Populationen leben, als Medium). Und damit begann der Zyklus von Neuem.

Der *E.-coli*-Stamm, mit dem das Experiment begonnen wurde, wurde schon seit 1918 erforscht. Doch die besonderen Bedingungen dieses Experiments, besonders die niedrige und zyklisch abnehmende Glukosemenge, waren neu für die Mikroben. Es ist anzunehmen, dass diese Umgebung einen starken Selektionsdruck ausübte, denn sie zwang die Mikroben, die knappen Ressourcen effizient und schnell zu nutzen. Doch im Gegensatz zu den meisten Selektionsexperimenten im Labor bestimmte nicht Lenski die Gewinner und Verlierer, indem er die Mikroben aussuchte, die bis zur nächsten Generation überleben würden. Vielmehr ließ er das die Mikroben unter sich ausfechten. So bestimmten sie auf ihre eigene Art, welche Konstellation von Merkmalen die nützlichste war. Aus diesem Grund bezeichnete Lenski das Projekt nicht als Selektionsexperiment, sondern als Langzeitevolutionsexperiment – kurz LTEE (für *long-term evolution experiment*).

Am Anfang des Experiments waren alle Individuen in jeder Population

---

* Auch Menschen. Wenn wir über einen niedrigen Blutzuckerspiegel klagen, reden wir von der Glukosemenge, die in unserem Blut gelöst ist.

genetisch gleich. Alle waren identische Nachkommen der Mutterzelle. Und weil die verschiedenen Kolonien in der Petrischale, mit der alles anfing, nicht viel Zeit gehabt hatten, Mutationen auszubilden, waren die Gründerzellen der verschiedenen Populationen, obwohl sie verschiedenen Kolonien entnommen wurden, auch genetisch identisch. Das bedeutet, dass die Populationen in den zwölf Glaskolben des Experiments genetisch im Grunde völlig homogen waren – es gab keine genetische Variation, weder innerhalb der Populationen noch zwischen ihnen.* Erst mit der Zeit, als Mutationen auftraten, entstanden Variationen innerhalb der Populationen, sodass die Populationen genetisch voneinander abwichen.

So umging Lenski bei seiner Studie das Problem, das Evolutionsexperimente in der Natur aufwerfen. Die Umgebungen waren in allen Glaskolben identisch – zumindest im menschenmöglichen Ausmaß. Zudem waren die Populationen selbst am Anfang genetisch völlig gleiche Kopien voneinander. Goulds Gedankenexperiment wurde in der wirklichen Welt durchgeführt. Das Band wurde zwölfmal gleichzeitig abgespielt, nebeneinander in der warmen Eistruhe. Der gleiche Ausgangspunkt, die gleiche Umgebung. Würden die gleichen evolutionären Ergebnisse herauskommen, wenn man das evolutionäre Band mehrmals gleichzeitig abspielte? Oder würden zufällige Mutationen – in einem Glaskolben konnte eine ganz andere Mutation auftreten als in einem anderen – die Evolution unvorhersehbar in unterschiedliche Richtungen führen? Determinismus kontra Zufall – wer gewann die Oberhand?

Langfristige Forschungsprogramme bieten jedem die Möglichkeit, den Historiker zu spielen. Man kann in der Zeit zurückgehen und den Verlauf der Studie rekonstruieren. Dann sieht man nicht nur, wie die Ergebnisse zustande kamen, sondern auch, wie die Interpretation der Ergebnisse, die

---

* Eigentlich stimmt das nicht ganz. Lenski brachte in die Hälfte der Populationen eine Mutation ein, nur damit er notfalls eine Population von der anderen unterscheiden und so eine eventuelle Kreuzkontamination besser erkennen konnte. Diese Mutation hatte jedoch keinen phänotypischen Effekt und war daher von der natürlichen Selektion nicht betroffen.

Botschaft, die man während der Studie aus ihnen herauslas, sich im Laufe der Zeit änderte. Der Veröffentliche-oder-stirb-Modus des akademischen Lebens erleichtert diese retrospektive Untersuchung. Um erfolgreich zu sein, müssen Wissenschaftler regelmäßig ihre Ergebnisse publik machen. Das bedeutet, dass ein langfristiges Experiment eine ergiebige und durchgängige Papierspur hinterlässt.

Lenskis LTEE ist da keine Ausnahme. Das Experiment läuft immer noch, inzwischen schon seit mehr als 28 Jahren. Wie die spiegelverkehrt auf die Laborfenster geklebten Ziffern verkünden, sind bereits 64 000 Generationen verstrichen – dieser Meilenstein wurde bereits vor ein paar Monaten passiert. Und wenn man einen Blick auf Lenskis Website bei der Michigan-State-Universität wirft, findet man eine Liste von 75 wissenschaftlichen Veröffentlichungen zu diesem Projekt.

Schauen wir uns die zweite an, die 1994, also sechs Jahre nach dem Start des Experiments, in *Proceedings of the National Academy of Sciences of the United States of America* erschien und die Ergebnisse, die die ersten zehntausend Generationen lieferten, zusammenfasste.[2] Lenski und sein Mitarbeiter Michael Travisano, der kurz davor seine Doktorarbeit abgeschlossen hatte, berichteten, dass alle zwölf *E.-coli*-Populationen sich an ihre neue Umgebung angepasst hatten – das zeigte die Geschwindigkeit, mit der die Größe jeder Population nach dem täglichen Umsetzen (Transfer) ins frische Medium zugenommen hatte. Doch manche Populationen hatten sich besser angepasst als andere. Die erfolgreichsten wuchsen sechzig Prozent schneller als die Ahnenpopulation, bei anderen betrug die Zunahme nur dreißig Prozent. Außerdem waren die *E.-coli*-Zellen größer als die der Ahnenpopulation, aber ihre Größenzunahme variierte ebenfalls. Bei einigen hatte das Zellvolumen um fünfzig Prozent zugenommen, andere waren sogar hundertfünfzig Prozent größer geworden. Das Fazit von Lenski und Travisano war, dass die Populationen sich auf unterschiedliche Arten angepasst hatten, weil in den einzelnen Glaskolben unterschiedliche Mutationen aufgetreten waren. Mit ihren Worten: »Unser Experiment zeigt die entscheidende Rolle von zufälligen Ereignissen (historischen Zufällen) in der adaptiven Evolution auf.«

Als die Zwanzigtausend-Generationen-Marke erreicht war, überprüfte Lenski den Fortschritt des Experiments erneut. Die Fähigkeit der Populationen, in einer Umgebung zu leben, in der sie sich erst sattfressen konnten und dann hungern mussten, hatte sich weiter verbessert – im Durchschnitt wuchsen sie nun siebzig Prozent schneller als die Ahnenpopulation. Es gab zwar immer noch Wachstumsunterschiede zwischen den Populationen,[3] doch sie wurden als geringfügige Variationen abgetan – das Fazit war, dass alle Populationen die Tendenz zeigten, immer schneller zu wachsen. Auch die parallele Zunahme der Zellgröße wurde hervorgehoben, allerdings ohne aktuelle Zahlen zu nennen. Variationen zwischen den Populationen in Bezug auf das Zellwachstum wurden zwar erwähnt, doch auch ihnen wurde wenig Aufmerksamkeit geschenkt.

Darüber hinaus hatte man im Lenski-Labor die Methodik, nach der man die Populationen verglich, erweitert und viele aufregende neue Entdeckungen gemacht. Alle zwölf Populationen hatten die Fähigkeit verloren, in Glaskolben zu wachsen, die einen anderen Zuckertyp – D-Ribose – enthielten, was nahelegte, dass die biochemische Maschinerie der Zellen sich auf die gleiche Weise veränderte. Mehrere detaillierte Vergleiche von verschiedenen genetischen Aspekten enthüllten, dass in vielen oder allen Populationen die gleichen Veränderungen aufgetreten waren. Aus den gewonnenen Erkenntnissen wurde in den anschließenden Veröffentlichungen der Schluss gezogen, dass die Populationen sich nicht nur hinsichtlich der Wachstumsrate und der Zellanatomie auf die gleiche Art weiterentwickelten, sondern auch hinsichtlich der Physiologie und der Gene.

Als Lenski 2011 auf die Evolution von fünfzigtausend Generationen zurückblickte, bekräftigte er diese Schlussfolgerung: »Zu meiner Überraschung war die Evolution recht wiederholbar. … Obwohl die Linien sicher in vielen Details voneinander abwichen, war ich erstaunt, dass ihre Evolution parallel verlief, mit ähnlichen Veränderungen bei vielen phänotypischen Merkmalen und sogar Gensequenzen, die wir untersuchten.«[4]

Ungefähr zur gleichen Zeit, in der Rich Lenskis wissenschaftliche Karriere begann, besuchte fast genau auf der anderen Seite der Erde ein anderer junger Mann seinen ersten naturwissenschaftlichen Collegekurs. Wie Lenski faszinierte auch Paul Rainey die Biologie.[5] An der Universität von Canterbury in Neuseeland studierte er zuerst Forstwirtschaft und dann Botanik. Doch anders als Lenski nahm er nach seinem Bachelorabschluss kein Masterstudium auf. Stattdessen reiste Rainey, der seinen Lebensunterhalt mehrere Jahre lang mit einem Teilzeitjob als professioneller Jazzmusiker verdient hatte, sofort nach London, um von dort aus durch Europa zu wandern. Unterwegs hatte er Auftritte als Musiker, arbeitete in Kneipen, lernte neue Länder kennen und gewann eine Vorstellung von der Größe der Welt. Nach seiner Rückkehr nach Neuseeland lebte er weiterhin vom Saxofonspielen, aber schließlich gab er dem Druck der Familie seiner Freundin nach und begann als Verkaufsleiter für ein Molkereiunternehmen zu arbeiten. Doch nach nur drei Monaten entschied Rainey, dass der Verkauf von Milchkartons und Besprechungen mit den Geschäftsführern von Lebensmittelmärkten nicht das Leben waren, das er sich vorstellte. Wie viele junge Leute damals und heute beschloss er, an die Universität zurückzukehren. Er suchte nach einem passenden Masterprogramm und fand ein Stellenangebot für einen Studenten, der Interesse an einem Forschungsprogramm hatte, das mit kommerzieller Pilzzucht zu tun hatte.

Im Rahmen dieses Projekts lernte Rainey viel über ein koloniebildendes Bakterium namens *Pseudomonas fluorescens*, das nicht nur bei der Pilzvermehrung eine Rolle spielt, sondern auch schön fluoresziert. Er begann mit diesen Bakterien zu arbeiten, die er in Petrischalen züchtete. Während die Arbeit voranschritt, stellte er etwas Unerwartetes fest: Die Bakterien schienen sich im Laufe der Zeit in ihren kleinen Schalen zu verändern. Manche büßten ihre Farbe ein und wurden durchsichtig; gleichzeitig verloren sie ihre Giftigkeit. Andere teilten sich innerhalb einer Schale in mehrere Typen.

Fasziniert experimentierte er neben seiner eigentlichen Arbeit, bei der es um Pilze ging, mit den Bakterien herum, probierte neue Wachstumsmedien und Umgebungen aus und beobachtete, wie die Bakterien sich an unterschiedliche Umgebungen anpassten. Aus dem Masterabschluss wurde schließlich ein Doktortitel. Danach ging er nach England, um erst in Cambridge, dann in Oxford als Postdoktorand an Forschungsprojekten mitzuarbeiten, die wieder mit Pilzen zu tun hatten.

In Oxford fügte sich schließlich alles zusammen. *Pseudomonas fluorescens* ist ein Bakterientyp, der im Boden und im Wasser lebt. Eine von Raineys Aufgaben war, eine Probe von Stämmen dieser Bakterien auf verschiedenen Wirtspflanzen zu sammeln und zu untersuchen. Einen solchen Stamm fand er auf den Blättern einer Zuckerrübenpflanze, die in den lokalen Wäldern wuchs.

Er brachte diese Probe ins Labor und gab sie in ein Becherglas voller lebenswichtiger Nährstoffe. Als Rainey ins Labor zurückkehrte, nachdem er ein Wochenende weg gewesen war, stellte er fest, dass die Bakterien auf der Oberfläche der Bouillon eine dicke klebrige Matte aus Zellen gebildet hatten. Seine anschließenden Tests zeigten, dass aus den Bakterien, wenn man sie ungestört in der Bouillon wachsen ließ, drei verschiedene Typen entstanden, die unterschiedliche Teile des Becherglases besiedelten. Das war hochinteressant: Aus einem einzigen Ahnentyp entwickelten sich drei Typen, die sich offenbar an unterschiedliche Bereiche der Umgebung anpassten – eine adaptive Radiation *en miniature.*

Die adaptive Radiation im Labor, die Rainey dokumentierte, war eine Neuigkeit, aber wirklich faszinierend war, was er feststellte, als er das Expe-

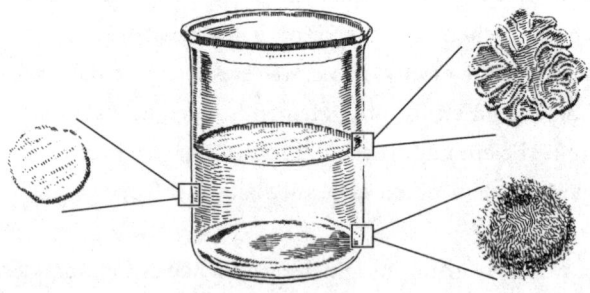

In Raineys Experiment bildete *Pseudomonas fluorescens* Aggregationen mit drei unterschiedlichen Formen: (a) der glatte Typ *(smooth)*, (b) der schrumpelige Streuer *(wrinkly spreader)* und (c) der flaumige Streuer *(fuzzy spreader)*.

riment mehrfach wiederholte. Wieder und wieder gab er die Zuckerrü-ben-liebenden Bakterien in die Bouillon und überließ sie sich selbst, und jedes Mal entstanden die gleichen drei Habitattypen. Immer.

Wenn Rainey die Bakterien in das Becherglas gab, waren sie zunächst rund und glatt und überall in der Bouillon zu finden. Doch relativ schnell beschränkte sich dieser »glatte« Typ, wie er ihn nannte, auf das Innere der Brühe, während sich zwei weitere Typen entwickelten. Beim ersten der beiden handelte es sich um rundliche Zellen mit stark zerfurchten, ge-kräuselten Rändern, die miteinander verklebten und oben auf der Bouil-lon Matten bildeten. Rainey begann sie »schrumpelige Streuer« *(wrinkly spreaders)* zu nennen. Die Zellen des dritten Typs waren ganz rund, wie die des glatten Typs, aber mit dichten Flaumhaaren bedeckt, daher der Name »flaumige Streuer« *(fuzzy spreaders)*. Wie die Schrumpeligen kleb-ten auch die Flaumigen zusammen und bildeten eine Matte auf der Ober-fläche der Bouillon, doch sie konnten sich nicht so lange oben halten und sanken bald auf den Boden der Bechergläser ab. Allerdings besiedelten sie die Oberfläche mehrmals erneut für kurze Zeit, wenn Viren die Schrum-peligen angriffen.

Warum es zu dieser adaptiven Auffächerung (Diversifikation) kommt, ist klar – Sauerstoff ist eine begrenzte Ressource. Während die glatten Zel-len des Ahnentyps durch die Bouillon schwimmen, verbrauchen sie den Sauerstoff darin, was zur Entwicklung der schrumpeligen Streuer und dann der flaumigen Streuer führt, die das hohe Sauerstoffniveau an der Oberfläche der Bouillon nutzen können. Insekten fressende Echsenarten passen sich an unterschiedliche Habitate an, um die Konkurrenz unterein-ander zu minimieren. Kleine Zellen, die Sauerstoff fressen, tun das Gleiche.

Lenski hatte im LTEE eine konvergente Evolution innerhalb einer einzi-gen Spezies demonstriert, aber dass wiederholt die gleiche adaptive Radia-tion auftrat, ging noch einen Schritt weiter. Man gibt *Pseudomonas fluores-cens* in einen Glaskolben mit einem speziellen Nährstoffcocktail, lässt die Bakterien ein paar Tage in Ruhe und voilà! – man erhält eine Mischung aus Glatten, Schrumpeligen und Flaumigen. Und es entstehen nicht nur die gleichen drei Typen, sie erscheinen obendrein in einer vorhersagbaren

Reihenfolge. Zuerst setzen sich die Schrumpeligen durch, erst später folgen dann die Flaumigen. Viel mehr Replikation geht nicht.

Nach sechs Monaten in seinem Postdoktorandenprogramm in Oxford hatte Rainey – in Schwarzarbeit – das Grundschema der *Pseudomonas*-Geschichte herausgefunden. Aufgeregt und stolz auf das, was er alleine geschafft hatte, präsentierte er die Ergebnisse seiner Experimente auf der halbjährlichen Versammlung der Mitarbeiter seines Forschungslabors. Diese Zusammenkünfte fanden im Büro des Institutsdirektors statt, der ein bedeutender Virologe war und wie viele Molekularbiologen seiner Generation jede biologische Forschung geringschätzte, die sich nicht ausschließlich auf das Verhalten von Molekülen konzentrierte.

Der Direktor unterbrach Rainey mitten in seiner Präsentation und erklärte ihm, seine Arbeit sei wertlos, weil sie nur dokumentiere, was geschah, ohne die molekularen Veränderungen aufzuzeigen, die auftraten, während die verschiedenen Typen sich spezialisierten. Er verbot es Rainey, am Institut weiterhin solche Experimente durchzuführen.

Rainey war natürlich niedergeschmettert. Aber er war auch, nach seiner eigenen Beschreibung, ein »sturer Bastard«. Die Abfuhr verstärkte nur seine Entschlossenheit, der *Pseudomonas*-Geschichte auf den Grund zu gehen. Er setzte seine Arbeit einfach fort, allerdings heimlich.

Ein Hauptthema in der Kontingenz-kontra-Determinismus-Debatte ist die Bedeutung des Zufalls, das Ausmaß, in dem zufällige Ereignisse die Zukunft bestimmen. Natürlich können solche Ereignisse für die menschliche Geschichte ebenso wichtig sein wie für die Evolution. Und in Paul Raineys Geschichte spielte um diese Zeit der Zufall durchaus eine Rolle. Nicht allzu lange nach dem Treffen der Labormitarbeiter erfuhr Rainey von einem Wissenschaftler, der für ein Forschungsjahr nach Oxford gekommen war: Rich Lenski.

Rainey vereinbarte einen Termin mit Lenski, um sich vorzustellen, und aus diesem ersten Treffen wurden viele. Im Gegensatz zu Raineys engstirnigem Chef erkannte Lenski die Bedeutung seiner Arbeit. Er ermutigte Rainey nicht nur und gab ihm Ratschläge, sondern unterstützte auch Raineys Bewerbung um eine prestigeträchtige Postdoktorandenstelle durch ein überzeugendes Empfehlungsschreiben. 1994 erhielt Rainey die Stelle und konnte sich von da an voll auf seine *Pseudomonas*-Forschung konzentrieren.

Ein Jahr später leitete Lenski die renommierte Gordon-Forschungskonferenz über Mikrobielle Populationsbiologie und lud Rainey ein, einen Vortrag zu halten. Das würde die erste öffentliche Präsentation seiner Arbeit sein, und er packte alles hinein, was er entdeckt hatte. Der Vortrag war eine brillante Tour de Force, aber Raineys Forschungsprojekt war anders als alles, was damals an Forschungsprogrammen lief. Für die versammelten Wissenschaftler war dieses Gebiet völliges Neuland. Und es war wahrscheinlich nicht hilfreich, dass Rainey bei den Spitznamen blieb, die er den drei Habitatspezialisten gegeben hatte.»Schrumpeliger Streuer« und»flaumiger Streuer« – das klang eher nach Gestalten aus einem Kinderbuch als nach Studienobjekten eines wichtigen Forschungsprojekts. Es wäre wahrscheinlich besser gewesen, wenn Rainey sich langweilige technische Bezeichnungen ausgedacht hätte – vielleicht etwas wie»Kolonie-Wachstumsform IIa, behaart« für die Flaumigen. Jedenfalls lösten die Neuartigkeit seiner Forschungsarbeit, die ulkigen Namen und sein ganz eigener Präsentationsstil während des Vortrags viel Gelächter aus. Rainey weiß bis heute nicht, wie viele Leute mit ihm lachten und wie viele über ihn.

Nichtsdestotrotz war die allgemeine Resonanz positiv. Rainey erhielt Beifall und Zuspruch. Im darauffolgenden Jahr, dem zweiten Jahr seines fünfjährigen Postdoktorandenstipendiums, stellte Oxford ihn als Dozent an (dieser Posten entspricht dem eines Assistenzprofessors in den Vereinigten Staaten). Nun, da Rainey genug Fördermittel zur Verfügung standen, stellte er seinen eigenen Postdoktorandenstipendiaten ein, einen jungen Forscher, den er auf der Gordon-Konferenz kennengelernt hatte: Michael Travisano, der lange im Lenski-Labor gearbeitet hatte. Travisano und Rainey führten die Arbeit zu Ende und veröffentlichten zwei Jahre später in der Zeitschrift *Nature* einen Artikel, der inzwischen ein Klassiker ist.[6]

Lenskis LTEE und Raineys replizierte mikrobielle adaptive Radiation schufen eine neue Teildisziplin der Evolutionsbiologie. Zuerst fand die Forschungsarbeit nur in einigen wenigen Laboren statt. Aber diese Phase dauerte nicht lange. Erstens sind akademische Generationen kurz – der Labornachwuchs wächst schnell heran, wird flügge und gründet eigene Labore. Gegen Ende der 1990er-Jahre waren einige von Lenskis Studenten bereits Lehrkräfte und verfolgten den Ansatz der langfristigen experimentellen Evolutionsforschung an anderen Einrichtungen weiter. Zudem griffen unabhängig von ihnen weitere Evolutionsbiologen diesen Ansatz auf. Und mit der Zahl der Forscher wuchs auch die Vielfalt an erforschten Organismen. Heute, ein gutes Vierteljahrhundert nachdem Lenski *E. coli* in ein Dutzend Glaskolben spritzte, werden in vielen Laboren – vielleicht Hunderten – experimentelle Evolutionsstudien durchgeführt, genug, um dem Thema ganze Konferenzen zu widmen.

Die meisten dieser Studien sind bisher relativ kurzzeitig gewesen – die *Pseudomonas*-Experimente dauerten zum Beispiel nur zehn Tage. Aber immer mehr Forscher übernehmen Lenskis Ansatz und setzen Experimente über längere Zeiträume fort.

Das LTEE ist natürlich das berühmte Pioniermodell dieses Forschungstyps. Und es ist bedenkenswert, welcher Aufwand erforderlich ist, um eine langfristige experimentelle Evolutionsstudie am Laufen zu halten. Seit über 28 Jahren hat tagtäglich jemand aus dem Lenski-Labor jede einzelne Population aus ihrer verbrauchten Umgebung in ein neu vorbereitetes Glukosemedium transferiert. Der Prozess selbst dauert zwar nur ein paar Minuten, doch die Organisation und Durchführung des ganzen Projekts sind beeindruckend. Tagein, tagaus, während der Ferien und bei Schneestürmen, trotz Personalausfällen wegen Krankheit und anderer Lebensereignisse, wird die Arbeit fortgesetzt. Die Leute vom Lenski-Labor sind sich einig, dass die langjährige Labormanagerin Neerja Hajela das Genie ist, dem es zu verdanken ist, dass das Projekt schon so lange so gut läuft.

Nur dreimal in 28 Jahren fanden die Transfers der Populationen nicht im täglichen Rhythmus statt. Das erste Mal war im Jahr 1991, als das Lenski-Labor aus der Universität von Kalifornien in die Michigan State University umzog. Der Umzug eines Labors ist kompliziert und erforderte in diesem Fall eine Unterbrechung des Projekts. Die lange Pause war jedoch kein Problem. Das Bakterium *E. coli* hat, wie viele Mikroben, eine besondere Eigenschaft: Es kann eingefroren werden. Man kann es wie einen Astronauten aus einem Science-Fiction-Film in einen scheintoten Zustand versetzen und später wieder ins Leben zurückholen, ohne dass es ihm etwas ausmacht. Nach seinem Kälteschlaf wird es einfach wieder aufgetaut. So wurde das LTEE auf Eis gelegt und im Kühltransporter durchs Land gefahren. Neun Monate später wurden die Populationen dann aufgetaut, und das Experiment konnte weitergehen.

Die zweite und die dritte Unterbrechung waren kürzer. Im Winter 2007 und im Winter 2010 war die gesamte Belegschaft des Lenski-Labors über die Ferien weg, deshalb wurde das Projekt vorübergehend auf Eis gelegt. Das geschah seither nie wieder. In den letzten sieben Jahren wurde das Projekt Tag für Tag fortgesetzt.

Experimentelle Evolutionsforscher entwickelten viele eigene Ansätze, die hinsichtlich der Gestaltung der Experimente sowie hinsichtlich der untersuchten Fragen recht unterschiedlich waren. Nichtsdestotrotz folgten viele in ihren Studien den Vorreitern Lenski und Rainey und setzten replizierte Populationen identischen Umgebungen aus, um herauszufinden, ob die Evolution in allen Populationen parallel verlief.

Sowohl das LTEE als auch Raineys Experiment zeigten, dass replizierte Populationen sich annähernd gleich entwickelten. Gibt es irgendeinen Grund zu der Annahme, dass weitere Experimente nicht das gleiche Ergebnis liefern könnten? Oder anders ausgedrückt: Wenn anfangs identische Populationen sich an identische Umgebungen anpassen, warum sollten sie das nicht immer auf die gleiche Weise tun?

Es gibt zwei wichtige Gründe. Erstens brauchen Populationen genetische Variation, um sich weiterzuentwickeln. Ohne Variation ist keine Veränderung möglich – natürliche Selektion bedeutet schließlich, dass einer Variante der Vorzug vor einer anderen gegeben wird. Wenn es keine Variation gibt, hat die natürliche Selektion nichts, woran sie arbeiten kann. Weil es den Populationen anfangs an genetischer Variation fehlt, basiert jede spätere Evolution auf Mutationen, die nach dem Beginn des Experiments auftraten. Das bedeutet wiederum, dass die Richtung, in die Populationen sich entwickeln, davon abhängen könnte, welche Mutationen bei jeder Wiederholung des Experiments auftreten. Evolutionäre Unterschiede zwischen den Populationen können einfach deshalb entstehen, weil in verschiedenen Populationen unterschiedliche Mutationen auftreten.

Ob eine Mutation sich in einer Population durchsetzt, kann außerdem von der Reihenfolge abhängen, in der Mutationen auftreten – eine Mutation bringt vielleicht keinen Vorteil, wenn eine andere sich bereits in der Population durchgesetzt hat, oder umgekehrt, vielleicht muss sich zuerst eine andere Mutation durchsetzen, damit eine bestimmte Mutation vorteilhaft ist. Also selbst wenn in zwei Populationen die gleichen Mutationen auftreten, könnten Unterschiede in der Reihenfolge der Mutationen zu unterschiedlichen evolutionären Ergebnissen führen.

Zweitens: Ob Populationen sich parallel entwickeln, könnte auch davon abhängen, ob es mehrere Möglichkeiten gibt, ein Problem zu lösen, das die Umgebung bereitet. Wie im dritten Kapitel erörtert, passen Spezies, die mit ähnlichen Umgebungen konfrontiert sind, sich vielleicht nicht konvergent an, wenn sie unterschiedliche Phänotypen entwickeln können, die den gleichen funktionellen Vorteil bieten (die Fähigkeit, gut zu schwimmen, kann durch kräftige Schwänze, Vorderbeine oder Hinterbeine erlangt werden), oder wenn es unterschiedliche funktionelle Wege gibt, sich an die selektiven Bedingungen anzupassen (als Reaktion auf einen neuen Fressfeind können Spezies lange Beine entwickeln, um ihm zu entkommen, oder eine bessere Tarnung, um nicht von ihm entdeckt zu werden). Aber es zeigte sich auch, dass eng verwandte Populationen sich wegen ihrer genetischen Ähnlichkeit mit einer größeren Wahrscheinlichkeit auf die gleiche Weise entwickeln als entfernt verwandte.

Also was ist unter Berücksichtigung dieser Faktoren von experimentellen Studien der mikrobiellen Evolution zu erwarten? In Lenskis und Raineys Experimenten entwickelten sich replizierte Populationen größtenteils auf die gleiche Weise. Ist das die Regel?

Das ist schwer zu beurteilen, weil die Evolution in den diversen Studien auf unterschiedliche Arten erforscht wird. Die eindeutigsten Ergebnisse liefern Studien, die Merkmale von Populationen untersuchen, um herauszufinden, ob sie sich wiederholt auf ähnliche Weise entwickeln, so wie die großen Zellen in den *E.-coli*-Experimenten oder die drei verschiedenen *Pseudomonas*-Zelltypen.

Ein anderer Organismus, der häufig in Experimenten benutzt wird, ist die gewöhnliche Backhefe *Saccharomyces cerevisiae*, die seit Jahrhunderten von Menschen zum Backen und Bierbrauen und bei der Herstellung von Wein verwendet wird. In neuerer Zeit spielt diese Hefe außerdem eine Rolle als Modellorganismus für die molekularbiologische Forschung. Im Gegensatz zu den anderen von mir besprochenen Mikrobenarten sind Hefen Eukarioten – ihre Zellen haben, wie unsere, einen abgegrenzten Kern, der die DNA enthält. Wegen dieser Gemeinsamkeit mit Menschen und anderen großen Organismen ist die Biologie der Hefen für Forscher von besonderem Interesse.

Auch wenn Hefezellen einen Kern haben, besteht jedes Individuum nur aus einer einzigen Zelle. Jedenfalls normalerweise. Ein Forscherteam, das von dem anscheinend omnipräsenten Michael Travisano geleitet wird (er hat inzwischen sein eigenes Labor an der Universität von Minnesota), wollte den evolutionären Übergang von der Einzelligkeit zur Mehrzelligkeit erforschen, der ein wichtiger Meilenstein in der evolutionären Geschichte des Lebens ist. Wie es zu dieser Veränderung kam, ist für Evolutionsbiologen eine besonders interessante Frage, weil sie bedeutet, dass einzelne Organismen ihre Autonomie verlieren und die Fähigkeit entwickeln, zum gemeinsamen Wohl zusammenzuarbeiten. Warum tun ursprünglich unabhängige Zellen sich zusammen und bilden einen mehrzelligen Organismus, in dem nur noch bestimmte Zellen sich fortpflanzen? Betrachten wir zum Beispiel unseren eigenen Körper – wir haben Zellen im Gehirn, in den Augen, in den Beinen, im ganzen Körper, aber nur eine kleine Zahl unserer Zellen, nämlich die Eizellen beziehungsweise die Spermien, kann sich fortpflanzen und ihre DNA an die nächste Generation weitergeben. Was haben unsere übrigen Zellen davon? Das ist eine alte Frage, und Travisano wollte ihr nachgehen, indem er die Evolution im Labor erforschte.

Aber wie bringt man einzellige Organismen dazu, sich zusammenzutun? Die Forscher aus Travisanos Team dachten, durch die Selektion von besonders großen Zellen könnten sie die Evolution von Zellen fördern, die sich zu einer größeren Masse zusammenschlossen. Die frühen Versuche scheiterten kläglich, bis die Forscher eine zündende Idee hatte. Sie überlegten sich, dass schwerere Massen in einem mit Flüssigkeit gefüllten Reagenzglas schneller absinken würden, und bauten eine Apparatur auf, in der die Zellen zehn Sekunden lang in einer Zentrifuge herumgewirbelt wurden. Die Zellen, die am schnellsten zu Boden sanken – das unterste Prozent –, wurden entnommen und in ein Reagenzglas gegeben, wo sie sich die nächsten 24 Stunden lang vermehren konnten. Dann kamen sie erneut in die Zentrifuge. Dieser Prozess wurde zwei Monate lang täglich wiederholt. Die Selektion nach der Schnelligkeit des Absinkens führte zum erwarteten Ergebnis, nämlich zu Größenzunahmen in allen zehn Populationen.

Genau wie die Wissenschaftler gehofft hatten, klebten die Zellen zusammen und bildeten mehrzellige schneeflockenähnliche Aggregationen. Zudem war der Mechanismus, durch den der Zusammenschluss zustande kam, ebenfalls in allen zehn Populationen gleich. Diese mehrzelligen Aggregationen waren keine zusammenhängenden Kolonien aus einzelnen Hefezellen, wie sie beim Bierbrauen entstehen, sondern entwickelten sich durch Veränderungen im Fortpflanzungsprozess. Normalerweise vermehren sich Hefen wie *E.-coli*-Bakterien: Eine Zelle teilt sich in zwei Zellen, die dann getrennte Wege gehen. Doch bei den Schneeflocken begann der Trennungsprozess zwar, wurde aber nicht vollendet.[7] Die Mutterzelle teilte sich in zwei Tochterzellen, doch diese blie-

Die schneeflockenförmigen Hefeaggregationen, die sich bei Travisanos Experiment bildeten

ben miteinander verbunden, mit dem Ergebnis, dass die Struktur wuchs, während die Zellen sich weiter teilten.

Dieses Experiment unterschied sich insofern von der Arbeit der Teams von Lenski und Rainey, als die Forscher eine direkte Selektion vornahmen, statt Organismen nur in eine neue Umgebung zu versetzen und die Natur ihren Lauf nehmen zu lassen. Nach Lenskis Verständnis war das ein Selektionsexperiment und kein langfristiges Evolutionsexperiment. Nichtsdestotrotz ist die Erkenntnis aus Travisanos Experiment eigentlich die gleiche wie die aus der Arbeit von Lenski und Rainey: Populationen, die der gleichen selektiven Umgebung ausgesetzt wurden, entwickelten sich unabhängig voneinander auf die gleiche Weise.

Im Gegensatz zur Arbeit von Travisano, Lenski und Rainey werden bei den meisten langfristigen Evolutionsexperimenten im Labor keine phänotypischen Merkmale vermessen. Aus dem einfachen Grund, dass das sehr schwierig ist. Mikroben sind klein, und es ist eine mühsame und zeitraubende Aufgabe, ihre Anatomie oder Physiologie genau zu vermessen. Deshalb wird in diesen Studien gewöhnlich nicht quantifiziert, inwieweit Phänotypen sich gleich entwickeln.

Stattdessen benutzen die meisten Forscher in ihren Studien einen oder beide von zwei Ansätzen, um die evolutionäre Wiederholbarkeit zu überprüfen. Eine Methode ist der Vergleich der Wachstumsrate der Populationen mit der der Ahnenpopulation. Populationen neigen dazu, sich mit der Zeit immer besser an neue Umgebungen anzupassen, sodass die Größe der Population – die Zahl der einzelnen Zellen – schneller zunimmt. Viele Studien ergaben, dass die quantitative Verbesserung der Anpassung von einer experimentellen Population zur anderen sehr ähnlich ist. In Lenskis Experiment erhöhte sich die Wachstumsrate im Durchschnitt um etwa siebzig Prozent, mit nur geringen Abweichungen von einer Population zur anderen.

Eine weitere Studie über *E. coli* von einem anderen Forscherteam lieferte ähnliche Ergebnisse.[8] Die Forscher setzten 114 Populationen über 2000 Generationen hinweg sehr hohen Temperaturen aus. Das führte vermutlich zu einer Selektion nach den besten physiologischen Anpassungen an das harte Leben in einem heißen Medium, aber die Physiologie selbst wurde nicht untersucht. Vielmehr berichteten die Forscher von einer sehr einheitlichen Zunahme der Wachstumsrate von etwa vierzig Prozent verglichen mit dem Ahnenstamm.

Diese häufige Feststellung, dass experimentelle Populationen ihre Fitness um den gleichen Betrag steigern, sagt uns, dass sie sich in gleichem Maße besser anpassen, aber sie sagt uns nicht, wie sie das machen. Vielleicht ist die ähnlich große Zunahme ihrer Angepasstheit darauf zurückzuführen, dass sie die gleichen Merkmale entwickelten, aber vielleicht entwickelten sie auch unterschiedliche Merkmale, die zufällig gleichermaßen vorteilhaft waren.

Der zweite Ansatz, der verwendet wird, um wiederholbare Entwicklungen zu erkennen, ist der Vergleich der genetischen Veränderungen, die bei wiederholten Experimenten aufgetreten sind. Heutzutage ist es möglich, billig und schnell die ganzen Genome vieler Individuen zu sequenzieren. Solche Studien ergeben oft, dass genetische Veränderungen bei experimentellen Populationen vorwiegend in den gleichen Genen auftreten. In dem Experiment, in dem die Populationen hohen Temperaturen ausgesetzt wurden, kam es zum Beispiel bei 65 von den 114 experimentellen Populationen zu Mutationen in einem bestimmten Gen. Und selbst wenn die Mutationen in unterschiedlichen Genen auftraten, handelte es sich oft um funktionell verwandte Gene – das ergaben auch Lenskis Studien.

Zwei Vorbehalte müssen bei der Bewertung dieser genetischen Vergleiche von experimentellen Populationen jedoch gemacht werden. Erstens: Auch wenn in fast allen Experimenten die Populationen häufiger Mutationen im gleichen Gen zeigen, als zufallsbedingt zu erwarten wäre, heißt das noch lange nicht, dass die genetische Evolution der Populationen identisch verläuft. Zum Beispiel wiesen bei den E.-coli-Populationen, die hohen Temperaturen ausgesetzt waren, nur zwanzig Prozent der Gene, die bei der einen Hälfte der Populationen mutierten, auch bei der anderen Hälfte Mutationen auf. Statistisch gesehen neigen experimentelle Populationen zwar dazu, sich genetisch auf ähnliche Arten zu entwickeln, aber von einer Population zur anderen entwickeln sich auch viele Unterschiede.

Zweitens: Selbst wenn zwei Populationen eine Mutation im gleichen Gen aufweisen, handelt es sich gewöhnlich nicht um identische Mutationen, sondern um Veränderungen an unterschiedlichen DNA-Positionen innerhalb des Gens. Eine naheliegende Vermutung wäre, dass solche Mutationen ähnliche phänotypische Veränderungen bewirken. Doch es ist immer möglich, dass unterschiedliche Mutationen im gleichen Gen ganz unterschiedliche Auswirkungen auf die Genfunktion haben und zu unterschiedlichen phänotypischen Ergebnissen führen. Ohne phänotypische Daten können wir da nicht sicher sein.

Trotz dieser Vorbehalte kann man schlussendlich durchaus sagen, dass sich in mikrobiellen Evolutionsexperimenten vieles als wiederholbar erweist. Die Experimente von Lenski und Rainey sind die bekanntesten, aber die anderen vermitteln durchweg eine ähnliche Botschaft: Populationen passen sich mit etwa der gleichen Geschwindigkeit an, und soweit wir wissen, tun sie das vorwiegend, indem sie ähnliche Anpassungen entwickeln. Und tendenziell benutzen sie den gleichen Gensatz, um diese parallelen Ergebnisse zu erzielen. Diese Erkenntnisse legen nahe, dass die Evolution immer wieder den gleichen Weg nimmt, zumindest auf der makroskopischen Ebene – identische Populationen, die identischem Selektionsdruck ausgesetzt sind, entwickeln sich gewöhnlich auf ganz ähnliche Weise.

Mit einer großen Ausnahme.

Kapitel 10

DURCHBRUCH IN EINER FLASCHE

Das Konzept des LTEE machte es erforderlich, dass die Glaskolben an jedem Tag des Jahres, einschließlich der Wochenenden und Ferien, gewechselt wurden. Die meisten Mitarbeiter des Labors teilten sich die Verantwortung dafür. Die Labormanagerin Neerja Hajela schulte Neulinge sorgfältig in den ordnungsgemäßen Abläufen des Transfers der *E. coli* aus ihren alten Glaskolben, in denen die Glukose aufgebraucht war, in neue Glaskolben mit frischem glukosehaltigem Medium. Wenn die Eingelernten diese Aufgabe dann selbst übernehmen durften, mussten sie die Populationen bei den ersten Malen mit Argusaugen beobachten. Jeden Monat stellte Hajela einen Plan auf und legte fest, wer an den Wochenenden und Feiertagen dran war.

An einem winterlichen Samstag Ende Januar 2003 hatte Lenskis Labormitarbeiter Tim Cooper LTEE-Dienst. Er hatte diese Aufgabe vorher schon oft erfüllt, aber an einem kalten und stürmischen Tag mit Schneefällen wäre er wahrscheinlich lieber daheim geblieben. Doch die Pflicht rief, und so machte er sich auf den Weg ins Labor.

Cooper genoss diesen Teil der Arbeit. Das Experiment lief damals seit 14 Jahren und hatte bereits wichtige wissenschaftliche Erkenntnisse geliefert. Beim Transfer der Bakterien aus ihrer verbrauchten Umgebung ins neue, anfangs nährstoffreiche Medium hatte er das Gefühl, an einem Stück Wissenschaftsgeschichte – an einem bedeutenden Projekt, das bereits in die Annalen der Evolutionsbiologe eingegangen war – mitzuarbeiten. Während er sich den Weg durchs Schneegestöber bahnte, ahnte er nicht, dass er bald selbst Teil dieser Geschichte werden würde.

Nach seiner Ankunft im Labor machte er sich sogleich an die Arbeit. Er ging zu dem Schrank, in dem die sterilen Glasgefäße aufbewahrt wurden, und nahm neue Glaskolben heraus. Jeder war mit einem kleinen umgestülpten Becherglas abgedeckt, um zu verhindern, dass in der Luft befindliche Bakterien in die oben offenen Glaskolben gelangten und sie kontaminierten. Nachdem er die Glaskolben beschriftet hatte, griff er nach einer Flasche mit fertigem Medium und pipettierte vorsichtig 9,9 Milliliter in jeden neuen Glaskolben.

Nun kam der hochwichtige Transfer der Populationen. Die ausgehungerten Mikroben hatten den größten Teil des Tages ruhig gewartet. Ein paar Glückliche von ihnen würden zu einem neuen Festmahl eingeladen werden. Sie konnten sich erneut satt fressen, teilen und ausbreiten. Cooper ging zu dem eistruhenähnlichen Brutkasten, nahm die Glaskolben mit den LTEE-Populationen heraus und stellte sie in eine Laborschale, um sie zum Arbeitstisch hinüberzutragen, wo jedes Mal eine winzige Menge (je 0,1 Milliliter) des Mediums aus den alten Glaskolben herausgesaugt und in die entsprechenden neuen Glaskolben getropft wurde, um eine neue eintägige Wachstumsphase einzuleiten. Cooper hatte sich angewöhnt, immer zwei Glaskolben auf einmal herauszunehmen, sie kurz zu inspizieren und dann in die Laborschale zu stellen. Der Streber in ihm machte aus dieser Aufgabe eine Herausforderung. Sein Ziel war, die benötigte Zeit für den Transfer der Mikroben aus ihrer alten in ihre neue Umgebung zu minimieren.

Während die Zahl der E.-coli-Zellen in einem Glaskolben wächst, trübt sich die Flüssigkeit leicht – direkt nach dem täglichen Transfer ist sie völlig transparent, doch am nächsten Tag ist sie nicht mehr ganz so klar. Bei der Inspektion vor dem Transfer musste Cooper sich vergewissern, dass die Flüssigkeit in jedem Glaskolben die richtige Trübung hatte – war sie zu klar, deutete das darauf hin, dass am Vortag etwas schiefgelaufen war, dass sich keine Bakterien in dem Glaskolben befanden. War sie zu trüb, war das ein Zeichen für ein explosives Bakterienwachstum infolge einer Verunreinigung durch eine andere Bakterienart. Die Inspektion war eine Pro-forma-Aufgabe – Cooper hatte in seinen drei Jahren im Lenski-Labor noch nie einen Glaskolben vorgefunden, dessen Inhalt nach einem Tag nicht die übliche leichte Trübung aufgewiesen hatte.

Er hob die ersten beiden Glaskolben aus ihren Haltern auf der Metall-platte in der Truhe und achtete darauf, dass die Bechergläser, mit denen sie abgedeckt waren, an Ort und Stelle blieben. Ein kurzer prüfender Blick bestätigte ihm, dass alles in Ordnung war. Die nächsten beiden Glaskolben sahen auch normal aus. Dann kam er zu den Glaskolben mit den Populationen namens *Ara-3* und *Ara+3* (es lohnt sich nicht zu erklä-ren, was diese Bezeichnungen bedeuten). Als er diese beiden Flaschen hochhob, bekam er den Schock seines Lebens – das ist wohl zu melodra-matisch ausgedrückt, aber was er sah, war auf jeden Fall eine gewaltige Überraschung. Die Flüssigkeit im *Ara-3*-Glaskolben war eine undurch-sichtige Brühe. Diese starke Trübung signalisierte ein explosionsartiges Bakterienwachstum. Dazu hätte es eigentlich nicht kommen dürfen, weil die *E.-coli*-Populationen jeden Tag nur eine begrenzte Menge an Nähr-stoffen erhielten.

Ähnliche Wachstumsexplosionen waren in den 14 Jahren des Experi-ments schon ein paarmal vorgekommen, weil durch Patzer beim Transfer ein anderer Typ von Mikrobe in den Glaskolben gelangt war – ein Ein-dringling, der die darin herrschenden Bedingungen besser nutzen konnte. So ein Missgeschick war ein vorhersehbares Problem, und das Lenski-La-bor war darauf vorbereitet. Jeden Tag nach dem Transfer einer Population in ihren neuen Glaskolben (nennen wir ihn G1) wurde der alte Glaskolben (G0) zur Sicherheit für einen Tag in den Kühlschrank gestellt. Wenn am nächsten Tag festgestellt wurde, dass der Inhalt des neuen Glaskolbens (G1) trüb und wahrscheinlich kontaminiert war, wurde er entsorgt, und der neue Glaskolben für den laufenden Tag (G2) wurde mit *E. coli* aus dem im Kühlschrank aufbewahrten alten Glaskolben (G0) geimpft. Im Grunde übersprang man einen Tag – den Tag, an dem es wahrscheinlich zu der Verunreinigung gekommen war – und griff auf den Glaskolben vom vor-herigen Tag zurück, um den neuen Glaskolben für den laufenden Tag zu impfen. Dem Laborprotokoll folgend tat Cooper genau das. Er nahm den am Freitag in den Kühlschrank gestellten Glaskolben mit *Ara-3*, um den neuen, für diese Population vorbereiteten Glaskolben zu impfen.

Da der Wochenenddienst im Lenski-Labor zwei Tage umfasst, kehrte

Cooper am Sonntag zurück. Zu seiner Überraschung war der Inhalt des *Ara-3*-Glaskolbens erneut trüb. Von Neugier gepackt entnahm er eine kleine Probe aus dem Glaskolben und betrachtete sie unter dem Mikroskop. Er rechnete mit einer kleinen Zahl von *E.-coli*-Zellen und einer großen Zahl von Bakterien irgendeines anderen Typs, die die Verunreinigung verursachten. Aber die Zellen sahen alle aus wie *E. coli*. Zugegeben, die meisten Bakterien sehen unter dem Mikroskop wie *E. coli* aus, deshalb war dieser Befund nicht eindeutig. Trotzdem war Cooper aufgeregt, weil er dachte, dass das möglicherweise eine Sensation war.

Das Labor hatte auch ein Protokoll für hartnäckige Verunreinigungen, die selbst dann noch auftraten, wenn der alte Glaskolben vom vorherigen Tag benutzt worden war. Wer wusste, wann die Kontaminanten in den Glaskolben gelangt waren? Möglicherweise waren sie schon seit mehreren Tagen da, hatten jedoch Zeit gebraucht, um sich so stark zu vermehren. Das Labor konnte unmöglich nur für diesen Fall Proben von jedem Tag länger aufbewahren – der Platz im Kühlschrank war begrenzt. Wenn das Verunreinigungsproblem nicht zu beseitigen war, indem man einen Tag zurückging, dann musste man zu Plan B wechseln.

Das bedeutete, dass die Uhr etwas weiter zurückgedreht wurde, in diesem Fall bis zu einem Zeitpunkt, der etwa drei Wochen in der Vergangenheit lag. Das war möglich, weil *E. coli* sich in einen Kälteschlaf versetzen lassen. Da die Mikroben in einem scheintoten Zustand überleben und später aufgetaut werden können, konnten die Forscher nicht nur das Experiment für längere Zeit auf Eis legen, sondern auch Proben aus früheren Phasen des Experiments kryokonservieren und bei Bedarf wieder zum Leben erwecken.

Nach jeweils 500 Generationen des Experiments (etwa alle 75 Tage) transferierten Mitarbeiter des Lenski-Labors sehr sorgfältig die nicht benutzten 99 Prozent der Populationen aus den Glaskolben in genau beschriftete Glasfläschchen, die sie in einen –80 Grad Celsius kalten Tiefkühlschrank stellten. In der Vergangenheit waren die Forscher bei experimentellen Pannen einfach zu diesem Tiefkühlschrank gegangen – dessen Inhalt sie als »gefrorene fossile Überlieferung« bezeichneten –, hatten die zuletzt archivierte Probe entnommen und das Experiment ab diesem Zeitpunkt neu gestartet.

Der Tiefkühlschrank, in dem die Proben archiviert werden, wurde Avalon getauft, und zur Sicherheit werden in weiteren Tiefkühlschränken namens Kyffhäuser, Valhalla und Sheshnag auch noch Duplikatproben aufbewahrt. Zack Blount (auf den ich bald zu sprechen kommen werde) erklärte mir die Bedeutung dieser Namen: die Tiefkühlschränke seien »nach Orten aus Mythen und Legenden benannt, an denen große Helden schlafen, bis sie wieder gebraucht werden«.[1]

In allen früheren Fällen von vermuteten Verunreinigungen war das Problem nach einem Neustart mit Proben aus dem Avalon verschwunden – die wieder zum Leben erweckten Populationen verhielten sich normal, die Flüssigkeit in den Glaskolben blieb durchsichtig.

Aber dieses Mal nicht. Es dauerte zwar ein paar Wochen, doch dann war die Trübung wieder da. Eine nähere Untersuchung bestätigte, dass die Ursache keine Verunreinigung war. Vielmehr waren es die rechtmäßigen Bewohner des Glaskolbens, die sich wie wild vermehrt hatten. Die *E. coli* aus der Population *Ara-3* hatten sich auf eine Art entwickelt, die es ihnen ermöglichte, ihre normale Populationsgröße zu verzehnfachen.

Die täglichen Glukosemengen waren zu gering, um die Population *Ara-3* so stark wachsen zu lassen. Offenbar hatten die Mikroben dieser Population die Fähigkeit entwickelt, sich von etwas anderem in ihrem Medium zu ernähren, das immer da gewesen war, aber von keiner der anderen Populationen verwertet werden konnte. Als weitere Nahrungsquelle kam eigentlich nur Citrat infrage. Das Molekül Citrat ist ein Derivat der Zitronensäure, die Zitronen so sauer macht, dass sich uns der Mund zusammenzieht.

Theoretisch eignet sich Citrat als Energiequelle für *E. coli*. Tatsächlich ist *E. coli* fähig, aus einer sauerstofffreien Umgebung Citrat aufzunehmen und es zu verwerten. Ist in der Umgebung jedoch Sauerstoff vorhanden, frisst *E. coli* kein Citrat. Der Grund dafür ist, dass Citrat durch ein Protein in die *E.-coli*-Zelle eingeschleust wird. Dieses sogenannte Transportprotein, das aus der Zellmembran hinausragt, schnappt sich Citratmoleküle und zieht sie in die Zelle hinein, wo sie verdaut werden. Es wird von einem Gen namens *citT* produziert, das jedoch nur in sauerstofffreien Umgebungen aktiv wird. Warum sich dieses spezielle Arrangement entwickelte, ist unbekannt.

Da *E. coli* sich generell als völlig unfähig erwies, Citrat zu verwerten, wenn in der Umgebung Sauerstoff vorhanden ist, wird Citrat in Laboren als diagnostisches Hilfsmittel benutzt, um festzustellen, ob es sich bei einem Bakterium um *E. coli* handelt oder nicht. Nach dem Wissenschaftsautor Carl Zimmer ist *E. coli* »die am intensivsten erforschte Spezies der Welt«.[2] Doch trotz unzähliger Experimente mit diesem Organismus im Laufe des letzten Jahrhunderts war bis dahin erst einmal – in einer Studie von 1982 – von einem Fall berichtet worden, in dem ein Laborstamm von *E. coli* in einer sauerstoffhaltigen Umgebung die Fähigkeit entwickelte, Citrat zu verwerten.

Es war ein historischer Glücksfall, dass das Medium, das Lenski für sein Experiment verwendete, Citrat enthielt. Frühere Forscher hatten bei *E.-coli*-Experimenten Citrat zugesetzt, und da es in der Vergangenheit immer gut funktioniert hatte, war Lenski bei dem bewährten Rezept geblieben. Da er von der Studie aus dem Jahr 1982 wusste, hatte er sich anfangs gefragt, ob eine Population Anpassungen entwickeln könnte, die ihr die Verwertung von Citrat ermöglichten, aber als eine *E.-coli*-Generation nach der anderen sich als unfähig erwies, die Citrat-Nuss zu knacken, dachte er nicht mehr daran.

Bis bei Generation 33127 diese ungewöhnliche Trübung auftrat. Als eine Verunreinigung ausgeschlossen werden konnte, war die Verwertung von Citrat die naheliegende nächste Hypothese. Erste Tests waren positiv: Wenn Proben von *Ara-3* in einen Glaskolben gegeben wurden, der Citrat aber keine Glukose enthielt, waren sie fähig zu überleben und zu wachsen.

An diesem Punkt wurde die Postdoktorandin Christina Borland, eine Expertin für Molekulargenetik mit einem Doktortitel aus Yale, mit der Aufgabe betraut herauszufinden, was in *Ara-3* vor sich ging. Es war eine Herausforderung, den Fall wasserdicht zu machen. Zuerst schloss sie die Möglichkeit aus, dass ein Kontaminant, der mit den üblichen Identifizierungsmethoden nicht nachzuweisen war und Citrat fressen konnte, in die Population eingedrungen war. Als Nächstes musste sie untersuchen, ob die Citrat fressenden *E. coli* tatsächlich *Ara-3* waren – vielleicht war die Population ja irgendwie durch einen anderen *E.-coli*-Stamm kontaminiert worden, der eine Möglichkeit gefunden hatte, Citrat zu verwerten. Ihre DNA-Analyse ergab, dass die Population bestimmte Mutationen aufwies, die schon lange charakteristisch für *Ara-3* waren.

Das ließ nur einen Schluss zu: Diese eine Population, die 14 Jahre lang in Glaskolben in Lenskis Labor gelebt hatte, hatte einen großen evolutionären Sprung gemacht. Irgendwie, durch die richtige Kombination von Mutationen und natürlicher Selektion, hatte sie eine Anpassung entwickelt, die dieser Spezies, soweit wir wissen, in den Millionen von Jahren, die sie schon in der freien Natur existiert, nie gelungen war.* Die evolutionäre Bedeutung dieser adaptiven Transformation ist so groß, dass Lenski die Idee zur Diskussion stellte, dass dieser Stamm auf dem Weg sein könnte, zu einer neuen Spezies zu werden – diese These wird bald, zehn Jahre später, in einer wissenschaftlichen Abhandlung präsentiert. Die Fähigkeit zur Citratverwertung trat nur in einer der zwölf Populationen auf. Und bis heute, mehr als zwölf Jahre und 30 000 Generationen später, hat keine der anderen Populationen diese Fähigkeit entwickelt. So viel zur Vorhersagbarkeit und zur parallelen Evolution!

Stephen Jay Gould unterbreitete seine Idee vom nochmaligen Abspielen des Bandes als Gedankenexperiment, das er für undurchführbar hielt. »Die schlechte Nachricht ist, dass wir das Experiment nicht durchführen können«, schrieb er.[3] Doch in mikrobiellen Systemen ist das tatsächlich möglich. Dass wir inzwischen Mikroben einfrieren und wieder zum Leben erwecken können, bedeutet, dass wir die Uhr zurückdrehen und das Band erneut abspielen können. Wir können eingefrorene Proben von Ahnen-

---

* Einige wenige *E.-coli*-Populationen aus der Natur sind fähig, Citrat aus aeroben (sauerstoffhaltigen) Umgebungen zu verwerten, aber in allen beobachteten Fällen nur deshalb, weil sie fähig waren, die dafür notwendigen Gene von anderen Mikrobenarten zu stehlen, statt die Fähigkeit selbst zu entwickeln.

populationen aus ihrem Kälteschlaf aufwecken und erneut in evolutionäre Bewegung versetzen, um zu sehen, ob das Ergebnis das gleiche ist wie beim ersten Mal. Das ist ein großer Vorteil der Arbeit mit Mikroben, der Lenski, wie er selbst zugibt, nicht voll bewusst war, als er das Experiment startete. Er dachte, er würde eine replizierte Analogie zu Goulds Metapher schaffen, indem er die Entwicklung von zwölf Population gleichzeitig verfolgte, aber dank der Möglichkeit, mikrobielle Populationen aus früheren Phasen des Experiments wieder zum Leben zu erwecken, kann er das Band wirklich erneut abspielen. Er kann in der Zeit zurückgehen und es noch einmal starten.

Und so fiel im Winter 2004 einem 27-jährigen Doktoranden namens Zack Blount, der gerade erst im Lenski-Labor angefangen hatte, die Aufgabe zu, die Neustarttaste zu drücken. Der zurückhaltende Neuankömmling aus Georgia, der überraschenderweise nordische Winter liebte, war nicht nach Michigan gekommen, um für Lenski zu arbeiten. Aber in dem Labor, in das er ursprünglich wollte, gab es keine passende Stelle. Deshalb suchte er nach anderen Arbeitsmöglichkeiten. Blount gefiel der hypothesengesteuerte Ansatz des Lenski-Labors, und Lenski sagte über den jungen Mann, er sei »ernsthaft und klug, ein bisschen still, von Neugier und Wissensdrang motiviert, Forschung zu betreiben«.[4]

Blount traf genau im richtigen Augenblick im Lenski-Labor ein – Borland hatte nachgewiesen, dass die *E.-coli*-Population *Ara-3* die Fähigkeit entwickelt hatte, Citrat zu verwerten, aber das führte zu vielen weiteren Fragen. Zunächst arbeitete Blount unter Borland an einem Teil des Projekts mit, doch als sie später in jenem Jahr mit ihrem Ehemann nach China zog, übertrug Lenski ihm das ganze Projekt. Keiner von beiden ahnte damals, dass das eine jahrzehntelange Arbeit werden würde, die Blount nicht nur einen Doktortitel, sondern auch ein mehrjähriges Forschungsstipendium für Postdoktoranden sowie internationale Auszeichnungen einbringen sollte.

In seinem (ursprünglich grünen und heute blauen) gebatikten Laborkittel, der inzwischen zu seinem Markenzeichen geworden ist, machte Blount sich an die Arbeit. Zu diesem Zeitpunkt waren in dem Experiment bereits Billionen von *E. coli* entstanden und gestorben (zwölf Populationen,

30 000 Generationen, rund fünfzig Millionen Zellen, die sich täglich in jedem Glaskolben vermehrten, bis dessen Aufnahmefähigkeit erschöpft war – eine einfache Rechenaufgabe). Aus diesem Grund war es unwahrscheinlich, dass die Fähigkeit, Citrat zu verwerten (»Cit+« im Fachjargon des Lenski-Labors*), das Ergebnis einer einzigen Mutation war: Wenn eine einzige genetische Veränderung diese Fähigkeit hervorgebracht hätte, dann hätte Cit+ sich sicher schon früher oder in mehreren Populationen entwickelt – schließlich müssen im Laufe des Experiments Milliarden von Mutationen entstanden sein.

Eine wahrscheinlichere Alternative war, dass mehrere genetische Veränderungen nötig waren, die eine nach der anderen auftraten, damit Cit+ sich entwickeln konnte. Diese beiden Möglichkeiten – ob es nur eine oder mehrere Mutationen braucht, damit Cit+ entsteht – sind einfach zu überprüfen, zumindest im Prinzip. Blount ging wieder zum Avalon, der die eingefrorenen »Fossilien« enthielt, diesmal um zu sehen, ob er eine *Ara-3*-Ahnenpopulation, die unfähig war, Citrat zu verwerten (»Cit-«), dazu bringen konnte, ebenfalls Cit+ zu entwickeln. Wenn die Integration bestimmter früherer Mutationen die Voraussetzung für die Citratevolution war, dann dürften nur jüngere Populationen fähig sein, Cit+ zu entwickeln, weil nur diese Populationen, im Gegensatz zu den älteren, die prädisponierenden Mutationen besaßen. Wenn dagegen eine einzige Mutation ausreichte, dann müsste sich die Fähigkeit, Cit+ zu werden, mit der gleichen Wahrscheinlichkeit in jeder beliebigen Ahnenpopulation aus jeder beliebigen Phase des Experiments entwickeln.

Einfach bedeutet jedoch nicht schnell. Blount holte Proben von *Ara-3* heraus, die zu zwölf verschiedenen Zeitpunkten des Experiments archiviert worden waren – von der ursprünglichen Ahnenpopulation aus dem Jahr 1988 bis zu erst kürzlich eingefrorenen Populationen. Aus jeder Probe von jedem Zeitpunkt isolierte er Zellen und benutzte sie, um sechs replizierte Populationen zu schaffen, insgesamt also 72, und ließ sie sich zwei-

---

* Blount räumt ein, dass nach den Regeln der Mikrobiologen »cit+« die richtige Schreibweise wäre, aber als ihm und seinen Kollegen dieser Fehler bewusst wurde, gefiel ihnen das große C bereits so gut, dass sie es beibehielten.

einhalb Jahre lang entwickeln. Vier der 72 Populationen entwickelten die Fähigkeit, Citrat zu verdauen, und alle vier stammten von Vorfahren aus relativ späten Generationen ab. Diese Ergebnisse legten nahe, dass nur jüngere *Ara-3*-Populationen die Fähigkeit zur Citratverwertung entwickeln konnten.

Blount langweilte es, auf die Ergebnisse dieses Experiments zu warten, deshalb testete er, während es lief, einen anderen Ansatz, mit dem sich die Entwicklung einer geringen Cit+-Fähigkeit leichter erkennen ließ. Wieder entnahm er Zellen aus Populationsproben, die zu unterschiedlichen Zeitpunkten eingefroren worden waren, und ließ sie zu mehreren Populationen aus jeweils mehr als zehn Milliarden Zellen heranwachsen. Diese Populationen hielt er dann bis zu drei Wochen lang in Petrischalen, in denen Citrat der einzige Nährstoff war. Unter diesen Bedingungen würde nur der seltene Cit+-Mutant fähig sein zu wachsen und eine Kolonie zu bilden. Von 3200 Populationen, die Blount untersuchte, entwickelten sich nur 13, also etwa ein Drittel von einem Prozent, zu Cit+. Wieder stammten die meisten davon aus jüngeren Proben. Die frühesten hatte er der Ahnenpopulation entnommen, die nach 20 000 Generationen eingefroren worden war.

Diese Neustart-Experimente lieferten zwei klare Ergebnisse.[5] Erstens entwickelt Cit+ sich nur selten, selbst in Populationen, die unter identischen Bedingungen gehalten werden. Zweitens entsteht die Fähigkeit, Citrat zu verwerten, nicht durch eine einzige Mutation, sondern durch mehrere, die offenbar alle recht selten auftreten. Kurz vor der Zwanzigtausend-Generationen-Marke muss sich in der Population etwas entwickelt haben, das die Voraussetzungen für die anschließende Entwicklung der Cit+-Fähigkeit schuf. Die erforderliche Kombination von sehr seltenen Vorkommnissen erklärt, warum es mehr als 30 000 Generationen dauerte, bis diese Fähigkeit in einer Population des LTEE-Experiments entstand, und warum sie in den anderen elf kein weiteres Mal auftrat.

Die Beschreibung von Zack Blounts Projekt wird dem enormen Arbeitsaufwand nicht gerecht, der nötig war, um diese Ergebnisse zu erzielen. In Evolutionsbiologenkreisen wurde Blount durch Fotos von ihm berühmt, auf denen er im Lotussitz – die Beine gekreuzt, die Augen geschlossen, Zeigefinger und Daumen zum Kreis eines Meditationsmudras aneinandergelegt – in seinem farbenfrohen Kittel vor einem riesigen Turm aus 13 000 aufeinandergestapelten Petrischalen sitzt, die er im Verlauf eines einzigen dieser Experimente benutzt hatte.

Fünf Jahre und vierzig Billionen *E.-coli*-Zellen vergingen zwischen dem Beginn von Blounts Arbeit an dem Projekt und seiner ersten Veröffentlichung darüber, in der er diese Ergebnisse publik machte. Als sie im Sommer 2008 erschien, war er bereits zur nächsten Stufe des Projekts übergegangen. Nun wollte er herausfinden, um welche Mutationen es sich genau handelte.

Ein Vorteil eines Langzeitexperiments ist, dass sich in den späteren Phasen neue technologische Möglichkeiten auftun, die man sich in den frühen Phasen lediglich vorstellen konnte. In diesem Fall bestand der Fortschritt darin, dass man inzwischen einfach und billig das Genom ganzer Organismen sequenzieren konnte. Als die Genomsequenzierung gegen Ende des 20. Jahrhunderts möglich wurde, dauerte es noch Jahre und kostete Millionen von Dollars, die ganze Sequenz eines Organismus zu erhalten. Doch 2008 betrug die Wartezeit nur noch einen Monat, und der Preis lag bei 7000 Dollar.* Mit diesem technologischen Rüstzeug machten Blount und seine Laborkollegen sich daran, Cit+- und Cit--*E.-coli* zu sequenzieren, um die genetischen Veränderungen zu erkennen, die für die Entwicklung der Fähigkeit, Citrat zu verwerten, verantwortlich sind.

Ich werde nicht auf die biotechnologischen Details eingehen, wie das gemacht wurde, aber es dauerte weitere vier Jahre, in denen Blount seine Doktorarbeit fertigstellte und als Postdoktorand in Lenskis Labor weiterarbeitete. Und mit der molekularen Supertechnik konnte er herausfinden, was geschah.[6]

Dazu sequenzierte Blount die Genome von 29 *E.-coli*-Zellen aus Popu-

---

* 2013 war der Preis verglichen mit 2007 um mehr als 99 Prozent gefallen. Und die Qualität hatte sich stark verbessert.

lationen aus der ganzen Geschichte des Experiments. Alle Cit+-Populationen wiesen eine Mutation auf, die in keiner Cit--Population zu sehen war. Wie bereits ausgeführt, kann *E. coli* von Natur aus durch das Einschalten des citT-Gens Citrat aus sauerstofffreien Umgebungen verwerten. Dann produziert die Zelle Transporterproteine, die aus der Zellmembran herausragen und Citratmoleküle in ihrer Nähe einfangen. In den Cit+-*E.-coli*-Zellen ging Folgendes vor sich: Es wurde eine Kopie dieses Gens erzeugt. Das geschah die ganze Zeit in den meisten Organismen – wenn neue Zellen produziert wurden, kopierte sich die DNA, und manchmal führte ein Fehler beim Kopieren zur Entstehung von zwei Kopien eines Gens, von denen die eine am Ende der anderen hing.

Das citT-Gen, das das Citrat einfangende Transportprotein produziert, wird normalerweise aktiviert, wenn das Sauerstoffniveau niedrig ist. Doch *rnk*, ein Gen, das auf dem Chromosom in der Nähe des citT-Gens liegt, schaltet sich an, wenn das Sauerstoffniveau eher hoch als niedrig ist. Als durch einen Fehler eine zweite Kopie des citT-Gens produziert wurde, wurde diese rein zufällig direkt neben dem Aktivierungsschalter für das *rnk*-Gen eingebaut. Dadurch wurde die citT-Kopie neu verknüpft, sodass sie nun zusammen mit dem *rnk* angeschaltet wird, wenn Sauerstoff vorhanden ist. Dieser zufällige molekulare Kopierfehler im DNA-Replikationsprozess verlieh den Cit+-*E.-coli* die Fähigkeit, Citrat aus einer sauerstoffhaltigen Umgebung zu verwerten.

Ein Ergebnis von Blounts Arbeit ist, dass wir nun eine konkrete Vorstellung davon haben, warum Cit+ sich trotz seiner Nützlichkeit in den LTEE-Populationen so selten entwickelte. Mehrere sehr unwahrscheinliche Ereignisse mussten zusammenkommen. Die entscheidende genetische Veränderung, die die Citratverwertung ermöglichte, war ein Duplikationsereignis, bei dem ein Teil eines ganzen Gens ein weiteres Mal in das Genom kopiert wurde. Und citT musste nicht nur kopiert werden, sondern die Kopie musste zudem an genau der richtigen Stelle landen, damit sie in einer sauerstoffhaltigen Umgebung aktiviert wurde. Blounts Neustart-Experimente zeigen, dass im richtigen genetischen Kontext solche Mutationen vorkommen, aber nur sehr selten.

Diese Seltenheit macht aber noch nicht deutlich genug, wie unwahrscheinlich die Cit+-Entwicklung war. Die Voraussetzungen dafür sind nicht nur, dass das citT-Gen sich repliziert und dass die Kopie an der richtigen Stelle landet. Eine solche Duplikation führt nur dann zur Cit+-Evolution, wenn sie in bereits vorbereiteten Populationen auftritt. Etwas anderes musste sich zuerst entwickeln, um Cit+ möglich zu machen, und dieses Etwas war im *Ara-3*-Glaskolben in den ersten 20 000 Generationen nicht entstanden.

Es ist eine herausfordernde Aufgabe, die »ermöglichende Mutation«* oder die ermöglichenden Mutationen – also die Mutationen, die eine spätere Cit+-Evolution möglich machen – zu finden. Nach weiteren drei Jahren identifizierte ein Team von Mitarbeitern Blounts an der Universität von Texas in Austin endlich eine ermöglichende Mutation und fand heraus, warum sie ursprünglich von der natürlichen Selektion bevorzugt wurde. (Wie gesagt, die natürliche Selektion hat keinen Weitblick. Sie bevorzugt keine Mutation, nur weil diese in der Zukunft nützlich sein wird. Folglich muss die ermöglichende Mutation entweder einen Nutzen gehabt haben, der nicht mit der Citratverwertung zusammenhing, oder sie entwickelte sich zufällig, was in großen Populationen unwahrscheinlich ist.) Die Arbeit ist bis jetzt noch nicht abgeschlossen – anscheinend trägt noch eine zweite Mutation zur Evolution von Cit+ bei, die in Texas noch erforscht wird.[7]

Doch das ist immer noch nicht die ganze Geschichte. Außer den ermöglichenden Mutationen und der Mutation, die *E. coli* überhaupt erst die Fähigkeit verlieh, Citrat zu verwerten, gab es noch eine dritte Phase in der Evolution der Cit+-Fähigkeit. Als die Genduplikation auftrat, konnte *Ara-3* bereits Citrat verwerten, aber nur in sehr geringem Maße. Die Mutation bot keinen großen Vorteil, daher wurde sie von der natürlichen Selektion nicht stark begünstigt. Tatsächlich war die Mutation seit mehr als 1500 Generationen in der Population vorhanden, aber nur in relativ wenigen Individuen. Erst als noch ein anderes Mutationsereignis hinzukam – die weitere Duplikation der Cit+-Mutation, sodass Individuen mehrere Kopien

---

* Ein Begriff, den Blount prägte.

des in sauerstoffhaltigen Umgebungen aktivierten Gens aufwiesen –, verbesserte sich die Citratverwertung so deutlich, dass das Merkmal sich schnell in der Population ausbreitete. Blounts Analysen zeigen, dass dieses dritte Ereignis nicht so selten war wie die ersten beiden, aber es dauerte trotzdem eine Weile, bis es tatsächlich in der Population stattfand.

Die Cit+-Geschichte trägt maßgeblich zum besseren Verständnis des evolutionären Prozesses bei. Einerseits veranschaulicht sie, wie es zu großen evolutionären Fortschritten kommt. Gewöhnlich ist jedes komplexe Merkmal – wie ein Auge oder eine Niere – nicht das Ergebnis einer einzigen Mutation, die aus dem Nichts heraus eine neue Struktur schafft. Vielmehr entwickeln sich solche Innovationen gewöhnlich etappenweise, in mehreren aufeinanderfolgenden Schritten.

Zweitens zeigt die Cit+-Geschichte, dass die Evolution nicht unbedingt vorhersagbar ist, dass das erneute Abspielen des Bandes nicht zwangsläufig zum gleichen Ergebnis führt – Cit+ entwickelte sich nur in einer einzigen von Lenskis zwölf Populationen und auch nur extrem selten in Blounts Neustart-Experimenten. Die Schlussfolgerung ist klar: Mehrere Mutationen, die in genau der richtigen Reihenfolge auftreten, können eine große Wirkung haben und die Evolution einen anderen, ganz neuen Weg nehmen lassen.

»Die Spannung zwischen Zufall und Notwendigkeit.«[8] So umschreibt Rich Lenski das Schlüsselthema, das seinem dreißigjährigen Forschungsprogramm mit *E. coli* zugrunde liegt. Tatsächlich war seine Methode, dieses Thema anzugehen, ausgesprochen erfolgreich. Das LTEE lieferte eine faszinierende Erkenntnis nach der anderen. Aber die Wirkung ging weit über die wissenschaftlichen Früchte dieses einen Forschungsprojekts hinaus. Das LTEE hat, mit Unterstützung von anderen frühen Pionieren, einen ganzen Forschungszweig hervorgebracht. Immer mehr Wissenschaftler führen ähnliche Experimente durch: Sie verfolgen, wie replizierte Populationen, die mit identischen Gründerorganismen erzeugt wurden, sich unter den gleichen Bedingungen entwickeln und verändern.

Etliche Experimente laufen zurzeit zwar noch, doch ausreichend viele wurden inzwischen abgeschlossen und verdeutlichen die Grundtendenzen. Die Situation ist viel komplexer, als Lenski 1988 prophezeit hätte – er kam eindeutig aus dem Lager derer, die davon ausgingen, dass der Zufall die entscheidende Rolle spielte, und erwartete, dass Ergebnisse wie Cit+ die Regel sein würden. Doch das Gegenteil ist der Fall: In der Regel triumphiert die Notwendigkeit. Experimentelle Populationen, die dem gleichen natürlichen Selektionsdruck ausgesetzt sind, passen sich gewöhnlich auf die gleiche Weise an und verbessern ihre Fitness in ähnlichem Maße.

Trotz dieser Ähnlichkeiten enthüllt ein näherer Blick, dass die evolutionären Wege nicht identisch sind. Oft sind die Anpassungen zwar ähnlich, zeigen aber Varianten. Schrumpelige Streuer aus verschiedenen Populationen unterscheiden sich in kleinen Details der Form und Struktur. Auch bei Hefeschneeflocken können Größe und Gestalt variieren, obwohl alle den Zweck haben, die Geschwindigkeit zu erhöhen, mit der die Hefeorganismen zu Boden sinken.

Auf der genetischen Ebene gibt es ebenfalls Unterschiede. Die phänotypischen Ähnlichkeiten in verschiedenen Populationen sind gewöhnlich auf Mutationen in den gleichen Genen zurückzuführen. Aber nicht immer – manchmal führen auch Mutationen in unterschiedlichen Genen zu ähnlichen phänotypischen Ergebnissen. Zum Beispiel zeigten neuere Forschungsergebnisse aus Paul Raineys Labor, dass es 16 verschiedene genetische Pfade gibt, die zur Entstehung des Phänotyps des schrumpeligen Streuers führen können.[9] Und selbst wenn die Mutationen populationsübergreifend in den gleichen Genen auftreten, bewirken sie selten genau die gleichen Veränderungen. Wie wir im elften Kapitel sehen werden, kann diese genetische Unbestimmtheit, die phänotypischer Konvergenz zugrunde liegt, wichtige Auswirkungen auf die weitere Entwicklung von Organismen haben. Trotzdem zeigen solche Studien gewöhnlich vor allem das Ausmaß an paralleler Evolution auf. Die Notwendigkeit siegt über den Zufall. Normalerweise.

Extrem unterschiedliche evolutionäre Reaktionen sind in diesen Experimenten zwar selten, doch die Cit+-Geschichte ist nicht das einzige Beispiel. In einer weiteren *E.-coli*-Studie stellte eine andere Forschungsgruppe fest, dass die Hälfte ihrer *E.-coli*-Populationen sich in zwei Typen aufteilte, von denen der eine Azetat effizienter verwertete als der andere.[10] Eine ähnliche Divergenz trat auch in einer der LTEE-Populationen auf. Ein weiteres Beispiel lieferte ein Experiment, in dem einige Viruspopulationen eine ganz neue Art entwickelten, ihre *E.-coli*-Beute anzugreifen. Diese erstaunlichen Beispiele zeigen, dass wiederholte evolutionäre Neustarts unter identischen Bedingungen durchaus zu unterschiedlichen Ergebnissen führen können. Das passiert zwar nicht oft, aber es kommt vor.

Das Geniale an Evolutionsexperimenten mit Mikroben ist, wie viel Evolution man in einem – zumindest nach menschlichen Maßstäben – kurzen Zeitraum beobachten kann. Ein Sechzigtausend-Generationen-Experiment mit Fruchtfliegen würde tausend Jahre dauern, und eines mit Mäusen noch zehnmal länger.

Trotzdem sind diese Experimente vielleicht nicht langfristig genug. 60 000 Generationen sind ein geologischer Wimpernschlag. Spezies bestehen über viele Millionen Jahre fort. Möglicherweise sind diese Experimente, obwohl sie viel länger und informativer sind als alle vor ihnen, immer noch nicht lang genug. Rich Lenski räumt diese Möglichkeit ein.

Was könnten wir herausfinden, wenn Lenskis akademische Nachfolger das LTEE noch jahrzehntelang fortführen? Je länger das Experiment läuft, desto größer ist natürlich die Chance, dass die seltene und unwahrscheinliche, aber nützliche Kombination von Mutationen auftritt, die zu mehr Cit+-Fällen führt. Vielleicht werden in dreihundert Jahren, in der Generation 600 000, alle zwölf Populationen des LTEE Cit+ geworden sein. Was in einem kürzeren Zeitraum unvorhersehbar scheint, könnte in einem längeren Zeitraum unvermeidlich sein.

Im Jahr 2002, bevor die Population *Ara-3* ihren eigenen Weg ging und Citrat zu verwerten begann, sah es so aus, als würde das LTEE die Vorhersehbarkeit der Evolution bestätigen und Goulds gepriesene Kontingenztheorie widerlegen. Aber nun ist die Quintessenz dieser Studien – so faszinierend sie sind – doch nicht so klar. Zeigen die elf Populationen, die im Cit–-Gleichschritt marschieren, dass die Evolution normalerweise wiederholbar ist? Oder zeigt *Ara-3*, dass Gould recht hatte, dass die Evolution unvorhersehbar ist? Die Antwort lautet: beides.

In einem Interview mit Lenski, das veröffentlicht wurde, als ich gerade dieses Buch abschloss, kam er auch darauf zu sprechen, was er früher, vor rund drei Jahrzehnten, dachte. Zunächst wies er auf die vielen parallelen Veränderungen hin, die im LTEE Zwölf aufgetreten sind, dann ging er auf die Unterschiede ein, nicht nur auf Cit+, sondern auch auf mehrere andere Veränderungen, die nur in einer oder einigen der Populationen stattgefunden haben. »Vor diesem Hintergrund des Parallelismus oder der Wiederholbarkeit erkennen wir immer deutlicher, je länger das LTEE läuft, dass jede Population wirklich ihrem eigenen Weg folgt«, sagte er, »und beide Kräfte – das Zufällige und das Vorhersagbare sozusagen – bewirken zusammen das, was wir Geschichte nennen.«[11]

Kapitel 11

UNBEDEUTENDE EINZELHEITEN UND BETRUNKENE FRUCHTFLIEGEN

Erinnern wir uns, was Gould sagte: »Ich nenne dieses Experiment ›Das Band des Lebens wird nochmals abgespielt‹. Sie sorgen dafür, dass alles, was wirklich geschehen ist, gründlich gelöscht wird, drücken dann auf die Rückspultaste und gehen zu irgendeinem Zeitpunkt und zu irgendeinem Ort in der Vergangenheit zurück. … Nun lassen Sie das Band noch einmal ablaufen und prüfen, ob die Wiederholung überhaupt etwas mit dem Original zu tun hat.«[1]

Genau das tat Zack Blount. Dank der neuen Supertechnik der Mikrobiologie und der Tiefkühlschränke des Lenski-Labors konnte Blount das Band zurückspulen, die Bedingungen rekonstruieren, die in der Vergangenheit existiert hatten, und dann die Evolution wieder ihren Lauf nehmen lassen.

Aber entspricht das wirklich dem, was Gould im Sinn hatte? Schließlich spielt der Titel von Goulds Buch auf die Schlüsselszene des Films *Ist das Leben nicht schön?* an, in der George Bailey von einem Schutzengel gerettet wird, der ihm zeigt, dass das Leben in seiner Heimatstadt Bedford Falls ganz anders verlaufen wäre, wenn es ihn nicht gegeben hätte.

Der Schutzengel spult das Band nicht einfach nur in eine frühere Zeit zurück und drückt die Starttaste. Er spult es zwar zurück, verändert jedoch etwas Wichtiges: Er entfernt George Bailey. Deshalb entspricht die Geschichte von *Ist das Leben nicht schön?* nicht Blounts Experiment. Der Schutzengel sagte nicht: »Gehen wir in der Zeit zurück, starten wir die Geschichte der Stadt unter den gleichen Bedingungen erneut, und schauen wir, ob sie gleich verläuft.« Vielmehr fragte er: »Wäre die Geschichte anders verlaufen, wenn die Umstände etwas anders gewesen wären, besonders wenn du nicht da gewesen wärst?«

Goulds Zusammenfassung der Lektion aus *Ist das Leben nicht schön?* unterschied sich von seiner vorherigen Beschreibung von Neustart-Experimenten: »Diese herrliche Zehn-Minuten-Szene ist ein Höhepunkt der Filmgeschichte und zugleich für mich die schönste Illustration zum Grundprinzip der Kontingenz – ein nochmaliges Abspielen des Bandes, das zu einem völlig anderen, aber genauso verständlichen Ergebnis führt. Kleine, scheinbar unbedeutende Veränderungen, darunter auch die Abwesenheit von George, führen kaskadenartig zu immer weiteren Unterschieden.«[2] Gould überträgt diese Lektion auf die Evolution und fügt seinem früheren Szenario eine wichtige Bedingung hinzu: »Das nochmalige, *in einer scheinbar unbedeutenden Einzelheit veränderte* [kursive Hervorhebung von mir] Abspielen des Bandes hätte … ein genauso vernünftiges und erklärbares Ergebnis ganz anderer Art hervorgebracht.«[3]

Blount beschrieb seine Forschung als eine direkte Umsetzung dessen, was Gould vorgeschlagen hatte. Das ganze LTEE-Projekt wurde als mit Goulds Gedankenexperiment direkt vergleichbar dargestellt, mit dem einzigen Unterschied, dass die Neustarts gleichzeitig in mehreren Glaskolben stattfanden statt nacheinander. Irrten sich die Lenski-Mitarbeiter, wenn sie behaupteten, ihre Experimente entsprächen Goulds Vorgaben?*

John Beatty ist der netteste Mensch, dem man begegnen kann. Er sieht sogar warmherzig und freundlich aus und ein bisschen onkelhaft, mit seinem grau melierten weißen Schnurrbart, dem kräftigen Kinn und den Geheimratsecken. Er trägt eine alte Lederjacke oder eine Strickjacke und fühlt sich sichtlich wohl in seiner Haut. Er ist ein gebürtiger Texaner – vielleicht ist das der Grund – und nun Professor für Wissenschaftsphilosophie an der Universität von British Columbia in Vancouver.

---

* Die Loyalität der am LTEE beteiligten Forscher zu Gould bewies eine Fußnote zu Blounts erster Veröffentlichung, in der die Autoren darauf hinwiesen, dass das Ara-3-Neustart-Experiment am dritten Jahrestag von Goulds Tod gestartet und am 66. Jahrestag seiner Geburt beendet wurde.

Wissenschaftsphilosophen interessieren sich dafür, wie Wissenschaft funktioniert. Nicht für gewonnene fachspezifische Erkenntnisse über eine Echsenart oder ein Neutrino, sondern für den Prozess der wissenschaftlichen Forschung – für die Art und Weise, wie Wissenschaftler natürliche Phänomene erforschen, auf Ideen kommen, ihre Hypothesen überprüfen, einige verwerfen und andere weiterentwickeln.

Die Evolutionsbiologie stellt für Wissenschaftsphilosophen eine besondere Herausforderung dar. Sie entspricht nicht der gängigen Vorstellung, wie Wissenschaft funktioniert – die an sich ein Zerrbild ist –, nach der ein entscheidendes Experiment die untersuchte Frage eindeutig beantwortet. Vielmehr geht es in der Evolutionsbiologie um Geschichte, um Erkenntnisse darüber, was in der Vergangenheit geschah, um Fragen, die sich mit der experimentellen Methode nicht klären lassen (welches Experiment kann schon die Evolution einer Giraffe erklären?). Ich habe bereits ausgeführt, dass die Erforschung der Evolution einem Krimi oder einer Detektivgeschichte gleichen kann. Die Ermittlungsmethoden haben ebenso viel mit dem Studium der Geschichte gemeinsam wie mit anderen Wissenschaften. Und eines von Beattys vielen Interessengebieten ist der Unterschied zwischen Geschichte und Wissenschaft und »inwiefern die Evolutionsbiologie der Ersteren gleichermaßen ähnelt wie der Letzteren«, wie er auf seiner Website schreibt.

Ein damit zusammenhängendes Thema, das ihn schon lange interessiert, ist die Rolle des Zufalls in der Evolutionsbiologie. Deshalb war er natürlich gespannt, als Goulds Buch *Zufall Mensch* erschien, das die Rolle der Geschichte und des Zufalls in der Evolution betonte.

Jahre vergingen, und als Wissenschaftler Goulds Ideen zu überprüfen begannen, griff Beatty wieder zu dem Buch und las es noch einmal, und dann noch einmal. Und ihm fiel etwas auf, was allen anderen entgangen war. 17 Jahre nach dem Erscheinen von *Zufall Mensch* veröffentlichte Beatty einen Aufsatz, in dem er darauf hinwies, dass Gould durcheinanderbrachte, was er mit dem Begriff »Kontingenz« meinte.

Beatty begriff, dass das Wort im allgemeinen Sprachgebrauch zwei verschiedene Bedeutungen hat. Die erste ist »Unvorhersehbarkeit« – »wir müssen auf jede Kontingenz (= Möglichkeit, Eventualität) vorbereitet sein«. Was bedeutet Unvorhersehbarkeit im Zusammenhang mit Goulds nochmaligem Abspielen des Bandes? Es bedeutet nicht, dass in der Umgebung etwas Unvorhersehbares – wie eine Flut oder ein Blitzeinschlag – geschieht, das die Evolution anders verlaufen lässt. Das zählt nicht, denn die Prämisse der Neustart-Metapher ist, dass alles gleich ist, nicht nur die Umgebung, sondern auch die äußeren Umstände und Zwänge.

Wenn die Umgebung beim Neustart die gleiche ist, wo kommt dann die Unvorhersehbarkeit ins Spiel? Beatty verweist auf die naheliegende Möglichkeit: Unterschiede bei den auftretenden Mutationen. Biologen betrachten Mutationen im Allgemeinen als unvorhersehbar. Wir wissen, dass in manchen Teilen des Genoms mehr Mutationen auftreten als in anderen und dass bestimmte Umstände – wie die Einwirkung von kosmischer Strahlung oder bestimmten Chemikalien – die Mutationsrate beeinflussen können. Aber wir können nicht vorhersagen, an welcher DNA-Stelle es zu einer Mutation kommen wird, und noch viel weniger, was für eine Mutation es sein wird. Es ist durchaus schlüssig, Mutationen als ein unvorhersehbares, zufälliges Geschehnis zu behandeln.* Deshalb würden wir bei replizierten Populationen unterschiedliche Mutationsgeschichten erwarten.

Die Frage ist, ob eine solche Unvorhersehbarkeit zu einem evolutionären Indeterminismus führen könnte. Evolution setzt genetische Variation voraus, deshalb können Populationen, in denen unterschiedliche Varianten

---

* Manche mögen behaupten, wenn wir das Band zum genau gleichen Punkt zurückspulen würden, wenn alles völlig identisch wäre, dann wäre die Geschichte von Mutationen ebenfalls identisch. Das heißt, dass es irgendeinen physikalischen oder chemischen Grund für eine Mutation geben müsste. Wenn also die Umstände wirklich völlig gleich sind, dann müsste das Ergebnis das gleiche sein. Diese Auffassung, deren intellektuelle Geschichte bis zu dem französischen Mathematiker Simon-Pierre Laplace zurückreicht, würde bedeuten, dass das nochmalige Abspielen des Bandes definitionsgemäß zum gleichen Ergebnis führen würde. Aber diese Sichtweise ignoriert die Tatsache, dass es auf der Ebene der Quantenmechanik echte Unbestimmtheit gibt, und daher ist es zumindest möglich, dass Unbestimmtheit von der subatomaren bis zur molekularen Ebene existiert. Jedenfalls werde ich im Rahmen dieser Diskussion Mutationen als unvorhersehbar und als möglichen Grund für eine nicht-parallele Evolution bei replizierten Populationen betrachten.

vorkommen, sich unterschiedlich entwickeln. Nehmen wir zum Beispiel eine Population, in der alle Individuen blaue Augen haben. An diesem Punkt kann die Population keine andere Augenfarbe entwickeln – kein Individuum hat Erbanlagen für eine andere Augenfarbe. Aber wenn in einer Population eine Mutation auftritt, die braune Augen erzeugt, dann ist es der Population möglich, braunäugig zu werden. Doch vielleicht tritt in einer anderen Population die Braune-Augen-Mutation nicht auf, sondern eine Mutation für grüne Augen, die es der Population ermöglicht, sich auf eine andere Art zu entwickeln. Wenn Mutationen unvorhersehbar sind und das Auftreten bestimmter Mutationen die Richtung beeinflusst, in die die Evolution verläuft, dann könnte ein evolutionärer Neustart des zurückgespulten Bandes zu einem anderen Ergebnis führen.

Genau das ist die Hypothese, die mit dem LTEE überprüft wird. Und zumindest in diesem Fall ist die Antwort klar: Die Evolution ist in einem beträchtlichen Ausmaß vorhersehbar, selbst wenn die Geschichte von Mutationen unvorhersehbar ist. Wenn die Umstände beim Start identisch sind, dann erhält man gewöhnlich – aber durchaus nicht immer! – ein recht ähnliches Ergebnis.

Aber »Unvorhersehbarkeit« ist nur eine Bedeutung von Kontingenz. Wie Beatty erkannte, gibt es noch eine zweite. Diese zweite Definition bezieht sich auf die sogenannte »kausale Abhängigkeit«, die besteht, wenn ein Ereignis nur eintreten kann, nachdem zuerst etwas anderes geschehen ist – Ereignis A ist die Voraussetzung für Ereignis B. Die Existenz eines Menschen ist das Ergebnis einer Reihe von Geschehnissen, angefangen von der Begegnung seiner Eltern über die Stadien ihres Liebeswerbens bis zu ihrer sexuellen Vereinigung zu einem bestimmten Zeitpunkt, die zu seiner Zeugung führte. Wäre irgendeines dieser Geschehnisse anders verlaufen, wäre er nicht da. Möglicherweise wäre stattdessen jemand anders da – der vielleicht durch die Befruchtung des gleichen Eis seines Mutter durch ein anderes Spermium seines Vaters entstand –, aber diese Person wäre nicht er. Die Voraussetzung für seine Existenz war, dass all diese Geschehnisse genau so und nicht anders abliefen.

Das führte Gould in *Zufall Mensch* eloquent aus:

Historische Erklärungen haben die Form eines Berichts: E, das zu erklärende Phänomen, ist deshalb entstanden, weil vorher D da war, dem C, B und A vorausgingen. Wäre eines dieser vorhergehenden Stadien nicht eingetreten oder auf andere Weise erfolgt, würde E nicht existieren (oder aber in erheblich veränderter Form als E, die eine andere Erklärung erfordern würde). E ist also verständlich und lässt sich genau erklären als Ergebnis von A bis D. …

Ich spreche nicht von Zufall … sondern von dem zentralen Prinzip jeglicher Geschichte, der *Kontingenz*. Eine historische Erklärung beruht … auf einer unvorhersagbaren Sequenz vorhergegangener Zustände, wobei eine größere Veränderung auf irgendeiner Stufe der Sequenz das Endresultat verändert hätte. Dieses Endresultat ist somit abhängig von oder bedingt durch alles, was vorher war – dies ist das unauslöschliche, bestimmte Merkmal der Geschichte.[4]

Das meinte Gould mit »unbedeutenden Einzelheiten«. Ändert man B oder C minimal, erhält man kein E.

Man könnte meinen, die Unterschiede zwischen den zwei Bedeutungen von »Kontingenz« wären rein semantischer Natur. Doch Beatty erklärte, dass sie viel mehr waren, dass die verschiedenen Definitionen für unser Verständnis von evolutionärem Determinismus relevant waren. Wenn man Koinzidenz mit Unvorhersehbarkeit gleichsetzt, sieht man in der Evolution einen Prozess mit ungewissem Ausgang – wenn Populationen unter genau den gleichen Bedingungen starten und ihre Umwelt sich auf die gleiche Weise verändert, können trotzdem unterschiedliche Ergebnisse herauskommen. Wenn man dagegen unter Koinzidenz eine kausale Abhängigkeit versteht, betrachtet man nicht den Anfang, sondern das Ende. Deterministen wie Conway Morris würden behaupten, dass das Ergebnis vorherbestimmt ist, dass es einige adaptive Lösungen gibt, die sich wiederholt entwickeln, egal, wo die Populationen starten und was während ihrer Entwicklung geschieht. Gould würde kontern, dass das Endergebnis maßgeblich davon anhängt, wie die Umstände davor waren.

So wie Lenskis LTEE die experimentelle Evolutionsforschung voranbrachte und viele gleichgesinnte Wissenschaftler zu ähnlichen Projekten inspirierte, hatte Beattys Aufsatz eine nachhaltige Wirkung auf Wissenschaftsphilosophen. Im darauffolgenden Jahrzehnt wurden zahlreiche philosophische Abhandlungen verfasst, in denen die semantischen Nuancen des Wortes »Kontingenz« erörtert und noch nuanciertere – und in einigen Fällen weit hergeholte – Mutmaßungen angestellt wurden, was Gould damit gemeint haben könnte.

Nichtsdestotrotz ist Goulds Uneindeutigkeit wichtig, weil ihre Auswirkungen über die philosophischen Fakultäten von Universitäten hinausreichen. Für Gould war das nochmalige Abspielen des Lebensbandes nur ein Gedankenexperiment, doch Evolutionisten, die mit Mikroben arbeiteten, bewiesen, dass es sich in die Praxis umsetzen ließ: Das LTEE und viele anschließende Forschungsprojekte wurden mit dem erklärten Ziel konzipiert, die evolutionären Neustart-Experimente durchzuführen, die Gould für unmöglich hielt. Doch wie Beatty aufzeigte, vermischte Gould zwei unterschiedliche Vorstellungen von Kontingenz und Determinismus und subsumierte sie unter seiner Neustart-Rubrik. Beatty wies auch darauf hin, dass verschiedene Forscher von unterschiedlichen Bedeutungen von Kontingenz ausgingen und daher grundverschiedene Forschungsprogramme konzipierten.

Die Studien, die ich in den letzten beiden Kapiteln besprach, folgen alle dem Grundkonzept des LTEE: Starte mit identischen Populationen, versetze sie in identische« Umgebungen und untersuche, in welchem Ausmaß sie identische evolutionäre Wege nehmen. Das ist eindeutig ein Test der Unvorhersehbarkeitsdefinition von Kontingenz. Goulds Vorschlag, das Band des Lebens unter den gleichen Ausgangsbedingungen neu zu starten, wird wörtlich genommen. Alle Populationen werden Generation für Generation den gleichen Umweltbedingungen ausgesetzt, um zu sehen, ob das Ergebnis vorhersehbar das gleiche ist.

Aber was ist mit Kontingenz im Sinne von kausaler Abhängigkeit, mit der Vorstellung, dass evolutionäre Ergebnisse maßgeblich vom jeweiligen Verlauf der Geschichte abhängen? Goulds Aussagen dazu sind klar: »Es genügt, dass irgendein Vorgang zu Beginn ganz geringfügig verändert wird, ohne dass das zu diesem Zeitpunkt bedeutsam erschiene, und schon schlägt die Evolution einen völlig anderen Weg ein. Diese ... Alternative stellt nicht mehr und nicht weniger als das Wesen der Geschichte dar. Ihr Name ist Kontingenz.«[5]

Hier kommen Goulds »unbedeutende Einzelheiten« ins Spiel. Man geht nicht einfach zu einem Punkt in der Vergangenheit zurück und startet das Band unter den gleichen Bedingungen erneut. Vielmehr geht man zurück und verändert etwas, entweder eine Ausgangsbedingung oder etwas, was später geschieht. Ein Biologe formulierte Goulds Rezept folgendermaßen: »Gehe fünfhundert Millionen Jahre in der Zeit zurück, bewege einen Trilobit sechzig Zentimeter nach links und beobachte, ob die Evolution auf die gleiche Weise verläuft.«[6]

Das Konzept für so ein Experiment scheint einfach. Man versetzt mehrere Populationen in identische Umgebungen, unterwirft sie dann verschiedenen geringfügigen Veränderungen und beobachtet, ob sie sich trotzdem parallel entwickeln.

Was für geringfügige Veränderungen wären das? Nehmen wir zum Beispiel das LTEE – wie könnte ein Forscher testen, inwieweit veränderte Umstände das evolutionäre Endergebnis beeinflussen? Mir kamen ein paar Ideen (natürlich werden nicht alle Populationen den gleichen Störungen ausgesetzt; mit diesen Experimenten soll ja getestet werden, ob die Evolution aufgrund der Störung anders verläuft als bei einer Population, die sich ungestört weiterentwickelt): Man lässt einen Glaskolben einen Monat lang bei Raumtemperatur herumstehen, statt ihn in den Brutkasten zurückzustellen. Oder man impft einen frischen Glaskolben nur mit 0,001 Millilitern des Mediums aus dem alten Glaskolben statt wie bisher mit 0,1 Millilitern. Oder man stellt einen Glaskolben in einen Brutkasten, in dem das Licht anbleibt. Oder man reichert das Medium zwei Tage lang mit dem Dreifachen der normalen Glukoseration an. Oder man fügt rosaroten

Farbstoff hinzu. Das sind nur spontane Einfälle von jemandem, der kein Experte auf dem Gebiet der mikrobiellen Forschung ist. Sicher könnten Mikrobiologen mit viel interessanteren Vorschlägen für experimentelle Störungen aufwarten.

Mir ist keine experimentelle Studie dieser Art bekannt, und es ist leicht zu verstehen, warum. Es ist sehr aufwendig, solche Experimente aufzubauen und durchzuführen. Und die Störungen, um die es geht, sind schließlich geringfügig. Wahrscheinlich hätten sie keine nachhaltigen Auswirkungen. Deshalb bestünde bei so einem Experiment wohl nur eine geringe Chance, aufregende Erkenntnisse zu gewinnen, und eine hohe Wahrscheinlichkeit, das erwartete Ergebnis zu erhalten. Doch solche Ergebnisse werden gewöhnlich kaum beachtet. Es kann sogar schwierig sein, sie zu veröffentlichen. Darum sind solche Studien eher reizlos, besonders für junge Wissenschaftler, die Veröffentlichungen brauchen, um beruflich weiterzukommen.

Zwar überprüfte noch niemand erklärtermaßen Goulds Hypothese, dass bereits geringfügige Veränderungen der Umstände zu anderen evolutionären Endergebnissen führen können, doch einige Studien gehen ein Stück weit in diese Richtung, denn die Forscher starteten ihre Experimente mit genetisch verschiedenen Populationen. Warum sie verschieden sind, wissen wir nicht – wir können nicht rekonstruieren, wie es zu den geringfügigen Unterschieden zwischen ihnen kam –, aber sie haben jedenfalls unterschiedliche Vorgeschichten. Und diese Studien gingen oder gehen der Frage nach, ob die in der Vergangenheit entstandenen Unterschiede die künftige Evolution beeinflussen. Oder anders ausgedrückt: Entwickeln sich genetisch verschiedene Populationen unter den gleichen Umweltbedingungen auf die gleiche Weise?

Nehmen wir als Extrembeispiel zwei Hundepopulationen, von denen die eine aus Hündchen wie kleinen Schnauzern und Chihuahuas besteht und die andere aus großen Hunden wie Windhunden und Deutschen Schäferhunden. Nehmen wir an, dass sie alle an einem Ort lebten, an dem irgendwann ein neues großes Raubtier, sagen wir ein Tiger, auftauchte (vielleicht befanden sich die Hunde auf einer Insel, die der Tiger vom Festland aus besiedelte). Die beiden Hundepopulationen könnten sich an diesen Prädationsdruck auf unterschiedliche Arten anpassen. Die kleinen Hunde könnten Tarnungen entwickeln, um unauffällig zu werden, und die großen Hunde längere Beine, um schneller flüchten zu können. Es ist natürlich leicht vorstellbar, dass die beiden Populationen aufgrund ihrer unterschiedlichen genetischen Konstitutionen dazu prädisponiert waren, sich auf unterschiedliche Weisen an die Bedrohung durch einen neuen Fressfeind anzupassen.

Der Effekt von genetischen Unterschieden auf die Evolution von Populationen, die dem gleichen Selektionsdruck ausgesetzt sind, wurde zum ersten Mal Mitte der 1980er-Jahre in einem Laborexperiment mit Fruchtfliegen untersucht. Wie jeder weiß, der schon eine Banane etwas zu reif werden ließ, scharen sich Fruchtfliegen um verrottendes Obst. Und wenn eine Frucht verrottet, läuft ein Gärungsprozess ab, bei dem Alkohol produziert wird. Deshalb leben Fruchtfliegen in einer Umgebung voller Alkoholdämpfe – das ist so, als würden wir unser Leben in einer Brauerei verbringen. Und was passiert, wenn eine Fruchtfliege es übertreibt und zu viel Alkohol aufnimmt? Sie wird betrunken, genau wie wir (oder zumindest wie ich): Zuerst rennt sie aufgeregt herum und stößt gegen Gegenstände. Dann torkelt und stolpert sie und fällt immer wieder hin. Am Ende kippt sie um und steht nicht mehr auf. Und der Kater ist auch nicht besser. Die Fruchtfliege steht auf und verliert das Gleichgewicht. Sie reagiert langsamer. Wahrscheinlich hält sie eine Weile Abstand von Alkoholdämpfen, bis die nächste überreife Banane sich als zu verlockend erweist.

Nicht alle Menschen vertragen Alkohol in gleichen Mengen. Und dieser Unterschied ist zumindest teilweise genetisch bedingt. Davon ausgehend, dass das auch für Fruchtfliegen gilt, fragte sich Fred Cohan (der damals Postdoktorand an der Universität von Kalifornien in Davis war und heute Professor an der Wesleyan-Universität ist), ob Fruchtfliegen eine höhere Alkoholtoleranz entwickeln konnten. Genauer gesagt wollte er wissen, ob Populationen von unterschiedlichen Orten sich auf die gleiche Weise entwickeln würden oder ob die genetischen Unterschiede zwischen den Populationen, aus welchem Grund sie sich auch entwickelt haben mochten, dazu führen würden, dass die Populationen sich auf unterschiedliche Weisen anpassten.[7]

Als Masterstudent an der Harvard-Universität hatte Cohan die Populationsbiologie von Fruchtfliegen studiert und untersucht, in welchem Ausmaß Populationen der gleichen Spezies sich genetisch voneinander unterscheiden. In New England beschränkte sich seine Arbeit aufs Labor und auf Fruchtfliegen, die andere ihm geschickt hatten.

Doch sein Umzug nach Kalifornien eröffnete ihm neue Perspektiven. Wenn er schon sein Leben damit zubrachte, im Labor auf Fruchtfliegen in Glasgefäßen zu starren, dann konnte er zumindest hinausgehen und die Fruchtfliegen selbst sammeln – besonders an der Westküste, wo das Fliegensammeln mit Autofahrten durch malerische Landschaften verbunden war. Und erst recht, weil er vor Kurzem eine Sonderpädagogin geheiratet hatte, die seine insektenkundlichen Spleens nicht nur tolerierte, sondern die Ausflüge zum Fruchtfliegensammeln genoss.

So sprangen die Cohans kurz nach ihrer Ankunft in Davis im Sommer 1982 in ein Fahrzeug der Universität und fuhren nach Norden. Sie kurvten durch Oregon und reisten anschließend in den Bundesstaat Washington weiter. Ihr Ziel war, Fruchtfliegen aus verschiedenen Gebieten an der Westküste zu sammeln. Danach wollte Cohan mit den gesammelten Fliegen ein Selektionsexperiment durchführen, um herauszufinden, ob geografisch differenzierte Populationen sich an den gleichen Selektionsdruck auf die gleiche Weise anpassten. Aber zuerst mussten die Cohans die Fruchtfliegen sammeln.

Wohin begibt man sich, wenn man Fruchtfliegen einfangen will? Fruchtfliegen lieben vergärendes Obst, deshalb muss man einen Ort finden, wo Obst verrottet. Ich hörte von Wissenschaftlern, die ihre Versuchsobjekte in Abfallcontainern hinter Fast-Food-Restaurants sammeln, aber Cohan hatte eine bessere Idee – er würde direkt zur Quelle des Obstes gehen. So fuhr er mit seiner Frau auf der Suche nach Obstplantagen Landstraßen und Feldwege entlang. Wohlgemerkt, das war vor dem Internetzeitalter. Die beiden konnten nicht einfach online gehen und auf Google

Maps nach der nächsten Plantage suchen. Stattdessen fuhren sie in Gegenden herum, in denen es am ehesten Obstplantagen gab, bis sie eine fanden.

Die Obstbauern fanden überraschenderweise nichts dabei, dass ein junges Ehepaar angefahren kam und sie bat, in ihren Plantagen Fruchtfliegen jagen zu dürfen. Es faszinierte sie sogar, dass die lästigen kleinen Biester tatsächlich zu etwas nutze waren, dass sie uns helfen konnten, neue und möglicherweise wichtige Erkenntnisse zu gewinnen. Und Cohan erklärte ihnen gerne, warum Fruchtfliegen eigentlich gar keinen Schaden anrichten.

Und wie fängt man Fruchtfliegen? Als ich zum ersten Mal darüber nachdachte, stellte ich mir vor, dass man mit einem Schmetterlingsnetz hin und her rennt und eine Fliege nach der anderen aus der Luft fängt. Doch stattdessen stellt man einen Eimer voller Leckereien für die Fruchtfliegen auf und wartet auf die Abenddämmerung, in der sie aktiv werden. Das ist so ähnlich, als würde man auf einer abendlichen Cocktailparty Krabben mit Cajun-Soße anbieten, nur ist in diesem Fall der Appetitmacher eine Art Bananencreme, eine Mischung aus reifen Bananen, Traubensaft und lebender Kochhefe, die man wachsen lässt, bis der Geruch stimmt. Dem können Fruchtfliegen einfach nicht widerstehen. Dann muss man nur noch ein Netz über den Eimer stülpen, an den Eimer klopfen, damit die Fruchtfliegen verschreckt ins Netz hinaufschwirren, und das Netz mit einer schnellen Drehung des Handgelenks schließen, um die Fliegen darin festzuhalten. So erhält man im Nu genug Fruchtfliegen für Laborexperimente.

Auf zwei Sammeltouren besuchten die Cohans etliche Obstplantagen und Obstgärten. Am Ende hatten sie Laborpopulationen aus neun Gegenden an der Westküste – von San Diego bis Vancouver (die kanadischen Proben steuerte ein Kollege bei). Nach der Rückkehr nach Davis unterwarf Cohan jede Population einer Selektion nach Alkoholtoleranz. Aus jeder Generation wählte er nur die Fruchtfliegen, die Alkohol am besten vertrugen, zur Weiterzucht aus.

Das klingt recht einfach, aber wie misst man die Wirkung von Alkohol auf eine Fruchtfliege? Bei Menschen könnte man ein paar Leuten ein paar harte Drinks verabreichen und dann ihre Fähigkeit testen, geradeaus zu laufen, klar und deutlich zu sprechen etc., so wie ein Verkehrspolizist es mit einem Autofahrer macht, den er wegen des Verdachts der Trunkenheit am Steuer angehalten hat. Das Gleiche (abgesehen vom Sprachtest) könnte man mit Fruchtfliegen machen. Man könnte sie einer bestimmten Menge von Alkoholdämpfen aussetzen und beobachten, wie sie reagieren. Aber das Problem ist, dass diese Vorgehensweise sehr mühsam wäre. Ein Selektionsexperiment dieser Art wird gewöhnlich mit Hunderten, wenn nicht Tausenden von Fruchtfliegen pro Population durchgeführt. Jede dieser vielen Fruchtfliegen ein paar Minuten lang zu beobachten, um die nötigen Daten zu sammeln, würde enorm viel Zeit kosten.

Zum Glück fand Cohans Freund Ken Weber, ein einfallsreicher Masterstudent aus Harvard, eine Lösung: das Inebriometer! Es funktioniert folgendermaßen: Man versetzt tausend Fruchtfliegen in einen 1,20 Meter hohen Glaszylinder, der oben verschlossen ist. Da die Fliegen sich gerne ganz oben aufhalten, fliegen und krabbeln sie hinauf. Dann führt man am oberen Ende des Glaszylinders einen Gummischlauch ein, der ständig Alkoholdämpfe hineinleitet,
die durch einen weiteren
Schlauch am unteren Ende ent-
weichen können. Mit der Zeit werden die Fruchtfliegen beschwipst,
aber einige mehr als andere. Wenn sie
schließlich betrunken sind, können sie
nicht mehr fliegen und beginnen abzustür-
zen. Im Glaszylinder sind in bestimmten Abständen mehrere abschüssige Plattformen ange-
bracht, die einer fallenden Fruchtfliege eine
Chance geben, wieder Halt zu finden. Daher pur-
zeln die leicht beschwipsten Fruchtfliegen vielleicht
ein Stück hinunter, können sich in der Regel aber auf
einer der Plattformen abfangen. Doch wenn die Fruchtfliegen richtig betrunken sind, sind sie so reaktionsun-

Das Inebriometer

fähig, dass sie eine Plattform nach der anderen hinabkullern und schließlich auf den Boden des Glaszylinders fallen, wo sie auf einem Fliegengitter landen und entfernt werden können. Am Ende bleiben nur die besonders alkoholtoleranten Fruchtfliegen übrig. Sie sind die glücklichen Gewinner, die sich paaren dürfen, um die nächste Generation zu erzeugen.

Am Anfang des Experiments bestand Variation bei der Alkoholtoleranz – einige Fruchtfliegen lagen schon nach wenigen Sekunden sturzbetrunken auf dem Boden des Glaszylinders, während andere nach einer halben Stunde immer noch herumflogen. Die durchschnittliche Fruchtfliege war nach etwa zwölf Minuten besinnungslos, und Fruchtfliegen aus den nördlichen Populationen hielten etwas länger durch als die aus dem Süden.[8]

24 Generationen später hatten alle Populationen eine viel größere Alkoholtoleranz entwickelt. Aber die Zunahme war nicht bei allen Populationen gleich stark: Fruchtfliegen aus British Columbia schwirrten im Durchschnitt fast fünfzig Minuten lang herum, bevor sie ohnmächtig wurden, während die aus Südkalifornien Glück hatten, wenn sie es auf vierzig Minuten brachten. Mit anderen Worten, wenn die Populationen den gleichen Selektionsfaktoren ausgesetzt wurden, passten die aus dem Norden sich in einem viel größeren Ausmaß an als die aus dem Süden.

Aus der anfangs geringen Variation zwischen den Populationen wurde durch die Selektion ein viel größerer Unterschied. Genetisch verschiedene Populationen hatten auf den gleichen Selektionsdruck unterschiedlich reagiert.

Ein ähnliches Experiment wurde unlängst mit Hefen durchgeführt.[9] Die Forscher nahmen Stämme von Sprosshefen aus sechs sehr unterschiedlichen Umgebungen, unter anderem von Eichen und Kaktusfrüchten, aus Ingwerbier und der Vagina einer Frau. Dann gaben sie drei Proben von jedem Stamm in Laborfläschchen, die als Nahrungsquelle Glukose enthielten. (Laborforscher füttern die Organismen, mit denen sie ihre Experimente durchführen, gern mit Glukose!) Würden die Populationen, die sich in ihren unterschiedlichen Habitaten auf sehr unterschiedliche Arten entwickelt hatten, sich auf die gleiche Weise an ihre neue Glukosekost anpassen? Fünf Monate und dreihundert Hefegenerationen später maßen die Forscher bei jeder Population eine Reihe von Merkmalen, unter anderem die Wachstumsrate, die Populationsgröße, die Zellgröße, die Glukoseverbrauchsrate und die Geschwindigkeit, mit der aufgenommene Glukose in weitere Hefezellen umgewandelt wurde. Trotz beträchtlicher evolutionärer Veränderungen bei allen Merkmalen zeigten die Populationen weiterhin eine starke Variation. Nicht nur, dass ihre Werte für die Merkmale sich nicht angenähert hatten, in einigen Fällen waren die Populationen einander sogar noch unähnlicher geworden, während sie sich an ihre identische Umgebung angepasst hatten.

Der Hauptunterschied zwischen diesen beiden Studien und denen, die ich davor (in Kapitel zehn) beschrieb, besteht darin, dass die Populationen bei den LTEE-ähnlichen Experimenten anfangs identisch waren, während die Populationen bei diesen beiden Experimenten von vornherein verschieden waren. Die Quellpopulationen hatten sich eine unbekannte Zeit lang separat entwickelt und dabei viele genetische und phänotypische Veränderungen erfahren. Das Ergebnis war klar. Wenn Populationen anfangs identisch sind, reagieren sie auf eine Selektion im Allgemeinen auf die gleiche Weise. Wenn Populationen jedoch von vornherein verschieden sind, können ihre evolutionären Reaktionen recht unterschiedlich ausfallen. Ein Punkt für Gould: Wenn man die Anfangsbedingungen verändert, nimmt die Evolution einen anderen Verlauf.

Aber diese Ergebnisse sind etwas unbefriedigend, weil wir nicht wissen, wie es dazu kam, dass die Populationen sich auseinanderentwickelten. Welche unbedeutenden Einzelheiten sind es, die die Voraussetzungen für eine spätere Divergenz schaffen? Eine naheliegende Möglichkeit ist, dass irgendein natürlicher Selektionsdruck auf eine Population wirkt und auf eine andere nicht. Die evolutionäre Reaktion auf eine solche Selektion führt zu genetischer Veränderung. Und der veränderte Genpool kann dann die spätere evolutionäre Richtung bestimmen.

Dieses speziellere Szenario im Labor zu testen ist einfach, aber zeitaufwendig. Man setzt anfangs identische Populationen über viele Generationen unterschiedlichen Umgebungen aus. Wenn sie sich dann an die unterschiedlichen Umgebungen angepasst haben, setzt man alle der gleichen neuen selektiven Umgebung aus und beobachtet, ob sie sich auf ähnliche Weise anpassen oder ob ihre entwickelten Unterschiede bewirken, dass sie sich auf unterschiedliche Arten anpassen.

Bisher wurden überraschend wenige Studien dieser Art durchgeführt, und die Ergebnisse waren gemischt. In einigen Experimenten entwickelten die Populationen, trotz ihrer anfänglichen Unterschiede, eine große Ähnlichkeit; ihre vorher existierenden Unterschiede verschwanden. Doch in anderen Experimenten entwickelten sich die Populationen, trotz der gleichen Umgebung, nicht konvergent. Mit anderen Worten, sie sind Beispiele für Kontingenz: Was in der Vergangenheit geschah, bestimmt, was in der Zukunft geschehen wird. Es ist nicht schwer, aus solchen Studien auf Goulds unbedeutende Einzelheiten zu schließen – evolutionäre Anpassung als Reaktion auf vergangene Ereignisse kann die späteren evolutionären Wege bestimmen.

Aber zwei Populationen müssen nicht unbedingt unterschiedlichen Umweltbedingungen ausgesetzt sein, um sich genetisch auseinanderzuentwickeln. Selbst Populationen, auf denen ein ähnlicher Selektionsdruck wirkt, passen sich nicht unbedingt auf die gleiche Art an. Wie im zehnten Kapitel ausgeführt, zeigen mikrobielle Evolutionsexperimente, dass genetische Veränderungen zwar oft recht ähnlich sind – und oft im selben Gen stattfinden –, doch dass die genauen Veränderungen auf der DNA-Ebene in der Regel trotzdem von Population zu Population unterschiedlich sind. Ist es möglich, dass so kleine genetische Unterschiede Populationen dazu prädisponieren können, sich in der Zukunft unterschiedlich zu entwickeln?

Im LTEE hatten die zwölf Populationen nach 2000 Generationen ihre Fitness um etwa den gleichen Betrag verbessert. Auf dieses Ergebnis hatte Lenski in seiner allerersten Veröffentlichung über das Experiment seine Aussage gestützt, dass die Populationen sich alle auf die gleiche Weise entwickelten.[10] Doch er räumte ein, dass noch eine andere Erklärung möglich war, nämlich dass die Populationen unterschiedliche Wege fanden, sich an ihre neuen Bedingungen anzupassen, und dass die Anpassungsrate nur zufällig bei allen ungefähr gleich war.

Diese beiden Möglichkeiten führten zu unterschiedlichen Vorhersagen über die genetische Entwicklung der Populationen. Die Hypothese von der parallelen Anpassung ging davon aus, dass die genetischen Veränderungen, die in den Populationen auftraten, so ziemlich die gleichen waren, während die Hypothese von unterschiedlichen Anpassungen mit vergleichbaren Auswirkungen auf die Angepasstheit davon ausging, dass die Populationen sehr unterschiedliche genetische Veränderungen durchliefen. Aber das war Anfang der 1990er-Jahre, als die Analyse von Genen und Genomen noch weitgehend ein Wunschtraum war. Es war nicht klar, wie diese beiden Möglichkeiten überprüft werden konnten.

Dieses Problem löste kein anderer als Michael Travisano. Seine Forscherkarriere begann – vor der Schneeflockenhefe und vor den schrumpeligen Streuern – im Lenski-Labor (in Kapitel neun erwähnte ich bereits eine Veröffentlichung aus der Zeit nach seiner Promotion). Sein Fachgebiet war die Zellbiologie, als er ins Lenski-Labor kam. Er hatte über Hamster-Ovarienzellen und die Ursachen, warum sie kanzerös wurden, geforscht. Im Nachhinein wurde ihm klar, dass er eigentlich experimentelle Evolutionsstudien durchgeführt hatte, doch sie wurden damals nicht so definiert. Er und seine Kollegen suchten nach wiederholbaren Reaktionen auf bestimmte experimentelle Behandlungen, um herauszufinden, warum eine Zelle metastatisch wurde.

Mit dieser Vorgeschichte und während das LTEE weiterlief, überlegte sich Travisano, wie man das Ausmaß, in dem Evolution wiederholbar war, ermitteln könnte. Zusammen mit Lenski ersann er ein elegantes Experiment, um herauszufinden, ob die zwölf LTEE-Populationen sich alle auf die gleiche Weise anpassten. Sie erkannten, dass die Lösung darin bestand, die Populationen in eine andere Umgebung zu versetzen und zu beobachten, wie sie darin zurechtkamen. Wenn alle Populationen sich genetisch auf die gleiche Weise entwickelt hatten, während sie sich an die LTEE-Bedingungen angepasst hatten, dann sollten sie – aufgrund ihrer genetischen Ähnlichkeit – in der neuen Umgebung alle gleich gut zurechtkommen. Wenn die Populationen jedoch unterschiedliche genetische Anpassungen an die LTEE-Bedingungen entwickelt hatten, dann könnte ihre Fähigkeit, sich an die neuen Bedingungen anzupassen, von einer Population zur anderen variieren.

Um diese Idee zu testen, nahm Travisano Proben von den zwölf *E.-coli*-Populationen der Generation 2000 und versetzte sie in eine andere Umgebung. Das neue Medium enthielt als Energiequelle statt Glukose einen anderen Zuckertyp: Maltose.[11]

Alle Populationen des LTEE hatten während der ersten 2000 Generationen ihre Glukoseverwertung stark verbessert und wuchsen daher wesentlich schneller, als ihre Ahnenpopulation im gleichen Glukosemedium gewachsen war. Wie würde sich diese Anpassung an Glukose auf ihre Fähigkeit, Maltose zu verwerten, auswirken? Um die Populationen mit ihrem Ursprungszustand zu vergleichen, griff Travisano in die Tiefkühlarchive, erweckte die LTEE-Ahnenpopulation wieder zum Leben und maß, wie gut sie im Maltosemedium wuchs.

Im Durchschnitt hatte sich die Fähigkeit der *E. coli*, Maltose zu verwerten, überhaupt nicht verändert. Aber der Durchschnittswert verschleierte ein hohes Maß an Variation zwischen den zwölf Populationen. Bei fünf Populationen hatte sich die Maltoseverwertung im Vergleich zur Ahnenpopulation verschlechtert – teilweise sogar stark. Bei diesen Populationen hatte die Anpassung an Glukose als Nährstoff dazu geführt, dass sie Maltose nicht mehr so gut verwerten konnten. Wohlgemerkt, im Verlaufe des LTEE-Experiments waren die Populationen nie Maltose ausgesetzt gewesen – die verringerte Fähigkeit, Maltose zu verwerten, war nur eine zufällige Folge der genetischen Veränderungen, zu denen es während der Anpassung für eine erhöhte Glukoseaufnahme gekommen war. Doch bei den übrigen sieben Populationen war es umgekehrt. Ihre Fähigkeit, Maltose zu verwerten, hatte sich verbessert.

Das bedeutet, dass die 2000. Generation der zwölf LTEE-Populationen genetisch recht variabel war. Ihre Wachstumsrate unter Glukose war zwar ungefähr gleich, doch diese Einheitlichkeit verdeckte, dass in den Populationen unterschiedliche genetische Veränderungen stattgefunden hatten.

Seit Travisano diese Studie veröffentlicht hatte, wurden mehrere, vom Konzept her ähnliche Projekte durchgeführt, mit annähernd dem gleichen Ergebnis. Replizierte Populationen scheinen sich zwar auf ähnliche Weisen anzupassen, wenn sie den gleichen selektiven Bedingungen ausgesetzt sind, doch wenn man sie dann in andere Umgebungen versetzt, zeigt sich, dass genetische Variationen entstanden sind, die zu unterschiedlichen Reaktionen auf die neuen Bedingungen führen. Mit anderen Worten, der Schein kann trügen – die Evolution in identischen Umgebungen vom gleichen Ausgangspunkt aus ist nicht so deterministisch, wie sie erscheinen mag!

Es ist kein großer Schritt zur nächsten Frage. Angenommen, Populationen entwickeln sich viele Generationen lang in der gleichen Umgebung. Bestimmen die genetischen Unterschiede, die in dieser Zeit zwischen ihnen entstehen, nicht nur, wie sie anfangs in einer neuen Umgebung zurechtkommen, sondern auch, wie sie sich später an die neuen Bedingungen anpassen? Ein paar Studien gingen dieser Frage inzwischen nach, und Travisanos Experiment diente als Modell.

Nachdem er gesehen hatte, wie unterschiedlich die zwölf LTEE-Populationen anfangs auf die neue Maltoseumgebung reagierten, gab er ihnen Zeit, sich an diese neue Energiequelle anzupassen. Dieses Experiment wurde auf genau die gleiche Weise durchgeführt wie das LTEE, nur dass der Nährstoff im Medium Maltose statt Glukose war. Und genau wie im LTEE passten die Populationen sich im Laufe der Zeit an – tausend Generationen später waren alle besser an die Verwertung von Maltose angepasst als die Ahnenpopulation. Außerdem bestand ein Zusammenhang zwischen dem Maß der Anpassung und der anfänglichen Fitness jeder Population – die Populationen, die im Maltosemedium anfangs schlecht zurechtkamen, verbesserten ihre Anpassung in höherem Maße als die Populationen, die anfangs gut darin zurechtkamen. Sie holten so stark auf, dass gegen Ende des Experiments alle Populationen unter Maltose fast gleich fit waren – die anfänglichen Fitnessunterschiede wurden stark verringert.

Trotzdem bestanden noch einige Unterschiede – die Populationen, die zu Beginn des Experiments Maltose am besten verwerten konnten, wuchsen immer noch etwa zehn Prozent schneller als die Populationen, die anfangs die schlechtesten Maltoseverwerter waren. Die Ergebnisse für die Zellgröße waren ähnlich. Es war eine Art Trend erkennbar – bei den zwei Populationen, die anfangs die kleinsten Zellen hatten, war das Wachstum am größten, und bei der Population mit den größten Zellen ging es am stärksten zurück. Aber vieles war auch widersprüchlich, zum Beispiel entwickelten sich einige Populationen, die anfangs ähnliche Zellgrößen hatten, ganz unterschiedlich.

Mit anderen Worten, die anfängliche Variation bei der Anpassungsfähigkeit an die Maltoseverwertung – die zufällig bei den LTEE-Populationen entstanden war, während sie sich in Glukose entwickelt hatten – hatte eine nachhaltige Wirkung. Nach tausend Generationen der Anpassung an Maltose war die genetische Differenzierung immer noch zu erkennen.

In einem Gould'schen Sinne ist dieses Ergebnis fundiert. Selbst wenn Populationen sich parallel entwickeln, können die verborgenen Unterschiede, die im Laufe der Zeit zwischen ihnen entstehen, sie in unterschiedliche Richtungen lenken, wenn sie neuen Bedingungen ausgesetzt werden.

Goulds Buch *Zufall Mensch* hatte eine gewaltige wissenschaftliche Nachwirkung. Obwohl es für die breite Öffentlichkeit geschrieben wurde, wurde es in fast 4000 wissenschaftlichen Abhandlungen zitiert (normalerweise freut es Wissenschaftler schon, wenn ihre Arbeit fünfzig oder hundert Mal erwähnt wird). Die Metapher »Das Band des Lebens nochmals abspielen« ging in den Sprachgebrauch ein.

Doch obwohl John Beatty zu höflich ist, um es direkt zu sagen,* brachte

---

* Ich kann aus eigener Erfahrung über dieses Thema reden, denn mir kam es selbst schon zugute, dass Beatty zu nett ist, um Kritik zu üben. In seiner Abhandlung über Goulds Vorstellungen von Kontingenz benutzte er meine Arbeit über die Evolution von Echsen in der Karibik als ein Beispiel (das andere Beispiel war übrigens die Veröffentlichung von Travisano und Lenski über Maltose). In seiner Abhandlung merkte Beatty an, dass ich etwas geschrieben hatte, das keinen logischen Sinn ergab. Doch statt auf dem Punkt herumzureiten, fügte er hinzu, dass ich ihm später erklärte, was ich damit meinte, und so ergab es tatsächlich doch einen Sinn, obwohl es so nicht in meiner Arbeit stand.

Gould mit seiner Metapher wirklich einiges durcheinander.[12] Seine Anweisung ist sehr klar: »Sie drücken auf die Rückspultaste und gehen zu irgendeinem Zeitpunkt und zu irgendeinem Ort in der Vergangenheit zurück. ... Nun lassen Sie das Band noch einmal ablaufen ...« Aber sie entspricht gar nicht dem, was Gould meinte. Oder zumindest meinte Gould viel mehr als das.

Zwei größtenteils getrennte Forschungsprogramme wurden entwickelt, um Goulds Idee zu testen. Das LTEE und ähnliche Studien nahmen ihn beim Wort und spulten das Band zurück – entweder buchstäblich, indem sie Ahnenpopulationen wiederbelebten, oder indem sie die Neustarts in mehreren Glaskolben gleichzeitig durchführten.

Ein anderer Ansatz orientierte sich ebenfalls an Goulds Vorgaben, auch wenn er nicht dessen einprägsamer Metapher entsprach. In diesen Studien wurden Populationen etwas unterschiedlichen Bedingungen unterworfen, um zu testen, wie resistent die Evolution gegen Störungen ist. Wird die Evolution trotzdem immer zum gleichen Endpunkt führen, oder hängen ihre Ergebnisse von Anfangsbedingungen und späteren Geschehnissen ab?

Es überrascht eigentlich nicht, dass diese beiden Ansätze, im Durchschnitt, unterschiedliche Ergebnisse zu liefern scheinen. Wenn Populationen anfangs völlig identisch sind und in gleichen Umgebungen gehalten werden, entwickeln sie sich gewöhnlich mehr oder weniger gleich. Da der Zufall bestimmt, welche Mutationen auftreten, entwickeln Populationen mit der Zeit genetische Unterschiede, gelegentlich große, doch normalerweise nur kleine, solange sie in der Umgebung bleiben, an die sie sich angepasst haben.

Wenn die Populationen dagegen von vornherein verschieden sind oder im Lauf der Zeit unterschiedliche Ereignisse durchmachen, entwickeln sie sich mit einer größeren Wahrscheinlichkeit auseinander. Überraschend wenige Studien erforschten bisher dieses Szenario – das Gould ausführlich beschrieb –, doch sie zeigen, dass manchmal ein ganz anderes evolutionäres Ergebnis herauskommt.[13]

Das Fazit von Beattys Analyse war, dass diese beiden Ansätze sich ergänzen. Mit dem ersten Ansatz wird untersucht, ob anfangs identische Populationen sich auseinanderentwickeln, während der zweite Ansatz die Frage klären soll, ob Populationen, die anfangs verschieden sind oder unterschiedliche Ereignisse durchmachen, sich mit der Zeit angleichen.

Wir könnten die erste Gruppe von Experimenten auch als eine Untergruppe der zweiten betrachten. Selbst anfangs identische Populationen werden im Lauf der Zeit durch diverse Mutationen Unterschiede entwickeln. Diese Unterschiede sind ebenso ein Ergebnis der Geschichte wie Veränderungen, die von äußeren Ereignissen herbeigeführt werden. Werden die entstehenden genetischen Unterschiede bewirken, dass die Populationen sich immer weiter auseinanderentwickeln, oder werden die Populationen sich nichtsdestotrotz auf eine ähnliche Art anpassen?

In einem größeren Rahmen betrachtet, geht es jedoch darum, welchen Fragen wir nachgehen möchten. Für Philosophen ist die Frage von Interesse, ob anfangs identische Populationen, die die gleichen Erfahrungen machen, sich auf die gleiche Weise entwickeln. Aber für Naturforscher, Astrobiologen und – ich behaupte – auch für Stephen Jay Gould ist die Frage eine andere. In der Natur starten Populationen nie genau gleich, und sie machen auch nie die gleiche Abfolge von historischen Ereignissen durch. Wenn solche Populationen sich in ähnlichen Umgebungen wiederfinden, ist die natürliche Selektion dann, wie Conway Morris und andere behaupten, so allmächtig, dass sie die unterschiedlichen genetischen Konstitutionen und die unterschiedlichen Vorgeschichten der Populationen nichtig macht? Oder kann die Selektion nur an dem arbeiten, was sich in der Vergangenheit entwickelte? Werden ihre Möglichkeiten durch die Vorgeschichte begrenzt? Und ist es daher wahrscheinlich, dass sie jedes Mal ein anderes Ergebnis hervorbringt, wie Gould behauptete?

Evolutionsexperimente im Labor haben einen brillanten Beitrag zur Klärung dieser Fragen geleistet und uns die Bandbreite unterschiedlicher evolutionärer Möglichkeiten aufgezeigt. Aber ihr großer Vorteil ist gleichzeitig ihr großer Nachteil: Sie finden innerhalb der künstlichen Grenzen und unter den künstlichen Bedingungen des Labors statt. Laborexperimente sind schön kontrolliert; ein Glaskolben ist mit dem nächsten identisch. Äußere Einflüsse – Störungen im System – werden so weit wie möglich ausgeschlossen, sodass die Studie sich auf die Faktoren konzentrieren kann, die erforscht werden sollen. Das ist alles schön und gut und unerlässlich für ein korrekt durchgeführtes Experiment.

Aber wie wir bereits gesehen haben, ist die Natur launisch und unkontrolliert. Die Vorstellung von völlig identischen Umgebungen ist lächerlich – der Wind weht, Insekten fliegen herein, ein Vogel kackt von oben einen Samen herab, der auskeimt. Für Laborwissenschaftler, die alles kontrollieren wollen, ist das ein fürchterliches Chaos. Aber so ist die Natur.

Genau solche unbedeutenden Einzelheiten meinte Gould: Ein Neustart verläuft nie genau gleich wie der andere, weil irgendeine Bedingung sich verändert oder irgendein Ereignis eintritt – ein Samen, ein Sturm, ein Asteroid. Könnten wir doch nur die Vorteile der mikrobiellen Evolutionsexperimente mit den Zufällen der natürlichen Welt verbinden – dann könnten wir wirklich testen, welche Rolle Kontingenzen der Zeit und des Ortes spielen. Tatsächlich können wir genau das tun und gleichzeitig lernen, was die Evolution von Mikroben mit dem menschlichen Wohl zu tun hat.

Kapitel 12

DAS MENSCHLICHE MILIEU

Pseudomonas aeruginosa ist ein trickreiches Bakterium, in der Umwelt weit verbreitet und höchst anpassungsfähig: Es überlebt Ölkatastrophen und sogar Schwerelosigkeit im Spaceshuttle. Es infiziert Pflanzen, Fadenwürmer, Fruchtfliegen, Fische und zahlreiche Säugetiere. Beim Menschen löst es Infektionen bei Verbrennungen und Wunden, in den Harnwegen und Augen aus.

P. aeruginosa mag es feucht, was die menschliche Lunge zu einem attraktiven Siedlungsort macht. Für die meisten Menschen ist das kein Problem – man hustet sie einfach aus. Bei Mukoviszidosekranken sieht das jedoch völlig anders aus. Menschen, die an Mukoviszidose leiden, haben ungewöhnlich zähen Schleim, wodurch die Lungen nur schlecht gereinigt werden. *P. aeruginosa* und andere Bakterien nutzen die Schleimmatten, die sich bilden (den sogenannten Biofilm), nisten sich dann in jedem kleinen Winkel ein und sind so nur schwer abzutöten. Die Folge sind Infektionen, Lungenentzündung, Lungenschäden und häufig der Tod – *P. aeruginosa* ist an der Todesursache von 80 Prozent der Mukoviszidosekranken beteiligt.

Um das Jahr 2000 fanden Ärzte heraus, dass dabei mehr passierte, als dass sich *P. aeruginosa* einfach in den Lungenwegen einzelner Mukoviszidosekranker einnistet. Tatsächlich ist die Mikrobe auch deswegen so tödlich, weil sie sich nach der Besiedlung an ihr neues Lungenhabitat anpasst, sodass sie schwer zu entfernen ist, gleichzeitig aber eine noch schädlichere Wirkung entfaltet.

Diese Entdeckung veränderte die Standardbehandlung von Mukoviszidosekranken. In der Vergangenheit wurden Betroffene zusammengebracht, häufig in speziellen Sommerlagern und Krankenhausstationen für Mukoviszidosekranke. Heute weiß man, dass man es nicht schlechter hätte machen können; solche Ansammlungen fördern die Übertragung von hochentwickelten, virulenten Stämmen von *P. aeruginosa* von einem Menschen zum anderen. Heute vermeidet man den Kontakt zwischen Mukoviszidosekranken so weit wie möglich, vor allem in Krankenhäusern.

Daher infizieren sich die meisten Mukoviszidosekranken nicht bei anderen Betroffenen mit *P. aeruginosa,* sondern bei einer anderen Infektionsquelle im Umfeld. Aus Sicht der Mikrobe stellt jeder Mukoviszidosekranke eine Gelegenheit dar, jede Besiedlung mit *P. aeruginosa* ist ein evolutionär unabhängiges Ereignis. Das führt natürlich zu der inzwischen bekannten Frage: Entwickeln sich Erregerstämme von *P. aeruginosa*, wenn sie sich an ähnliche, aber nicht identische Umgebungen anpassen – in diesem Fall an menschliche Lungen – auf vergleichbare Weise?

Theoretisch müsste sich diese Frage im Labor beantworten lassen, wie bei den vielen experimentellen Studien zur Mikrobenevolution, die in den letzten drei Kapiteln beschrieben wurden. Und tatsächlich gab es ein solches Experiment.[1] Einige beherzte kanadische Forscher erschufen künstliche menschliche Lungen aus einer zähflüssigen, klebrigen Flüssigkeit, die dem Schleim in der Lunge eines Mukoviszidosekranken ähneln sollte. Dann siedelten sie *P. aeruginosa* in Petrischalen mit dem klebrigen Zeug an und sahen zu, wie sich die Bakterien anpassten.

Die künstlichen *P.-aeruginosa*-Populationen wiesen bei der Anpassung an die neue Umgebung viele Ähnlichkeiten auf, wie bei den meisten Experimenten zur Mikrobenevolution. Doch alle Populationen stammten von Mikroben aus derselben Petrischalenkultur ab – sie alle waren am Anfang genetisch identisch. Bei Mukoviszidosekranken hingegen unterscheiden sich die einzelnen *P.-aeruginosa*-Stämme unter Umständen erheblich voneinander.

Bei diesen Patienten ist die Infektionsquelle meist unbekannt. Höchstwahrscheinlich sind die Kolonisationswege zufällig – ein Patient holt sich die Mikroben an einem Wasserhahn, ein anderer bei der Vogelbeobachtung im Moor. Diese *P.-aeruginosa*-Stämme sind möglicherweise an völlig unterschiedliche Umgebungen angepasst und unterscheiden sich daher genetisch. Wie bei früheren Studien festgestellt wurde, können sich Populationen auf einzigartige Weisen anpassen, wenn sie von Populationen mit heterogenem evolutionärem und ökologischem Hintergrund abstammen. Daher ist nicht unbedingt gesagt, dass sich unterschiedliche Stämme bei allen Mukoviszidosekranken gleich entwickeln.

Doch eines steht fest: In den Atemwegen von Mukoviszidosekranken finden eindringende Bakterien völlig andere Lebensbedingungen vor als draußen. Im Körper kämpfen nicht nur ein aktives Immunsystem und Antibiotika gegen die Eindringlinge an, sondern *P. aeruginosa* muss auch noch gegen eine Vielzahl konkurrierender Bakterienarten und die klebrige Schleimschicht antreten. Der Selektionsdruck ist immens.

Außerdem gibt es im menschlichen Atemwegssystem viele unterschiedliche Milieus, von den Nasenhöhlen bis zu den Bronchiolen und Alveolen. Bakterien stehen also viele verschiedene Nischen zur Verfügung – mit Unterschieden bei Luftfluss, Feuchtigkeit, Sauerstoffgehalt, Oberflächenstruktur, Schleimmenge und Antibiotikakonzentration. Entsprechend dieser Vielfalt sowie den Unterschieden, die zwischen einzelnen Menschen existieren, kann sich *P. aeruginosa* unterschiedlich anpassen, auch innerhalb des Körpers eines Mukoviszidosekranken.

Wie sich *P.-aeruginosa*-Stämme anpassen, ist offensichtlich keine rein akademische Frage. Die meisten Labortests auf evolutionäre Wiederholbarkeit werden aus reiner Neugier durchgeführt. Einen Evolutionsbiologen mag interessieren, ob sich Hefen von einer Eiche und aus dem Fortpflanzungstrakt einer Frau ähnlich an das Leben in einer Petrischale voller Glukose anpassen, aber ob sich Bakterien in der Lunge von Mukoviszidosekranken auf dieselbe Weise anpassen, hat Folgen für die reale Welt – je wiederholbarer die Evolution der Bakterien ist, umso einfacher lassen sich neue Medikamente und therapeutische Behandlungen entwickeln.

In einer ethikfreien Welt könnten Forscher Mukoviszidosekranke absichtlich mit verschiedenen Erregerstämmen von *P. aeruginosa* infizieren und dann die Entwicklung der Bakterien beobachten. Aber in der realen Welt ist schon der Gedanke an ein solches Experiment verwerflich. Doch im Prinzip geschieht genau das jedes Mal, wenn *P. aeruginosa* einen Menschen mit Mukoviszidose angreift.

In den ersten Jahren dieses Jahrhunderts führten Forscher am Copenhagen Cystic Fibrosis Center ein solches natürliches Experiment durch. Im Rahmen eines Behandlungsprotokolls geben Mukoviszidosekranke dort einmal im Monat eine Sputumprobe ab, die dann auf *P. aeruginosa* getestet wird. Bei positiv getesteten Patienten wird sofort eine Behandlung eingeleitet, mit der die Bakterien manchmal eliminiert werden können.

Diese Verfahren sind als Therapie anerkannt, stellen aber gleichzeitig eine elegante Evolutionsstudie dar. Die Klinikärzte entdeckten *P.-aeruginosa*-Infektionen fast unmittelbar nach Infektionsbeginn und überwachten die Verläufe mit regelmäßigen Proben bis zu zehn Jahre lang. Die Mitarbeiter verglichen die Proben jedes Patienten zu verschiedenen Zeitpunkten und konnten so den evolutionären Fortschritt der Bakterien erfassen.

Die dänischen Forscher sequenzierten das vollständige Genom von mehr als 400 *P.-aeruginosa*-Stämmen von 34 Kindern und jungen Erwachsenen. Die Erregerstämme wiesen bei mehreren Patienten große Ähnlichkeiten auf, was darauf schließen lässt, dass die Bakterien wahrscheinlich von einem Patienten zum anderen übertragen wurden, auch wenn die Klinik sich nach Kräften bemühte, eine solche Übertragung zu verhindern.*

Doch die allermeisten bakteriellen Genome unterschieden sich stark voneinander, was darauf hindeutet, dass die Patienten sich unabhängig voneinander mit unterschiedlichen Erregerstämmen von *P. aeruginosa* in der Umwelt infizierten. Nun stellte sich die Frage, wie groß die Ähnlichkeiten bei den evolutionären Wegen waren, die diese verschiedenen Bakterien einschlugen.

Mit DNA-Vergleichen der *P.-aeruginosa*-Stämme bei einem Patienten zu verschiedenen Zeitpunkten erstellten die Forscher eine Chronik der genetischen Veränderungen, die nach der Kolonisation der Bakterien in die-

---

* Die Krankenhausdaten zeigen, dass die fraglichen Patienten vor und nach der Infektion zur selben Zeit in der Klinik waren, was diese Vermutung unterstützt.

ser Person stattfanden. Insgesamt fanden sie mehr als 12 000 Mutationen, im Durchschnitt mehr als 300 pro Besiedlungsstamm.

Das Problem war die Auswertung dieser Unmenge an Daten. Welche Veränderungen waren Anpassungen an die neu besiedelte Umgebung in der menschlichen Lunge, und welche waren nur zufällige Veränderungen ohne adaptive Bedeutung?* Das Genom von *P. aeruginosa* enthält mehr als 5000 Gene und sechs Millionen DNA-Abschnitte. Trotz erheblicher Fortschritte weiß man heute immer noch wenig darüber, wie das Genom des Bakteriums funktioniert. Daher hatten die dänischen Forscher nur eine geringe Vorstellung von den Auswirkungen der 12 000 genetischen Veränderungen, die sie fanden.[2]

Mit diesem Dilemma konfrontiert, hatten die Forscher einen Geistesblitz. Sie kamen zu der Einsicht, dass die Konvergenz von Populationen in ähnlichen Umgebungen eine hohe Evidenzstärke für eine adaptive Evolution hat. Bekannt ist auch, dass Mikroben dieselben Gene nutzen, um sich an ähnliche Umstände anzupassen. Dann konnte man doch die Gene, die an der Anpassung von *P. aeruginosa* an das Leben im Menschen beteiligt waren, aufspüren, indem man nach Genen suchte, die bei unterschiedlichen Mukoviszidosepatienten mehrfach mutiert waren.

Die Forscher katalogisierten die Mutationen und ordneten die Anzahl der Stämme, die Mutationen im gleichen Gen aufwiesen, in Tabellen. Insgesamt traten in fast 4000 Genen Mutationen auf, ein Drittel dieser Gene mutierte bei mehreren Stämmen. Natürlich können Mutationen im selben Gen bei zwei verschiedenen Stämmen auch rein zufällig auftreten. Bei der statistischen Analyse liegt der Schwellenwert bei fünf – wenn bei fünf Erregerstämmen im selben Gen Mutationen auftreten, ist die Wahrscheinlichkeit, dass dies zufällig geschah, äußerst gering.**

Bei 52 Genen traten Mutationen bei mindestens fünf Stämmen auf – den Rekord stellte ein Gen auf, das bei zwanzig Erregerstämmen, also mehr als

---

* Viele Mutationen haben keinerlei Auswirkungen auf den Phänotyp und fallen nicht ins Gewicht.

** Hier habe ich leicht vereinfacht, weil der tatsächliche Grenzwert von der Größe des Gens abhängt.

der Hälfte aller untersuchten, eine genetische Veränderung aufwies. Die Forscher stuften diese 52 Gene als Kandidaten für eine mögliche konvergente Anpassung ein – oder wie die Wissenschaftler es ausdrückten, als »pathoadaptive Kandidaten, bei denen Mutationen die Fitness der Pathogene maximieren«.

Die Wirksamkeit dieser Methode ließ sich überprüfen, indem man damit nach Genen suchte, deren Beteiligung an der Anpassung von *P. aeruginosa* bereits bekannt war. Und tatsächlich war die Hälfte der Gene, die sie fanden, bereits früher identifiziert worden, insbesondere Gene, die an der Entstehung von Antibiotikaresistenzen und der Bildung des Biofilms beteiligt sind. Mithilfe der Konvergenz konnten also wirklich Gene aufgespürt werden, die an der Pathogenanpassung beteiligt sind.

Das vielversprechendste Ergebnis dieser Studie waren die zahlreichen Gene, die bisher nicht mit einer Anpassung bei Mukoviszidose in Zusammenhang gebracht worden waren, sich mit dieser Methode aber identifizieren ließen. Die biochemische Funktion von sieben dieser Gene war bereits bekannt, daher wird jetzt vor allem untersucht, wie diese Funktionen *P. aeruginosa* durch Mutation erlauben, sich an Mukoviszidosepatienten anzupassen.[3] Weitere 19 konvergente Gene waren *Terra incognita*, ihre Funktion vollkommen unbekannt (was nicht weiter verwunderlich ist, da man bisher nur bei der Hälfte der Gene von *P. aeruginosa* weiß, wie sie funktionieren). Eine Einschätzung, wie Veränderungen in diesen Genen zur Anpassung an das Milieu in der menschlichen Lunge führen, ist natürlich nur möglich, wenn man weiß, wie ein Gen wirkt. Daher hat die Erforschung der Funktionsweise dieser Gene hohe Priorität.

Ich würde nur zu gerne diese Geschichte mit der Schlagzeile »Konvergente Evolution rettet Mukoviszidosepatienten« beenden, aber die Forschung ist noch nicht so weit. Trotzdem ist die Erforschung von Konvergenzen nicht nur von akademischem Interesse – sie kann uns dabei helfen zu verstehen, wie pathogene (krankheitserregende) Organismen Menschen angreifen, und vielleicht auch neue Therapien zu entwickeln, um sie zu bekämpfen.

Gleichzeitig wirken sich die Ergebnisse dieser Studie auf die Frage nach

Vorhersagbarkeit und Kontingenz von Evolution aus. Die meisten identifizierten Gene mutierten in weniger als der Hälfte der 34 Patienten. Vor allem aber ließen sich mit dieser Analyse keine adaptiven Mutationen aufspüren, die nur bei einem oder einer kleinen Anzahl von Patienten auftraten. Insgesamt ist die Anpassung von *P. aeruginosa* bei Mukoviszidosepatienten nur relativ gering wiederholbar. Ob dies daran liegt, dass die Mutationen zufällig sind, die Infektionsstämme unterschiedliches Erbgut haben, es biologische Unterschiede zwischen den Patienten gibt oder dass sich die Bakterien an unterschiedliche Teile der Lunge anpassten, ist noch nicht geklärt.

Eine weitere Studie kommt zu einem ähnlichen Ergebnis.[4] Die Mikrobe *Burkholderia dolosa* war in der Wissenschaft weitgehend unbekannt, als zu Beginn der 1990er-Jahre ein Mukoviszidosepatient in einem Bostoner Krankenhaus davon krank wurde und nach ihm noch weitere 39 Menschen. Wie bei der *P.-aeruginosa*-Studie in Dänemark konnten Forscher durch wiederholte Proben von denselben Patienten die genetischen Veränderungen der Mikrobe in jedem Patienten nachverfolgen.

Wie bei der *P.-aeruginosa*-Studie gab es auch in Boston sehr viele Mutationen. Die Konsequenzen der meisten Veränderungen waren nur schwer zu beurteilen, weil das Bakterium so unbekannt war, daher suchte ein Team unter der Leitung von Tami Lieberman von der Harvard Medical School nach Genen, die bei mehreren Mukoviszidosepatienten mutiert waren. Das Team identifizierte 17 Gene, von denen elf bekanntermaßen an Antibiotikaresistenzen und Krankheitsverlauf beteiligt waren. Aber die Funktion von dreien der mehrfach mutierten Gene war vollständig unbekannt, und weitere drei waren nie zuvor mit Lungenkrankheiten in Verbindung gebracht worden. Ohne diese Informationen hätte niemand ihnen eine Bedeutung bei der *Burkholderia*-Infektion zugewiesen. Derzeit wird an mehreren Mutationen geforscht, um herauszufinden, inwiefern sie eine pathogene Wirkung haben.

Ebenfalls wie bei der *P.-aeruginosa*-Studie mutierten auch in Boston bei der Hälfte der Patienten nur relativ wenige Gene des Bakteriums, daher war die Vorhersagbarkeit insgesamt wieder niedrig. Durch die Fokussierung auf konvergent mutierte Gene bei mehreren Patienten konnte auch diese Studie adaptive Veränderungen, die bei nur einem oder wenigen Patienten auftraten, nicht identifizieren.

Beide Studien wurden mit Mukoviszidosepatienten durchgeführt, weil diese Kranken besonders infektionsanfällig sind. Durch Routineüberwachungen stehen Forschern Proben aus dem Frühstadium der Infektion zur Verfügung, sodass sie untersuchen können, wie sich die Bakterien im Lauf der Zeit anpassen. Bei den meisten anderen Krankheiten sind keine mehrfachen Proben von jedem Patienten verfügbar. In vielen Fällen würden solche Proben auch gar nichts nützen, weil viele Bakterien sich anderswo entwickeln und bei der Infektion ihres letzten Opfers bereits pathogen angepasst sind.

Konvergente genetische Veränderungen lassen sich auch identifizieren, indem man, nach dem Vorbild der Evolutionsbiologen, eine Abstammungsgeschichte erstellt, um so die Entwicklung von Merkmalen nachzuvollziehen. Durch Vergleiche von virulenten Stämmen mit unschädlichen Verwandten suchen Mikrobiologen nach Veränderungen, die sich nur bei den pathogenen Stämmen mehrfach entwickelt haben.

Vor allem zur Erforschung der genetischen Grundlage von Medikamentenresistenzen bedienten sich Forscher dieses Ansatzes. Das Bakterium *Mycobacterium tuberculosis,* das Tuberkulose auslöst, hat z. B. oft Antibiotikaresistenz entwickelt. Ein internationales Forscherteam hat das Genom von 123 Stämmen von *M. tuberculosis* sequenziert, von denen 47 eine Resistenz gegen Antibiotikamedikamente aufwiesen, die bei Tuberkulose eingesetzt werden.[5] Wie erwartet, bestätigten die Abstammungsgeschichten, dass die antibiotikaresistenten Stämme nicht alle eng miteinander verwandt waren; die Medikamentenresistenz hatte sich mehrfach konvergent entwickelt.

Bei allen Proben identifizierten die Forscher fast 25 000 DNA-Positionen, an denen bei mindestens einem Erregerstamm eine Mutation aufgetreten war. In der Folge konzentrierten sie sich auf diejenigen Mutationen, die mehrfach entstanden waren, und nur oder überwiegend in resistenten Stämmen. Der Extremfall war eine Mutation, die sich eigenständig in acht resistenten Stämmen und keinem nicht-resistenten Stamm entwickelt hatte.

Die Studie war ein Riesenerfolg. Vorher waren elf Regionen – Gene oder DNA, die zwischen Genen auftrat – des Genoms von *M. tuberculosis* identifiziert worden, die eine Antibiotikaresistenz auslösten. Bei der Studie wurden alle elf gefunden. Zusätzlich wurden 39 weitere Regionen entdeckt, die bisher nicht im Verdacht gestanden hatten, an Tuberkulose beteiligt zu sein. Elf befanden sich in Genen, deren Funktion bereits bekannt ist. Mehrere dieser Gene sind an der Durchlässigkeit der Zellwände des Bakteriums beteiligt, was vermuten lässt, dass derartige Veränderungen irgendwie zu einer Antibiotikaresistenz beitragen, möglicherweise indem sie das Eindringen von Antibiotika in die Zelle des Bakteriums erschweren. Die übrigen 28 Veränderungen traten in Genen mit unbekannter Funktion auf. Aktuelle Forschungen bemühen sich um bessere Erkenntnisse darüber, wie diese Veränderungen zu Antibiotikaresistenz führen, und letztendlich auch, wie man eine derartige Entwicklung verhindern oder ihr entgegentreten kann.

Konvergenzen traten bei diesen Studien nicht durchgängig auf. Selbst an den extremsten Fällen von Konvergenz war kaum mehr als die Hälfte der Erregerstämme betroffen; die meisten konvergent mutierten Gene traten nur in einem kleinen Teil der Stämme auf. Tatsächlich mutierten die meisten Gene nur in je einem einzigen Bakterienstamm. In der Debatte Konvergenz versus Kontingenz fallen die Daten eindeutig für Gould in die Waagschale.

Doch für Biomediziner geht die Debatte am Wesentlichen vorbei: Wenig Vorhersagbarkeit ist deutlich besser als gar keine. Selbst wenn sich nicht alle Mikroben durch Veränderungen am gleichen Gen anpassen, ist die Tatsache, dass es manche doch tun, eine wichtige Information. Wenn man mehr über die Anpassungsmechanismen weiß, kann man in jenen Fällen medizinische Gegenmaßnahmen ergreifen, in denen das betreffende Gen beteiligt ist. Man entnimmt einfach Proben vom Patienten, sequenziert rasch das Genom der Mikroben und findet so heraus, ob der Infektionsstamm eine genetische Veränderung an dem fraglichen Gen aufweist. Falls ja, lässt man die therapeutischen Bluthunde von der Leine. Falls nein, sucht man nach anderen möglichen Ursachen. Roy Kishony hat wichtige Arbeit zu diesem Thema geleistet und diese Sichtweise fachsprachlich ausgedrückt. Er schrieb (in Zusammenarbeit mit seinem Studenten Adam Palmer), dass »selbst bescheidene Vorhersagemöglichkeiten die therapeutischen Ergebnisse verbessern können, indem sie die Auswahl der Medikamente beeinflussen und die Entscheidungsfindung vereinfachen: zwischen Monotherapie, Kombinationstherapie oder einer temporären Dosierung einer ausgewählten, Genotyp-basierten Behandlung, die besonders widerstandsfähig gegen die Entwicklung von Resistenzen ist«[6].

Dies ist ein Aspekt der vielerorts angepriesenen »personalisierten Medizin«, bei der Ärzte die genaue Ursache für die Krankheit eines Patienten identifizieren und entsprechend behandeln können. Der Umstand, dass sich manche pathogene Mikroben konvergent entwickeln, vereinfacht die Umsetzung dieses Ansatzes erheblich.

Komparative Studien pathogener Erregerstämme sind nicht der einzige Ansatz, mit dem nach mehr Wissen über die Evolution von Mikroben und ihre Auswirkungen auf die Gesundheit von Menschen geforscht wird. Auch Evolutionsexperimente, die erheblich zu unserem Verständnis der mikrobiologischen Evolution beigetragen haben, werden für die Suche nach vorhersagbaren Anpassungen bei Mikroben, mit denen sie uns angreifen und unsere Gegenmaßnahmen vereiteln, eingesetzt.

Die meisten Studien dieser Art verfolgen den breiten Ansatz, den Lenski, Rainey, Travisano und andere entwickelten: Man setzt die Mikroben verschiedenen Angriffen aus und beobachtet dann, wie sie sich anpassen. Bei diesen Studien wird nach wiederholten Evolutionsmustern gesucht. Wenn Mikroben Resistenzen immer wieder auf dieselbe Weise entwickeln, dann können Forscher sich darauf konzentrieren, diese spezielle evolutionäre Antwort zu verhindern.

Ein besonders deutliches Beispiel für die große Bedeutung dieser Arbeit stammt aus Kishonys Labor an der Harvard Medical School, wo auch die Forschungen zu *Burkholderia dolosa* durchgeführt wurden. Bei diesem

Experiment wurde unser alter Bekannter *E. coli* in speziell entwickelte Wachstumskammern platziert und einem von drei Antibiotika ausgesetzt – Chloramphenicol, Doxycyclin oder Trimethoprim. Danach wurde die evolutionäre Antwort zwanzig Tage (etwa 350 *E.-coli*-Generationen) lang beobachtet. Die Behandlungen wurden jeweils fünfmal wiederholt.[7]

Das Ziel der Studie bestand darin, die Entwicklung einer Antibiotikaresistenz zu beobachten. Anfangs waren die Bakterien – die alle vom selben Vorfahren abstammten – nicht resistent und wuchsen in Anwesenheit von Antibiotika nur sehr schlecht. Doch schon nach kurzer Zeit entwickelten sich erste Resistenzen, und die Wachstumsraten stiegen.

Die Mikrobenpopulationen zeigten sehr ähnliche Anpassungsmuster an die Medikamente. Die fünf Populationen entwickelten für alle drei Mittel eine stetig zunehmende Resistenz – bei den Populationen, die Chloramphenicol ausgesetzt waren, stieg sie sogar um das 1600-Fache. Am Ende des Experiments sequenzierten die Forscher die Genome von Zellen aus allen 15 Populationen und verglichen sie mit dem Genom der Urpopulation.

Die fünf Populationen, die Trimethoprim ausgesetzt worden waren, entwickelten sich ähnlich. Das passt zu den Ergebnissen der meisten früheren experimentellen Studien zur evolutionären Anpassung von Mikroben, die mit identischen Erregerstämmen begannen. Trimethoprim deaktiviert das DHFR-Gen (DHFR: Dihydrofolatreduktase) der *E.-coli*-Bakterien. Daher bestand die Gegenstrategie von *E. coli*, wenig überraschend, darin, DHFR abzuwandeln und es damit dem Medikament zu erschweren, das Gen zu erkennen, und die Produktion des Enzyms, das dieses Gen erzeugt, anzukurbeln. Fast alle Veränderungen bei den fünf Populationen betrafen DHFR. Insgesamt fanden die Forscher sieben unterschiedliche Mutationen bei diesem Gen: Eine dieser Mutationen trat bei allen fünf Populationen auf, eine weitere bei vier Populationen, und außer einer Mutation traten alle bei mindestens zwei Populationen auf. Abgesehen von Mutationen auf dem DHFR-Gen traten nur drei weitere Mutationen auf, jede auf einem anderen Gen und jede nur bei einer Population.

Nachdem so viele Mutationen wiederholt auftraten, sequenzierten die Forscher an jedem Tag des Experiments DHFR-Proben aus jeder Population; sie fanden heraus, dass die Mutationen in einer bestimmten Reihenfolge auftraten, wobei die gleichen oder ähnlich wirkende Mutationen jedes Mal anderen vorausgingen. Die Evolution der Trimethoprimresistenz bei *E. coli* ist also in hohem Maße wiederholbar.

Bei den Populationen, die den beiden anderen Antibiotika ausgesetzt wurden, sahen die Ergebnisse völlig anders aus. Am Ende des Experiments bestand zwar bei allen fünf Wiederholungsexperimenten für jedes Medikament ein ähnlicher Resistenzgrad, doch eine Untersuchung der genetischen Veränderungen ergab, dass sich bei jeder Population überwiegend unterschiedliche Mutationen entwickelt hatten.

Warum *E. coli* mehrfach ähnlich auf ein Medikament reagierte, aber völlig unvorhersehbar auf zwei andere, ist noch nicht geklärt. Dennoch lassen die Ergebnisse vermuten, dass es bei Trimotheprim einfacher als bei den beiden anderen Medikamenten sein wird, eine allgemeingültige Lösung für das Problem der Antibiotikaresistenz zu finden.

Manche Wissenschaftler mögen Forschungsarbeiten jenseits von Laborwänden nicht, weil es dort unordentlich zugeht. Zu viel Umweltlärm, zu viele unkontrollierbare Störvariablen. Bei konvergenter Evolution treffen diese Bedenken besonders zu – wenn die Umgebungen nicht identisch sind, dann könnte ganz einfach ein unterschiedlicher Selektionsdruck Konvergenzen verhindern. Eine aktuelle Studie mit Süßwasserstichlingen kam zu eben diesem Ergebnis. Zunächst waren Forscher von der Universität Texas verwirrt, weil es bei Populationen, die unabhängig voneinander unterschiedliche Wasserwege besiedelt hatten, keine Konvergenzen gab. Doch dann sahen sie genauer hin und fanden die Erklärung: Phänotypische Unterschiede und fehlende Konvergenzen zwischen den Fischpopulationen konnten durch unterschiedliche Wasserqualität und Vegetation in den Wasserläufen verursacht sein.[8] Natürlich könnte man ebenso – also mit feinen Unterschieden der Umgebung – auch fehlende Konvergenzen bei Erregerstämmen von *M. tuberculosis* oder *P. aeruginosa* erklären, die in verschiedenen Individuen leben, ebenso wie jede andere fehlende Konvergenz.

Manche Wissenschaftler sind sogar misstrauisch, wenn bei kontrollierten Laborstudien keine Konvergenzen auftreten.[9] Vielleicht reichten die kleinsten Unterschiede zwischen den einzelnen Reagenzgläsern – winzigste Temperaturunterschiede oder geringfügig mehr Sonnenlicht, das durch ein nahes Fenster fällt – aus, um einen unterschiedlichen Selektionsdruck zu erzeugen und so eine konvergente Anpassung zu vereiteln.

Aber diese Skeptiker im Labor werfen eine tiefgreifendere Kritik an dem Ansatz, evolutionäre Vorhersagbarkeit anhand von konvergenter Evolution zu untersuchen, auf. Dies hängt mit einer wichtigen Frage zusammen, vor der ich mich bisher gedrückt habe. Bislang habe ich die Begriffe »Wiederholbarkeit« und »Vorhersagbarkeit« quasi synonym verwendet. Aber bedeuten sie wirklich dasselbe? Oder genauer gesagt: Ist die konvergente Evolution eine gute Untersuchungsmethode für die evolutionäre Vorhersagbarkeit, allein weil sie das Symptom von wiederholter Evolution ist?

Manch einer bezweifelt das. So schrieben etwa zwei europäische Wissenschaftler, Wiederholbarkeit »ist eine schwache Form von Vorhersagbarkeit, da das deterministische Wesen des Prozesses nur im Nachhinein festgestellt werden kann«.[10] Eine echte Prognose wird im Voraus, basierend auf einem detaillierten Verständnis des zu untersuchenden Systems, gestellt und nicht, indem man einfach abwartet, was wiederholt geschieht, und dann vorhersagt, dass es weitere Wiederholungen geben wird.

Diesen Wissenschaftlern würde es nicht genügen, einfach zu beobachten, dass sich Kleinwüchsigkeit bei Elefanten, denen nur eine Insel zur Verfügung steht, wiederholt entwickelt; sie würden darauf bestehen, aufgrund von Erkenntnissen darüber, wie sich Inselumgebungen auf die Evolution von Körpergröße auswirkt, eine evolutionäre Verkleinerung vorhersagen zu können. Auch bei Evolutionsexperimenten im Labor reicht die Beobachtung, dass Zellgrößen zunehmen oder in den gleichen Genen Mutationen auftreten, wenn Populationen den gleichen Bedingungen ausgesetzt werden, nicht aus. Sie wollen das zu erwartende Ergebnis spezifizieren können, bevor das Experiment beginnt.

Auf makroskopischer Ebene formulieren Wissenschaftler solche Prognosen ständig. Dale Russell arbeitete nach diesem Grundprinzip, als er die Hypothese über den Dinosaurid aufstellte. Er konnte, basierend auf seinen

Kenntnissen von Anatomie, vorhersagen, wie die selektive Entwicklung hin zu größeren Gehirnen bei einem Theropoden zu weiteren anatomischen Veränderungen führen würde, durch die ein Organismus letztendlich ein menschenähnliches Aussehen erhält.

Deutlich anspruchsvoller war das Vorgehen von Physiologen und Biomechanikern, die über lange Zeit die Beziehung zwischen anatomischem Körperbau und Organismusfunktion untersucht haben. Welches ist die beste Flügelform bei Vögeln für abrupte Flugmanöver? Kurz und stummlig, wie bei einem Kampfjet. Was sind die besten Körperproportionen für ein Leben in der Kälte? Untersetzt mit kurzen Gliedern, um die Oberfläche zu minimieren, über die Wärme verloren gehen kann.

Diese Vorhersagen werden unabhängig von den tatsächlichen Entwicklungen getroffen und danach in der Natur überprüft. Manchmal erweisen sich die Prognosen als richtig: Die natürliche Selektion bevorzugt die optimalen Lösungen. In anderen Fällen sind Theorie und Natur nicht deckungsgleich – entweder war die Theorie falsch oder irgendeine Beschränkung hat verhindert, dass die natürliche Selektion die optimale Lösung herausbildet. Wie diese Beschränkungen aussehen können, ist ein eigenes interessantes Thema: Vielleicht treten passende Mutationen nicht auf, oder andere Mutationen wirken entgegen. (Alles gleichzeitig zu optimieren ist unmöglich.) Oder vielleicht lässt sich die Lösung ganz einfach nicht realisieren – z. B. kann kein Organismus Kernspaltung als Energiequelle nutzen, und biologische Strukturen, die Rädern ähneln, sind äußerst selten.

Auf Basis von Grundprinzipien Prognosen zu stellen, ist bei Mikroorganismen besonders schwierig, weil die biochemischen und molekularen Prozesse dieser Zellen immer noch nicht gut erforscht sind. Auf der genetischen Ebene – auf der die meisten Mikrobenforscher heute arbeiten – kommt diese Schwierigkeit noch stärker zum Tragen, weil die Funktion der meisten Gene nach wie vor ein Buch mit sieben Siegeln ist. So wäre es bei all den Genen, die bei der Tuberkulose- und Mukoviszidoseforschung identifiziert wurden, deren Funktion aber völlig unbekannt ist, ziemlich schwierig, eine A-priori-Prognose über ihre Beteiligung an der adaptiven Evolution mikrobiologischer Pathogene zu stellen.

Selbstverständlich gibt es Ausnahmen. Eine davon ist ein Gen, das für die Antibiotikaresistenz bei *E. coli* verantwortlich ist. Das Beta-Lactamase-Gen produziert das Enzym Beta-Lactamase, das sich so entwickelt, dass es Antibiotika, wie z. B. Penicillin, Ampicillin, Cefotaxim und viele weitere, angreift und sie wirkungslos macht. Deswegen wurden das Beta-Lactamase-Gen und das Enzym, das es produziert, eingehend untersucht, sodass man heute mehr über sie weiß als über die meisten anderen Mikrobengene und ihre Erzeugnisse.

Bei einer aktuellen Studie wird die Vielfalt der Mutationen untersucht, die in diesem Gen auftreten können.[11] Mit molekularen Tricks sorgten die Forscher dafür, dass *E.-coli*-Zellen 10 000 verschiedene Mutationen hervorbrachten. Sie suchten 1000 davon aus und stellten fest, wie groß ihre Auswirkung auf Antibiotikaresistenzen war (gemessen daran, wie viel Antibiotikum man brauchte, um die Zelle zu töten). Manche Mutationen hatten keinerlei Wirkung, ein paar wenige wirkten sich katastrophal aus, und die meisten hatten einen mittleren, leicht nachteiligen Effekt.

Da Beta-Lactamase so gut erforscht ist, konnten die Forscher feststellen, wie jede Mutation die Funktion des Enzyms beeinflusste, indem sie prüften, wie sich die Form des Moleküls, sein Aktivitätsniveau und seine Stabilität veränderten. Diese Veränderungen setzten sie dann mit der Wirkung auf die Antibiotikaresistenz in Beziehung und fanden dabei eine starke Korrelation: Besonders große Veränderungen korrelierten mit starken Abweichungen bei der Resistenz. Den Forschern war es also gelungen, von einer Mutation auszugehen, dann herauszufinden, wie diese Mutation das Enzym, das es herstellte, veränderte, und von diesen Veränderungen ausgehend zutreffend einzuschätzen, wie das die Antibiotikaresistenz beeinflusste. Mit einem solchen Ansatz könnten Forscher vorhersagen, wie sich eine Mikrobe wie *E. coli* entwickelt, wenn sie mit neuen Umweltbedingungen konfrontiert wird.

Doch diese Beispiele sind eher die Ausnahme als die Regel. In den meisten Fällen weiß man nicht, welche Gene für eine Anpassung verantwortlich sind. Selbst wenn man die beteiligten Gene kennt, ist oft wenig über ihre Funktionsweise bekannt und noch weniger über die Auswirkungen einzelner Mutationen. Vielleicht wird man eines Tages in der Lage sein vorherzusagen, welche Mutationen im Rahmen einer evolutionären Anpassung auftreten werden, aber dieser Tag liegt noch in ferner Zukunft.

Mangels dieser umfassenden Informationen basieren Forscher ihre Prognosen auf unvollständigen Daten. Forscher in Harvard entdeckten beispielsweise einen Erregerstamm von *E. coli*, der der hunderttausendfachen Dosis des Antibiotikums Cefotaxim widersteht, die man braucht, um einen nicht-resistenten Erregerstamm unschädlich zu machen. Die genetische Analyse ergab, dass dieses enorme Resistenzniveau die Folge von fünf Mutationen im Beta-Lactamase-Gen war.

Die Forscher konzentrierten sich auf diese fünf Mutationen und untersuchten, angefangen mit dem nicht-resistenten Erregerstamm, der keine der Mutationen aufwies, ob die natürliche Selektion unweigerlich zu dem fünffach mutierten Erregerstamm führte. Doch statt Evolutionsexperimente durchzuführen, erschufen die Forscher *E.-coli*-Stämme mit allen möglichen Kombinationen der fünf Mutationen. Bei jedem Erregerstamm maßen sie die Resistenz gegen Cefotaxim und fragten jeweils: »Gibt es eine Mutation, die eine Resistenz verstärkt, wenn sie hinzukommt?« Würde z. B. bei einem Erregerstamm mit zwei der Mutationen die Resistenz verstärkt, wenn eine der anderen drei Mutationen hinzukäme? In allen Fällen lautete die Antwort: Ja. Bei allen Erregerstämmen mit einer Mutation kam nach einiger Zeit eine zweite hinzu, bei allen Stämmen mit zwei Mutationen eine dritte usw. Unabhängig von der Reihenfolge, mit der die Mutationen auftraten, war der Erregerstamm mit allen fünf Mutationen das unvermeidbare Endergebnis. Die Autoren schlossen daraus, dass »das Band des Lebens weitgehend reproduzierbar und sogar vorhersagbar sein könnte«[12].

Die – elegante und umfassende – Studie erhielt viel Aufmerksamkeit als Beispiel für evolutionären Determinismus auf genetischer Ebene. Aber es gab ein Problem: Die Studie war nur auf jene Mutationen beschränkt gewesen, die in dem ultra-resistenten Erregerstamm gefunden worden waren. Was war mit anderen Mutationen? Konnten sie den Forschern noch einen Strich durch die Rechnung machen?

Eine Gruppe niederländischer Forscher wollte dies mit einem Evolu tionsexperiment herausfinden. Dabei umfasste ihr Universum der Mutationen per Definition alle, die während des Experiments auftraten, und nicht nur die fünf aus der vorherigen Studie. Würde sich der Superstamm auf dem freien Markt der Mutationen auf jeden Fall entwickeln?[13] Das niederländische Team folgte dem bekannten Experimentaufbau: Die Forscher setzten zwölf ursprünglich identische Populationen dem Medikament mehrere Generationen lang aus und bestimmten dann den Grad der evolutionären Anpassung.

Die Resistenz gegen Cefotaxim erhöhte sich im Verlauf des Experiments, allerdings unterschiedlich stark. Sieben Populationen wurden erheblich resistenter als die anderen fünf. Die Wissenschaftler sequenzierten die Genome jeder Population und stellten fest, dass die gleichen drei Mutationen – drei der fünf Supermutationen – sich in den sieben hochresistenten Populationen in derselben Reihenfolge entwickelt hatten.* Bei den anderen fünf Populationen hatte sich mindestens eine dieser drei Mutationen nicht entwickelt.

Die Superstammstudie aus Harvard hatte gezeigt, dass eine bestimmte Mutation – G238S in Mikrobiologensprache – eine Resistenz gegen Cefotaxim besonders effektiv erhöht. In der niederländischen Studie hatten alle sieben Überflieger sofort G238S entwickelt, ebenso wie drei der Nachzüglerpopulationen. Die niederländischen Forscher untersuchten die beiden Populationen, die kein G238S entwickelt hatten, und identifizierten die ersten Mutationen, die sie erworben hatten: R164S bei der einen und A237T bei der anderen;** keine dieser Mutationen hatte sich bei irgendeiner anderen der zehn Populationen entwickelt. Sie waren auch nicht in die Studie des Harvard-Teams eingeschlossen worden, weil sie nicht zu

---

* Eine der anderen fünf Supermutationen wurde durch technische Gründe aufgrund der Versuchsplanung verhindert, aber warum die fünfte Mutation nicht auftrat, konnte nicht erklärt werden.

** Diese Namen beschreiben Positionsveränderungen von Aminosäuren. Der erste Buchstabe bezieht sich auf die ursprüngliche Aminosäure, die Zahlen auf die Position im Gen und der zweite Buchstabe auf die neue Aminosäure, die durch die Mutation entsteht.

den fünf Mutationen gehörten, die bei dem Supererreger gefunden worden waren.

Das niederländische Team leitete das gleiche Experiment noch einmal ein, doch dieses Mal gingen sie von *E. coli* aus, die eine dieser beiden Mutationen aufwiesen, fünf Populationen mit R164S und fünf mit A237T. Auch dieses Mal erhöhte sich die Cefotaximresistenz mit der Zeit, aber am Ende wiesen alle zehn Populationen eine erheblich niedrigere Resistenz auf als die sieben besonders resistenten Populationen aus dem ersten Experiment. Bei keiner Population trat G238S auf, dafür aber viele andere Mutationen, die bei keiner Population mit G238S beobachtet worden waren.

Warum G238S mit R164S und A237T nicht kompatibel ist, ist noch nicht ganz geklärt, aber anscheinend führen die Mutationen dazu, dass ein Enzym sich anders faltet; wenn die erste Mutation das Faltmuster verändert hat, würde die zweite Mutation störende Veränderungen in der neuen Konfiguration auslösen. Daher können die Mutationen, die jede für sich vorteilhaft sind, nicht in Kombination auftreten. Das ist wie beim Origami: Wenn man einmal angefangen hat, einen Elefanten zu falten, kann man es sich nicht mittendrin anders überlegen und einen Goldfisch machen.

Die niederländische Studie ist ein hervorragendes Beispiel für Kontingenz in der Geschichte, ein zufälliges Ereignis, das die nachfolgende evolutionäre Entwicklung prägt. Populationen, bei denen zufällig G238S als erste Mutation auftritt, entwickeln häufig eine stärkere Resistenz. Den anderen, bei denen andere Mutationen zuerst auftreten, bleibt dieser Weg verschlossen – in dem Fall bringt G238S keinen Nutzen mehr, und die evolutionäre Anpassung schlägt einen anderen Weg ein, der zu einem weniger resistenten Ziel führt. Das Experiment des Harvard-Teams war nicht darauf ausgerichtet gewesen, nach anderen Genen zu suchen, daher fanden die Forscher nicht heraus, wie wenig vorhersagbar die Anpassung an Cefotaxim war.

Die Unterschiede bei Herangehensweise und Ergebnissen zwischen den Studien aus Harvard und den Niederlanden zeigen, warum A-priori-Prognosen bezüglich der Evolution auf genetischer Ebene so schwierig sind. Das Genom ist ganz einfach zu umfangreich und kompliziert, um alle relevanten Mutationen isolieren und vorhersagen zu können, welche von ihnen sich gegenseitig beeinflussen und wie. Der Umstand, dass eine bestimmte Kombination aus Mutationen zu einer besonders effektiven Anpassung führt, bedeutet noch nicht zwingend, dass diese Mutationen auch entstehen. Häufig führen viele verschiedene Wege zum gleichen Genotyp – ich erinnere hier an die 16 verschiedenen genetischen Pfade, die bei *P. fluorescens* zur Entstehung eines schrumpeligen Streuers führen – und zu ebenso vielen Lösungen für das gleiche Umweltproblem. In fast allen Fällen übersteigt es die menschlichen Fähigkeiten, im Voraus herauszufinden, welche Lösung am wahrscheinlichsten auftritt.

An diesem Problem arbeiten viele sehr kluge Menschen – sowohl auf molekularer als auch auf theoretischer Ebene –, daher könnten sich unsere Vorhersagefähigkeiten für Evolution, wie beim Wetter, verbessern; derzeit sind unsere Fähigkeiten allerdings begrenzt. Das bedeutet wiederum, dass der beste Weg zu einer Vorhersage dessen, was sich entwickeln wird, über einen Blick in die Vergangenheit führt, entweder auf das, was Evolution im Lauf der Zeit hervorgebracht hat, oder auf die Ergebnisse von Evolutionsexperimenten.

Die Ergebnisse von Studien zur Anpassung von Mikroben lassen eine gewisse Vorhersagbarkeit vermuten, und dass diese Wiederholbarkeit die Grundlage für die Entwicklung von Gegenmaßnahmen darstellen könnte. Natürlich gibt es noch andere zeitgenössische Organismen, die sich zu unserem Nachteil weiterentwickeln, außer Mikroben. Unkraut, das sich auf unseren Rasen und Feldern breitmacht, Insekten und Nagetiere, die unsere Ernte fressen, Moskitos, die Krankheiten übertragen – alle haben eines gemeinsam: Sie vereiteln mit evolutionären Mitteln all unsere Versuche, sie unter Kontrolle zu bringen.* Und wie Mikroben richten sie Schäden in Höhe vieler Milliarden Euro an und fordern Zehntausende Todesopfer.

Zwischen der Entwicklung einer Pestizidresistenz (zu der ich hier auch

---

* Ein Beispiel: Fast 600 Gliederfüßerarten haben eine Resistenz gegen mindestens ein Pestizid entwickelt.

Insektizide und Herbizide zähle)* und der Entwicklung einer Antibiotika-resistenz gibt es viele Parallelen. Wie viele Mikroben entwickeln auch Schädlinge zahlreiche Wege, um unser chemisches Arsenal zu überwinden, unter anderem verändern sie ihr Verhalten, um den Kontakt mit Pestiziden zu minimieren; sie verändern ihre äußere Hautschicht, damit keine Pestizide eindringen können; sie entwickeln Mittel und Wege, um die Pestizide in etwas anderes umzuwandeln, sie in einen weniger wichtigen Teil des Körpers abzusondern oder schnell auszuscheiden; oder sie verändern die Struktur des Moleküls, an dem das Pestizid angreift. Aufgrund dieser Vielzahl an Möglichkeiten passen sich Populationen einer Art häufig unterschiedlich an, wenn sie einem bestimmten Pestizid ausgesetzt werden.

Andererseits greifen viele kommerziell erfolgreiche Pestizide biochemische Pfade an, die bei vielen Schädlingsarten vorkommen. Als Folge davon haben viele Arten ähnliche – oft identische – Methoden entwickelt, um sich gegen diese Angriffe zu verteidigen. Zahlreiche Moskitoarten entwickelten beispielsweise dieselben DNA-Veränderungen, um sich an das Insektizid Dieldren anzupassen.[14] Ähnlich haben auch mehr als 30 andere Insektenarten – darunter Fliegen, Flöhe, Kakerlaken, Schmetterlinge, Thripse, Läuse, Käfer und Wanzen – die gleichen DNA-Veränderungen erworben, die sie resistent gegen Pyrethroide machten.[15]

Wenn Schädlinge konvergente Mechanismen für eine Pestizidresistenz entwickeln, erhöht das unsere Möglichkeiten, dagegen vorzugehen, wie bei den Mikroben. *Bacillus thuringiensis* ist ein gutes Beispiel. Aus unbekannten Gründen produziert diese Bodenmikrobe Proteine, die für Insekten tödlich sind. Forscher haben dieses Protein identifiziert und setzen es jetzt als Insektizid ein. Ursprünglich wurden diese sogenannten Bt-Insektizide auf Felder gesprüht, aber seit Ende der 1990er-Jahre gibt es gentechnisch veränderte Saaten, die diese Proteine selbst erzeugen. Heute werden Bt-Saaten auf riesigen Ackerflächen angepflanzt, im Jahr 2013 waren es weltweit 80 Millionen Hektar, darunter zwei Drittel des Maisanbaus in den Ver-

---

* Und für die, die es ganz genau haben wollen, auch Fungizide, Larvizide, Rodentizide, Molluskizide, Akarizide und alle anderen Schädlingsbekämpfungsmittel, die mir gerade nicht einfallen.

einigten Staaten und mehr als drei Viertel der Baumwollernte in den größten Erzeugerländern.[16]

Im Laborexperiment entwickelten sich rasch Resistenzen gegen Bt-Toxine, und in geringerem Umfang auch im Feldversuch. Bt-Toxine binden sich an Proteine im Verdauungstrakt von Insekten. Resistenzen entstehen vor allem durch Mutationen, die die Produktion dieser Bindungsproteine stören. Bei vielen Populationen von drei Raupenarten entstanden Mutationen in einem Gen, das ein Toxin-bindendes Protein namens Cadherin bildet, was zu Resistenz gegen einen Typ der Bt-Toxine führte.[17] Sieben weitere Raupenarten entwickelten konvergent eine Resistenz durch Mutationen, die ein Verdauungsprotein stören, das Moleküle durch Membranen transportiert.[18]

Die Erkenntnis, dass Mutationen in wenigen Genen wiederholt auftreten, hat auf den Kampf gegen Resistenzentwicklungen in mehrfacher Hinsicht wichtige Auswirkungen. Zunächst können Schädlingspopulationen regelmäßig auf das Auftreten bestimmter Resistenzmutationen hin überprüft werden. Bei diesen Überprüfungen werden Mutationen aufgespürt, die im Feld oder in ausgewählten Populationen im Labor identifiziert wurden. Werden solche Allelen frühzeitig entdeckt, können Maßnahmen getroffen werden, um eine Verbreitung der Mutation zu verhindern. Generell kann die Entdeckung, dass Populationen Resistenzen wiederholt auf die gleiche Weise entwickeln, die Entwicklung von Saaten mit genetisch verändertem Bt-Gen vorantreiben, wodurch dieser Mechanismus umgangen werden kann. So modifizierten Wissenschaftler, nachdem sie erkannt hatten, dass Insekten eine Resistenz entwickelten, das Bt-Toxin so, dass es sich nicht mehr an Cadherin band, sondern an andere Proteine, Cadherin somit keine Rolle mehr spielte.

Das bedeutet aber keineswegs, dass Konvergenzen ein Allheilmittel sind. Selbst in Fällen wie beim Bt-Toxin können bei Überprüfungen nur konvergente Mutationen gefunden werden, die bereits bekannt sind. Andere Mutationen auf demselben Gen werden möglicherweise übersehen, ganz zu schweigen von Mutationen, die andere Gene und Resistenzmechanismen betreffen. (Tatsächlich gibt es Berichte über nicht-konvergent entstandene Mutationen bei anderen Genen sowie viele weitere Resistenzmechanismen in Bezug auf Bt.) Bei vielen weiteren Pestiziden könnte das Wissen über die konvergente Entstehung von Resistenzen zu neuen Lösungsansätzen führen.

Unser Einfluss auf die Umwelt geht weit über den Einsatz von Antibiotika und Pestiziden hinaus – wir verändern die Welt auf zahllose Weisen. Manchmal stellen wir Spezies vor unüberwindbare Herausforderungen, sodass ihr Bestand zurückgeht und sie schließlich aussterben. Aber in vielen anderen Fällen kommt ihnen die natürliche Selektion zu Hilfe, und die Spezies passen sich an die neuen Lebensumstände an.

Konvergente Evolution durch vom Menschen verursachte Veränderungen wurde erstmals als Reaktion auf die Umweltverschmutzung identifiziert. Pflanzen, die sich an mit Schwermetallen verseuchten Boden anpassen, und Schmetterlinge, die in verschmutzten Gebieten eine dunkle Färbung annehmen, sind zwei frühe Beispiele, und immer weitere werden dokumentiert. Ein besonders gut erforschter Fall betrifft eine kleine Fischart, die in Flussmündungen an der Atlantikküste Nordamerikas lebt.[19] Killifische überleben in stark verschmutzten Gebieten, die kaum eine andere Art erträgt. Ein Forscherteam unter der Führung von Wissenschaftlern der Universität von Kalifornien untersuchte vier schadstofftolerante Populationen entlang der Ostküste und stellte fest, dass sie unabhängig voneinander die gleichen physiologischen Anpassungen entwickelt hatten, die sie auch gegen hohe Konzentrationen vieler Schadstoffe unempfindlich machten, einschließlich Dioxin. Eine Genomanalyse ergab, dass Mutationen in einer bestimmten Gengruppe bei allen vier Populationen entscheidend für diese Anpassung waren.

Menschen üben auch einen starken Selektionsdruck aus, wenn sie Tiere aus Populationen entfernen, aus wirtschaftlichen Gründen oder zum Spaß.[20] Oft nehmen Jäger Tiere mit bestimmten Merkmalen aufs Korn, was zu einem starken Selektionsdruck gegen Tiere mit diesen Merkmalen führt, und in vielen Fällen entwickeln Populationen konvergent ähnliche evolutionäre Antworten. Trophäenjäger etwa bevorzugen besonders große, prachtvolle Exemplare. Als Folge haben sich bei vielen Arten kleinere Schmuckmerkmale und Waffen entwickelt, z. B. kürzere Hörner bei Dickhornschafen und Rappenantilopen, kleinere Geweihe bei Rotwild und weniger beeindruckende Stoßzähne bei Elefanten. Tatsächlich gibt es in manchen Elefantenpopulationen inzwischen Tiere, die gar keine Stoßzähne mehr haben.

Beim Fischfang ist Ähnliches zu beobachten. Viele Fischfangmethoden sind größenselektiv: In den meisten Netzen verfangen sich größere Fische, während die kleineren durch die Maschen entwischen können. Dadurch entsteht ein selektiver Vorteil für die Kleinen, und inzwischen ist die Maximalgröße bei vielen Fischarten nur noch ein Bruchteil dessen, was sie einmal war. Das Gewicht des größten Atlantischen Kabeljaus im kanadischen Sankt-Lorenz-Golf etwa nahm von 30 Kilogramm zu Anfang der 1970er-Jahre auf heute fünfeinhalb Kilo ab; der Kabeljau vor der Küste von Massachusetts ist heute genauso groß, ein Winzling im Gegensatz zu den 90-Kilo-Kolossen, die dort Ende des 19. Jahrhunderts gefangen wurden.*[21] Dies hat ernsthafte wirtschaftliche und ökologische Folgen, weil die Anzahl der Fische in einer Population nicht zum Ausgleich für die geringere Größe der Tiere zunimmt, sodass die Fangmengen der Fischereiflotten ausnahmslos sinken.

Entscheidend ist hierbei die Frage, ob die Populationen konvergent zu ihren Urbedingungen zurückkehren, wenn wir die Umwelt wieder in den Originalzustand zurückversetzen. Manchmal tun sie es, z. B. haben die Birkenspanner vielerorts wieder ihr helles Aussehen angenommen, nachdem die Luftverschmutzung beseitigt war. In anderen Fällen sind keine einheitlichen Entwicklungen zu beobachten. So wachsen Fische im Allgemeinen

---

* Inwiefern diese Verkleinerungen – bei Körpergröße und vor allem anderen Strukturen wie Stoßzähnen und Geweihen – auf evolutionäre Veränderungen zurückzuführen sind, ist unter Wissenschaftlern umstritten. Wenn die größten Tiere mit den größten Strukturen entfernt werden, sind die Überlebenden automatisch weniger gut bestückt, auch ohne genetische Veränderungen; dies ließe sich außerdem mit phänotypischer Plastizität erklären. Dennoch wurde zumindest in manchen Fällen eine genetische Grundlage für diese Verkleinerungen nachgewiesen.

nicht wieder zu alter Größe heran, wenn die Größenselektion bei Fischfang und Jagd eingeschränkt wird, und auch Dickhornschafe entwickeln nicht wieder große Hörner. Für diese evolutionäre Asymmetrie gibt es mehrere mögliche Erklärungen. Möglicherweise ist der Selektionsdruck für Größenwachstum, wenn nicht selektiv getötet wird, schwächer, als es derjenige für kleine Größe während der selektiven Jagd war. Oder das selektive Töten hat das Ökosystem in ein neues Gleichgewicht gebracht, in dem Größe keinen Vorteil mehr bietet. Andere Arten könnten ihre Populationen ausgedehnt und die Ressourcen übernommen haben, die früher die bejagten Arten genutzt hatten. In diesem Fall könnte der Selektionsdruck dauerhaft verändert sein, nachdem die Bejagung endet.

Wie bei Pestiziden und Antibiotika erklären Konvergenzen nicht umfassend, wie Arten auf eine veränderte Umwelt reagieren und was wir tun können, um die Lage zu verbessern. Aber wenn sie auftreten, grenzen sie das Problem ein und bieten die Chance auf breit wirksame Gegenmaßnahmen. Tatsächlich haben Wissenschaftler mehrere Ansätze entwickelt, um einen weiteren Größenrückgang bei Fischen zu verhindern, u. a. entwickelten sie Netze, die nicht größenselektiv sind, ersannen die Maßnahme, dass die größten Fische wieder ins Meer geworfen werden, damit ihre Gene in der Population erhalten bleiben, oder richteten fischfangfreie Zonen ein, in denen große Fische wachsen und gedeihen und ihre großen Gene in befischte Gebiete exportieren können.

Zweifelsfrei werden immer mehr Fälle von konvergenter Evolution entdeckt werden, wenn Wissenschaftler weiter erforschen, wie Arten auf globale Veränderungen reagieren. Hierbei steht natürlich vor allem der Klimawandel unausgesprochen im Raum. Bisher gibt es nur wenige überzeugende Studien zur evolutionären Anpassung aufgrund klimatischer Veränderungen, aber das ändert sich gerade. Beispiele für Konvergenzen bei natürlichen Populationen sind mir keine bekannt, aber eine siebenjährige Versuchsstudie stellte wiederholte genetische Veränderungen bei Würmern im Zusammenhang mit einer Bodenerwärmung fest. Ich vermute, dies wird nur die Spitze des schmelzenden Eisbergs sein, und wir werden bald viele physiologische, anatomische und Verhaltensänderungen bemerken, die sich bei gefährdeten Arten konvergent entwickelt haben.

Im Gegensatz zum Größenrückgang in überfischten Fanggebieten wird man die Informationen, die Konvergenzen liefern, im Fall der Klimaerwärmung dazu verwenden müssen, Evolution effektiver zu machen, statt sie zu verhindern. Wie diese Interventionen aussehen können, lässt sich im Voraus nur schwer sagen. Aber man könnte zu diesem Zweck ungewöhnlich effektive Gene in hilfsbedürftige Populationen, denen sie fehlen, einführen oder die Umgebung so verändern, dass sie häufige Anpassungen bei Verhalten und Physiologie fördert.

Wir stehen an der Schwelle zu einer neuen Ära, in der wir erstmals die Fähigkeit besitzen, Evolution zu lenken. Neue Molekulartechnologien – jüngst die wichtige CRISPR*-Technologie – haben das Schreckgespenst heraufbeschworen, dass wilde Populationen gentechnisch verändert werden könnten, dass die genetische Evolution in der freien Natur gelenkt werden könnte. Genetische Veränderungen bei Moskitos, die verhindern sollen, dass die Tiere Krankheiten wie Malaria auf Menschen übertragen, sind bereits in Planung. Doch es gibt zahlreiche Einwände, praktische wie ethische, gegen diese schöne neue Welt. Diese Bedenken sind begründet, aber es gibt auch Vorteile. Wir könnten nicht nur Arten erschaffen, die uns nützen, sondern auch bestehenden Arten helfen, indem wir Gene einführen, die es den Tieren erlauben, sich an eine sich verändernde Welt anzupassen.

Doch wie wollen wir wissen, welche Gene einer Spezies helfen können, die in ihrer Umwelt vor einer bestimmten Herausforderung steht? Dank konvergenter Evolution natürlich! Anhand von Lösungen, die für andere Arten wiederholt funktioniert haben, können wir besonders aussichtsreiche Kandidaten für eine genetische Rettungsaktion von gefährdeten Arten identifizieren. Ob eine derartige Zukunft Realität wird, bleibt abzuwarten, aber wenn es geschieht, wird die konvergente Evolution eine wichtige Rolle in ihr einnehmen.

---

* Clustered Regularly Interspaced Short Palindromic Repeats (dt. gehäuft auftretende, regelmäßig unterbrochene, kurze Palindrom-Wiederholungen).

Fazit

SCHICKSAL, ZUFALL UND DER »UNVERMEIDLICHE« MENSCH

Die Na'vi sind drei Meter groß, haben einen langen Schweif und spitze Ohren und leben auf einem fiktiven Mond nahe Alpha Centauri. Die blauhäutigen Humanoiden aus dem Film *Avatar* teilen sich ihre Welt mit einem üppigen und artenreichen Ökosystem, das dem Leben auf der Erde verblüffend ähnelt. Die Tiere haben manchmal zwei zusätzliche Beine oder ein Gesicht wie ein Hammerhai, aber die meisten sehen doch aus wie uns vertraute Wesen: Leoparden, Pferde, Affen, Pterodaktylen, Titanotheria (riesige, ausgestorbene Verwandte der Nilpferde), Vögel und Antilopen. Die üppige Vegetation könnte so auch im Regenwald des Amazonas wachsen, die Pflanzen sind jenen auf der Erde so ähnlich, dass ein Botaniker eine vollständige Klassifikation mit wissenschaftlichen Namen erstellt hat.[1]

Die Liebe zum Detail und die schöne Produktion begründen die Ausnahmestellung von *Avatar* in diesem Genre und brachten dem Film Oscar-Auszeichnungen für Szenenbild, Kamera und visuelle Effekte ein. Aber aus Biologensicht unterscheidet *Avatar* nur wenig von anderen Filmen, die auf fremden Welten spielen. Von *Star Wars* bis *Guardians of the Galaxy* und darüber hinaus bevölkern die meisten interplanetaren Science-Fiction-Filme ihre Welten mit Lebensformen, die dem, was sich hier auf der Erde entwickelt hat, in Aussehen und Biologie stark ähneln. Selbst bei einigen besonders bizarren Formen, etwa den Furcht einflößenden Räubern aus *Dune – der Wüstenplanet* und *Alien,* lassen sich die biologischen Wurzeln zu irdischen Arten zurückverfolgen.

Oft sind die einzig wirklich fremdartigen Lebensformen, die in Kinofilmen auftauchen, jene, die auf einer völlig anderen Biologie basieren, die es auf der Erde nicht gibt. Statt auf Kohlenstoff als Grundbaustein basiert das Leben in diesen Geschichten auf Silizium oder auch reiner Energie, die Arten bestehen aus Kristallen, interstellarem Protoplasma oder aus Energiefrequenzen.

Astrobiologen vermuten, dass außerirdisches Leben, wenn es denn existiert, überwiegend auf Kohlenstoff basiert und daher chemisch dem Leben hier auf der Erde ähnelt. Daher möchte ich mich hier auf Kohlenstoffbasierte Lebensformen beschränken, die auf vielen erdähnlichen Planeten, die anderswo in der Milchstraße tatsächlich existieren, wie man heute weiß, entstehen könnten. Wie groß ist die Wahrscheinlichkeit, dass die Ökosysteme auf diesen Planeten von Arten bevölkert werden, die jenen auf der Erde gleichen? Sollten wir davon ausgehen, wie viele Filme nahelegen und auch Simon Conway Morris schrieb, dass das, »was wir hier [auf der Erde] sehen, grob, und wie ich vermute ziemlich genau, dem entspricht, was wir auf jedem vergleichbaren erdähnlichen Planeten finden werden«?[2]

Conway Morris und andere stützen ihre Annahme auf zwei Argumente. Erstens lässt die weite Verbreitung von Konvergenzen hier auf der Erde vermuten, dass die natürliche Selektion oft dieselbe Lösung zu häufigen Problemen hervorbringt, die eine Umgebung aufwirft. Zweitens sind die Gesetze der Physik allgemeingültig, zumindest in unserem Universum, und sie geben nicht nur für unseren Planeten vor, wie eine optimale Anpassung an eine Umgebung aussehen muss. Conway Morris fügt dem noch ein drittes, eher spekulatives Argument hinzu: Manche biologischen Moleküle, die sich hier auf der Erde entwickelt haben, z. B. DNA, Chlorophyll (mit dem Pflanzen Fotosynthese betreiben), Opsine (Moleküle, mit denen in visuellen Systemen Licht wahrgenommen wird) und Hämoglobin (das beim Sauerstofftransport im Blut verwendet wird), könnten die bestmöglichen Moleküle in einem System sein, das auf Kohlenstoff-basierten Materialien aufbaut. Daher argumentieren Conway Morris und andere, es sei durchaus plausibel, dass sich auf anderen Planeten ähnliche Grundbausteine entwickeln.

Ich denke auch, dass wahrscheinlich die eine oder andere Konvergenz zwischen außerirdischen Lebensformen und Arten hier auf der Erde auftreten wird. Organismen müssen nicht nur bei uns, sondern auch anderswo Energie gewinnen, indem sie sie entweder selbst erzeugen oder externe Ressourcen aufnehmen. Sie müssen über Sinne verfügen, um externe Stimuli zu registrieren. Manche werden bewegungsfähig sein müssen.

Irdische Arten haben diese Aufgaben ziemlich gut gemeistert, daher wäre es kaum überraschend, wenn es auf anderen Planeten Parallelen gäbe. Dies gilt umso mehr, als Gravitation, Thermodynamik, Strömungsmechanik und andere physikalische Phänomene überall gelten. Organismen, die sich schnell durch ein dichtes Medium bewegen müssen, werden ihre Leistung durch einen stromlinienförmigen Körper maximieren. Für aktiven Flug braucht man etwas, das Auftrieb erzeugt – was Flügel gut können. Licht lässt sich am besten mit einer kameraartigen Struktur bündeln, den Augen, die sich in der Tierwelt viele Male entwickelt haben.

Daher werden wohl zumindest ein paar Parallelen zwischen irdischem und außerirdischem Leben existieren, vor allem auf jenen Planeten, die der Erde ähneln. Derartige Konvergenzen werden noch verstärkt, wenn sich in anderen Lebensformen dieselben molekularen Grundbausteine entwickeln, auch wenn unklar ist, inwiefern die gleichen Moleküle zwingend zu phänotypischen Konvergenzen führen.

Doch trotz einer gewissen Zahl an Konvergenzen werden die Unterschiede zwischen außerirdischem Leben und dem, was wir hier auf der Erde sehen, überwiegen. Evolutionsexperimente und Forschungen zu konvergenter Evolution haben gezeigt, dass sich weit entfernte Arten unter den gleichen Bedingungen oft unterschiedlich entwickeln.

Spezies auf anderen Planeten wären auf jeden Fall keine engen Verwandten. Das Leben würde einen anderen Ausgangspunkt für seine Entwicklung haben. Und selbst wenn das Leben Kohlenstoff-basiert wäre und der genetische Code auf DNA oder Ähnlichem aufbauen würde, könnten doch die Vererbungs- und Evolutionsregeln völlig anders aussehen. Manche Merkmale, die ein Lebewesen während seines Lebens erwirbt, könnten an Nachkommen weitergegeben werden. Vielleicht werden die elterlichen Gene dort bei der geschlechtlichen Fortpflanzung nicht neu kombiniert, oder an der Fortpflanzung könnten drei, zehn oder einhundert Individuen beteiligt sein, statt der bei uns üblichen zwei. Die natürliche Selektion, wie wir sie kennen – die auf Wettbewerb zwischen Individuen derselben Art um begrenzte Ressourcen basiert –, muss dort nicht unbedingt so ablaufen. Vielleicht treibt dort Kooperation innerhalb einer Art und zwischen mehreren Arten die Evolution voran. Möglicherweise gibt es gar keine unterscheidbaren Spezies. Angesichts der vielen denkbaren Unterschiede bei der Organisation des Lebens erscheint es doch wenig wahrscheinlich, dass die Evolution auf unterschiedlichen Planeten derselben Bahn folgt.

Auch die Planeten selbst würden sich stark unterscheiden. Rich Lenski würde, wenn er allmächtig wäre,* einfach ein Dutzend Erden erschaffen, sie in identische Sonnensysteme setzen, ein paar Milliarden Jahre warten und dann nachsehen, wie sehr sich das Leben auf den identischen Planeten – so es denn entstanden ist – ähnelt. Aber bis Lenski oder irgendjemand anders herausgefunden hat, wie sich dieses Experiment durchführen lässt, müssen wir uns damit begnügen zu vergleichen, wie sich Leben auf unterschiedlichen Planeten entwickelt hat (wenn überhaupt).

Lange Zeit dachte die Menschheit, die Erde sei einzigartig, dass nichts Vergleichbares anderswo noch einmal existiert. Heute weiß man, dass wir damit völlig falsch lagen. Fast scheint es, als würde jede Woche die Entdeckung eines weiteren habitablen Exoplaneten bekannt gegeben. Auf unseren Winkel des Universums – die Milchstraße – hochgerechnet, könnte es noch Milliarden weitere geben.

Allerdings sind die Kriterien, nach denen ein Planet als habitabel gilt, nicht besonders spezifisch. Das Hauptkriterium ist nur das Vorkommen von flüssigem Wasser, das bei einer enormen Bandbreite an Temperaturen und Bedingungen auftreten kann. Folglich weisen diese Planeten sehr unterschiedliche weitere Attribute auf: Temperatur, Zusammensetzung der Atmosphäre, Strahlenbelastung, Gravitation und geologische Zusammensetzung, um nur einige zu nennen.

Populationen entwickeln sich unter verschiedenen Bedingungen eher unterschiedlich, selbst wenn sie demselben allgemeinen Selektionsdruck

---

* Das ist er nicht, soweit ich weiß.

unterliegen, das ist bekannt. Bewiesen wurde dies anhand von *E. coli,* Stichlingen und Fruchtfliegen, bei denen Populationen in leicht unterschiedlichen Umgebungen lebten. Angesichts der deutlichen Unterschiede bei den Umweltbedingungen auf verschiedenen Planeten müsste die Evolution dort doch sicherlich andere Wege beschreiten.

Doch genug der Hypothesen. Wenn man unterschiedliche evolutionäre Welten sehen will und wie sie sich entwickelt haben, muss man nur Neuseeland mit dem Rest der Welt vergleichen. Im Großen und Ganzen unterscheiden sich Vögel und Säugetiere nicht sehr. Sie sind beide Kohlenstoff-basiert und verwenden DNA, beides sind Wirbeltiere mit vielen gemeinsamen biologischen Grundfunktionen. Dennoch setzt sich die Fauna Neuseelands deutlich von der in Australien, den Anden, der Serengeti und überall sonst ab. Niemand würde Neuseeland mit einem der anderen Orte vergleichen und behaupten, die Evolution sei ähnlich verlaufen.

Oder man vergleicht das Zeitalter der Dinosaurier – *T. rex,* Stegosaurier und die 30 Meter langen, 70 Tonnen schweren Sauropoden – mit der Welt heute, mit ihren Elefanten, Giraffen, Katzen und Krill fressenden Blauwalen. Zwar erinnert ein *Triceratops* ein wenig an ein Nashorn, und vielleicht ähnelt ein *Struthiomumus* an einen Strauß, aber in den überwiegenden Fällen waren die dominierenden Tiere des Mesozoikums völlig anders als jene, die sie ablösten.

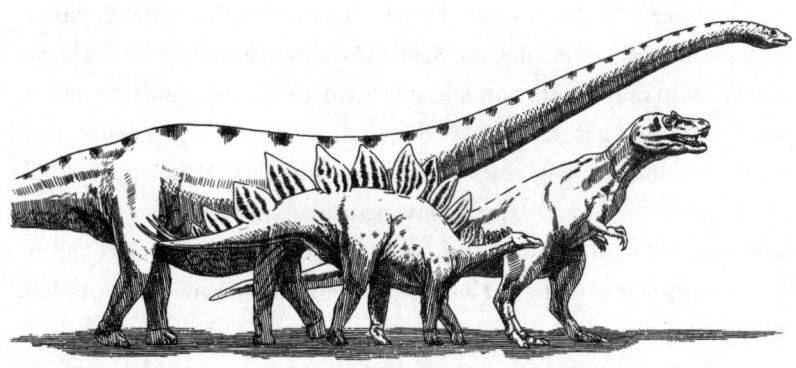

Die Herren des Mesozoikums, seither unerreicht

Wenn sich das Leben schon auf diesem Planeten in Raum und Zeit so unterschiedlich entwickelt hat, kann man schwerlich erwarten, dass sich Leben auf anderen Planeten parallel zu Leben auf der Erde entwickelt hat. Carl Sagan drückte das in seinem Bestseller *Unser Kosmos,* der ein paar Jahre vor Goulds *Zufall Mensch* herauskam, gut aus:»Manche Leute – Science-Fiction-Autoren und Künstler zum Beispiel – haben Spekulationen über solch andersartige Wesen angestellt, denen ich jedoch skeptisch gegenüberstehe. Meines Erachtens gehen sie allzu sehr von uns bereits bekannten Lebensformen aus. Jeder Organismus aber ist das Ergebnis einer langen Reihe unwahrscheinlicher Schritte. Und deshalb glaube ich nicht, dass das Leben andernorts reptilien-, insekten- oder menschenähnliche Formen hervorgebracht hat.«[3]

Doch was hat es mit der Vorstellung auf sich, dass Menschen – oder etwas Ähnliches wie wir – entstehen mussten? Conway Morris behauptet das nicht als Einziger, aber er wird am deutlichsten. Seiner Meinung nach wären Säugetiere gediehen, als die Erde sich vor 30 Millionen Jahre abkühlte, und Menschen hätten sich auf der Erde entwickelt, auch wenn der Asteroid nicht eingeschlagen wäre. Doch auch diese Behauptung widerspricht dem, was im Lauf der Evolution tatsächlich geschehen ist. Wenn die Entstehung des Menschen so unvermeidbar war, warum ist es dann nur einmal passiert?

Auch hier hilft das Königreich der Vögel weiter, Neuseeland, das vor 80 Millionen Jahren einen ganz eigenen evolutionären Weg eingeschlagen hat. Wo sind dort die Humanoiden? Das einzige Tier, das dort einem Säugetier auch nur nahekommt, ist der nach Würmern schnüffelnde Kiwi. Auch Australien schlug einen eigenen geologischen Weg ein. Dort gibt es Säugetiere, aber nur das Baumkänguru erinnert vage an Affen und kommt somit dem Menschen am nächsten. Allerdings gilt es nicht als besonders intelligent und weist auch sonst keine menschenähnlichen Merkmale auf.

Auch andernorts, wo Primaten leben, haben sich keine Menschen entwickelt. Lemuren schwammen vor mehr als 40 Millionen Jahren nach

Madagaskar, waren dort evolutionär äußerst erfolgreich und bildeten eine Vielfalt an Arten. Doch eine auch nur ansatzweise menschenartige Spezies war nicht darunter, obwohl sich die Lemuren mehrere zehn Millionen Jahre, bevor die ersten Hominiden auftraten, zu diversifizieren begannen. Südamerika war 50 Millionen Jahre lang vom Rest der Welt isoliert, bis vor wenigen Millionen Jahren der Isthmus von Panama aufgeworfen wurde. Dort wurden Affen, die von Afrika auf einem Baumstamm oder anderem Treibgut herübertrieben, vor 36 Millionen Jahren angeschwemmt. Auch sie bildeten viele neue Arten aus – von winzigen Marmosetten bis zu schlaksigen Klammeraffen –, aber Humanoide haben sich auch auf diesem Inselkontinent nicht entwickelt.

Fakt ist, dass wir Menschen in der Evolution einmalig sind. Etwas wie wir hat sich nirgendwo sonst auf der Erde jemals entwickelt. Dass konvergente Evolution im Allgemeinen sehr verbreitet ist, stützt die Theorie von unserer evolutionären Unvermeidbarkeit nur unzureichend.

»Sind wir allein?« So lautet eine der großen Fragen der Menschheit. Die Antwort hängt davon ab, was wir unter »wir« verstehen.

Ist mit »wir« Leben auf anderen Planeten gemeint? In dem Fall können wir die Antwort nicht wissen. Aber angesichts von Milliarden habitablen, erdähnlichen Planeten steht für viele Wissenschaftler fest, dass sich Leben anderswo entwickelt haben muss, vielleicht sogar viele Male.

Aber wäre das Leben auf anderen Planeten, wenn es sich denn entwickelt hat, multizellulär und komplex, wie hier bei uns, oder bestünde es nur aus ein paar einfachen, einzelligen Organismen? Das Leben auf der Erde begann vor fast vier Milliarden Jahren. Die ersten Organismen waren winzig und bestanden aus nur einer Zelle. Dieser Zustand hielt zweieinhalb Milliarden Jahre (plus/minus ein paar Hundert Millionen) lang an. Doch irgendwann entwickelten sich Organismen, die sich aus mehreren Zellen zusammensetzten, und das nicht nur einmal, sondern viele Male. Vorsichtige Schätzungen gehen davon aus, dass Multizellularität bei Tieren mindestens einmal entstand, dreimal bei Pilzen, sechsmal bei Algen (einschließlich Landpflanzen, die sich aus einer Grünalgenart entwickelt haben) und mindestens dreimal bei Bakterien. Großzügigere Schätzungen gehen – je nachdem, was als »Multizellularität« gewertet wird – von mindestens 25 Ursprüngen aus.[4]

Auch über die Bedeutung des Begriffs »Komplexität« diskutieren Wissenschaftler. Ein Organismus mit mehr als einer Zelle ist nicht notwendigerweise komplizierter als ein Einzeller. Als Kriterium für Komplexität wird u. a. vorgeschlagen, wie viele unterschiedliche Zelltypen ein Organismus umfasst (bei uns sind das Muskeln, Haut und viele weitere Zelltypen), wie viele unterschiedliche Interaktionstypen es zwischen den einzelnen Teilen gibt, und viele weitere. Doch unabhängig von der Definition hat sich Komplexität offenbar bei den Erdbewohnern viele Male entwickelt. Diese enorme Wiederholbarkeit lässt vermuten, dass Multizellularität und Komplexität, zumindest hier auf der Erde, bei der Evolution des Lebens zwangsläufig entstehen mussten. Wenn sich auch auf anderen erdähnlichen Planeten Leben entwickelt hat, könnten wir Erdlinge mit unserer multizellulären Komplexität nicht allein sein.

Heute weiß man, dass sich auch Intelligenz (ein weiterer Begriff, der unterschiedlich definiert wird) mehrfach konvergent entwickelt hat, nicht nur bei unseren Verwandten aus der Primatenfamilie, sondern auch bei einer bunten Vielzahl an anderen Tieren. Elefanten platzieren Kisten genau an der richtigen Stelle und steigen hinauf, um an Futter zu gelangen, Krähen bauen Werkzeuge mit Haken, um Maden in Erdspalten zu erreichen, Delfine antworten mit Zeichensprache, wenn sie gefragt werden, ob sich ein bestimmtes Objekt in ihrem Wasserbecken befindet – viele Arten mit großen Gehirnen sind erheblich cleverer, als wir bisher geahnt haben.[5] Es erwies sich sogar, dass viele Arten, die man bisher für dumm hielt, Eidechsen und Fische etwa, durchaus in der Lage sind, schwierige kognitive Aufgaben zu erledigen. Die größte Überraschung waren wohl die Kraken, die, trotz einer völlig anderen Gehirnstruktur als der unsrigen, Schraubgläser öffnen und sich mit Kokosnussschalen tarnen können, wenn sie sich über den Meeresboden bewegen.

Doch zumindest ein paar Tiere können nicht nur Probleme lösen, sondern haben auch Ichbewusstsein, was meist überprüft wird, indem man ein

Tier mit Farbe markiert und es dann in einen Spiegel schauen lässt. Wenn das Tier in den Spiegel sieht und die Markierung berührt, muss es erkannt haben, dass es dort sich selbst sieht. Früher glaubte man, dass nur Menschenaffen zu Ichbewusstsein fähig seien, aber in den letzten Jahren haben auch Elefanten, Delfine und Elstern den Spiegeltest bestanden. Tatsächlich haben etliche dieser Tiere mithilfe des Spiegels in ihren eigenen Mund geblickt und sich andere Körperteile angeschaut, die sie normalerweise nicht sehen können. Dies beweist eindeutig, dass Tiere sich ihrer selbst bewusst und neugierig sind.

Hochentwickelte intellektuelle Fähigkeiten haben sich auf der Erde viele Male konvergent entwickelt. Wenn die Evolution von Leben auf anderen Planeten irgendwie vergleichbar abläuft, dann könnten wir nicht die einzigen intelligenten Wesen im Universum sein.

Dennoch hat kein anderes Tier eine Intelligenz entwickelt, die der unseren vergleichbar wäre, trotz grundsätzlich konvergenter Evolution von Intelligenz und Ichbewusstsein. Soweit bekannt, hat auch kein anderes Tier eine ähnliche Fähigkeit zur Innenschau entfaltet. Da der Ursprung unserer Intelligenz einzigartig und nicht-konvergent ist, lässt sich nicht feststellen, ob ihre Entstehung ein höchst unwahrscheinlicher Zufall – das Cit+ der Erde – oder eine zwangsläufige Entwicklung war. Daher kann man basierend auf dem, was hier geschah, nicht sagen, ob Intelligenz auf vergleichbarem – oder höherem – Niveau auf anderen Planeten entstanden sein könnte.

Kehren wir nun zur Erde zurück und lassen Goulds Band des Lebens noch einmal ablaufen, aber mit einem großen Unterschied: ohne uns. Lässt sich sagen, ob sich, wenn es uns nicht gegeben hätte, hochintelligente, denkende Wesen entwickelt hätten?

Die Voraussetzungen – ein großes Gehirn und eine gewisse Intelligenz – sind bei anderen Primaten vorhanden. Wie bereits gezeigt, entwickeln sich eng verwandte Arten häufig parallel. Hätten Affen oder andere Primaten unseren Platz einnehmen können, wenn es uns nicht gegeben hätte?

Unter Paläoanthropologen wird seit Langem diskutiert, was der Auslöser dafür gewesen sein könnte, dass sich in unserer Ahnenreihe schnell und abrupt ein größeres Gehirn ausgebildet hat. Die Fossilienfunde weisen darauf hin, dass die Entwicklung des aufrechten Gangs dem größeren Gehirn vorausging. Auch das Leben in der offenen Savanne wurde als auslösender Faktor genannt. Könnte ein anderer Primat denselben Weg einschlagen? Es scheint unmöglich. Doch eine Schimpansenpopulation im Senegal lebt in der Savanne und macht mit Speeren Jagd auf kleinere Primaten; gelegentlich gehen diese Schimpansen auch aufrecht, obwohl sie anatomisch nicht gut dafür angepasst sind.[6] Man kann sich leicht vorstellen, dass sie das Empfindungsniveau von Menschen erreichen, auch ohne an *Planet der Affen* zu erinnern.

Wie sieht es mit Nichtprimaten aus? Sie sind keine nahen Verwandten der Menschen und teilen daher nicht im selben Maß wie die senegalesischen Schimpansen und andere Primaten unsere genetischen Neigungen. Könnten Elefanten, Delfine, Krähen und Kraken Intelligenz auf menschlichem Niveau entwickeln? Ich kann es nicht ausschließen. All diese Tierarten gibt es schon seit vielen Millionen Jahren, ohne es je zu tun, aber wenn man ihnen genug Zeit lässt, wer weiß?

Und was ist mit dem Dinosaurier, der Mensch sein möchte? Spielen wir das Band noch einmal ab, mit einer anderen Veränderung. Dazu möchte ich noch einmal auf die Prämisse von *Arlo & Spot* zurückgreifen: Der Asteroid zischt haarscharf an der Erde vorbei, die Katastrophe bleibt aus. *Velociraptoren, Troodons* und ihre Freunde überleben mit ihren großen Gehirnen. Wohin hätte die Evolution sie geführt?

Dale Russell postulierte, die natürliche Selektion würde immer größere Gehirne bei den Sauriern fördern, was zu weiteren anatomischen Veränderungen führen würde, an deren Ende ein grünes Reptil stand, das dem Menschen erstaunlich ähnlich sah. Seit der Veröffentlichung haben Conway Morris und andere Russells Text zitiert, um ihre Theorie zu stützen, dass sich eine menschenähnliche Spezies entwickeln musste.

Inzwischen weiß man, dass sich Russell in einem Detail geirrt hat. In den 1980er-Jahren, als Russell seinen Artikel veröffentlichte, diskutierten Paläontologen noch, ob Vögel von Dinosauriern abstammen. Heute ist dieser Streit beigelegt – abgesehen von ein paar wenigen Außenseitern sind sich alle einig, dass Vögel von Theropoden, nahen Verwandten von *Velociraptor* und *Troodon*, abstammen. Heute sind Vögel nicht nur als ein Zweig des Dinosaurierstammbaums anerkannt, neue Forschungen führten zu Erkenntnissen, die sich vor 35 Jahren noch niemand hätte vorstellen können. Dank spektakulärer Fossilienfunde in China weiß man heute, dass Federn früh in der Entwicklungsgeschichte der Theropoden entstanden sind, bevor eine Theropodenart zum Vorfahren der Vögel wurde. Das bedeutet, dass nicht nur Vögel, sondern viele Theropoden – sogar *T.-rex*-Babys und auch der *Troodon* – ein Federkleid besaßen.*

Daher muss Russells Darstellung aktualisiert werden. Statt grüner, schuppiger Haut muss Mr. Dinosaurid ein Federkleid bekommen. Und wenn wir schon dabei sind, bekommt er auch noch eine gelbliche Färbung wie ein Papagei. Diesen hübschen Kerl hält garantiert niemand mehr für einen Außerirdischen!

Wichtiger als das äußere Erscheinungsbild waren jedoch die Transformationen, die laut Russell aus dem horizontal orientierten *Troodon* – dessen Kopfbereich nach vorn geneigt war, mit einem langen Schwanz als Gegengewicht, sodass der Körper exakt über den Hinterbeinen balancierte – einen vertikalen Zweibeiner machten. Hätte die Entwicklung eines größeren Gehirns das tatsächlich notwendig gemacht?

Russells Erklärung, warum er glaubte, dass die Evolution eines größeren Hirnschädels eine aufrechte Körperhaltung erfordere, war nicht besonders detailliert. Selbst die intelligentesten Vögel – manche sind ziemlich schlau und haben für ihre Körpergröße riesige Gehirne – haben ihre horizontale Dinosaurierhaltung beibehalten. Und auch *T. rex* mit seinem enormen Schädel ging nicht aufrecht.

Russells Kritiker bemängeln, seine Sichtweise sei zu anthropozentrisch, seine Prognosen seien, zumindest unterbewusst, zu stark von der Entwicklungsgeschichte der Menschen geleitet. »Viel zu menschlich«, sagte ein Paläontologe;[7] »verdächtig menschlich«, fand ein anderer.[8]

---

* Federfossilien sind zwar weder vom Troodon noch bei *T.-rex*-Jungen bekannt, aber in beiden Fällen wurden Fossilien von sehr nahen Verwandten mit Federn gefunden.

Russell rechnete mit Einwänden und griff ihnen in seinem Artikel vor. Er berief sich (mehr als 10 Jahre vor Conway Morris) auf Fälle konvergenter Evolution und argumentierte, es sei durchaus begründet zu erwarten, dass sich etwas wie der Mensch noch einmal entwickelt, weil es schließlich schon einmal geschehen war. (»Wenn es für uns eine gute Lösung war, warum ist es dann so schwer vorstellbar, dass es auch für einen Dinosaurier eine gute Lösung sein könnte?«, stimmte ihm Conway Morris später zu.)[9] Dennoch räumte Russell ein, seine Ideen seien spekulativ, und er beendete seinen Artikel mit einer Herausforderung: »Wir fordern unsere Kollegen auf, alternative Lösungen aufzuzeigen.«[10]

Keiner stellte sich der Herausforderung. Tatsächlich wurde Russells Artikel in der wissenschaftlichen Literatur kaum diskutiert. Seit seiner Veröffentlichung im Jahr 1982 wurde er nur in 41 anderen Fachartikeln zitiert – etwa einmal pro Jahr, also kein echter Fachklassiker. Die meisten Verweise fanden sich außerdem in äußerst technischen Paläontologieartikeln, in denen es um fachliche Details der *Troodon*-Anatomie ging (die im Zentrum von Russells Artikel stand); die Vorstellung eines Dinosaurids bekam kaum wissenschaftliche Aufmerksamkeit oder Reaktion.

Ich weiß seit Ende der 1980er-Jahre von diesem Artikel und hielt ihn damals schon für ein unentdecktes Juwel. Ich freute mich darauf, ihn in diesem Buch ans Tageslicht zu fördern. Doch eines Tages kam mir der Gedanke, ich könnte im Internet nach Verweisen auf Russells Ideen suchen. Und zu meiner großen Überraschung fand ich eine Vielzahl an Blogeinträgen, Kommentaren, Illustrationen, Filmen, Clips und Interviews. Die Dinosaurid-Hypothese erfreute sich im Cyberspace größter Beliebtheit.

Das Onlinematerial lässt sich in drei Gruppen einteilen: Erstens die unkritischen Berichte über Russells Idee, in denen einfach wiederholt wird, was er schrieb, meist begleitet von Zeichnungen oder Fotografien seiner Skulptur.

Die zweite Gruppe dreht sich um die Alien-artige Erscheinung von Russells Rekonstruktion. Sein Dinosaurid sieht aus wie ein Mensch mit grüner Haut, Schuppen und etwas eigenartigen Gesichtszügen, dem ein paar Körperteile fehlen – er ist der Inbegriff eines Außerirdischen aus der Science-

Fiction. Dies führte wiederum zu allen möglichen schrägen Diskussionen, wie z. B. auf einer Website, die (scheinbar ernsthaft) berichtete: »Der Dinosaurid entwickelte sich zu einer humanoiden Spezies, die schließlich eine Kultur bildete und entweder ihren Lauf nahm oder in einer Katastrophe wie dem Untergang von Atlantis zerstört wurde – nachdem sie begonnen hatte, die Grenze zum Weltall zu überwinden. Daher könnten manche UFOnauten die Nachkommen der Überlebenden dieser Reptilienkultur sein, die von ihrer Kolonie im Weltall ZURÜCKKEHREN, um die gegenwärtig dominante Spezies auf ihrem HEIMATplaneten zu beobachten.«[11]

Mitten in all diesem Quatsch stammte die dritte Gruppe an Reaktionen von einigen Paläontologen und Dinosaurierfans, die den Dinosaurid ernst genommen haben, die Hypothese kritisch diskutieren und die alternativen Szenarien liefern, die Russell einforderte.[12] Diese Autoren bringen ein vertrautes Argument: Ursprünglich unterschiedliche Spezies schlagen nicht dieselben evolutionären Wege ein, wenn sie auf ähnlichen Selektionsdruck treffen.

Dazu ein Blick auf unsere eigene Entwicklungsgeschichte: Unsere nächsten Verwandten sind die Menschenaffen – Gorillas, Schimpansen, Orang-Utans und Gibbons. Keines dieser Tiere hat einen Schwanz. Man muss schon weit in unserer Evolutionsgeschichte zurückgehen, um einen Vorfahren mit Schwanz zu finden, bis zu dem Punkt, als sich unsere Menschenaffenlinie von den anderen Altweltaffen trennte. Das ist 22 Millionen Jahre her. Erst lange nachdem unsere Vorfahren ihre Schwänze verloren, begannen sie, auf zwei Beinen zu gehen. Daher überrascht es kaum, dass wir eine vollständig aufrechte Haltung entwickelt haben, um unsere großen Köpfe über unseren Körpern balancieren zu können – wir hatten ja das Anhängsel nicht mehr, das wir als Gegengewicht hätten einsetzen können. Würden wir nicht vollständig aufrecht gehen, müssten wir uns konstant vorbeugen, um unser Gleichgewicht zu halten.

Tauben gehen auch auf zwei Beinen, wie man auf jedem Gehsteig sehen kann, aber sie halten ihre Köpfe nach vorn, und ihre Körper sind waagerecht, nicht senkrecht. Die Beine sind wie der Drehpunkt einer Wippe positioniert, genau richtig, damit der Vogel weder nach vorn noch nach hinten wegkippt. Wenn man diese Taube auf einen Meter Körperhöhe hochskaliert, die Kiefer mit Zähnen besetzt, die Flügel durch Arme ersetzt und ein paar andere Kleinigkeiten ändert, hat man einen *Troodon*.

Angenommen, die natürliche Selektion fördert große Gehirne und damit auch einen größeren Kopf beim *Troodon*. Für ein zweibeiniges Tier ohne Schwanz ist eine aufrechte Haltung eindeutig am effektivsten. Aber bei einer Spezies, die ohnehin schon die vordere Körperhälfte mit einem Schwanz ausgleicht, wäre die Ausbildung eines schwereren Schwanzes der einfachere evolutionäre Weg.

Das bedeutet nicht, dass Dale Russells Szenario unmöglich ist – es ist durchaus denkbar, dass die Evolution sich in diese Richtung bewegen könnte. Aber es gibt keinen Grund zur Annahme, dass ein Szenario, das auf der Entwicklung von schwanzlosen Menschenaffen zum Menschen basiert, auf einen völlig unterschiedlichen Vorfahren mit anderen anatomischen Merkmalen anwendbar ist.

Aus dieser Perspektive gab es mehrere Vorschläge für Alternativen zum Dinosaurid. Sie unterscheiden sich zwar im Detail, aber sie alle haben eine Gemeinsamkeit: Der reptilartige Außerirdische-Look ist out, stattdessen sind riesige, vogelartige Tiere mit großen Gehirnen in. Diese hochintelligenten Nachkommen der Dinosaurier haben Federn und nutzen möglicherweise einen Schnabel anstelle von oder zusätzlich zu Händen, um mit Gegenständen zu hantieren. Sie stolzieren wie ein Reiher oder eine Krähe daher, den Körper parallel zum Boden, den Schwanz als Gegengewicht zum großen Kopf, mit Werkzeug in Händen oder Schnabel.[13]

Ob die Evolution diesen Weg gewählt hätte, lässt sich nicht feststellen. Aber eines scheint klar: Wenn die Dinosaurier überlebt hätten, wäre keineswegs selbstverständlich, dass ihre heutigen Nachkommen – auch nicht die richtig cleveren Dinosaurier – uns überhaupt ähnlich wären. Ein übergroßes Hühnchen mit großem Gehirn würde es wahrscheinlich eher treffen.

Kürzlich erfuhr ich von einem unglaublichen Geheimagenten. Im Titelsong heißt es über ihn: »Halb im Wasser halb an Land lebt er und er legt Eier, dieser flauschig kleine Plattfuß geht Ärger nie aus dem Weg.« Perry,

Eine neue Ansicht des Dinosaurids

das Schnabeltier, schafft es immer, die üblen Pläne aller Bösewichte in seiner Gegend zu vereiteln.* Perry ist ein australischer 007, meerblau mit orangefarbenem Schnabel und einem braunen Filzhut als Markenzeichen: Er hat Charme und Witz und kann Jiu-Jitsu. Außerdem verfügt er über ein Arsenal an technischen Hilfsmitteln und steuert ein fliegendes Schnabeltiermobil.

Zugegeben, die Serie *Phineas und Ferb,* von der es vier Staffeln gibt, erlaubte sich ein paar biologische Freiheiten bei ihrem pelzigen Star. Erwachsene Schnabeltiere haben nämlich keine Zähne, gehen nicht auf zwei Beinen und machen auch keine schnatternd-knurrenden Geräusche, die Menschenfrauen vor Leidenschaft den Verstand rauben. Doch immerhin brachte die Serie dieser wunderbaren Spezies bei einer Generation von Kindern die Anerkennung, die sie verdient, hob sogar einige der vielen Anpassungen von Schnabeltieren hervor, das dicke Fell, den kräftigen Schwanz, die Schwimmhäute an den Füßen und natürlich den Schnabel. Das Schnabeltier wird häufig unterschätzt, gilt als »primitiv«, weil es als eines von wenigen Säugetieren Eier legt. Beim Anschauen der Serie wurde mir klar, dass Perry sehr stolz auf sich und seine Art sein sollte.

---

* Wo er wohnt, wird nie genau gesagt, aber wohl irgendwo in der Nähe von Denver.

Das führte mich zu der Überlegung, was sonst noch alles in Perrys Hirn vorgehen mochte, wenn er Verbrecher jagt. Ich weiß nur wenig über Perrys Arbeit, daher habe ich auch keine Ahnung, wie introspektiv er ist. Aber falls er sich ab und zu eine Auszeit von der Spionageabwehr für tiefgründige Gedanken nimmt, könnte er sich fragen, wie wahrscheinlich es ist, dass auf anderen Planeten Schnabeltierleben existiert. Warum auch nicht? Schnabeltiere sind außergewöhnliche Lebewesen und aus Perrys Sicht die Krönung der Evolution. Da wäre es für ein nachdenkliches Schnabeltier nur natürlich, sich zu fragen, ob *Ornithorhynchus anatinus* allein im Kosmos ist.

Für manchen klingt das sicher absurd. Schnabeltiere als Krönung? Bei dem kleinen Gehirn und ohne Sprachfähigkeiten? Oh nein, würde so jemand einwenden, Schnabeltiere sind nur Nebendarsteller, eine Zwischenstation auf dem Weg zum Gipfel der Evolution: uns. Wir sind schließlich, mit unseren großen Gehirnen, den Werkzeugen, dem Bewusstsein und allem anderen, der wahre Höhepunkt.

Allerdings ist diese Sicht ziemlich anthropozentrisch. Zweifelsfrei haben wir unsere Vorzüge. Aber Schnabeltiere eben auch.

Da ist zunächst einmal der Schnabel. Oberflächlich ähnelt er einem Entenschnabel, aber auf dem ledrigen Rostrum des Schnabeltiers befinden sich mehrere 10 000 winzige Sensoren. Von diesen Sensoren sind 60 000 extrem berührungsempfindlich und registrieren Veränderungen beim Wasserdruck, den ein Fisch mit einer Flossenbewegung auslöst. Weitere 40 000 haben allerdings eine andere Funktion.

Lange Zeit war ungeklärt, wie Schnabeltiere ihre Beute aufspüren. Beim Tauchen verschließen die Tiere Augen, Ohren und Mund. Doch auch ohne diese Sinne fängt und frisst ein Schnabeltier pro Nacht das Anderthalbfache seines Körpergewichts an Krebsen. Die Tiere wühlen zeitweise wie Enten mit dem Schnabel im Bachbett, aber das ist keine sehr effiziente Futtersuche. Man ahnt etwas, wenn man sieht, wie Schnabeltiere schwimmen, wobei Kopf und Schnabel ständig hin und her schwenken. Auf diesen Beobachtungen fußte der australische Naturforscher Harry Burrell zu Beginn des 20. Jahrhunderts seine Hypothese, Schnabeltiere müssten einen sechsten Sinn besitzen.[14]

Wie diese zusätzliche Fähigkeit aussah, fand ein deutsch-österreichisches Team in den 1980er-Jahren heraus. Die Forscher entdeckten, dass ein Schnabeltier eine Batterie, die schwache elektrische Impulse ausstößt, sogar am Boden eines Beckens versteckt aufspüren kann. Weitere Forschungen haben bestätigt, dass Schnabeltiere dank der Elektrorezeptoren an ihrem Schnabel Nahrung anhand der winzigen elektrischen Ladungen, die ihre Beute beim Bewegen erzeugt, genau lokalisieren können. Da sie außerdem auch mit ihren Berührungsrezeptoren Wasserströmungen und andere Bewegungen registrieren können, setzen Schnabeltiere ihr »Bild« der Welt also aus fühlbaren und elektrischen Reizen zusammen.[15]

Schnabeltiere sind auf ihre ganz eigene Art also ebenso außergewöhnlich wie wir. Warum sollte man sich dann nicht fragen, ob Schnabeltierleben auch noch anderswo entstanden ist?

Leider sind die Argumente für schnabeltierartige Wesen auf anderen Planeten ebenso wenig überzeugend wie für außerirdische Humanoiden. Auch das Schnabeltier ist ein evolutionäres Unikat, das sich nur in Australien entwickelt hat.*

Auf anderen Kontinenten entwickelte sich kein Säugetier zu einem Schnabeltier-ähnlichen Wesen, trotz ähnlicher Umgebungen. Das macht die Behauptung, die Art der Schnabeltiere stelle die höchste Form der Anpassung an Gewässerumgebungen dar, die natürliche Selektion immer anstreben müsste, problematisch. Natürlich wären intergalaktische Schnabeltiere toll, aber ich weiß keine Begründung, warum man sie ganz oben auf die Liste zu erwartender Außerirdischer setzen sollte. Schnabeltiere gehören wie Menschen in die Zufallskategorie, eine noch nie da gewesene Spezies, die sich nur an einem einzigen Ort entwickelt hat.[16]

Auch wenn es keine evolutionären Doppelgänger der Schnabeltiere gibt, könnte Perrys Art das Kronjuwel der konvergenten Evolution sein, bei dem jeder Körperteil eine Entsprechung in einem anderen Organismus hat. Wer

---

* In Argentinien fand man mehrere sechzig Millionen Jahre alte Mahlzähne, die darauf schließen lassen, dass in Südamerika einst Verwandte der Schnabeltiere gelebt haben könnten. Möglich war dies wahrscheinlich durch die Gondwana-Landbrücke, die einst zwischen den beiden Kontinenten bestand.

könnte es den frühen englischen Wissenschaftlern verdenken, dass sie das Tier für eine Fälschung hielten, sorgfältig aus anderen Tieren zusammengesetzt? Denn das ist es tatsächlich: der Schnabel einer Ente; die Füße mit Schwimmhäuten eines Otters; der üppige, wasserdichte Pelz eines Seeotters;* ein kräftiger Schwanz wie bei einem Biber. Sogar Elektrorezeptoren gibt es bei Zitteraalen und anderen Fischen, Guyana-Delfinen und einer Salamanderart. Gift injizierende Stacheln an den Knöcheln hat zwar kein anderes Tier, aber die anatomische Struktur ist konvergent mit den Giftzähnen von Klapperschlangen: Beide sind hohle Röhren mit Verbindung zu einer Giftdrüse, die von Muskeln ausgepresst wird und so das Gift durch den Stachel oder den Zahn in ihr Opfer drückt. Schnabeltiere sind also gleichzeitig Muster- und Gegenbeispiel für Konvergenz, evolutionär einzigartig, aber ein Verbund konvergenter Merkmale.

Diese Ambiguität gibt es nicht nur bei Schnabeltieren. Auch wir Menschen sind evolutionär einzigartig und haben viele Merkmale unabhängig von anderen Erblinien entwickelt, z. B.

- Bipedität – haben wir mit Vögeln und den mit ihnen verwandten Raubsauriern gemeinsam, mit Kängurus und Springnagern, ganz zu schweigen von den vielen Tieren, die gelegentlich auf zwei Beinen gehen, etwa Schimpansen, Schuppentiere, Eidechsen und Kakerlaken.
- spärlicher Haarwuchs – tritt als Merkmal bei vielen Säugetieren auf, von denen manche noch viel weniger Haare haben, vor allem wenn sie in warmem Klima leben oder eine dicke Speckschicht haben, wie z. B. Wale, Nilpferde, Schweine, Elefanten, Seehunde und Nacktmulle.
- opponierbare Daumen – haben wir mit unseren Primatencousins gemeinsam, aber auch mit Opossums, Koalas, manchen Nagetieren und Baumfröschen.
- große, vorwärts gerichtete binokulare Augen – ein weiteres Merkmal, das bei allen Primaten auftritt, sich aber auch bei vielen Raubtieren und

---

* Der Pelz ist so dicht, dass Schnabeltiere kaum Körperwärme verlieren, wenn sie in eisigem Wasser schwimmen.

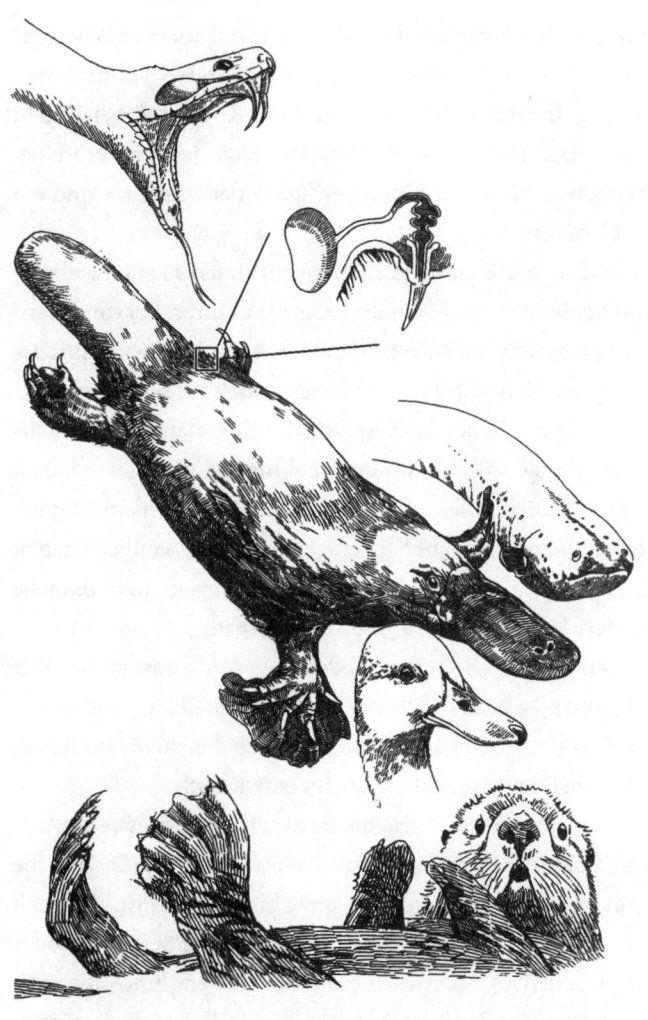

Das Schnabeltier ist eine Mischung aus konvergenten Teilen anderer
Arten und in der Evolution einzigartig.

nachtaktiven Tieren eigenständig entwickelt hat, z. B. bei Katzen, Eulen und Asiatischen Peitschennattern.

Auch andere evolutionäre Unikate haben Merkmale mit anderen Arten gemeinsam. Der Kiwi hat ein fellartiges Gefieder und starre Schnurrhaare wie ein Säugetier; zahlreiche weitere Merkmale der Kiwis sind bei Vögeln selten oder sogar einzigartig, bei anderen Wirbeltieren jedoch verbreitet, wie etwa Markknochen, Nasenlöcher an der Spitze der Schnauze und ein ausgezeichneter Geruchssinn.

Chamäleons sind ebenfalls Unikate. Es gibt kein anderes Lebewesen wie diese Echsen mit Schleuderzunge, Greifschwanz und ihren hervorstehenden, einzeln beweglichen Augen sowie gegenüberstehenden Zehen, mit denen sich schmale Oberflächen gut greifen lassen. Doch jedes dieser Merkmale ist mit einer anderen Tierart konvergent: Manche Salamander schleudern ebenfalls ihre Zunge weit aus ihrem Maul heraus; viele Tiere haben Greifschwänze (z. B. einige Affen, Ameisenbären, Eidechsen und Opossums, die alle in Bäumen leben, aber auch Seepferdchen); Sandaale haben ebenfalls hervorstehende und einzeln bewegliche Augen; und manche Vögel und Beutetiere haben ähnlich angeordnete Zehen.

Vielleicht verkennen wir die wahre Bedeutung von Konvergenz. Wir evolutionären Unikate – Kiwis, Schnabeltiere, Chamäleons und Menschen – mögen einzigartig sein, aber viele Teile, aus denen wir bestehen, haben sich in anderen Organismen konvergent entwickelt.

Hier auf der Erde bilden Spezies also häufig ähnliche Merkmale als Antwort auf ähnliche Umweltbedingungen aus. Daher können Außerirdische durchaus vertraut aussehen, auch wenn es unwahrscheinlich ist, dass sich irgendwo anders noch einmal humanoide oder schnabeltierartige (oder chamäleon- oder kiwiartige) Lebewesen entwickelt haben. Ein Außerirdischer könnte, ganz nach Art des Schnabeltiers, ein Mashup vieler verschiedener Teile sein, die auch viele Erdbewohner haben.

Der große Evolutionsbiologe Edward O. Wilson spekulierte, wie die Biologie von Außerirdischen aussehen könnte, die fähig wären, eine so fortschrittliche Zivilisation wie die unsere zu entwickeln. Er basierte seine Prognosen auf dem, was über die Evolution auf der Erde bekannt ist.[17] Danach würden die Außerirdischen

- an Land leben, weil die Entwicklung von Technologie die Nutzung einer transportierbaren Form von Energie, z. B. Feuer, voraussetzt.
- groß sein, weil für die neuralen Prozesse bei hoher Intelligenz große Gehirne gebraucht werden.
- ihre Kommunikation auf visuelle und auditive Systeme stützen, weil so Signale am effektivsten über weite Strecken übertragen werden können.
- einen großen Kopf am vorderen Ende des Körpers haben. Der Kopf müsste wegen des großen Gehirns und der Sinnesorgane, mit denen die Wesen ihre Umgebung überwachen, wenn sie sich vorwärtsbewegen, viel Platz bieten.
- Kiefer und Zähne für den Beutefang haben, aber nicht übermäßig große. Eine Spezies mit einer fortschrittlichen Zivilisation müsste Beutejagd und Verteidigung durch Kooperation und Intelligenz bewerkstelligen und nicht durch rohe Gewalt.
- über ein paar wenige Gliedmaßen oder andere Körperanhängsel verfügen, von denen mindestens ein Paar fleischige Spitzen haben müsste für sanfte Berührung und Handhabung.

Diese Beschreibungen sind deutlich weniger spezifisch als jene von Dale Russell, dennoch würden viele Kommentatoren dieselben Kritikpunkte anführen – dass die Liste immer noch zu speziell ist, zu sehr eingeschränkt durch das, was sich hier auf der Erde entwickelt hat. Zu Wilsons Verteidigung muss allerdings gesagt werden, dass er seine Schlussfolgerungen von Anfang an explizit von der Evolutionsgeschichte der Erde herleitete.

Doch wenn man die Kritik außer Acht lässt und Wilsons Vorschläge wörtlich nimmt – dann sind es auf jeden Fall vernünftige Prognosen darüber, wie eine technologisch versierte außerirdische Spezies aussehen könnte. Sehr restriktiv sind diese Prognosen auch nicht. Mit diesen Vorgaben könnten die Außerirdischen aufrecht gehende Zweibeiner mit einem großen Kopf sein, zwei Augen, einem kleinen Mund mit kleinen Zähnen, zwei Gliedmaßen an jeder Seite des Oberkörpers und feinen Fasern auf dem runden Kopf. Oder sie könnten acht Gliedmaßen mit Gelenken haben, wobei sechs der Fortbewegung dienen und die vorderen beiden an den Enden noch sieben feinere Anhängsel mit Gelenken haben, weiterhin sechs riesige untertassenförmige Öffnungen über den ganzen Kopf verteilt, mit denen sie Geräusche wahrnehmen. Auf dem Kopf könnte sich ein rotierender Stiel mit drei riesigen Augen an der Spitze befinden, die in Dreiecksform angeordnet sind. Selbst bei Wilsons terrazentrischer Vorstellung von außerirdischer Evolution könnte das Endergebnis sehr stark dem ähneln, was man hier auf der Erde findet, oder aber völlig anders sein, mit Körperteilen, die nur noch vage an irdische Spezies erinnern.

Aber sollten wir eigentlich grundsätzlich vom Leben hier auf der Erde ausgehen, um vorherzusagen, wie Leben anderswo sein könnte? Ich bin gar nicht wirklich davon überzeugt, dass das Leben hier bei uns jede denkbare Möglichkeit oder auch nur die meisten Möglichkeiten, wie man auf einem Planeten wie dem unseren existieren kann, entdeckt hat.

Könnte nicht auch ein pflanzenähnlicher Organismus – der seine Energie direkt von der Sonne bezieht oder durch eine chemische Reaktion erzeugt – mobil sein, Gliedmaßen ausbilden oder sich irgendwie anders fortbewegen? Falls ja, wäre dazu nicht ein Nervensystem notwendig, das letzten Endes zur Entwicklung von Intelligenz führen könnte?

Und wer sagt eigentlich, dass man Gliedmaßen braucht, um sich fortzubewegen? Kraken und Quallen setzen dazu eine Art Düsenantrieb ein, indem sie Wasser aus einer Röhre drücken und sich so in die entgegengesetzte Richtung schießen. In manchen Atmosphären könnte das äußerst effektiv sein.

Im Burgess-Schiefer finden sich die seltsamsten Lebensformen. Aufgequollene halbe Kiefernzapfen; Raubtiere mit fünf Augen und einem Schlauch, der vorn herabhängt, mit Klaue; wurmartige Röhren auf kringeligen Beinen mit Stachelreihen auf dem Rücken; ein schwimmendes Heftpflaster mit einem Mund unten dran. Diese Tiere existierten einmal wirklich. Wieso sollte nicht eines von ihnen der Vorfahr eines modernen

Ökosystems auf anderen Planeten sein? Wie würde dann das Leben auf diesen Planeten heute wohl aussehen?

Letztendlich wissen wir, dass Evolution nicht zufällig oder willkürlich geschieht. Die natürliche Selektion schränkt ein, wie sich Spezies entwickeln können, und lässt ihnen bei ähnlichen Lebensumständen oft nur eine Anpassungsmöglichkeit übrig. In manchen Fällen gibt es nur eine optimale biologische Lösung für ein Problem, vor das die Umwelt ein Lebewesen stellt, und in vielen Fällen erreichen Spezies wiederholt dieses Optimum. Zusätzlich haben verwandte Arten viele Gemeinsamkeiten bei allen Aspekten ihrer Biologie – wobei ihre genetischen Ähnlichkeiten und die Art, wie sie sich entwickeln, besondere Bedeutung haben. Auch diese Ähnlichkeiten sorgen dafür, dass nahe Verwandte häufig denselben evolutionären Weg einschlagen. Folglich entsteht konvergente Evolution durch eine Verbindung von einer begrenzten Anzahl optimaler Lösungen und Gemeinsamkeiten bei Genetik, Entwicklung und Ökologie, die die Anpassung in die gleiche Richtung lenken.

Allerdings gibt es unfassbar viele biologische Möglichkeiten, und trotz der Einschränkung durch natürliche Selektion, Genetik und Entwicklung könnte die Menge evolutionär realisierbarer Endpunkte riesig sein. Daher geht die Evolution oft eigene Wege, insbesondere wenn sie von unterschiedlichen Startpunkten mit verschiedenen Genen und Entwicklungssystemen ausgeht. Doch selbst bei gleichem Anfangsbestand und ähnlichen Umständen kann es zu abweichenden Ergebnissen kommen. Die Evolution wiederholt sich manchmal, aber oft tut sie es auch nicht.

Kann man Evolution also vorhersagen? Auf kurze Sicht teilweise ja. Aber je mehr Zeit vergeht und je unterschiedlicher die Vorfahren oder Bedingungen sind, umso weniger zuverlässig werden die Prognosen. Dinosauriden? Eher nicht. Perry, der Schnabeltieroid? Leider nein. War unsere Entstehung vorherbestimmt? Kaum.

Wenn nur eines von zahllosen Ereignissen in der Vergangenheit anders verlaufen wäre, hätte es *Homo sapiens* nie gegeben. Unsere Entstehung war keineswegs unvermeidlich, und wir haben Glück, dass wir hier sind, dass sich die Ereignisse so abgespielt haben, wie sie es taten. Welche weiteren Ereignisse, außer Asteroiden, haben den Weg der Evolution zu unseren Gunsten verändert? Der kleinste Unterschied in der Vergangenheit – ein Baum, der auf den Ur-ur-millionenmal-Urgroßvater Ernie stürzt, ein Waldbrand, eine Mutation – hätte unserer zukünftigen Existenz ein Ende setzen können.

Andererseits hätten sich zahlreiche humanoide Duplikate entwickeln können, wenn die Geschichte anders verlaufen wäre. Vielleicht hätten Beuteltiermenschen die Erde bevölkert neben Lemurenmenschen, Bärenmenschen, Krähenmenschen, sogar Eidechsenmenschen. Dann hätte es die Vereinten Nationen mit Repräsentanten aus allen unterschiedlichen Evolutionslinien geben können.

Vom Ursprung des Lebens vor mehreren Milliarden Jahren aus betrachtet, wäre jedes evolutionäre Endergebnis unwahrscheinlich erschienen. Aber weil die Geschichte so verlief, wie sie es tat, sind wir heute hier, das Ergebnis von Milliarden Jahren natürlicher Selektion und den Glücksfällen der Geschichte, die das Leben einen Weg einschlagen ließ und nicht einen anderen. Günstige Fügung? Ja. Bestimmung? Nein. Wir hatten Glück bei der Evolution, und wir sollten das Beste daraus machen.

DANK

Meine größte Dankbarkeit gilt einer ganzen Schar von Freunden, Kollegen und Verwandten, die mir in den drei Jahren, in denen ich an diesem Buch arbeitete, geholfen haben. Viele haben kleinere und größere Fragen beantwortet. Besonders dankbar bin ich jenen, die meinen ewigen Bitten nachkamen und meine Texte kritisch gegenlasen, unter ihnen Rowan Barrett, Zack Blount, Fred Cohan, Tim Cooper, John Endler, Marc Johnson, Rees Kassen, Craig MacLean, Rasmus Marvig, Paul Rainey, David Reznick, Dolph Schluter, Roy Snaydon, Bruce Tabashnik, Michael Travisano und Nash Turley. Dank auch an die vielen anderen Menschen, die mir mit Informationen, Rat und Antworten zur Seite standen: Eldridge Adams, Anurag Agrawal, Chris Hamlin Andrus, Spencer Barrett, Dan Blackburn, Chris Borland, Angus Buckling, Molly Burke, Todd Campbell, Scott Carroll, Gary Carvalho, Satoshi Chiba, Mick Crawley, Stuart Davies, Chuck Davis, Ke Dong, Scott Edwards, Doug Erwin, Maha Farhat, Charles Fox, Gonzalo Giribet, Pedro Gómez López, Billie Gould, Wendy Hall, Chris Hamlin, Marshal Hedin, Andrew Hendry, David Hillis, Hopi Hoekstra, Nina Jablonski, George Johnson, Leo Joseph, Betul Kacar, Rick Lankau, Tami Lieberman, Adrian Lister, Tim Low, Zhe-Xi Luo, Andy Macdonald, Blue Magruder, Jordan Mallon, Greg Mayer, Axel Meyer, Mark Moffett, Sterling Nesbitt, Loretta O'Brien, Mark Olson, Mike Palmer, Delphine Picard, Gregory Priebe, Peter Raven, Diana Rennison, Robert Ricklefs, Sara Ruane, Eric Rubin, Dov Sax, Tom Schoener, Phil Service, Susan Singer, Russell Slater, Morten Sommer, David Spiller, Jonathan Storkey, Yoel Stuart, Doug Swain, Corina Tarnita, Henrique Teotonio, Erdal Toprak, Ken Weber und Andrew Whitehead. In zahlreichen Fällen postete ich zusätzlich Bitten um Beispiele für dies oder jenes auf Facebook und erhielt viele tolle Vorschläge von zahlreichen FB-Freunden – danke an alle, die geantwortet haben. Vielen Dank auch den Mitarbeitern an der Ernst-Mayr-Bibliothek in Harvard (Ronnie Broadfoot, Connie Rinauldo, Dorothy Barr und vor allem Mary Sears) und an der Olin-Bibliothek der Washington-Universität für ihre Unterstützung bei der Suche nach schwer auffindbaren Texten. Ebenfalls vielen Dank an Jared Hughes für all die Hilfe. Vielen herzlichen Dank an all jene, die Entwürfe mehrerer Kapitel oder sogar das ganze Buch gelesen haben. Das war mehr, als ich erwartet habe! Danke Alan Barker, Frank Grady, Hary Greene, Wendy Hall, Ambika Kamath, Andy Knoll, Carolyn Losos, Joseph Losos, Ann Mandelstamm, Marc Mangel, Irwin Shhapiro und Mike Whitlock. Dank auch an David Reznick and Cody Lane, dass sie meinen Aufenthalt in Trinidad möglich machten.

Neil Shubin, Dan Lieberman, Nicholas Dawidoff und vor allem Doug Emlen gaben mir wertvolle Ratschläge, wie man ein Buch schreibt. Mein Literaturagent Max Brockman hat alles gekonnt in Gang gebracht, und Courtney Young, meine Lektorin, hat wunderbare Arbeit geleistet und aus dem, was ich geschrieben hatte, etwas viel Besseres gemacht. Dank auch an Kevin Murphy, Alexandra Guillen, Martha Cameron, Joel Breuklander und den Rest des Teams bei Riverhead Books, die aus meinem Manuskript ein Buch machten. Doug Tuss und Emily Harrington leisteten tolle Arbeit bei den Grundlagen für das Illustrationsprogramm, und die Illustrationen von Marlin Peterson sind großartig und wurden in kurzer Zeit brillant ausgeführt.

Schließlich danke ich noch meinen Eltern, Carolyn und Joseph Losos, für all die Unterstützung, die ich in meinem Leben von ihnen bekam, aber vor allem für ihre Begeisterung für dieses Projekt, und meiner geliebten Frau Melissa für all den Rat und die Hilfe dafür, dass sie nie gelangweilt wirkte, wenn ich ihr von den neuesten Fakten erzählte, die ich recherchiert hatte, und dafür, dass sie es während des ganzen Prozesses mit mir aushielt.

ANHANG

ÜBER DEN ILLUSTRATOR

Marlin ist ein Illustrator, der sich für Pingpong und alles Zoologische begeistert. Er liebt Tiere aus dem Känozoikum und weiß, dass Spinnentiere nicht den Respekt bekommen, den sie verdienen. Er ist Kunstlehrer und gibt am Wenatchee Valley College Kurse in geologischem Zeichnen und Wissenschaftsillustration. Wenn er nicht in seinem Garten arbeitet, findet man ihn bei Freiberuflerkomissionen oder beim Planen von Trompe-l'œil-Wandbildern. Er beherrscht mehrere Formen von traditionellen und digitalen Medien und findet immer Wege, sie alle auszuprobieren.

Mehr Informationen zu seinen Projekten gibt es auf seiner Website marlinpeterson.com

Glücksfall Mensch zu illustrieren war wegen der großen Bandbreite an Themen aufregend. Marlin genoss es sehr, die vielen Tiere, die er für dieses Buch gezeichnet hat, zu recherchieren und zu zeichnen, auch dank Jonathans Auge fürs Detail, tollen Kommentaren und der wunderbaren Idee für dieses Buch.

Dankbarkeit dringt aus allen Poren,
all meine Liebe an Christine und Chess.

ANMERKUNGEN

In diesem Abschnitt stehen Quellennachweise und Zusatzinformationen zu ein paar wenigen Punkten. Bei den Literaturhinweisen habe ich häufig nur einen oder zwei Artikel angegeben, die eine Einführung zum Thema bieten. Zu vielen Beispielen im Text (z. B. die Evolution von Guppys, Anoles und Rich Lenskis Langzeit-Evolutionsexperiment) gibt es detailliertere Ausführungen in Internetbeiträgen. Für Fachartikel, die im Text erwähnt, oder jene, die zitiert werden, habe ich Quellenangaben eingefügt.

Einleitung

1   Emanuel Tschopp et al., »A specimen-level phylogenetic analysis and taxonomic revision of Diplodocidae (Dinosauria, Sauropoda)«, in: *PeerJ* 3, e857.

2   S. Conway Morris, *Jenseits des Zufalls: Wir Menschen in einem einsamen Universum,* übers. von S. Schneckenburger, Berlin 2008.

3   D. A. Russell und R. Séguin, »Reconstructions of the small Cretaceous theropod Stenonychosaurus inequalis and a hypothetical dinosauroid«, in: *Syllogeus* 37 (1982), S. 1–43.

4   »My Pet Dinosaur«, eine Folge der BBC-Serie Horizons, die am 13. März 2007 ausgestrahlt wurde, https://www.youtube.com/watch?v=yTnzYeKZQrI.

5   D. Overbye, »Far-Off Planets Like the Earth Dot the Galaxy«, in: *The New York Times,* 4. November 2013; »Proximate goals«, in: *The Economist,* 27. August 2016.

6   A. E. Slater und R. Bieri, »Humanoids on Other Planets«, in: *American Scientist* 52 (1964), S. 425–458.

7   D. H. Grinspoon, *Lonely planets: The natural philosophy of alien life,* New York 2003.

8   S. Conway Morris, *Jenseits des Zufalls: Wir Menschen in einem einsamen Universum,* übers. von S. Schneckenburger, Berlin 2008.

9   C. G. Sibley und J. E. Ahlquist, *Phylogeny and Classification of Birds: A Study in Molecular Evolution,* New Haven, CT, 1990; F. K. Barker et al., »Phylogeny and Diversification of the Largest Avian Radiation«, in: *PNAS* 101 (2004), S. 11040–11045.

10 G. McGhee, *Convergent Evolution: Limited Forms Most Beautiful,* Cambridge, MA, 2011, S. 272.

11 P. Gallagher, »Forget little green men – aliens will look like humans, says Cambridge

University evolution expert«, in: *The Independent*, 1. Juli 2015, http://www.indepen
dent.co.uk/news/science/forget-little-green-men-aliens-will-look-like-humans-
says-cambridge-university-evolution-expert-10358164.html.

12 S. J. Gould, *Zufall Mensch: Das Wunder des Lebens als Spiel der Natur*, übers. von
    Friedrich Griese, München 1991, S. 324

13 S. J. Gould, *Zufall Mensch: Das Wunder des Lebens als Spiel der Natur*, übers. von
    F. Griese, München 1991, S. 289.

14 S. J. Gould und S. Conway Morris, »Showdown on the Burgess Shale«, in: *Natural
    History Magazine* 107 (1998), S. 48–55.

15 M. Henneberg et al., »Fingerprint homoplasy: koalas and humans«, in: *Natural
    Science* 1 (1997), S. 4.

Kapitel 1

1 K. D. B. Ukuwela et al., »Molecular evidence that the deadliest seasnake *Enhydrina
   schistosa (Elapidae: Hydrophiinae)* consists of two convergent species«, in: *Molecular
   Phylogenetics and Evolution* 66 (2013), S. 262–269.

2 F. Denoeud et al., »The coffee genome provides insight into the convergent evolution
   of coffeine biosynthesis«, in: *Science* 345 (2014), S. 1181–1184.

3 D. H. Erwin, »*Wonderful Life* Revisited: chance and contingency in the Ediacaran-
   Cambrian radiation«, in: G. Ramsey und C. H. Pence (Hg.), *Chance in Evolution*,
   Chicago 2016, S. 277–298.

4 Beide Zitate stehen auf S. 572 in S. Conway Morris, »The Middle Cambrian metazoan
   Wiwaxia corrugata (Matthew) from the Burgess Shale and Ogygopsis Shale, British
   Columbia, Canada«, in: *Philosophical Transactions of the Royal Society of London*,
   B 307 (1985), S. 507–582.

5 D. H. Erwin, »*Wonderful Life* Revisited«, S. 277–298.

6 Eigentlich beschränkte sich diese Studie auf Gliederfüßer (Arthropoden) wie
   Spinnen, Hummer und Insekten. Viele – aber nicht alle – der interessantesten Spezies aus dem Burgess-Schiefer sind Arthropoden. Siehe D. E. G. Briggs, R. A. Fortey
   und M. A. Wills, »Morphological Disparity in the Cambrian«, in: *Science* 256 (1992),
   S. 1670–1673, sowie M. Foote und S. J. Gould, »Cambrian and recent morphological
   disparity«, in: *Science* 258 (1992), S. 1816.

7 P. Bowler, »Cambrian conflict: crucible an assault on Gould's Burgess Shale interpretation«, in: *American Scientist* 86 (1998), S. 472–475.

8 R. Fortey, »Shock Lobsters«, in: *London Review of Books* vom 1. Oktober 1998, S. 24 f.

9 Siehe dazu seine Buchbesprechung von Goulds *Bravo, Brontosaurus*: S. Conway
   Morris. »Rerunning the tape«, in: *Times Literary Supplement* Nr. 4628 vom
   13. Dezember 1991, S. 6.

10 P. Gallagher, »Forget little green men – aliens will look like humans«, in:
    The Independent vom 1. Juli 2015.

11 D. G. Blackburn und A. F. Flemming, »Invasive implantation and intimate placental associations in a placentotrophic African lizard, *Trachylepis ivensi (Scincidae)*«, in: *Journal of Morphology* 273 (2012), S. 137–159.

12 S. Conway Morris, *The Runes of Evolution: How the Universe Became Self-Aware*, West Conshohocken (Pennsylvania) 2014.

13 Zum Thema der Evolution von Hautfarben siehe auch: N. G. Jablonski, *Living Color: The Biological and Social Meaning of Skin Color*, Berkeley (Kalifornien) 2012.

14 »Got lactase?«, *Understanding Evolution*, April 2007, http://evolution.berkeley.edu/ evolibrary/news/070401_lactose.

Kapitel 2

1   Zum Thema Anolis siehe auch mein vorheriges Buch: J. B. Losos, *Lizards in an Evolutionary Tree*, Berkeley (Kalifornien) 2009.

2   S. Reinberg, »Gecko's Stickiness Inspires New Surgical Bandage«, in: *Washington Post* vom 19. Februar 2008, http://www.washingtonpost.com/wp-dyn/content/article/ 2008/02/19/AR2008021901653.html.

3   Siehe zum Beispiel: J. A. Coyne und H. A. Orr, *Speciation*, Sunderland (Massachusetts) 2004; P. A. Nosil, *Ecological Speciation*, Oxford (UK) 2012.

4   J. B. Losos, »Adaptive radiation, ecological opportunity, and evolutionary determinism«, in: *American Naturalist* 175 (2010), S. 623–639.

5   S. Chiba, »Ecological and morphological patterns in communities of land snails of the genus *Mandarina* from the Bonin Islands«, in: *Journal of Evolutionary Biology* 17 (2004), S. 131–143.

6   M. Ruedi und F. Mayer, »Molecular systematics of bats of the genus *Myotis (Vespertilionidae)* suggests deterministic ecomorphological convergences«, in: *Molecular Phylogenetics and Evolution* 21 (2001), S. 436–448.

7   F. Bossuyt und M. C. Milinkovitch, »Convergent adaptive radiations in Madagascan and Asian ranid frogs reveal covariation between larval and adult traits«, in: *Proceedings of the National Academy of Sciences of the United States of America* 97 (2000), S. 6585–6590.

8   S. Reddy et al., »Diversification and the adaptive radiation of the vangas of Madagascar«, in: *Proceedings of the Royal Society of London*, B 279 (2012), S. 2062–2071.

9   Zur Evolution auf Inseln siehe auch: S. Carlquist, *Island Life: A Natural History of the Islands of the World*. Garden City (New Jersey) 1965; R. J. Whittaker und J. M. Fernández-Palacios, *Island Biogeography: Ecology, Evolution, and Conservation*, Oxford (UK) 2007.

10 Ibid.

11 A. S. Wilkins, R. W. Wrangham und W. T. Fitch, »The ›domestication syndrome‹ in mammals: a unified explanation based on neural crest cell behavior and genetics«, in: *Genetics* 197 (2014), S. 795–808.

12 L. Trut, I. Oskina und A. Kharlamova, »Animal evolution during domestication: the domesticated fox as a model«, in: *BioEssays* 31 (2009), S. 349–360; E. Ratliff, »Taming the Wild«, in: *National Geographic* 219-3 (2011), S. 34–59.

Kapitel 3

1 J. Diamond, »New Zealand as an archipelago: an international perspective« in: D. R. Towns, C. H. Daugherty und I. A. E. Atkinson (Hg.), *Ecological Restoration of New Zealand Islands*, Wellington (Neuseeland) 1990, S. 4.

2 S. Carlquist, *Island Life*, S. 208.

3 F. Jacob, »Evolution and Tinkering«, in: *Science* 196 (1977), S. 1161–1166.

4 T. J. Ord und T. C. Summers, »Repeated evolution and the impact of evolutionary history on adaptation«, in: *BMC Evolutionary Biology* 15 (2015), S. 137.

5 Zu den Stichlingen und ihrer Evolution siehe auch: D. Schluter und J. D. McPhail, »Ecological character displacement and speciation in sticklebacks«, in: *American Naturalist* 140 (1992), S. 85 – 108; D. Schluter, »Resource competition and coevolution in sticklebacks«, in: *Evolution Education and Outreach* 3 (2010), S. 54–61; A. P. Hendry et al., »Stickleback research: the now and the next«, in: *Evolutionary Ecology Research* 15 (2013), S. 111–141.

6 D. B. Wake, »Homoplasy – the result of natural selection, or evidence of design limitations«, in: *American Naturalist* 138 (1991), S. 543–567.

7 Zur Erforschung der Rolle der natürlichen Selektion bei der Anpassung und der evolutionären Konvergenz siehe: A. Larson und J. B. Losos, »Phylogenetic systematics of adaptation«, in: M. R. Rose und G. V. Lauder (Hg.), *Adaptation*, San Diego (Kalifornien) 1996, S. 187–220; sowie K. Autumn, M. J. Ryan und D. B. Wake, »Integrating historical and mechanistic biology enhances the study of adaptation«, in: *Quarterly Review of Biology* 77 (2002), S. 383–408.

8 Zitiert in: N. St. Fleur, »Armed and dangerous: T-rex not the only dinosaur short-arming it«, in: *New York Times* vom 19. Juli 2016, S. O2.

Kapitel 4

1 Charles Darwin, *Die Entstehung der Arten*, hrsg. von Paul Wrede und Saskia Wrede, Weinheim 2013, S. 72.

2 H. B. D. Kettlewell, *The Evolution of Melanism: The Study of a Recurring Necessity with Special Reference to Industrial Melanism in the Lepidoptera*, Oxford, UK, 1973.

3 L. M. Cook et al., »Selective bird predation on the peppered moth: the last experiment of Michael Majerus«, in: *Biology Letters* 8 (2012), DOI: 10.1098/rsbl.2011. 1136.

4 P. R. Grant und B. R. Grant, *40 Years of Evolution: Darwin's Finches on Daphne Major*

Island, Princeton, NJ, 1995; J. Weiner, *Der Schnabel des Finken oder der kurze Atem der Evolution: Was Darwin noch nicht wusste,* übers. von M. Reiss, München 1994.

5 S. J. Gould, *The Structure of Evolutionary Theory,* Cambridge, MA, 2002.

Kapitel 5

1 Die folgenden Texte bieten einen guten Einstieg in die mehr als 50 Jahre Forschung über die Guppys von Trinidad: C. P. Haskins et al., »Polymorphism and population structure in *Lebistes reticulatus,* an ecological study«, in: W. F. Blair (Hg.), *Vertebrate Speciation,* Austin, Texas, 1961, S. 320–394; J. A. Endler, »Natural selection on color patterns in *Poecilia reticulata*« in: *Evolution* 34 (1980), S. 76–91; D. Reznick und J. A. Endler, »The impact of predation on life history evolution in Trinidadian guppies *(Poecilia reticulata)*«, in: *Evolution* 36 (1982), S. 160–177; D. Reznick, »Guppies and the empirical study of adaptation«, in: J. B. Losos (Hg.), *In the Light of Evolution: Essays from the Laboratory and Field,* Greenwood Village, CO, 2009, S. 205–232; A. E. Magurran, *Evolutionary Ecology: The Trinidadian Guppy,* Oxford, UK, 2005; N. Karim et al., »This is not déjà vu all over again: male guppy colour in a new experimental introduction«, in: *Journal of Evolutionary Biology* 20 (2007), S. 1339–1350; D. J. Kemp et al., »Predicting the direction of ornament evolution in Trinidadian guppies *(Poecilia reticulata)*«, in: Proceedings of the Royal Society of London B 276 (2009), S. 4335–4343.

2 C. Baranauckas, »Caryl Haskins, 93, ant expert and authority in many fields«, in: *New York Times,* 14. Oktober 2001.

3 A. E. Magurran, *Evolutionary Ecology: The Trinidadian Guppy,* Oxford, UK, 2005.

4 In einer E-Mail-Korrespondenz vom 16. März bis zum 8. Juni 2015 berichtete John Endler über viele Einzelheiten seiner Entwicklung als Wissenschaftler und das Guppy-Projekt.

5 J. A. Endler, *Geographic Variation, Speciation, and Clines,* Princeton, NJ, 1977.

6 J. A. Endler, »Natural selection on color patterns in *Poecilia reticulata*«, in: *Evolution* 34 (1980), S. 77.

7 David Reznick beantwortete zwischen dem 21. März 2015 und dem 16. November 2016 in vielen E-Mails Fragen zu seiner Entwicklung als Wissenschaftler und zum Guppy-Projekt.

8 In diesem Artikel (D. J. Kemp et al., »Predicting the direction of ornament evolution in Trinidadian guppies *(Poecilia reticulata)*«, in: *Proceedings of the Royal Society of London* B 276 (2009), S. 4335–4343) wurden die Flecken als »orangefarben« beschrieben, aber sie entsprechen jenen, die Endler in seiner ursprünglichen Studie als »rot« bezeichnete, daher verwende ich hier »rot«. In dieser Studie wurden, anders als bei Endler, außerdem blaue und irisierende Flecken zusammengefasst.

9 Eine andere Forschergruppe verglich die Farbevolution in einer anderen Neuansiedlung Reznicks und fand keine Beweise für eine Farbänderung. Allerdings wurden bei

dieser Studie nicht die neuesten Farbanalysen angewandt, die Experten für das Sehvermögen von Tieren bei Reznicks und Endlers Studie im Jahr 2006 einsetzten. In einer späteren Studie konnte die andere Gruppe auch die Unterschiede, die das Team von Reznick und Endler fand, nicht bestätigen, was vermuten lässt, dass die andere Gruppe nicht in der Lage war, zumindest einige Formen von Farbevolution zu erkennen (insbesondere vermehrtes Irisieren). Die Autoren der anderen Gruppe liefern in ihrem Artikel eine verteidigende Rechtfertigung für ihre Methoden, vermutlich um Kritik aus den Peer-Reviews zu begegnen. Ihre Ergebnisse sind schwer einschätzbar. Eindeutig sind jedoch weitere Untersuchungen anderer Guppy-Neuansiedlungen mit den besten verfügbaren Methoden notwendig.

10   S. O'Steen, A. J. Cullum und A. F. Bennett, »Rapid evolution of escape ability in Trinidadian guppies *(Poecilia reticulata)*«, in: *Evolution* 56 (2002), S. 776–784.

Kapitel 6

1   In meinem Buch fasse ich die experimentelle Arbeit auf den Bahamas bis zum Jahr 2009 zusammen: J. B. Losos, *Lizards in an Evolutionary Tree*, Berkeley 2009. Die wichtigsten Fachartikel sind: T. W. Schoener und A. Schoener, »The time to extinction of a colonizing propagule of lizards increases with island area«, in: *Nature* 302 (1983), S. 332 ff.; J. B. Losos, T. W. Schoener und D. A. Spiller, »Predator-induced behaviour shifts and natural selection in field-experimental lizard populations«, in: *Nature* 432 (2004), S. 505–508; J. B. Losos et al., »Rapid temporal reversal in predator-driven natural selection«, in: *Science* 314 (2006), S. 1111; J. J. Kolbe et al., »Founder effects persist despite adaptive differentiation: a field experiment with lizards«, in: *Science* 335 (2012), S. 1086–089.

Kapitel 7

1   Welches das am längsten laufende Experiment der Welt ist, lässt sich nur schwer festlegen. Viele Onlinequellen nennen hier ein Experiment, bei dem Pech in einen Trichter tropft, aber dieser Versuch wurde erst in den 1920er-Jahren begonnen. Bei Onlinerecherchen fand ich kein laufendes Experiment, das noch älter ist als die Rothamsted-Studien. Es gibt Berichte über eine batteriebetriebene Glocke, die seit 1840 läuft, also kurz bevor die Rothamsted-Experimente begannen. Allerdings habe ich Zweifel, ob das Beobachten dieser Glocke ein Experiment darstellt.

2   Die folgenden Texte bieten einen guten Ausgangspunkt für einen Überblick über Rothamsted, das Park Grass Experiment und Roy Snaydons Experimente: J. Silvertown, *Demons in Eden: The Paradox of Plant Diversity*, Chicago 2005; J. Silvertown et al., »The Park Grass Experiment 1856-2006: its contribution to ecology«, in: *Journal of Ecology* 94 (2006), S. 801–814; J. Storkey et al., »The unique contribution

of Rothamsted to ecological research at large temporal scales«, in: *Advances in Ecological Research* 55 (2016), S. 3–42; R. W. Snaydon, »Rapid population differentiation in a mosaic environment. I. The response of Anthoxanthum odoratum populations to soils«, in: *Evolution* 24 (1970), S. 257–269; R. W. Snaydon und M. S. Davies, »Rapid population differentiation in a mosaic environment. II. Morphological variation in Anthoxanthum odoratum«, in: *Evolution* 26 (1972), S. 390–405; S. Y. Strauss et al., »Evolution in ecological field experiments: implications for effect size«, in: *Ecology Letters* 111 (2007), S. 199–207. Meine Beschreibung dieser Arbeit basiert auf Gesprächen mit Roy Snaydon (4.–27. Juni 2015), Stuart Davies (27. Mai 2015), Jonathan Silvertown (19.–29. Mai 2015) und Jonathan Storkey (2. Juni 2015).

3 J. B. Lawes und J. H. Gilbert, *Report of Experiments with Different Manures on Permanent Meadow Land*, London 1859, S. 43.

4 Die Beschreibung der Versuchsfelder, vor allem von Nummer 3, basiert auf J. Silvertown, *Demons in Eden: The Paradox of Plant Diversity*, Chicago 2005. Zusätzliche Informationen stammen aus einem persönlichen Gespräch mit Jonathan Storkey (2. Juni 2015) und aus M. J. Crawley et al., »Determinants of species richness in the Park Grass Experiment«, in: *American Naturalist* 165 (2005), S. 179–192.

5 Die folgenden Artikel bieten eine Einführung in die Kaninchenexperimente in Silwood Park: M. J. Crawley, »Rabbit grazing, plant competition and seedling recruitment in acid grassland«, in: *Journal of Applied Ecology* 27 (1990), S. 803–820; J. Olofsson et al., »Contrasting effects of rabbit exclusion on nutrient availability and primary production in grasslands at different time scales«, in: *Oecologia* 150 (2007), S. 582–589; N. E. Turley et al., »Contemporary evolution of plant growth rate following experimental removal of herbivores«, in: *American Naturalist* 181 (2013), S. S21–S34; T. J. Didiano et al., »Experimental test of plant defence evolution in four species using long-term rabbit exclosures«, in: *Journal of Ecology* 102 (2014), S. 584–594. Viele Details zu diesem Experiment erfuhr ich in Gesprächen mit Marc Johnson (29. Mai bis 10. Dezember 2015), Mick Crawley (29.–30. Mai 2015) und Nash Turley (17.–29. Mai 2015).

6 A. A. Agrawal et al., »Insect herbivores drive real-time ecological and evolutionary change in plant populations«, in: *Science* 338 (2012), S. 113–116.

7 T. Bataillon et al., »A replicated climate change field experiment reveals rapid evolutionary response in an ecologically important soil invertebrate«, in: *Global Change Biology* 22 (2016), S. 2370–2379; V. Soria-Carrascal et al., »Stick insect genomes reveal natural selection's role in parallel speciation«, in: *Science* 344 (2014), S. 738–742.

Kapitel 8

1 Meine Beschreibung der Geschichte der Evolutionsexperimente mit den Stichlingen basiert überwiegend auf Gesprächen mit Dolph Schluter (12. Juni 2015 bis 23. September 2016), aber auch mit Rowan Barrett (4. März 2015 bis 12. Juli 2016) und Diana Rennison (23. September bis 11. November 2016).

2 D. Schluter, T. D. Price und P. R. Grant, »Ecological character displacement in Darwin's finches«, in: *Science* 227 (1985), S. 1056–059.

3 R. D. H. Barrett, S. M. Rogers und D. Schluter, »Natural selection on a major armor gene in threespine stickleback«, in: *Science* 322 (2008), S. 255 ff.; R. D. H. Barrett et al., »Rapid evolution of cold tolerance in stickleback«, in: *Proceedings of the Royal Society of London B* 278 (2011), S. 233–238.

4 P. F. Colosimo et al., »Widespread parallel evolution in sticklebacks by repeated fixation of *Ectodysplasin* alleles«, in: *Science* 307 (2005), S. 1928–1933.

5 D. J. Rennison, *Detecting the drivers of diveergence: identifying and estimating natural selection in threespine stickleback*, Doktorarbeit an der Universität von British Columbia 2016.

6 L. R. Dice, »Effectiveness of selection by owls of deer mice *(Peromyscus maniculatus)* which contrast in color with their background«, in: *Contributions from the Laboratory of Vertebrate Biology* 34 (1847), S. 1–20.

7 C. R. Linnen et al., »On the origin and spread of an adaptive allele in deer mice«, in: *Science* 325 (2009), S. 1095–1098.

8 Meine Beschreibung des Hirschmausprojekts in den Sandhills basiert auf ausführlichen Gesprächen mit Rowan Barrett, 4. März 2015 bis 12. Juli 2016.

Kapitel 9

1 Lenskis Experimente sind gut dokumentiert, und man findet leicht populärwissenschaftliche Artikel über sie im Internet oder in Fachzeitschriften, z. B. T. Appenzeller, »Test tube evolution catches time in an bottle«, in: *Science* 284 (1999), S. 2108; E. Pennissi, »The man who bottled evolution«, in: *Science* 342 (2013), S. 790–793. Lenski fasste die Ergebnisse seiner Arbeit in seinem Blog *Telliamed Revisited* vom 29. Dezember 2013 selbst zusammen: https://telliamedrevisited.wordpress.com/2013/12/29/what-weve-learned-about-evolution-from-the-ltee-number-5/6. Ich erfuhr viele Details seines Forschungsprogramms und der Lebensgeschichten vieler Beteiligter während meines Besuchs im Lenski-Labor (2.–3. Oktober 2014), durch meine ausführliche Korrespondenz mit Zack Blount (20. Dezember 2014 bis 6. November 2016) und durch viele persönliche oder schriftliche Kontakte mit Rich Lenski (17.–27. August 2015), Tim Cooper (24.–27. Januar 2015) und Chris Borland (18.–23. Februar 2015).

2 R. E. Lenski und M. Travisano, »Dynamics of adaptation and diversification:

a 10,000-generation experiment with bacterial populations«, in: *Proceedings of the National Academy of Sciences of the United States of America* 91 (1994), S. 6808–6814.

3   S. 240 in R. E. Lenski, »Phenotypic and genomic evolution during a 20,000-generation experiment with the bacterium *Escherichia coli*«, in: *Plant Breeding Reviews* 24 (2004), Teil 2, S. 225–265.

4   S. 32 in R. E. Lenski, »Evolution in action: a 50,000-generation salute to Charles Darwin«, in: *Microbe* 6 (2011), S. 30–33.

5   Eine E-Mail-Korrespondenz mit Paul Rainey (15. Februar 2015 bis 17. März 2015) lieferte mir die Details zu seinem Hintergrund und zum Forschungsprogramm mit *Pseudomonas fluorescens.*

6   P. B. Rainey und M. Travisano, »Adaptive radiation in a heterogeneous environment«, in: *Nature* 394 (1998), S. 69–72.

7   W. C. Ratcliff et al., »Experimental evolution of multicellularity«, in: *PNAS* 109 (2012), S. 1595–1600.

8   O. Tenaillon et al., »The molecular diversity of adaptive convergence«, in: *Science* 335 (2012), S. 457–461.

Kapitel 10

1   Zack Blount am 13. März 2015 in einem persönlichen Gespräch.

2   C. Zimmer, »The birth of the new, the rewriting of the old«, in: *The Loom* vom 19. September 2012, http://blogs.discovermagazine.com/loom/2012/09/19/the-birth-of-the-new-the-rewriting-of-the-old/#.WCO6JeErJjs.

3   S. J. Gould, *Zufall Mensch*, S. 46.

4   Rich Lenski am 17. August 2015 in einem persönlichen Gespräch.

5   Z. D. Blount, C. Z. Borland und R. E. Lenski, »Historical contingency and the evolution of a key innovation in an experimental population of *Escherichia coli*«, in: *Proceedings of the National Academy of Sciences of the United States of America* 105 (2008), S. 7899–7906.

6   Z. D. Blount et al., »Genomic Analysis of a key innovation in an experimental *Escherichia coli* population«, in: *Nature* 489 (2012), S. 513–518.

7   E. M. Quandt et al., »Fine-tuning citrate synthase flux potentiates and refines metabolic innovation in the Lenski evolution experiment«, in: *eLife* 4 (2015), S. e09696.

8   J. Dennehy, »This week's citation classic: the fluctuation test«, in: *The Evilutionary Biologist* vom 9. Juli 2008, http://evilutionarybiologist.blogspot.com/2008/07/this-weeks-citation-classic-fluctuation.html.

9   P. A. Lind, A. D. Farr und P. B. Rainey, »Experimental evolution reveals hidden diversity in evolutionary pathways«, in: *eLife* 4 (2015), S. e07074.

10   M. L. Friesen et al., »Experimental evidence for sympatric ecological diversification

due to frequency-dependent competition in *Escherichia coli*«, in: *Evolution* 58 (2004), S. 245–260.

11 D. S. Wilson, »Evolutionary biology's master craftsman: an interview with Richard Lenski«, in: *This View of Life* vom 30. Mai 2016, https://evolution-institute.org/article/evolutionary-biologys-master-craftsman-an-interview-with-richard-lenski/.

Kapitel 11

1 S. J. Gould, *Zufall Mensch*, S. 46 f.

2 Ibid., S. 322.

3 Ibid., S. 324.

4 S. J. Gould, *Zufall Mensch*, S. 316 f.

5 Ibid., S. 50.

6 J. Maynard Smith, »Taking a chance on evolution«, in: *New York Review of Books* vom 14. Mai 1992.

7 Fred Cohan war so nett, mir in einer Reihe von E-Mails (vom 19. Februar 2015 bis zum 6. November 2016) auch die Hintergrundgeschichte zu diesem Projekt zu erzählen.

8 F. M. Cohan und A. A. Hoff, »Genetic divergence under uniform selection. II. Different responses to selection for knockdown resistance to ethanol among Drosophila melanogaster populations and their replicate lines«, in: *Genetics* 114 (1986), S. 145–163.

9 A. Spor et al., »Phenotypic and genotypic convergences are influenced by historical contingency and environment in yeast«, in: *Evolution* 68 (2014), S. 772–790.

10 R. E. Lenski et al., »Long-term experimental evolution in *Escherichia coli*. I. Adaptation and divergence during 2,000 generations«, in: *American Naturalist* 138 (1991), S. 1315–1341.

11 M. Travisano et al., »Experimental tests of the roles of adaptation, chance, and history in evolution«, in: *Science* 267 (1995), S. 87–90.

12 J. Beatty, »Replaying life's tape«, in: *Journal of Philosophy* 103 (2006), S. 336–362.

13 Überraschenderweise hat bisher noch niemand eine umfassende Abhandlung über solche Studien geschrieben. Die aktuellsten Berichte sind V. Orgogozo, »Replaying the tape of life in the twenty-first century«, in: *Interface Focus* 5 (2015), 20150057, und ein Buchkapitel von Zack Blount, das sich auf Experimente mit Mikroben konzentriert und einen guten Überblick über das LTEE gibt: Z. B. Blount, »History's windings in a flask: microbial experiments into evolutionary contingency« in G. Ramsey und C. H. Pence (Hg.), *Chance in Evolution*, Chicago 2016, S. 244–263.

Kapitel 12

1   A. Wong, N. Rodrigue und R. Kassen, »Genomics of adaptation during experimental evolution of the opportunistic pathogen Pseudomonas aeruginosa«, in: *PLoS Genetics* 8 (2012), S. e1002928.

2   R. L. Marvig et al., »Convergent evolution and adaptation of *Pseudomonas aeruginosa* within patients with cystic fibrosis«, in: *Nature Genetics* 47 (2014), S. 57–64.

3   Einige der Details hier und weiter vorn im Buch stammen aus persönlichen Gesprächen mit Rasmus Marvig vom 17. Juli 2015 und 22. Mai 2016.

4   T. D. Lieberman et al., »Parallel bacterial evolution within multiple patients identifies candidate pathogenicity genes«, in: *Nature Genetics* 43 (2011), S. 1275–1280.

5   M. R. Farhat et al., »Genomic analysis identifies targets of convergent positive selection in drug-resistant *Mycobacterium tuberculosis*«, in: *Nature Genetics* 45 (2013), S. 1183–1189.

6   A. C. Palmer und R. Kishony, »Understanding, predicting and manipulating the genotypic evolution of antibiotic resistance«, in: *Nature Reviews Genetics* 14 (2013), S. 243.

7   E. Toprak et al., »Evolutionary paths to antibiotic resistance under dynamically sustained drug selection«, in: *Nature Genetics* 44 (2012), S. 101–106.

8   Y. Stuart et al., »Contrasting effects of environment and genetics generate a predictable continuum of parallel evolution«, in: *Nature Ecology & Evolution* 1 (2017).

9   A. E. Lobkovsky und E. V. Koonin, »Replaying the tape of life: quantification of the predictability of evolution«, in: *Frontiers in Genetics* 3 (2012), S. 1–8.

10 J. A. G. M. de Visser und J. Krug, »Empirical fitness landscapes and the predictability of evolution«, in: *Nature Reviews Genetics* 15 (2014), S. 484.

11 H. Jacquier et al., »Capturing the mutational landscape of the beta-lactamase TEM-1«, in: *Proceedings of the National Academy of Sciences of the United States of America* 110 (2013), S. 13067–13072.

12 D. M. Weinreich et al., »Darwinian evolution can follow only very few mutational paths to fitter proteins«, in: *Science* 312 (2006), S. 113.

13 M. L. M. Salverda et al., »Initial mutations direct alternative pathways of protein evolution«, in: *PLoS Genetics* 7 (2011), S. e1001321.

14 N. Liu, »Insecticide resistance in mosquitoes: impact, mechanisms, and research directions«, in: *Annual Review of Entomology* 60 (2015), S. 537–559.

15 R. H. Ffrench-Constant, »The molecular genetics of insecticide resistance«, in: *Genetics* 194 (2013), S. 807–815; F. D. Rinkevich, Y. Du und K. Dong, »Diversity and convergence of sodium channel mutations involved in resistance to pyrethroids«, in: *Pesticide Biochemistry and Physiology* 106 (2014), S. 93–100.

16 B. E. Tabashnik, T. Brévault und Y. Carrière, »Insect resistance to Bt crops: lessons from the first billion acres«, in: *Nature Biotechnology* 31, S. 510–521. Außerdem: Bruce Tabashnik lieferte einige aktuelle Zahlen (persönliche Kommunikation vom 13. Oktober 2016).

17 Y. Wu, «Detection and mechanisms of resistance evolved in insects to cry toxins from *Bacillus thuringiensis*«, in: *Advances in Insect Physiology* 47 (2014), S. 297–342.

18 B. Tabashnik, »ABCs of insect resistance to Bt«, in: *PLoS Genetics* 11 (2015), S. e1005646.

19 N. M. Reid et al., »The genomic landscape of rapid repeated evolutionary adaptation to toxic pollution in wild fish«, in: *Science* 354 (2016), S. 1305–1308.

20 Einen guten Einstieg in dieses Thema bieten die beiden folgenden Reviews: F. W. Allendorf und J. J. Hard, »Human-induced evolution caused by unnatural selection through harvest of wild animals«, in: *Proceedings of the National Academy of Sciences of the United States of America* 106 (2009), S. 9987–9994; M. Heino, B. Díaz Pauli und U. Dieckmann, »Fisheries-induced evolution«, in: *Annual Review of Ecology, Evolution and Systematics* 46 (2015), S. 461–480.

21 F. W. Allendorf und J. J. Hard, »Human-induced evolution caused by unnatural selection through harvest of wild animals«, in: *Proceedings of the National Academy of Sciences of the United States of America* 106 (2009), S. 9987–9994; Doug Swain (persönliche Kommunikation vom 11. und 25. Oktober 2016) und Loretta O'Brien (persönliche Kommunikation vom 24. Oktober 2016).

Fazit

1 Siehe M. Wilhelm und D. Mahison, *James Cameron's Avatar: An Activist Survival Guide,* New York 2009; »Pandorapedia: the official field guide«, https://www.pandorapedia.com/pandora_url/dictionary.html; »Pandora Discovered«, ein vierminütiger Film, mit Sigourney Weaver als Sprecherin, ist ebenfalls sehr lehrreich: https://www.youtube.com/watch?v=GBGDmin_38E#t=93.

2 S. Conway Morris, »Predicting what extra-terrestrials will be like: and preparing for the worst«, in: *Philosophical Transactions of the Royal Society A* 369 (2011), S. 555–571.

3 C. Sagan, *Unser Kosmos,* München 1982, S. 52.

4 S. B. Carroll, »Chance and necessity: the evolution of morphological complexity and diversity«, in: *Nature* 409 (2001), S. 1102–1109; K. J. Niklas, »The evolutionary-developmental origins of multicellularity«, in: *American Journal of Botany* 101 (2014), S. 6–25.

5 F. de Waal, *Are We Smart Enough to Know How Smart Animals Are?,* New York 2016.

6 M. Roach, »Almost human«, in: *National Geographic* 213 (2008), S. 124–144.

7 Thomas Holtz zitiert in: J. Hecht, »Smartasaurus«, in: *Cosmos* vom 9. Juli 2007, https://cosmosmagazine.com/palaeontology/smartasaurus.

8 D. Naish, »Dinosauroids revisited, revisited«, in: *Tetrapod Zoology* vom 27. Oktober 2012, https://blogs.scientificamerican.com/tetrapod-zoology/dinosauroids-revisited-revisited/.

9 Zitiert in: G. Hatt-Cook, »What if the asteroid had missed?«, BBC News, 13. März 2007, http://news.bbc.co.uk/2/hi/science/nature/6444811.stm.

10 D. A. Russell und R. Séguin, »Reconstructions of the small Cretaceous theropod Stenonychosaurus inequalis and a hypothetical dinosauroid«, in: *Syllogeus* 37 (1982), S. 36.

11 »Thinkaboutit's Alien Type Summary – Dinosauroids«, Thinkaboutit, letzter Zugriff am 17. Oktober 2017, http://www.thinkaboutit-aliens.com/think-aboutits-alien-type-summary-dinosauroids/. Im Zitat habe ich das Wort »Amphibienkultur« zu »Reptilienkultur« korrigiert.

12 D. Naish, »Dinosauroids revisited, revisited«, in: *Tetrapod Zoology* vom 27. Oktober 2012, https://blogs.scientificamerican.com/tetrapod-zoology/dinosauroids-revisited-revisited/.

13 S. Roy, »Deviant Art«, letzter Zugriff am 17. Oktober 2017, http://povorot.deviantart.com/gallery/9348116/The-Dinosauroids.

14 H. Burrell, *The Platypus*, Sydney 1927.

15 J. D. Pettigrew, »Electroreception in monotremes«, in: *Journal of Experimental Biology* 202 (1999), S. 1447–1454; T. Grant, *Platypus*, 4. Auflage, Collingwood, Australien 2008.

16 Jerry Coyne schreibt sehr aufschlussreich über einzigartige Entwicklungen der Evolution. Er bringt in Bezug auf Elefanten ähnliche Argumente wie ich hier für Schnabeltiere. Siehe: J. A. Coyne, »Simon Conway Morris's new book on evolutionary convergence. Does it give evidence for God?«, in: *Why Evolution is True*, 8. Februar 2015, https://whyevolutionistrue.wordpress.com/2015/02/08/simon-conway-morriss-new-book-on-evolutionary-convergence-does-it-give-evidence-for-god/; J. A. Coyne, *Faith versus Fact: Why Science and Religion Are Incompatible*, New York 2016.

17 E. O. Wilson, *Der Sinn des menschlichen Lebens*, München 2015.

REGISTER

Aale 105, 346, 348
Aasblumen 64
Abaco (Bahamas) 179, 186 f., 191
Abhängigkeit, kausale 285 f., 288
Ackerwinde 131
Adler 98
Affen 100, 102, 329, 334 f., 337, 341, 348
Afrika 25–27, 30, 67–70, 88, 93, 335
Aggregationen 252, 260
Agutis 162
Akiapolaaue 118 f.
Algen 335
Alkohol 241, 290, 292–294
Allensche Regel 93
Alpakas 94
am Birkenspanner 131
Amborella 90
Ameisen 60–62, 122, 142 f., 163 f.
Ameisenbären 348
Ameisenigel 43
Amphibien 63, 67, 146
Ampicillin 318
Anden-Greifstachler 27
Ankylosaurier 62
Ankylosaurus 18
Anolis-Echsen 11–13, 73 f., 76–87, 89 f., 99,
113, 171–176, 180, 184–189, 191–193, 206,
212
Anomalocaris 51, 53
Antibiotika 62, 131, 306, 309–312, 314 f.,
318 f., 323, 325, 327
Antilopen 26, 99, 326, 329

Aptornis 98
Aripo (Trinidad) 153
Asteroiden 17–19, 21–24, 33, 303, 338, 352
Astrobiologie 25, 302, 330
aufrechter Gang 23, 338 f., 341 f., 349
Augen 21 f., 27, 53, 58–60, 71, 76, 121, 226,
259, 277, 285, 304, 331, 344, 346, 348, 350
außerirdisches Leben 25, 330 f., 339 f., 342,
345, 348–350
Australien 29 f., 34 f., 44, 65–67, 69, 88,
102, 104 f., 118, 235, 333 f., 343–345
Avatar 329
Azetat 279

Bacillus thuringiensis 323
Bahamas 14, 37, 171 f., 174, 177, 179 f., 184 f.,
187, 190
Bakterien 62, 131, 220, 240, 245 f., 251–253,
257, 260, 264–267, 269, 304–308,
310–312, 314, 336
Bali 89
Band des Lebens 34, 38, 54 f., 58, 88 f., 281,
287, 300, 319, 337
Bandwürmer 67 f.
Bankivahühner 241
Banks, Joseph 29
Baobab-Bäume 101
Barbera, Joseph 90 f.
Bären 352
Barrett, Rowan 214 f., 220–228
Bartenwale 107
Baumfrösche 346

Baumhummer 99
Baumstachelschweine 26 f.
Beatty, John 282–287, 300 f.
Beinlänge 79, 82, 134, 173 f., 179–182, 184,
    189, 191–194, 230
Belyaev, Dmitry 95
Bergmannsche Regel 93
Bermuda 89
Beta-Lactamase 318 f.
Beutelmarder 65 f.
Beutelmull 66
Beuteltiere 65 f., 352
Beutelwölfe 65–67
Biber 243, 346
Bienen 61
Bieri, Robert 25
Bipedität 346
Birkenspanner 128–133, 154, 326
Bisons 19 f., 34
Blauwale 107
Blount, Zack 268, 271–277, 281 f.
Bolaspinnen 103
Borland, Christina 269, 271
Bradshaw, Tony 201 f., 205
Braunanolis 171 f., 176, 185, 193
Briggs, Derek 53
British Columbia 14, 210–215, 220, 282,
    294
Brontosaurier 19–21, 90
Bt-Toxine 323 f.
Buckelwale 107
Bullennattern 226 f.
Burgess-Schiefer 50–57, 350, 360
Burkholderia dolosa 310, 313
Burrell, Harry 344
Buschböcke 109

Cadherin 324
Cape May (New Jersey) 157
Carnegie, Andrew 148
Cefotaxim 318–321
Chamäleon 35, 73, 101, 348

Chao, Lin 244
Chihuahua 241
Chloramphenicol 314
Chordatiere 54 f.
Citrat 268–277, 279
Cohan, Fred 290–293
Conway Morris, Simon 20 f., 24 f., 32–34,
    50, 52 f., 55–58, 62, 96, 103, 110, 123, 139,
    229, 286, 302, 330, 334, 338, 340
Cook, James 29, 34
Cooper, Tim 264–267
Coyne, Jerry 371
Crawley, Mick 238
Cutthroat-Forellen 216

Daphne Major 133–136
Darwin, Charles 10, 28–30, 37, 39, 71, 82,
    89, 94, 102, 127 f., 132 f., 137, 179, 201, 223
Darwinfinken 28, 120, 133, 136, 211
Daumen 346
Davies, Stuart 203 f.
Davies, Tom 204 f.
Dawkins, Richard 63
DDT 132
Delbrück, Max 240
Delfine 14, 21, 31 f., 64, 105, 190, 336–338,
    346
Determinismus 21, 33 f., 38–40, 49, 96,
    123 f., 139, 230, 248, 254, 284, 286 f., 299,
    316, 319
Diamond, Jared 98
Dice, Lee 219, 221
Didiano, Teresa 207
Didieraceen 101
Dieldren 323
Dihydrofolatreduktase (DHFR) 314
Dinoflagellaten 68
Dinosaurid 23 f., 316, 339–343, 351
Dinosaurier 9, 15, 17–20, 22–24, 32, 65,
    102, 106, 117, 333, 338–342
Dioxin 325
Dodos 92, 100

Doggen, Deutsche 241
Domestikationssyndrom 95
Domestizierte Spezies 94 f.
Dominikanische Republik 11, 83
Doxycyclin 314
Düngemittel 136, 196–200
Dykhuizen, Dan 244

East Lansing 235
Eidechsen 9–11, 14, 37, 134, 141, 146 f., 156,
 162, 171–181, 183–195, 209, 218 f., 229 f.,
 336, 346, 348, 352
Eisbären 93
Eiszeiten 20 f., 114
Elefanten 21, 35 f., 91 f., 103, 316, 321, 326,
 333, 336–338, 346, 371
Elefantenvögel 101
Elektrorezeptoren 35, 345 f.
Elstern 337
Endler, John 146–159, 164 f., 167, 170, 173,
 180, 206, 218, 220, 223, 363 f.
Enten 92, 346
Erdferkel 21
ermöglichende Mutationen 276
Erythromycin 131
Escherichia coli (E. coli) 245–247, 249,
 256 f., 259–262, 264–271, 274–277, 279,
 298, 314 f., 318 f., 321, 333
Esel 94
Eulen 92, 99, 219, 348
Evolutionsbiologie 13 f., 33, 36, 38, 46, 48,
 57, 71 f., 81, 89, 115, 123, 140, 142, 146 f.,
 154, 167, 170, 205, 208, 210 f., 220, 224,
 236, 255 f., 259, 264, 273, 283, 306, 311, 348

Falken 92
Falter 92, 102, 109, 128
Fanghafte 59 f.
Faultiere 99, 101, 105, 122
Fingertiere 120–122
Fische 37, 43, 52, 63, 67, 87, 104, 107, 111,
 113 f., 141, 143–145, 148–150, 152 f.,
 156–158, 160, 162, 166, 168, 211–217, 304,
 315, 325–327, 336, 344, 346
Fischfang 326 f.
Fledermäuse 86 f., 98 f.
Fledertiere 86, 105–107
Fliegen 32, 64, 147, 291–293, 323
Flöhe 323
Flores 91
Flughörnchen 65 f.
Flugsaurier 105–107
Flusspferde 92, 101
Frettchen 94
Frösche 54, 63, 87, 101, 162 f.
Fruchtfliegen 100, 132, 142, 147, 150, 157,
 241 f., 279, 290–294, 304, 333
Füchse 93–95

Galapagosinseln 28, 85, 120, 133, 179,
 210 f., 235
Galapagoskormoran 92
Gänse 92, 99
Geckos 78, 90, 113
Gehirne 18, 22–24, 94, 103, 176, 259, 317,
 336–339, 342, 344, 349
Geier 67
Gelbbauchmolche 71
Geparden 109
Gespenstschrecken 37
Gibbons 341
Gilbert, Joseph Henry 196–198, 200
Giraffen 35, 101, 283, 333
Gliederfüßer 99, 322, 360
Glukose 247, 256, 264, 268 f., 288, 294 f.,
 298–300, 306
Glyptodonten 62
Gorillas 54, 99, 341
Gottesanbeterinnen 37, 59 f.
Gould, John 28 f.
Gould, Stephen Jay 10, 12, 33 f., 36, 50,
 53–57, 88 f., 137, 139, 231, 248, 270 f.,
 279–284, 286–289, 295 f., 300–303, 312,
 334, 337

Graham-Anolis 75 f., 79
Grant, Rosemary und Peter 133 f., 136, 210
Grashüpfer 218 f.
Grauwale 107
Greifschwänze 100, 348
Greifstachler 26
Grillen 92, 98
Grinspoon, David 25
Große Antillen 11, 84 f., 89, 193
Grüne Anolis 73 f.
Gualicho shinyae 117
Guam 168
Guaraná-Pflanzen 45 f.
Guppys 37, 141–145, 148–161, 164–170, 173, 180 f., 194, 205 f., 217, 364
Gürteltiere 23, 62

Haare 24, 43, 97, 99, 121, 253, 346, 348
Habitatspezialisten 11, 75, 83–86, 113, 213, 255
Haie 21, 31 f., 54, 64, 105
Hairston, Nelson, Sr. 239
Haiti 83 f.
Hajela, Neerja 256, 264
Hakenschnäbel 110
Hall, Barry 244
Hallucigenia 51–53, 56 f.
Hamster 297
Hanna, William 90 f.
Hantavirus 39, 222
Haplozoon 68
Haskins, Caryl Parker 142 f., 145, 148 f., 158, 161, 164
Haskins, Edna 143
Hautfarbe 40, 69 f., 146
Hawaii 92, 100 f., 118
Hechtbuntbarsche 151–153, 158 f., 167
Hefen 143, 246, 259 f., 278, 292, 294 f., 297, 306
Herbizide 131 f., 323
Herpetologie 10, 25, 73, 146, 189
Heu 197–199

Hirsche 243
Hirschmäuse 219–222, 226, 228
Hispaniola 11, 83–85
Hoekstra, Hopi 220, 222
Hoessle, Charlie 9 f.
Hominiden 22 f., 92
Homo floresiensis 92
Homo sapiens 33, 68 f., 351
Hühner 182
Huias 118 f.
Humanoiden 23 f., 32, 329, 334 f., 341, 345, 348, 352
Hummer 360
Hunde 65, 67, 94 f., 109, 141, 189, 226 f., 289 f.
Hurrikane 173, 187 f., 193 f.
Hutias 99

Ibisse 92
Ichbewusstsein 336 f.
Ichthyosaurier 31 f., 64
Igel 63, 97, 122
Igeltenreks 63
Impalas 109
Indien 88
Indonesien 44, 92
Inebriometer 293
Insekten 39, 59–61, 63 f., 76, 86 f., 92, 97–101, 103, 109, 117 f., 121, 129 f., 132, 139 f., 162–164, 178, 184, 208, 213, 229, 253, 291, 303, 322–324, 334, 360
Insektizide 132, 323
Intelligenz 22, 25, 334, 336–339, 342, 349 f.
Irschick, Duncan 79
Ist das Leben nicht schön? 32 f., 281 f.

Jacob, François 111
Jamaika 11, 73–76, 78 f., 81–83, 89
Jamaika-Anolis 75 f.
Japan 85
Jersey 92

Johnson, Marc 207 f.
Jurassic Park 22, 49

Kabeljau 326
Käfer 61, 63 f., 92, 101, 146, 237, 239–241, 323
Kaffee 45–48
Kaffernbüffel 108
Kakao 46–48
Kakerlaken 61, 178 f., 323, 346
Kakteen 67, 294
Kalmare 105
Kältetoleranz 215
Kambrium 54–56
Kamele 94
Kanada 50, 114, 211, 326
Kängurus 34, 65, 102, 104, 123, 334, 346
Kaninchen 94, 206–208, 229
Katzen 26, 59, 65, 70, 93 f., 97, 99, 121, 189, 227, 333, 348
Kauai 101
Kehlfahnen 58, 74, 76, 82
Kettlewell, Bernard 130 f.
Killifische 144, 151–154, 159, 165, 325
Kishony, Roy 313
Kiwis 98 f., 334, 348
Klapperschlangen 346
Kleine Braune Fledermaus 86
Klimawandel 208, 327
Kloakentiere 43
Koalas 35, 65, 101–104, 346
Kobras 67, 109
Kodiakbären 93
Koffein 45–48
Koinzidenz 286
Kolbe, Jason 194
Kolibris 63 f., 99, 109 f., 210
Komodowarane 91
Kontingenz 33 f., 39 f., 49, 55, 89, 102, 112, 124, 254, 279, 282–288, 296, 300, 303, 310, 312, 321
Konvergenz 13, 21 f., 25, 28–30, 34, 36, 40,

43 f., 46, 48–50, 55, 57 f., 60–72, 85–88, 91, 96, 103–108, 110, 112–118, 122 f., 131, 139, 142, 165, 229, 253, 258, 278, 296, 308 f., 311–313, 315 f., 323–328, 330 f., 335–337, 340, 345–348, 351
Kormorane 105, 111
Korsika 91
Kraftflug 105, 107
Krähen 90, 120, 336, 338, 342, 352
Kraken 21, 105, 336, 338, 350
Kreta 91
Krokodile 9, 90, 101, 105, 112
Krustentiere 50
Kuba 11, 74, 81, 84 f., 89, 99
Kugelfische 63, 71
Kühe 59, 67 f., 70 f.
Kurzkopfgleitbeutler 66
Küstenmäuse 71, 113

Lachse 114, 144, 189
Laktase 70 f.
Lamas 94
Landwirtschaft 39, 61, 132 f., 142, 196 f., 209, 218, 242
Lanzenottern 163
Laplace, Simon-Pierre 284
Läuse 323
Lawes, John Bennet 196–198, 200
Leal, Manuel 176, 194
Lebensgeschichte 156–161, 164, 167, 170
Leguane, grüne 76, 79, 83
Lemuren 101 f., 122, 334, 352
Lenski, Rich 237, 239–251, 253–258, 261–267, 269–272, 274, 277–282, 287, 296 f., 300, 313, 332
Levin, Bruce 244
Libellen 100, 237 f.
Lieberman, Tami 310
Linnæus, Carl 43
Linnen, Catherine 222 f.
Lord Howe Island 99
Löwen 23, 25 f., 30, 108

LTEE (long-term evolution experiment) 247, 249, 253, 255–257, 264 f., 273, 275, 277, 279 f., 282, 285, 287 f., 295–301
Luquillo-Mountain-Regenwald 82
Luria, Salvador 240

Madagaskar 63, 87 f., 101 f., 120 f., 235
Madeira 89
Maden 336
Madenfresser 118, 120
Magurran, Anne 166, 168
Mais 241, 323
Malaria 328
Malta 91
Maltose 298–300
Mammuts 36, 90 f.
Mandarina-Schnecken 85, 87, 99
Marmosetten 335
Mastodons 36
Maulwürfe 65 f.
Mauritius 92, 100
Mäuse 37, 94, 97–99, 122, 181, 218–228, 242 f., 279
Mausohrfledermäuse 86 f., 89
McGhee, George 32, 62 f.
Meerschweinchen 94
Mendel, Gregor 161
Menschen 19–21, 23 f., 35, 39 f., 54, 59, 68–71, 90 f., 95, 113, 129, 131–133, 135, 142 f., 146, 163, 176, 182, 245, 247, 254, 259, 285, 290, 292, 303–309, 313, 317, 322, 325, 328, 334 f., 338–340, 342 f., 345 f., 348, 352
Menschenaffen 102, 337, 341 f.
Merritt Reservoir 222
Mesozoikum 19, 333
Methicillin 131
Mikroben 38, 131 f., 150, 153 f., 240 f., 243 f., 247, 257, 259, 261, 265–268, 270 f., 279, 287, 303–305, 308, 310, 312–314, 317 f., 322 f.
Milch 40, 43, 70, 246

Mittel-Grundfinken 133, 135
Moas 98 f.
Molche 113, 146
Molokai 101
Moskitofische 157
Moskitos 322 f., 328
Mukoviszidose 304–311, 317
Multigenerationenstudien 216, 242
Multizellularität 335 f.
Murmeltiere 65 f.
Mutterkuchen 63, 65
Mycobacterium tuberculosis 311 f., 315

Nachtbaumnattern 168
Nachtkerzen 208, 229
Nacktkiemer 63
Nacktmulle 346
Nagetiere 28, 30, 108, 123, 162, 219, 225 f., 322, 346
Nashörner 21, 333
Nattern 348
Neandertaler 69
Nebraska 14, 37, 217–220, 224, 226 f.
Nektardiebe 110
Nerze 94
Netzflügler 60
Neukaledonien 90
Neuseeland 97–99, 102, 118, 251, 333
Neustart-Experimente 273, 275, 277, 282, 287
Nilpferde 346

Odontogriphus 51, 53
Ogasawara-Inseln 85 f., 90
Ohrwürmer 92, 100
Olduvai-Schlucht 235
Opabinia 51, 53
Opossum 18, 97, 346, 348
Orang-Utan 341
Orchideen 101 f.
O'Steen, Shyril 167
Otter 346

Palmen 92
Palmer, Adam 313
Papageien 92, 98 f., 339
Parasiten 68
Park Grass Experiment (PGE) 197–200,
202, 205
Penicillin 131, 318
Pestizide 131, 322 f., 325, 327
Pferde 94
Pheromone 61
Phineas und Ferb 343
Phylogenie 46–48
Pikaia 51, 54 f.
Pilze 61, 142, 251 f., 335
Pilzgärten 61
Pinguine 35, 105, 111
Plastizität, phänotypische 136, 160, 181,
183 f., 326
Plattwürmer 67
Polarfüchse 93
Prärieklapperschlangen 226 f.
Primaten 102, 120–122, 334, 336–338, 346
Pseudomonas aeruginosa 304–310, 315
Pseudomonas fluorescens 251–256, 259
Puerto Rico 11, 82–84, 89, 176
Puffotter 67
Pumas 30
Punktualismus 137
Pyrethroide 323

Quantenmechanik 284

Radiation, adaptive 82 f., 85–88, 96, 101,
173, 211 f., 252 f., 255
Rainey, Paul 251–255, 257 f., 261, 263, 278,
313
Rallen 92
Rand, Stan 11
Ratten 39, 94, 98, 108, 132, 175, 182, 241
Raupen 324
REL606 246
Rennison, Diana 216

Rentiere 94
Reptilien 9 f., 18–20, 22–24, 32, 67, 105,
146, 156, 334, 338, 341 f.
Resistenz 39, 71, 131 f., 154, 309–315,
318–325
Reunion 92
Reznick, David 155–170, 180, 205 f., 363 f.
Riesenrafflesie 64
Robben 98
Rollschwanzleguane 185–188, 191–193
Rothamsted 196–199, 202, 205, 219, 364
Rotkehlanolis 73
Rotschwingel 199 f., 207
Rotwild 92, 99, 326
Ruchgras 200, 202–205
Russell, Dale 23 f., 316, 338–342, 349

Saccharomyces cerevisiae 259
Sagan, Carl 334
Saint Helena 100
Salamander 63, 116, 346, 348
Salmler 71
Salomon-Inseln 100
Sambia 25
Sandhills 14, 218–221, 226 f.
Sauerampfer 207
Säugetiere 18–22, 24, 32, 43, 63, 65, 70, 86,
92 f., 97–99, 102, 109, 122, 210, 222, 226,
304, 333 f., 343, 345 f., 348
Sauropoden 17, 333
Schafe 94, 98, 100, 326 f.
Schafschwingel 202
Schildkröten 9, 62, 90, 108, 190
Schimpansen 120, 338, 341, 346
Schlangen 9, 43 f., 63, 110, 140, 163 f., 175,
225–227, 237
Schlitzrüssler 99 f.
Schluter, Dolph 210–217, 220
Schmetterlinge 63, 128–130, 134, 162,
237 f., 323, 325
Schnabeligel 63
Schnabel-Seeschlangen 44, 58, 113

Schnabeltiere 35, 43, 49, 63, 65, 102, 104, 122, 343–348, 351, 371
Schnecken 52, 63, 85 f., 89, 98 f., 147, 230
Schoener, Amy 171–174, 195
Schoener, Tom 171–174, 179, 185, 188, 194 f.
Schuppen 24, 77, 191, 340
Schuppentiere 108, 346
Schützenfische 103
Schweine 94 f., 97, 246, 346
Schwermetalltoleranz 201
Seehunde 346
Seelöwen 105
Seeotter 346
Seepferdchen 348
Seeschlangen 43 f., 105
Seesterne 63
Seetaucher 105, 112
Seinfeld, Jerry 26
Selektionsgradient 191–193
Senegal 338
Setae 77 f.
Sibirien 95
Sibirische Tiger 93
Silwood Park 206 f., 238
Sipos 164
Snaydon, Roy 201–207
Spechte 117–121
Spechtfinken 119 f., 122
Sperlingsvögel 88
Spiller, David 179, 185, 194
Spinnen 360
Springnager 346
Stabschrecken 100
Stachelhäuter 50
Stachelschweine 26–28, 63, 109
Staniel Cay (Bahamas) 174, 177, 189, 195
Stapelien 64
Staphylokokken 131
Stegosaurier 333
Stewart, Jimmy 32
Stichlinge 113 f., 211–217, 221, 315, 333

St. Paul 91
Strauchanolis 74–76, 79
Strauße 333
Strumpfbandnattern 71, 113
Struthiomumus 333
Stummelfüßer 56 f.
Südafrika 25

Tahiti 89
Tamarisken 168
Tauben 100, 141, 341 f.
Tausendfüßer 56, 175
Tee 44–48
Teosinte 241
Termiten 60 f., 120, 122
Tetrazyklin 131
Tetrodotoxin 71
Theropoden 23, 117, 317, 339
Thripse 323
Thunfische 32
Thurston, Joan 202
Tiefsee-Anglerfische 103
Tiger 21, 93, 289 f.
Tintenfische 59, 105
Todesottern 67
Travisano, Michael 249, 255, 259–261, 297–300, 313
Triceratops 18 f., 333
Trimethoprim 314 f.
Trinidad 14, 37, 141–145, 148, 151–154, 158–162, 169, 217, 354
Troodon 23, 338–340, 342
Trut, Lyudmila 95
Tuberkulose 311 f., 317
Turley, Nash 207, 229
Tyrannosaurus rex 18 f., 116 f., 333, 339

Umweltverschmutzung 325
Unkraut 39 f., 62, 131 f., 322
Unvorhersehbarkeit 248, 279 f., 283–287, 315

Vancouver 210, 213, 215, 217, 282, 292
Van-der-Waals-Kräfte 78
Velociraptor 18, 22 f., 338 f.
Vipern 67
Vögel 28–30, 32, 58, 63, 88, 92 f., 97–99,
 101, 105–107, 109–112, 118, 120, 122, 128,
 130, 133–136, 140, 150, 153, 162, 168, 189,
 211, 213, 219, 303, 305, 317, 329, 333, 338 f.,
 341 f., 346, 348
Vorhersagbarkeit 13 f., 33, 164, 204, 270,
 310, 312, 316, 322
Vulkanpalmen 100 f.

Walcott, Charles 50, 52
Wale 43, 105, 107, 333, 346
Walhaie 107
Wallace, Alfred Russel 89
Wanderameisen 163 f.
Wanzen 323
Warfarin 132
Wasserhühner 98 f.
Weber, Ken 293
Weichtiere 50, 52, 56, 63
Weißklee 202
Wespen 61, 92
Whittington, Harry 53
Wickelschwanz-Skinks 100
Wiederholbarkeit 12 f., 38, 261, 280, 306,
 316, 322, 336

Wiesel 97, 99
Wiesen-Sternmiere 207
Wild Bill 224
Wildhunde 109
Williams, Ernest 10–12
Wilson, Edward O. 348–350
Winge, Øjvind 143
Wirbeltiere 11, 50, 54, 59, 67, 104–106, 146,
 181, 333, 348
Wissenschaftsphilosophie 282 f., 287
Wiwaxia 51–53, 56
Wölfe 23, 65 f., 99, 141, 241
Wolfsmilchgewächse 67
Wombats 66
World Wildlife Fund 218
Würmer 50, 54, 68, 127, 137, 200, 208, 327,
 334
Wüstenfüchse 93

Xanthosin 48

Zehenpolster 77–79, 82 f., 113
Ziegen 94
Zimmer, Carl 269
Zuckerrüben 252 f.
Zweifarbenpitohui 63
Zweiganolis 75 f., 79–81, 83 f.